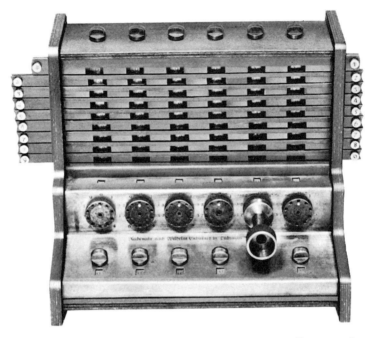

1． 1623年に，テュービンゲンのウイルヘルム・シカルトによって設計され，製作された機械を復原したもの

シカルトは天文学者ヨハネス・ケプラーに手紙を書いて，その機械は"与えられた数同志の加減乗除の結果を，直ちに自動的に計算します．10位と100位への桁上がりが，機械の内部でどのようにして加えられていくか，あるいは減算の過程で，それらの桁からの差し引きがどのようにして行なわれるかをごらんになれば，あなたもきっと納得されるにちがいありません"と，誇らしげにいっている．(p. 6)

2． 1642年に弱冠20歳のブレーズ・パスカルによって製作された計算器

彼の計算器は，加算と減算を行なうことができたが，乗除算のような非線形の演算は行なうことができなかった．(p. 7)

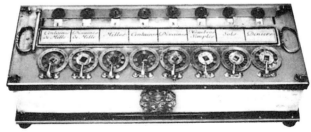

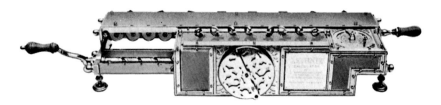

3. 哲学者ライプニッツによって 1673 年に発明された計算器の複製
ライプニッツの歯車として知られる装置は，その計算器が乗算を，加算の繰り返しにより自動的に行なうことを可能にした．(p.7)

4. "怒りっぽい天才"チャールズ・バベィジの階差機関
写真は，バベィジが製作した 2 台の機械のうちの最初のものの複製であるが，どちらの機械も全体としてはついに完成しなかった．作表装置を製作する過程でバベィジは，数表の計算のための"たえがたい労力と疲労をつのらせる単調さ"を伴う作業を自動化し，誤りを起こさない機械に置きかえようと努力した．階差機関の機能は，きわめて限定されたものであったが，彼の解析機関は，概念的には汎用の計算機であり，近代的な計算機の特徴となっているいくつかの基本的な考え方を含んでいた．(p.19)

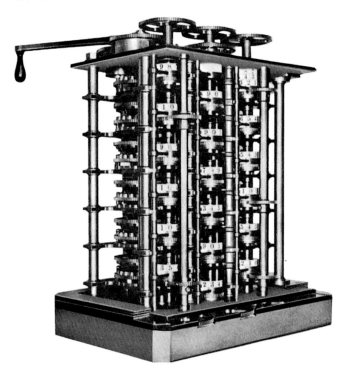

5. ジョセフ・マリー・ジャカールの自動化された織機

希望する図案に応じてカードにあけられた穴は,鈎がせり上がってきて経糸の糸を引き下げ,梭が経糸を横切るときに,何本かの糸の上を通り,他の糸の下をくぐるようにすることを可能にした.この装置はたちまちのうちに成功をおさめ,1812年までにフランスでは11,000台ものジャカール式織機が使われるようになっていた.(p. 22)

6. 1853年にストックホルムのペール・イエオリ・シュウツにより作られた階差機関

この機械は1854年にロンドンで公開され,続いてパリでも展示された.1856年にそれはニューヨーク州オルバニーにあるダッドリー天文台のために買い取られた.この機械の精確な複製は,イギリスの保険会社で長年の間使われた平均余命表を作成するために,ロンドンの戸籍管理局で使用された.写真は,IBM社向けに製作されたその複製である.(p.18)

7. ケルヴィン卿の潮位算定器
この機械は，ケルヴィンがそれ以前に考案した調和解析器を基本としたもので，その目的とするところは，彼の言によれば"brass（真ちゅう）に brain（頭脳）の代わりをさせる"ことであった．(p. 49)

写真1－6および8，9，10 は IBM社，7はロンドンの国立科学工業博物館，11, 12, 13 はスミソニアン研究所，14はアラン W. リチャーヅ氏からそれぞれ提供されたものである．

8．1890年の合衆国第11回国勢調査に使われたホレリスの作表機

写真には，計数器，読取装置，穿孔装置，および分類装置が示されている．288箇所まで穿孔することができるようになっていたカードが，一組の接触ブラシの下を通るとき，穴のあいているところでは電気回路が閉じるようになっていた．1890年の国勢調査では，6,300万人の住民と15万に及ぶ地方行政区に関する記録が処理された．ホレリスの方式は大成功をおさめ，その国勢調査の監督官は，全部の調査結果がワシントンに届いてから，わずか1箇月後には総人口数を発表することができた．(p. 77)

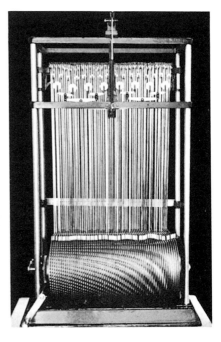

9．マイケルソン‐ストラットンの調和解析器の複製

1898年にアルバート A．マイケルソンとサミュエル W．ストラットンによって開発された．80項のフーリエ級数を取り扱う能力をもち，三角級数のフーリエ係数が与えられたとき，その級数の総和として得られる関数のグラフを描き出すことができ，逆の処理も可能であった．(p. 60)

10. 1935年当時のムーア電気工学科で,微分解析機を操作している G. J. ワイガント,C. C. チャンバーズ,および J. G. ブレイナード
この機械は,ヴァニヴァー・ブッシュと彼の同僚がMITで開発した微分解析機をもとにしてつくられたものであった.(p.107)

11. ハーヴァード大学－IBM社の自動逐次制御計算機 Mark I
1944年に完成されたこの電気機械式の計数型計算機は,23桁と正負の符号からなる数を貯えることができるような計数器を,72個備えていた.そのほかに,手動のスイッチによって制御される60個の置数器があって,その中に定数を貯えることができるようになっていた.この機械は乗算に約6秒,除算には約12秒かかった.ハーヴァード大学のハワード・エイケンとIBM社のクレア D. レイク配下の技術陣によって開発されたこのMark I は,比較的簡単なパンチカード式の会計機から,科学計算用に必要な複雑な機械への大きな進歩であった.(p. 126)

12. 1945年に稼動を開始した最初の計数型電子計算機ENIACの一部分
この歴史的な計算機は,約18,000本の真空管,70,000個の抵抗,10,000個のキャパシター,6,000個のスイッチなどからできていた.それは,長さ 100フィート,高さ 10フィート,奥行き 3フィートという大きさであった.1946年にこの機械はメリーランド州アバディーンにある弾道研究所へ移され,1955年にはスミソニアン博物館の常設展示品のひとつになった.(p. 173)

13. ENIACのファンクション・スイッチをセットしているアーウィン・ゴールドステイン伍長 (p. 230)

14. 1952年，高級研究所の計算機の完成式当日のジョン・フォン・ノイマン（向かって左）と J. ロバート・オッペンハイマー

IAS計算機，プリンストン計算機，フォン・ノイマン計算機など，いろいろな名前でよばれているこの機械は，代数的な計算が，通常の人手による方法では実行し得ないような純粋数学の分野の問題を，発見的に解明するための基本的な手段の典型を確立するのに役立った．(p. 293)

<復刊>

計算機の歴史

パスカルからノイマンまで

ハーマン H. ゴールドスタイン 著

末包良太
米口　肇　訳
犬伏茂之

共立出版株式会社

THE COMPUTER
FROM PASCAL TO VON NEUMANN
by Herman H. Goldstine

Copyright © 1972 by Princeton University Press

Japanese translation published by arrangement with Princeton University Press through The English Agency (Japan) Ltd.

All rights reserved.

No part of this book may be reproduced or transmitted in any form or by any means, electronic or mechanical, including photocopying, recording or by any information storage and retrieval systems, without permission in writing from the Publisher

Japanese language edition published by KYORITSU SHUPPAN CO., LTD.

日本語版への序文

　少なくとも過去四半世紀にわたって，日本人は，計算機とその利用に深い関心を示してきた。彼らの初期の成果としては，電気試験所の Mark Ⅲ, Ⅳ などの計算機，パラメトロンの発明のほか，日本の各大学や産業界の研究所で行なわれたすぐれた開発をあげることができる。こうした草分けの時代から，電子計算機は，日本の経済と日本の教育体系の中で重要な地位を占めてきたのである。

　したがって，現代の科学技術の世界にこれほど大きな寄与をし，また，計算機の分野でこれほど重要な進歩をなしとげた国の人々に，この古い時代からの計算機に関する歴史的な解説が読まれるようになることは，私の非常な喜びとするところである。私たちが，私たちのすべてに影響を与えてきた"コンピュータ革命"の背景を知ることは，重要である。私たちの生活様式や，ものの考え方にまで生じたこの変化の深さに，だれもが気づいているわけではないし，また，私たちの経済の発展が，基本的に，人々をより有能に，より幸福に，そしてより生産的にするような，幅広い計算機の利用に依存していることを，だれもが認識しているわけではないからである。

　私たちは，計算機の利用に伴って生じる深刻な変化を，今日，ようやく知りはじめたばかりだといわれている。事実，携帯用の電子卓上計算機や大学の計算機を通じて，子供たちですら利用することができるようになった大量の数学的な補助手段と知識は，科学的にも文化的にも，彼らを，私たちよりもはるかに高い知識と教養を身につけた，そして希望的な見方をすれば，はるかに有能な人間にしているのである。

　私は，末包教授，ならびに米口，犬伏の両氏によるこの日本語への翻訳を読むことはできないが，読者には，必ずやその翻訳の質の高さを正当に評価していただけるものと期待している。いずれにしても私は，私のためにたいへんな努力をして下さった訳者の方々に，厚く感謝の意を表するものである。私はまた，本訳書を制作するに際して払われたあ

らゆる努力に対して，発行所の共立出版(株)にも心からお礼を申し述べたいと思う。

ハーマン H. ゴールドスタイン

まえがき

　この本は，どちらかといえば自然に，三つの部分に分かれている．その第1部では，第二次世界大戦より前の時代について述べ，第2，第3部では，特にペンシルヴァニア大学のムーア・スクールにおける戦時中の開発と，プリンストンの高級研究所を中心とした戦後から1957年までの発展についてとり上げた．私自身，この後半の二つの時代を，主要な関係者の一人として過ごしたが，読者も，そのことから生じた書き方の違いには，おそらく気づかれることであろう．この本を書くにあたって，いろいろな出来事を，その当時私が見たとおりに伝えるのが，私には最も自然だと思われたのである．

　もちろん，そうした出来事の渦中にあった当事者がその歴史を書くことは，なにがしかの個人的な偏見をその話の中に持ち込む可能性があって，よくみても油断のならない仕事である．しかしながら，その反面，このような歴史は，実際に活躍した人物や起こった出来事についての，非常に詳細な，はっきりとした解釈を提供するということができるであろう．当事者以外の人間がそのような解釈に到達することは，きわめて困難である．そこで私は，できる限り客観的に，かつ，それらの時代を遍歴する途上で読者を待ち受けている可能性のある罠について，要所要所で警告を与えながら，私自身がこの歴史を書いておくことは決して無意味ではないと考えた．

　当然のことながら，こうした機械器具の歴史を書く場合には基本的な話のすすめ方として，少なくとも，機器そのものに重点をおくか，それらを生み出した着想なり人物なりに注目するかといった，二通りの方法が考えられる．私には，この後者のすすめ方のほうがより興味深く思われたので，いくぶん恣意的ではあるが，着想や人物に主眼をおくことにした．同時に，あまり技術的になりすぎないような範囲で，各機器についても十分な解説を加え，どのような場合にも，それがよく理解されるように努力した．読者は，問題の本質を知っていただくために，なにがしか技術的な要点を説明しようとして書き加えた補足

のお蔭で，話の進行がしばしば中断されるのを見いだされるであろう。これらの挿入のために，この歴史がはなはだしく読みづらいものになっていなければ幸いである。

たまたま私は，1942年から1946年までの期間を網羅する膨大な個人ファイルをもって終戦を迎えたので，この時代に関する資料は，きわめて完全にそろっている。いくらか不完全ではあるが，1946年から1957年に至る年代のファイルも，私自身保管していたし，幸い高級研究所では，その期間の他のファイルを見せていただくことができた。したがって，この本の記述は，確実にその当時の関係する文書に基づいており，単なる個人の記憶だけを根拠にはしていない。手紙，報告書，その他を含むこれらの文献のすべては，これからの研究者が自由に見ることができるようにするために，今，私の手で，マサチューセッツ州アマーストにあるハンプシャー大学の図書館に移管されているところである。

これに関連して，私は，ミシガン大学のアーサー W. バークス教授，ミネアポリスの弁護士ヘンリー・ハリデー氏，高級研究所のファイルを利用することができるようにして下さった同研究所の所長カール・ケイセン博士などの各氏から，多大のご好意と数々の資料を提供していただいたことに対して，感謝の意を表したい。また，私の秘書ドリス・クロウェル夫人の，忍耐強い，勤勉な，善意に満ちた協力にも謝意を表したい。さらに私は，ニューヨーク州ヨークタウン・ハイツにあるトーマス J. ワトソン研究所資料室のリチャード・ラクスナー氏から寄せられたあらゆる援助に対しても，しかるべき感謝の言葉を贈りたいと思う。同氏は，図書，定期刊行物，その他の文献を入手するためには，私にとって，かけがえのない協力者であった。最後に私は，他の何人にもまして，私を IBM 社の社友に選任し，過去数年間にわたって，自由にこの歴史を書くことができるようにして下さったトーマス J. ワトソン2世に，厚く感謝の意を表したい。

友人や家族の者が私の話を聞き，多くの貴重な会話を通じて助言や感想を自由に聞かせてくれたことにも，私は感謝しなければならないと思う。この本の出版を可能にし，見事な体裁に仕上げるために払われたプリンストン大学出版局のご尽力に対しても，同じく感謝の意を表したい。

ヨークタウン・ハイツにて
1972年1月

H. H. G.

目次

日本語版への序文……………………………………………………………… i
まえがき………………………………………………………………………… iii

第1部　第二次世界大戦までの歴史的背景　　1

第1章　18世紀以前……………………………………………………………… 3
第2章　チャールズ・バベィジと解析機関…………………………………… 12
第3章　天文航海暦……………………………………………………………… 32
第4章　イギリスの大学：マクスウェルとブール…………………………… 36
第5章　積分器とプラニメータ………………………………………………… 45
第6章　マイケルソン，フーリエ係数，ギブズの現象……………………… 58
第7章　ブール代数：$x^2=xx=x$……………………………………………… 67
第8章　ビリングズ，ホレリスと国勢調査…………………………………… 73
第9章　弾道学と大数学者の活躍……………………………………………… 81
第10章　ブッシュの微分解析機………………………………………………… 95
第11章　科学計算への適応…………………………………………………… 119
第12章　計数型計算機の復活と勝利………………………………………… 129

第2部　第二次世界大戦中の発達：
　　　　ENIAC と EDVAC　　137

第1章　ENIAC 以前の電子的な試み………………………………………… 139
第2章　弾道研究所…………………………………………………………… 143
第3章　アナログ計算機と計数型計算機…………………………………… 157
第4章　ENIAC のはじまり………………………………………………… 167

第5章　数学機械としての ENIAC………………………………………… 178
第6章　ジョン・フォン・ノイマンと計算機……………………………… 190
第7章　ENIAC を超えて…………………………………………………… 211
第8章　EDVAC の構造 …………………………………………………… 234
第9章　考え方の普及……………………………………………………… 241
第10章　ENIAC で行なわれた最初の計算………………………………… 258

第3部　第二次世界大戦後：
　　　　フォン・ノイマン型計算機と高級研究所　　271

第1章　EDVAC 後日談 …………………………………………………… 273
第2章　高級研究所の計算機……………………………………………… 289
第3章　オートマトン理論と論理機械…………………………………… 311
第4章　数値計算のための数学…………………………………………… 330
第5章　数値気象学………………………………………………………… 346
第6章　工学的活動とその成果…………………………………………… 353
第7章　計算機と UNESCO ……………………………………………… 372
第8章　初期の産業界の状況……………………………………………… 377
第9章　プログラム言語…………………………………………………… 386
第10章　結　び……………………………………………………………… 397

付　録　　世界各国の開発状況　　405

訳者あとがき…………………………………………………………………… 423
人名索引………………………………………………………………………… 425
事項索引………………………………………………………………………… 437

第1部

第二次世界大戦までの歴史的背景

第1章　18世紀以前
第2章　チャールズ・バベイジと解析機関
第3章　天文航海暦
第4章　イギリスの大学：マクスウェルとブール
第5章　積分器とプラニメータ
第6章　マイケルソン，フーリエ係数，ギブズの現象
第7章　ブール代数：$x^2 = xx = x$
第8章　ビリングズ，ホレリスと国勢調査
第9章　弾道学と大数学者の活躍
第10章　ブッシュの微分解析機
第11章　科学計算への適応
第12章　計数型計算機の復活と勝利

第1章

18世紀以前

　ある時点より前の時代には何事もなくて，関連する出来事のすべてがそれ以後にしか起こらないといったような意味での出発点は，もちろん，どのような分野の歴史にも存在しない。大多数の場合には，注意深く調査しさえすれば，たとえ年代をどれだけさかのぼっていったとしても，問題を解決するための初期の努力，あるいは，少なくともその手がかりとなるようなある種の先駆的な試みのあとを，多かれ少なかれ際限なく見いだすことができるというのが，人間の知的活動の本来の姿であろうと思われる。私たちがここでとり上げる分野もその例外ではない。

　こうした背景もあって，いささか独断的な選択ではあるが，1600年より以前の計算機の歴史については若干の参考事項を紹介するだけにとどめ，さらに1800年より前の時代についても，ごく簡単な説明だけしか加えないことにした。事実，この時代について私がふれておきたいと思うような事柄の大部分は，この本の主題になっている初期の電子計算機とのつながりが想定されるようなものに限られている。こうした古い時代のことをそれ以上述べたとしても，私たちの電子計算機に関する知識の総体にはほとんど何も加わらないというのが，その唯一の理由である。いくつかの場合に，話題が脇道へそれるのは，それにかかわりあった人物の知性が，いろいろな面で色彩豊かにみられたり，学問，文化，社会など，その時代の背景について，読者がなんらかの感触をもっていることが望ましいと思われたりしたからである。

　しかしながら，上記のような選択は，おそらくそれほど独断的だというわけではない。仮にニーダムのような学者のきわめて妥当な物の見方[1]を受け入れるとするならば，1600年という時点は，科学の歴史において，まさしく分水嶺のような役割を果たしていること

がわかるはずである。偉大な知識人は、もちろんガリレオ（1564-1642）以前にもいなかったわけではないが、物理学の理論が、数学的な手法によって組み立てられたのは、彼の並みはずれた貢献によるものであった。自然現象の研究や計測は、彼以前の多くの大科学者たちの手でも行なわれているが、"数学的な定式化という魔法の杖"をそれらのデータに与えるためには、世界はガリレオを必要としていたのである。

　この時代までのヨーロッパにおける数学が、古代ヨーロッパや中国で生まれた着想や考え方を受け継いでいるアラビア時代の状態から、本質的にはなんの進歩も遂げていなかったという事実は、記憶にとどめておく価値がある。このような時代に数学と物理学が結び付いた結果、たちまちのうちに、ガリレオからニュートンに至る科学の発展をうながしたいくつかの出来事がヨーロッパで起こったのである。この実用的、経験的な知識と数学との融合は、まさしく魔法の試金石であった。1580年ごろフランソア・ヴィエト（1540-1603）は、未知数や一般的なパラメータを表わす手段として、数学に文字の使用を導入するというきわめて重要な発見をした。現在、私たちが代数学、算術などとよんでいる分野を、彼はそれぞれ**形式計算術**（logistica speciosa）および**数値計算術**（logistica numerosa）と名づけている。[2] 1614年に対数計算法を考案し、さらに1617年の著書計算術（Rabdologia）で、四則演算における小数点の役割を初めて認識したといわれているマーキストンの領主ジョン・ネーピア（1550-1617）[3]や、1620年に計算尺の原型ともいえる計算用具を発明したエドマンド・ガンター（1581-1626）などが、私たちの立場からみれば、彼の後継者としてあげられる。実際の計算尺は、1632年にウィリアム・オートレッド（1575-1660）によって発明され、またそれとは独立に、その器具の最初の解説書を1630年に公刊したリチャード・デラメインの手でもつくり出されている。[4] 1637年のルネ・デカルト（1596-1650）による解析幾何学の創案は、おそらく、ニュートンおよびライプニッツの手で行なわれた微積分法の創案に至る途上に見いだされる、次の大きな里程標であろう。このデカルトと、ニュートン、ライプニッツを結ぶ重要な鎖の中で、私たちの当面の目的に関しては、最後のつなぎ目に当たるのが、1642年にあらわれたパスカルの加算機である。

　ヨーロッパを、アラビア、インド、中国などよりはるか前方に推し進めたこの偉大な知的革命にふれてニーダムがいっているように、[5] "こうした発展の内部的な仕組みについては、まだだれも十分には把握していない"。そのすさまじい前進のきっかけとなったのが、それ以前には二つ別々の数学でしかなかったインド、中国伝来の代数学の流れと、ギリシア人の手になる幾何学との合流であった。再びニーダムによれば、"この両者の結婚、す

なわち代数的な方法の幾何学的な分野への応用は，精密科学の発展過程でなされた最大の飛躍だった"のである。

すでに述べたように，この豪華なスターの競演の中にあって，知識の流れにもう一つの重要な合流点をつくり出したのはガリレオである。彼は実験的な知識と数学的な知識とを一つに結び付け，"近代的な科学と技術の発達のすべてを，そこから導き出した"のであった。私たちが先に述べたように1600年代から話を始めることにしたのは，以上のような理由からである。近代文明をつくり上げた知的活動の歴史においては，それは出発点とするのにふさわしい時代である。

もっとも，この時代から話を始めるとすれば，私たちは非常に古くから回教国の科学者たちの間で使われてきた興味深い器具を，正当には評価していないことになる。著者が15世紀イランの天文学者であり，数学者でもあったアルカシ (1393－1449) (Jamshīd ben Mas'ūd ben Mahmūd Ghīath ed-Dīn al-Kāshī) の手で発明された，ある種の特殊な計算用具に注意を振り向けるようになったのは，古代天文学および数学に関する歴史学者，オットー・ノイゲバウアー教授に負うところが少なくない。アルカシは，ティムール王の孫ウルグ・ベグによってつくられた，サマルカンド天文台の台長であった。[6]

アルカシが，"自然数の4乗の和とか，三角法の計算とか，あるいは近似計算などといった分野で，いくつかの貢献をしている"回教国の数学者であったことは，疑う余地がない。"初めて小数を使用し……2π の値を小数第16位まで求めたのも彼である"。彼が発明した器具は，占星術師や天文学者が，その計算を簡単化するのに役だっていた。彼の"会合算定盤"は，いつ二つの惑星が会合するか，すなわち，いつそれらの黄経が一致するかを見いだすための手段を提供した。このような時点は，占星術師たちの間では特に重要視されており，それがどの日に起こるかまでは，暦から定めることが可能であった。そこでアルカシの算定盤は，会合が起こる正確な時刻を見いだすのに用いられたのである。

彼の月食算定器は，月食に関連する重要な時間の算出を簡単化するための，巧妙な装置であった。そこで用いられた方法は，"実用に耐えるような，きわめて実際に近い"近似解を与えた。

もう一つあった彼の惑星計算器は，太陽，月，および可視惑星の黄経を決定するための器具である。ケネディの研究によれば，その"アルカシの器具は，今日では，プトレマイオスの天体系を表わした機械図表的な縮尺模型の，幅広い，継続的な発展形態の一つであ

ると考えられている。そのような開発は、すでに古典時代にもかなり行なわれていた。地中海で発見された、紀元前30年ごろのギリシアの惑星儀のものと思われる青銅の破片……現存する、アルキメデスが発明した天球儀……**プロクロスの後継者による天体配置模型**（西暦450年ごろ）……太陽の黄経と時差を見いだすための装置に関する記述。……こうしたすべてのものの中で、アルカシの装置は、注目すべき長所を備えていた。その見事な構成は、それ以前には用いられたことがなかった一般的な方法を、天文学の分野に持ち込んだのである。"[7]

私たちの歴史が実際に始まるのは、30年戦争の時代に、テュービンゲンで天文学、数学、およびヘブライ語の教授をしていたウィルヘルム・シカルト (1592-1635) からである。十数年前（1957年）、当時ケプラーに関する文書の管理を補佐していたフランツ・ハマー博士は、シカルトからケプラーにあてた何通かの手紙を発見した。この二人は、どちらもヴュルテンベルクの出身で、それらの手紙には、シカルト自身の設計で1623年に製作された、加減算を完全に自動的に行ない、乗除算も部分的には自動的に行なうような機械の概要と、その説明が書かれていた。最初の手紙の日付は、1623年9月20日になっており、1624年2月25日付のものがそれに続いている。シカルトは、そのはじめの手紙の中で、この機械にふれてこう書いている："与えられた数同志の加減乗除の結果を、その機械は直ちに自動的に計算します。10位と100位への桁上がりが、機械の内部でどのようにして加えられていくか、あるいは減算の過程で、それらの桁からの差し引きがどのようにして行なわれるかを御覧になれば、あなたもきっと納得されるにちがいありません。……"[8]

1624年の手紙には、"私は、あなたに差し上げる機械の製作を地元のヨハン・フィスターに注文しました。ところがこの機械は、半ば出来上がったところで、夜間だれも知らないうちに起こった火災にあって、私自身の持ち物であった他のいくつかのもの、特に何枚かの金属板とともに、犠牲になってしまいました。……職人には、すぐにその代わりのものが作れるような時間もありませんので、この損失は、特に今の私にとっては、きわめて深刻なものになっています。"といったようなことも書かれている。[9]

彼が製作した機械は、現在1台も残っていないが、フライターク-レリンゴフの男爵ブルーノ教授は、主任技師エルウィン・エップルをはじめとした何人かの協力を得て、これらの手紙の内容からその装置を再現し、何台かの実際に動く機械を製作した。

シカルトの装置は独創的なもので、その存在が彼の生存中に広く知られていなかったことは、きわめて残念なことである。不運にも、シカルトと彼の家族は、30年戦争によって

もたらされたペストのために全員死亡した．仮に戦争が，シカルトと彼の機械を破壊しなかったものとして，彼の発明がどのような影響をパスカルやライプニッツに与えたかを考えてみるのは，興味深いことであろう．彼は多方面の，すぐれた才能を備えている人物であったに違いない．ケプラーは彼のことをこういっている："数学に対してりっぱな見識と非常な好意をもっている人物……彼はきわめて勤勉な技術者で，同時に東洋言語の専門家でもある．"

私たちの歴史に，次に登場する重要な人物は，ブレーズ・パスカル（1623-1662）である．他の分野における多くの天才的な活動のかたわら，1642年から1644年にかけて，20歳そこそこの彼は，小さい簡単な機械を設計し，それをつくり上げた．彼の機械は，フランスで製作されたいくつかの機械の原型になっているが，機能的にみれば，これらの装置はいずれも，足したり引いたりといった基本的な演算を，数を数えることによって行なうというきわめて簡単なものであった．事実，パスカルの機械は，乗除算のような非線形の演算を行なうことができないという点で，ある意味では，シカルトのものよりもむしろおくれていた．パスカルや彼と同時代の人々は，明らかにこの加算器を，最も注目すべき成果の一つであると考えていた．1652年に製作され，パスカル自身が署名しているその機械の改良型は，パリの工芸学校に現存しており，ロンドンのサウス・ケンジントンにある科学博物館にも，それを複製したものがある．有名なディドロの**百科全書**には，ディドロ自身の手で，この機械の詳細な説明が書かれた．

パスカルから30年ばかりおくれて，その時代はおろか，歴史的にみても傑出したもう一人の万能学者ゴットフリード・ウィルヘルム・ライプニッツ（1646-1716）は，今日**ライプニッツの歯車**として知られ，いまだにいくつかの機械で使われている装置を発明した．この機構を使って，彼は，加減算だけではなく，乗除算も完全に自動的に行なうことができるような，パスカルのものよりもすすんだ機械を製作するのに成功した．ライプニッツは，その機械をパスカルのものと比較して，こういっている．"基本的にこの機械は，加（減）算を行なう部分と，乗（除）算を行なうように設計されている部分の二つから成り立っており，それらが互いに結合されたものと考えることができる．加（減）算の機構は，全くパスカルの計算器と同じものである．"パリの科学学士院とロンドンの王立協会はこの装置に最大級の関心を示しており，彼の機械が完成してロンドンで展示された1673年には，王立協会はライプニッツをその特別会員に選出した．[10]

パスカルは，**蝸牛線**（limaçon）という名で知られている有名な曲線の発見者でありな

がら，計算をするときには手伝いを必要としていた父親を助けるために，彼の計算器をこしらえたといわれている。[11] 事実，彼の父エティエンヌは，低ノルマンディー地方の高級官吏をしており，税金に対する不満に対処して，その地方の税制を改革したりした。[12]

不思議なことに，この時代には，計算をするという能力は，十分な教育を受けた人たちの間でも，あまり一般的なものではなかった。そのために，たとえばピープス*のような人でさえ，海軍省にはいってから，乗算の九々を自習しなければならなかったと伝えられている。パスカルが，父親の負担を軽減しようと思いたったのも，彼の崇高な親思いの気持ちからというよりは，むしろこうした計算に関する知識の，一般的な状態に影響されるところが大きかったものと思われる。

いずれにしても，こうした時代の背景を非常にうまくとらえて，"天文学者たちもまた確実に，計算をするために必要な，忍耐力のいる作業を続けなくてもすむようになるだろう。この計算器は，表を計算したり，訂正したりする作業から彼らを免れさせ，天体暦の作成や仮説の上に立った仕事，あるいは相互間の観測結果についての検討などといったことから，彼らを解放する。なぜなら，すぐれた人間にとっては，機械を使えば他のだれにでも安心してまかせられるような計算作業のために，奴隷のように時間を空費するのはむだだからである"。と書いたのは，ほかならぬライブニッツであった。[13]

今から300年も前に，すでにこれほどまで明確に記述されているその考え方は，本来からいえば，計算機の歴史の中心的なテーマになるべき性質のものである。計算という分野が，まだきわめて幼稚な段階にあったこの時代に，問題の要点をこのように明快に理解していたことは，まさしくライブニッツの天才によるものである。ピョートル大帝のために彼が1670年代に製作した3台めの機械を，大帝が中国の皇帝に送って，西欧の学芸と産業を東洋の人々に示し，東西各国間の通商を拡大しようとしたことも，興味深い事実であろう。[14]

私たちの知的活動の歴史に残るこの偉大な人物が，その生涯のある時期を，きわめて困難な境遇で過ごさなければならなかったことは，痛ましい限りである。おそらく彼は，ニュートンを除いた他の同時代の人々よりも，はるかに先へすすんでいたので，だれも彼の仕事の真価を認めることができなかったのであろう。1716年に彼が死んだとき，会葬したのは彼の秘書一人だけであった。"彼は，実際に彼自身がそうであったように，国が誇るに足る人物としてではなく，まるで泥棒か何かのように埋葬された。"と，ある目撃者は書

---

* 17世紀のイギリスの海軍大臣，サミュエル・ピープス（1633 - 1703）。

き残している。[15] いずれにしても彼の小さな機械は，近代的な計算機の黎明期のものとしてよりも，むしろ一種の骨董品として，今でもハノーヴァーの国立図書館に保存されている。しかしながら，ライプニッツの仕事は，もっと改良された機械の製作に，他の多くの人々が手をそめるきっかけをつくり出した。それらの多くは，彼の機械の巧妙な変形である。[16] 今日でも，こうした機械は私たちの周辺にあって，小規模な計算をする場合に大切な役割を果たしている。事実，第二次世界大戦中には，それらは最も重要なものの一つであった。

その偉大な才能によって，少なくとも原理的には，彼のいう普遍数学を実現させたのもライプニッツであった。これもまた私たちの歴史では，かなり後年になってからではあるが，きわめて重要な地位を占めるようになったものである。1666年に彼は，数学の大きな分野の一つである組み合わせ理論をとり上げて，**組み合わせの手法について**（De Arte Combinatorica）という表題の論文をまとめた。彼はその手法を，"すべての論証が，ある種の計算に還元されるような一般的な方法"というように説明している。この研究は，彼の時代には無視されていたが，後年ジョージ・ブールによってとり上げられ，さらにその後，クテュラー，ラッセル，その他の論理学者から注目されるようになった。[17] このようにライプニッツは，彼の機械によって計算機の発達に寄与したばかりではなく，現在，記号論理学とよばれているものについての研究によっても，非常に基本的なところで計算機に貢献しているわけである。私たちはこの問題について，後にこの本のしかるべきところで，もういちどとり上げることにする。

ライプニッツに関する記述を終わるに当たって，計算機の分野に彼がもたらした四つの重要な成果を強調しておくことは，無意味ではないと思われる。形式論理学という新分野を開拓したこと，計数型の計算器をつくったこと，計算作業の非人間的な性格，およびその自動化の必要性と可能性について理解していたこと，そして第四番めに，仮説を検定するために計算機を使うことができるという，非常に含蓄のある着想をもっていたことがそれである。この最後のような型の計算は，今日でも，まだほんのいとぐちにしかついていない。

原著者脚注

[1] Joseph Needham, *Science and Civilisation in China*, vol. 3 (Cambridge, 1959),

    p. 155 以下.
  ² F. Cajori, *A History of Mathematics* (New York, 1893), pp. 138–139.
  ³ 同上 p. 148.
  ⁴ D. E. Smith, *A Source Book of Mathematics*, vol. 1 (1959), pp. 156–164 参照.
オートレッドはまた，乗算記号×を発明した．
  ⁵ Needham, 前出 p. 156.
  ⁶ E. S. Kennedy, "Al-Kāshī's 'Plate of Conjunctions,'" *Isis*. vol. 38 (1947), pp. 56–59; "A Fifteenth–Century Planetary Computer: al-Kāshī's *Tabaq al-Manāteq*," part I および II, *Isis*, vol. 41 (1950), pp. 180–183, および vol. 43 (1952), pp. 41–50; "A Fifteenth–Century Lunar Eclipse Computer," *Scripta Mathematica*, vol. 17 (1951), pp. 91–97; *The Planetary Equatorium of Jamshid Ghiath al-Din al-Kāshī* (Princeton, 1960).
  ⁷ Kennedy, *Isis*, vol. 43, p. 50. D. J. de S. Price, "An Ancient Greek Computer," *Scientific American*, 200: 6 (1959), pp. 60–67 も参照されたい．
  ⁸ B. von Freytag–Löringhoff, "Wilhelm Schickards Tübinger Rechenmaschine von 1623 in Tübinger Rathaus," *Kleine Tübinger Schriften*, Heft 4, pp. 1-12 に引用されている. von Freytag, "Über der erste Rechenmaschine," *Physikalische Blätter*, vol. 41 (1958), pp. 361-365 も併せて参照のこと．原文は "……quae datos numeros statim automathos computet, addat, subtrahat, multiplicet, dividatque. Rideres clare, si praesens cerneres, quomodo sinistros denarium vel centenarium supergressos sua sponte coacervet, aut inter subtrahendeum ab eis aliquid suffuretur……"
  ⁹ 同上, "Et curaveram tibi iam exemplar confieri apud Joh. Pfisterum nostratem, sed illud semiperfectum, uno cum aliis quibusdam meis, praecipue aliquot tabellis aeneis conflagravit ante triduum in incendio noctu et ex improvisibi coorto……"
  ¹⁰ ライプニッツの装置は，彼の機械が加算の繰り返しによって，自動的に乗算を遂行することを可能にした．彼のアイディアは，明らかに，アルザスのシャルル・グザヴィエ・ド・コルマールの手で，1820年になって再発見されている．フランス人レオン・ボレーは，機械の内部に乗算の九々を記憶しておく装置を組み込んで，加算の繰り返しをしなくてもすむようにするという，それまでにはなかった興味深い開発をした．ボレーはこの機械を，1887年に初めてパリで公開した．彼はまた，自動車の開発にも重要な役割を果たしている．
  ポーランド科学学士院の W. M. トウルスキ博士のご好意により，私は，さらにポーランドの学者アブラハム・ステルン (1769–1842) によって開発されたもう一つの興味深い機械，というよりはむしろ一連の機械について知ることができた．彼の機械は，6桁を単位として，四則演算以外に平方根の計算も取り扱えるようになっていた．1817年4月30日に開催されたワルシャワ科学協会の公開講演会では，この機械の最もすすんだ型についての解説が行なわれた．その内容は，同協会の年報 vol. VII に掲載されている．
  ほかにも多数の興味深い機械がライプニッツのあとから続々と出現している．それらに関心のある読者は，R. Taton, *Le Calcul mécanique* (Paris, 1949); F. J. Murray, *The Theory of Mathematical Machines* (New York, 1960); M. d'Ocagne, *Le Calcul simplifié* (Paris, 1905); あるいは W. de Beauclair *Rechnen mit Maschinen, Eine Bildgeschichte der Rechentechnik* (Braunschweig, 1968) を参照されたい．Smith, 前出, pp. 165–181 には，パスカルやライプニッツの論文の英訳をはじめとした関係資料が収められている．

[11] R. C. Archibald, "Seventeenth Century Calculating Machines," *Mathematical Tables and Other Aids to Computation*, vol. 1 (1943), pp. 27-28 参照.

[12] R. Taton, 前出, p. 19.

[13] Smith, 前出の中に引用されている.

[14] L. Couturat, *Le Logique de Leibniz* (Paris, 1901), 295 n, p. 527. Foucher de Careil, *Oeuvres de Leibniz*, VII (1859), pp. 486-487, 498 も併せて参照のこと.

[15] *Encyclopaedia Britannica* (1948), "Leibnitz, Gottfried Wilhelm" の項を見よ.

[16] F. Murray, 前出参照. 彼の機械は, 基本的には今日の卓上計算機の前身であると考えられる.

[17] E. T. Bell, *Men of Mathematics* (New York, 1937), p. 117 以下.

第2章

チャールズ・バベィジと解析機関

　単純ではあるが骨の折れる作業を自動化して，人間を奴隷的な使役から解放しようというライプニッツのもくろみは，次に，近代科学史上で最も風変わりな人物の一人とされているチャールズ・バベィジ (1791-1871) によって受け継がれた。彼の伝記作者がきわめて率直に指摘しているように，バベィジについていわれていることは，その誕生日に至るまで，どれをとり上げても，これといった定説がない。彼自身は，1792年にロンドンで生まれたと述べているにもかかわらず，実際は，1791年12月26日にデヴォンシャーで生まれたというのが，その伝記作者の見解である。**怒りっぽい天才** (Irascible Genius) という彼の伝記の表題も，彼の性格をさぐる一つの有力な手掛かりであろう。[1]

　いずれにしても，彼はイギリスのかなり豊かな中産階級の家庭に生まれ，知的にも社会的にも，こうした家庭で通常みられるような恵まれた環境の中で成長した。大学時代の彼は，天王星の発見者の息子で，自分自身も偉大な天文学者になったジョン・ハーシェルや，数学者，天文学者として活躍し，晩年には聖職者としてイーリーの主席司祭にまでなったというような，すばらしい経歴を残しているジョージ・ピーコックと親交を結んでいた。この三人が，数学に対して重要な貢献をしたことは"近代的な代数学の概念は，ピーコック，ハーシェル，ド・モルガン，バベィジ，グレゴリー，ブールなどといったイギリスの'改革者たち'とともに始まった"[2] という E. T. ベルの言葉によって明らかである。こうした点からも，バベィジは，イギリスの知識階級で主要な地位を占めていたことがうかがわれる。事実，彼は王立天文学会 (1820年1月12日創立) の創立者の一人であったし，"数表の計算に対する機械の応用についての考察"という研究論文によって，その学会から金メダルを受けた (1823年7月13日) 最初の受賞者でもあった。[3]

第2章 チャールズ・バベッジと解析機関

計算の自動化という着想を，最初，どのようにして，若い日のバベッジがつかんだかについては，モリソンの本が指摘しているように二つの異なった話がある。バベッジ自身が彼の断章（Passages）の中に書いているのは次のような話である。

思い出す限りでは，機械で数表を作成するという最初の着想はこのようにして起こった：——

ある晩，私はケンブリッジにある解析研究会の部屋で目の前に対数表を広げたまま，夢うつつの状態で，テーブルに覆いかぶさるように前かがみになって座っていた。そのとき，別の会員がその部屋へはいってきて，半ば眠っているような私を見るなり，"おや，バベッジ，何をぼんやりしているんだ。"と声をかけたので，私は対数表を指し示しながら，"こういう数表が，機械で計算できないかと考えていたんだ。"と答えた。

私にこの話を思い出させてくれたのは，テンプルの学院長をしている私の友人，ロビンソン博士である。このことがあったのは，1812年か，1813年のどちらかであったと思う。[4]

もう一つの話は，モーズリー女史の書いた伝記やモリソンの本に出ているもので，モリソンはそれについて，"1822年に書かれたものが，彼の自伝に出て来るもう一つの話よりも，もっともらしく思われる。"と述べている。[5]

その話というのは，あるとき，ハーシェルと天文学の計算の点検に当たっていたバベッジが，たまりかねて，"こうした計算が蒸気機関でやれたらどんなにいいだろう。"といい出したのに対して，ハーシェルが"それは大いに可能性がある。"と答えたというものである。

バベッジが，本能的に，蒸気機関という，その時代の先端をいく技術を念頭において物事を考えていたことは注目に値するきわめて興味深い事実であろう。計算機の歴史全体を通じて支配的なテーマになっている現象，すなわち，革命的に新しい計算機の開発は，常になんらかの動機をもった人物がどのようにして新しい技術をその機械にとり入れるかを考え，その技術水準を大きく前進させることによって行なわれるという現象の一つのあらわれが，ここにみられるのである。もっと正確にいえば，そうした現象は，通常，二つの非常に異なった概念が一つに結び付くことによってあらわれる。その一つは技術であり，他の一つは進歩の重要性と必要性の認識である。彼の階差機関や解析機関のようなものを

必要とする声は，その時代にはさほど大きくなかったので，ある意味では，バベッジは苦労をしなければならなかった。"彼の機械がどんな速さで計算することができるかを示すために，いくつかの実験が行なわれた。x^2+x+41 の値を計算して，数表をつくるというのがその最初の実験であった。数が小さいうちは，機械に負けない速さで，その結果を書き取ることもできたが，4桁の数字が必要になると，機械は，少なくとも，書き手と同じぐらいの速さでは計算した。……機械は，おもりによって一様な速さで動くようにつくることができたので，その演算速度をいつまでも保つことが可能であった。長時間それにつきあって，同じ速さで書き取ることができるような人は，ほとんど見当たらなかったであろう。"と，モーズリーは書いている。[6]

後に述べるように，この演算速度は，計算に革命を起こすには決して十分な速さではなかった。少なくとも私自身の考えでは，彼の仕事がだいたいにおいて忘れ去られてしまった基本的な理由の一つはここにある。もう一つの理由は，歯車や車輪などを，彼が要求したような精度で組み立てたり加工したりするために必要な技術が，当時はまだ十分開発されていなかったということである。事実，ジェームズ・ワットの蒸気機関やジョージ・スティヴンソンの蒸気機関車が発明されたのは，この時代になってからのことである。マンチェスター，リヴァプール間に鉄道が開通して，すぐれた輸送手段による様々な利益がイギリスにもたらされるようになったのは1830年であったし，世界の驚異の一つとまでいわれた鉄のつり橋の建設に，トーマス・テルフォードが取り組んだのも1819年から1825年にかけてのことであった。このような時代に，技術がバベッジの要求した水準に達していなかったのは，驚くべきことではない。

トレヴェリヤンは，イギリス史に関する彼のすばらしい研究をまとめたものの一つで，こうした問題にふれて，次のような興味深い見解を述べている。

イギリスだけのものではなく，結局は全人類のものとなった新しい文明は，手作業を科学的な機械で置き換えるということから生じた。アルキメデスやエウクレイデスと同じころに活躍したアレクサンドリア時代のギリシアの科学者たちは，彼らの発見を，大々的には生産分野の問題に適用していない。こうした失敗は，おそらく，高まいなギリシア哲学が，生産のための技術を，奴隷労働者の仕事として軽蔑していたことから起こったものであろう。アレクサンドロス大王からアウグストゥス皇帝に至る300年の間，ギリシアの科学はその最盛期を迎えたが，地中海周辺の，戦乱の絶え間がないような状

態に妨げられて，こうした点については大きな変化はみられなかった。いずれにしても，学問的な思考と実験の成果を，日常生活のごくありふれた問題を解決するために用いることは，ニュートンがこの世を去ったすぐあとの世代の，平和で文化水準が高く，しかも商業的なものに対しても意欲的に取り組んでいたイギリスの手にゆだねられたのである。偉大なイギリスの発明家たちは，科学と実務の固い協力関係をつくり出すことに成功した。[7]

もう一つここでふれておきたいことは，ウィリアム・トムソン（ケルヴィン卿）やテイトが，どのような目でバベィジの仕事をみていたかについてである。1879年に出版されたこの二人の物理学に関する古典的名著[8]の中には，"雄大ではあるが，部分的にしか実現しなかったバベィジによる計算機械の構想"という記述がある。彼らは，たったこれだけの文章で，彼の仕事を片付けてしまったのである。

ウィリアムの兄，ジェームズ・トムソンや，ジェームズ・クラーク・マクスウェルらと同じように，彼らが，バベィジや今日の私たちが考えているような**計数型**の計算機ではなくて，一般に，**連続型**，**アナログ型**，あるいは計測型などとよばれている型の計算機について研究していたことも，見のがしてはならないことである。これについては，後に，もう少し詳しく述べることにしたい。ここでは19世紀の傑出した物理学者たちがバベィジのアイディアを顧みることなく，彼の機械よりもはるかに速い計算速度が得られ，しかも，当時の技術で，実際につくることが可能であったタイプの機械に目を向けていたといっておくだけで十分であろう。彼らが物理学者として，数学者のバベィジよりも技術的な問題点をよりよく理解していたということは，きわめてありそうなことであると思われる。

話をもとにもどすと，1822年にバベィジは，当時，王立協会の会長をしていたハンフリー・デイヴィ卿にあてて，数表を作成するための"耐えがたい労力と疲労をつのらせる単調さ"を伴った作業を自動化すること，"数表を計算する機械の基礎原理"という表題の科学論文を書いていること，この問題に関して，王立天文学会でも論文を発表していることなどをしたためた手紙を書いている。[9]

次いで，バベィジは友人から多くの支持を得て，彼の計画をすすめるのに必要な助成金を，イギリス政府に正式に申請した。大蔵委員の要請に基づいて，彼の申請を審査するために設置された王立協会の委員会は，デイヴィ自身が委員長になって，その後，意外に早く，次のような見解を特記した報告書を提出した。"計算機械の作成に関しては，バベィ

ジ氏は偉大な能力と独創性を発揮してきたことが認められる。委員会は，それらがこの発明者によって提案された目的を達成するためには，きわめて満足しうるものであると判断し，バベッジ氏がその至難な計画の遂行に対して，十分，公の奨励を受けるに値する人物であると考える。"10

1823年にこの報告書を受理した大蔵大臣は，それが政府，ことに海軍にとっては，様々な航海表を作成するためにきわめて有用であり，しかも商品としては採算のとれるようなものではないという理由で，原則的には，階差機関の製作に対して，政府の助成金を交付することを承認した。このようにして，彼の計画は実行に移されたのである。見逃してはならないことは，これが，まぎれもなく，科学者や技術者と政府との間で交わされた，きわめて初期の協定の一つであったという事実であろう。今日では，この種のことはすべて高度に制度化され，あらかじめ明確に定められた規準に従って処理されているが，当時は何から何まで目新しいことばかりであった。そのために，政府とバベッジの間では，いつもこの協定をめぐって，いざこざが絶えなかった。

バベッジが自ら設定した仕事の規模を，当初小さく見積もりすぎていたことは明らかで，1827年には，彼自身，過労のために倒れてしまった。健康状態を回復するために，国外旅行に出かけた彼は，その間に，ケンブリッジ大学のかつてはニュートンが占めていた地位に任命されている。この数学科のルカス教授職への任命を，彼は大して重要とも考えていなかったので，1827年から1839年に至るその在任期間中，彼はいちども大学の中で生活しなかったし，講義ももたなかった。

大陸から帰国すると，彼は新たな助成金を大蔵省から受けて，すぐに階差機関の開発を再開した。この機械は，ウェリントン公爵からも好意的にみられていたといわれているが，この話は，ウェリントン公爵自身が生前一貫して発明嫌いであったことから考えると，ちょっと信じにくい。事実，クリミア戦争（1853年）のときのイギリス軍が，ワーテルロー（1815年）で使用した武器と同じものを装備していたのは彼の強力な働きかけによるものであった。このことは，確かに，生まれつき変化を好まないという彼の性格が，どれほどすさまじいものであったかを示している。

何度となく危機に見舞われたバベッジは，1833年になって，この機械についての仕事を中止した。その後，何年もの間，彼が政府に働きかけたにもかかわらず，ついに1842年には，彼は，政府が関知する限りではこの計画は消滅したという申し渡しを，ロバート・ピール首相およびヘンリー・グールバン蔵相から受け取った。彼らの決定は，部分的には

王立天文台長，ジョージ・エアリーの評価に基づいていた。エアリーは，当時の日記にこう書いている。"私はその問題を十分検討し，それがとるに足らないものであるという自分の意見を添えて回答した。"[11] エアリーが下したこのような苛酷な判断は，決して正当なものではなかったと思われる。彼は実際，この種の過度に保守的な評価をするという，まぎれもない前歴の持ち主であった。有名な話としては，礼砲が打ち上げられたときに，建物がこわれるおそれがあるといって，1862年の万国博覧会のために計画されていた水晶宮の建設に，彼が反対したことがある。ジョン C. アダムズに，"ゆったりとしたもったいぶった態度で"計算を急がずに繰り返して行なうように忠告したのも彼であった。ルヴェリエが海王星の最初の発見者としてアダムズを出し抜くというような結果になってしまったのはそのためである。[12] このことは後に訂正され，二人はともに共同発見者として認められるようになった。

政府とバベッジの間で，その後続けられた激しい争いについてここで詳しく述べることは，あまりにも話の本筋から離れすぎるであろう。いずれにしても，ピールは一人の友人にあてて，次のような彼の考え方を述べている。"地方の名士が集まった熱のこもらない会議の席で，x^2+x+41 の数表を計算する自動人形の開発に，多数の賛成票を投じるように提案する前に，私自身，事前に少しじっくりと考えてみたいと思います。"[13] 興味のある読者は，バベッジ自身が書いた彼との会見記が，バベッジの**断章**（Passages）の中にはいっているのを見いだされるはずである。[14] さらに忘れてはならないことは，ピールが，決して数学について無知な人ではなかったということであろう。オックスフォード大学では，数学と古典の両課目で彼は実際に"二首席"をとっており，したがって，バベッジの仕事なども十分理解することができるだけの能力を備えていた。[15]

バベッジが仕上げたところまでの，そのつくりかけの機械とすべての図面は，現在，サウス・ケンジントンの科学博物館にある。1862年の万国博覧会に展示されたのもこの機械で，いまだに動かせる状態のまま保存されている。階差機関と解析機関の一部分をそれぞれ複製して動くようにしたものが，数年前 IBM 社の展示用として実際に製作された。[16]

スウェーデンのペール・イエオリ・シュウツ（1785-1873）は，バベッジの発想に刺激されて，階差機関を製作し，1854年には，バベッジからかなりの援助を受けてその機械をロンドンで公開した。[17] このときのことをバベッジは次のように書いている。

ストックホルムの著名な出版業者であったシュウツ氏は，はるかに大きい困難に直面

しなければならなかった。機械の構造も，問題の数学的な側面も，彼にとっては全く未知の分野であった。それにもかかわらず，彼は4個の階差と14桁の数字を取り扱い，しかも，それ自身で計算した数表を印書することができるような機械の製作に着手した。

政府からの助成金と息子のたゆまない協力，そして進歩的なスウェーデン学士院の会員から寄せられた支援に助けられて，長い年月にわたる不屈の努力と破産もしかねないほどの失費の末に，彼はようやく階差機関を完成した。この機械はロンドンに運ばれ，そのしばらく後にパリで行なわれた万国博覧会にも出品されている。その後で，それは，オルバニー（ニューヨーク州）のダッドリー天文台のために，同じ町の進歩的で公共心に富んだ商人，ジョン F. ラスボーン氏によって買い取られた。

イギリス政府向けに，この機械の精確な複製がダンキン社の手で製作され，現在，サマセット・ハウスにある戸籍管理局で使われている。このイギリスの職人芸でつくられたほうの見本が，万国博覧会に出品されなかったのは非常に残念である。[18]

シュウツの機械は，1924年にシカゴのフェルト・アンド・タラント社の手に渡るまで，長年の間，オルバニーにとどまっていた。その後，この機械は，スミソニアン研究所によって取得された。[19]

シュウツは，きわめて非凡な才能の持ち主であったものと思われる。彼は，はじめ開業弁護士をしていたが，その後，"1820年代におけるスウェーデンの最も重要な政治紙"の所有権を一部取得し，その共同編集者となった。彼は，ボッカチオやウォルター・スコット，そして特にシェークスピアなど，多くの文豪の作品をスウェーデン語に翻訳しており，また，技術，貿易などに関する雑誌を刊行した。

1834年に，彼と彼の息子のエドヴァルドは**エディンバラ評論** (Edinburgh Review) にのっていたバベッジの階差機関に関する記事を読んだ。彼らは，その機械に改良と変更を加えることにたいへん興味をもち，そうした機械の製作に取り組むようになった。1843年には，その機械は実際に使えるような状態にまでなっていたが，彼らはその着想を商品として売ることには成功しなかった。その後，1851年になって，スウェーデン学士院は，さらに大掛かりな，改良された機械を製作するための資金をイエオリ・シュウツに与え，1853年に完成した。この機械が，1855年に開かれたパリの万国博覧会で金メダルを受賞したのである。1856年にシュウツはスウェーデン国王から勲爵士に叙せられ，スウェーデン学士院からも会員に選出された。彼はまた，シェークスピアの翻訳によっても，年

金や賞金を含む数々の賞を受けている．アーチボルドが引用した彼の年譜の一部にも次のような記載がある．"イエオリ・シュウツ，シェークスピアをスウェーデンの衣装で装うのに成功した最初の人．その文芸活動は，職業的な作家としてみても，きわめて広範囲に及んでおり，長い生涯を通じて晩年に至るまで続けられた．長年にわたるこのつながりは，同じ作家が文学以外の分野で名声を獲得したという事実によっても絶たれることはなかった．"

シュウツが2台の機械の製作に非常な成功を収めたのに，バベッジが不成功に終わっているのはおもしろいことである．彼らはどちらも熟練した技術者ではなかったが，それにもかかわらず，シュウツはそれを最後まで仕上げた．こうした結果になったのは，おそらく，シュウツ側が控えめな原型から出発して，その実現性を確かめてから，はじめてより大規模な，より実用性の高い装置へとすすんでいったことによるものであろう．そこには，また，気質的な問題もあったように思われる．

バベッジと彼の業績についての概観を先へすすめる前に，ここでもう二，三，**階差機関** (Difference Engine) についてふれておく必要があるように思われる．この仕事のあとで，彼が**解析機関** (Analytical Engine) とよぶはるかに複雑な機械の開発に着手し，計算機の分野に全く新しい着想を導入したことから考えても，この機械は重要だからである．

バベッジの階差機関を説明するためには，まずはじめに，数表とは何か，それが何故に重要であり，また，重要であったかなどといった，数表そのものについての概略の話をしておく必要がある．ライプニッツ，ニュートン以来，数学者，あるいはもっと一般的に，その当時，自然哲学者とよばれていた人たちは，乗算の表，対数，正弦，余弦などの表のように数学的な計算によってつくられる数表や，与えられた地域の降雨量，高度の関数として表わされたある時点の空気密度，地球上の各地点における重力定数などの場合のように，物理学的な計測，または観測によって得られる数値の表などを作成することに非常な関心を示すようになった．こうした数表は非常に古くから科学者たちが，彼らの経験を，他の人たちも利用することができるように記録する手段として考えついたものである．

数表の重要性が依然として失なわれていないことは，1943年にブラウン大学のレイモンド・C. アーチボルドが，**数表その他計算のための補助手段***という雑誌を，合衆国学術研究評議会の後援を得て発刊したことからも明らかである．この雑誌の大半のページが，

---

* Mathematical Tables and Other Aides to Computation；1960年以降，Mathematics of Computation と標題をかえて，現在まで続いている．

既存の数表の正誤表を掲載するために費やされたという事実は，バベッジが解決しようと試みたことが，いかに重要な問題であったかを如実に示すものであろう。

この例にみられるように，数表が種々の数学的な計算式によって作成される場合，たとえば，対数表のようなものについてみても，常に経験されることは，人間は多くの間違いをするということである。バベッジやハーシェルが，そうした数表を作成した人々にいらだちを感じたのも，そもそもの原因はこの点にあった。そこで，疑いもなくバベッジを強烈にとらえたのは"間違いを犯しやすい"人間を，"間違いを犯さない"機械で置き換えるという着想であった。そうして，この試みがやがては彼の生活を破壊し，彼を彼の仲間から引き裂いてしまったのである。

数表の作り方について説明し，できればその問題点を明らかにするために，バベッジがとり上げた N^2+N+41 という式の，連続した整数 $N=0, 1, 2, \cdots, 9$ に対する値が記入されている次のような非常に簡単な数表について考えてみることにしよう。この表には D_1, D_2 という見出しをつけた二つの欄が余分に設けてある。

N	N^2+N+41	D_1	D_2
0	41		
1	43	2	
2	47	4	2
3	53	6	2
4	61	8	2
5	71	10	2
6	83	12	2
7	97	14	2
8	113	16	2
9	131	18	2

上表の D_1 の欄について調べれば，そこに記入されている数が，N^2+N+1 の欄の隣り合った二つの数の差であることがわかる。D_2 の欄には D_1 欄の隣り合った二つの数の差が記入されている。D_2 欄は，すべて同じ数になっているから，私たちはほとんど何の苦労もなく，容易に，どこまでもこの表を続けていくことができるわけである。このことを確かめるために，$N=10$ のときの N^2+N+41 の値が，どのようにして乗算を行なわないで計算されるかについてみてみよう。まず，D_2 欄に記入されるのは2であることがわかっているから，D_1 に記入される数は $18+2=20$，したがって，N^2+N+41 の欄は $131+20=151$ となる。すなわち，乗除算は全く使わないで，加算だけですむことがわかる。[20]

19世紀の偉大な数学者の一人であったベルリン大学のカール W. T. ワイエルシュト

ラース (1815-1897) は，あるきわめて著しい，基本的な数学の定理を発見した。閉区間で滑らかな（連続な）任意の関数は，多項式によって誤差がどれだけでも小さくなるように近似することができるというのがその定理である。ここで多項式というのは n をある正の整数とするとき，$a+bx+cx^2+\cdots+dx^n$ といった形の式で表わされる関数である。この定理によれば，数学や物理学に出てくるたいていの関数はこのような多項式を使って，要求された精度で近似的に表わすことができることになる。さらに，すべての多項式の値は，上記のことからもわかるように，階差表によって計算していくことができる。事実，例題の場合には，私たちは2次の多項式をとり上げ，その第2階差を記入した D_2 の欄が定数になることがわかった。この場合，仮に D_3 の欄を書き加えたとしても，そこに記入されるのは0だけである。一般に，どのような多項式でも，階差はどこかで定数になり，加算だけを繰り返すことによってその値を計算することができる。3次の多項式に対しては D_3 の欄が定数，4次の場合には D_4 が定数といったようになるわけである。

バベジの階差機関――このような名前が選ばれたことに，今や読者もそれほどの異和感はもたれないであろう――は，次のような6次の多項式を取り扱うために製作されたものであった。

$$a+bN+cN^2+dN^3+eN^4+fN^5+gN^6$$

したがって，彼の機械では，$D_1, D_2, \cdots, D_6$ までの階差の欄が取り扱えるようになっていた。ラヴレース伯爵夫人は，それについてこういっている。"それ故に，この機械は，一般項が上記のような形式で表されるどのような数列の表でも，**正確に**，しかも**際限なく**作り出すことができる。それはまた，階差法によって計算していくことができるような他のどのような数列の表でも，**大小任意の範囲で近似的に**作成することが可能である。"[21]（ゴシック体は彼女の指定による。）

ここで注意しなければならないことは，この機械が機能的にみればきわめて特殊なものであって，いかなる意味でも，汎用の装置だといえるようなものではなかったということである。この機械で実行することができたのは，たとえ複雑なものではあったにしても，たった1種類のプログラム，いい換えればたった1種類の仕事でしかなかった。そうした意味では，算術の基本的な演算だけしかできなかったけれども，人間がうまく使えば，どのような数学の問題でも処理することができたライプニッツの機械よりもむしろ後退していた。それはあくまでも，特定の処理を自動化するための試みとして考えられるべきものであって，事実，その限りではきわめて輝かしい成果ではあったが，数値計算そのものを

自動化する試みではなかったのである。(こうした着想は，1786年に，J. H. ミュラーがはじめて提示したもののようであるが，彼はその機械の原型すらもつくらなかった。[22])

バベッジが，彼の傑作として知られている解析機関を考えついたのは，階差機関の開発が中断されていた1833年のことである。構想としては，この機械は現在とほとんど同じような意味で，汎用性を備えた計算機になるはずであった。それは，後述のハーヴァード大学とIBM社が共同開発したMark 1という機械にきわめて近い考え方を採用していた。解析機関は彼の生涯の目標となったものであって，1871年に死ぬまでバベッジはその仕事に専念した。その後，彼の息子H. P. バベッジはこの仕事を引き継いで，部分的にその装置を製作し，ロンドンの科学博物館にそれを寄贈している。[23]

この機械の基本的な考え方は，彼がそれ以前から手掛けていた階差機関とは全く異なっている。この新しい機械では，現在の計算機を特徴づけている着想のいくつかを彼はかなり明確にもっていた。彼は1805年，織物工業に革命的な進歩をもたらしたジャカール織機の付属品を見て，そうした着想を得たのである。

ジョセフ・マリー・ジャカールは，フランス革命が生み出した人物の一人である。彼は織機の付属機構として，織物をつくる手順を本質的に自動化するような装置を発明した。一般に織機で模様を織る場合，織工が正しくその模様をつくり出すためには，経糸のどの糸の上を通し，どの糸の下をくぐらせればよいかがわかるような図案，もしくは**プログラム**（指図書）が与えられていなければならない。基本的な模様をどこで**繰り返せばよいか**といったようなことも，指示しておく必要がある。詳細に立ち入るまでもなく，こうした仕事が非常に込み入ったもので，自動化抜きの人間の腕だけでは到底複雑な模様などは織り出せなかったことはだれの目にも明らかである。ジャカールは，彼の有名な装置を発明して，たちまちのうちに機織り作業の内容を変えてしまった。

ジャカールの装置の要点は，意図したとおりの模様を織り出すために，模様に応じてしかるべき配列で穿孔された一連のカードを使用したことである。穴のあいているところでは鉤が下からせり上がってきて，経糸の糸が引き下げられ，その結果，梭は経糸を横切るときに，あらかじめ定められた糸の上を通り，他の糸の下をくぐるようになる。[24] この装置は当初から成功を収め，1812年までに，フランスでは11,000台ものジャカール式織機が使われるようになった。[25]

バベッジが，このジャカールの装置についていっていることを読むのも，興味深いことであろう。

ジャカール式の織機は，人間の想像しうるどのような図案でも織ることができるということが知られている。……一組の厚紙でつくられたカードには，それらがジャカール式織機にかけられたとき，……図案家の手でデザインされた模様が正確に織り出されるように穴があけられている。

生産者は，彼がつくる織物の経糸，緯糸として，すべて同じ色の糸を使っても差し支えはない。たとえば，今，これらの糸が漂白されていないものとか，白いものとかであったとしよう。この場合，布地はすべて1色で織り上げられるが，その上には，図案家が考案した模様が綾織で見られるようになる。

もちろん，生産者は同じカードを使って経糸に他の色の糸を選ぶこともできる。1本1本が，すべて異なった色彩であっても差し支えはないし，また，違った濃淡のものであってもよい。とにかく，いずれの場合にも，その模様は全く同じ様式のものであって，色だけが異なるという結果になる。

このよく知られた処理過程と，解析機関との類似性はほぼ完全である。

解析機関は次のような二つの部分から成り立っている。

1. 演算の対象となるすべての変数と，他の演算の結果として得られたすべての数値が貯えられる貯蔵部（store）。
2. 演算を施される数値が常に送り込まれる作業部（mill）。

解析機関で処理することができる計算式は，いずれも，与えられた文字に対して施す一定の代数的な演算と，これらの文字が実際にとる数値によって決まるある種の変更とから構成されている。

こうした処理を行なうために二組のカードが用意される。その一つは，実行すべき演算の種類を指示するためのもの――それらは演算カードとよばれる――で，もう一つは，そうした演算の対象となるような特定の変数を指示するためのもの――この後の組のカードは変数カードとよばれる――である。各変数または定数を表わす記号は，必要な桁数の数字を収容するだけの容量をもった欄の先頭に置かれている。

これらのカードを使って，ある与えられた式の値を計算する場合には，一連の演算がしかるべき順序で行なわれるように，演算カードを組み合わせておかなければならない。また，それに対応して，もう一つのカードの組も，演算処理に必要な順序で変数が作業部によび入れられてくるように組み合わせておかなければならない。各演算にはほ

かに3枚の変数カードが必要である。そのうち2枚は先行する演算カードに指定された変数や定数とそれらの数値を表わすためのものであって，他の1枚はその演算の結果として与えられる変数を示すためのものである。

したがって，解析機関は，最も一般的な性格を備えた計算機である。たとえどのような計算式を展開することが要求された場合でも，その展開の法則は必ずこれら二組のカードによって機械に知らされるはずである。これらのカードが与えられたとき，機械は専用機化されて，その特定の計算式を処理するためのものとなる。

ある計算式のためにつくられた各カードの組があれば，将来いつでも，任意に与えられた定数を使って，同じ計算式を再計算することができる。

このように，解析機関はそれ専用のライブラリーをもつようになる。いちどつくられた各カードの組は，将来のどのような時点にでも，それらがはじめに準備されたときと同じ計算を再現する。定数の値などは，その時点でそう入すればよい。[26]

このバベィジの言葉は，全般にわたって非常に近代的なひびきをもっている。様々な演算が与えられた順序で自動的に実行されるようになるのは，この一連のカードの採用によるものであって，解析機関の秘密を解く鍵はまさしくこの点にある。ラヴレース夫人はこういっている：〝いちばんそれらしいいい方をすれば，ちょうどジャカールの織機が花や葉を織るように，解析機関は**代数的な模様を織る**。解析機関には階差機関が正当に主張することができるよりもはるかに多くの独創性が存在するように思われる。″[27]（ゴシックは彼女の指定による。）

バベィジの機械に関する差し当たっての議論は，以上で十分に尽くされている。彼の着想が，20世紀にどのような形で実現されたか，また，それがどのような意味をもっているかなどというような点については，後に改めてとり上げることにしたい。ここでもう二，三ふれておく必要があると思われるのは，バベィジ自身のこととラヴレース夫人のことについてである。

計算機について考えついたこと以外にも，バベィジは，動力計付きの車両，つり鐘型の潜水器，検眼鏡などといった機器の開発からオペレーションズ・リサーチに至るまで，きわめて広い範囲の問題に関心をもっていた。この後者に関連するものとして，彼はイギリスの郵便局における郵便物の取り扱い費用についてのきわめて興味深い分析を行なっている。彼は〝ペニー郵便制″すなわち郵便の均一料金制の早くからの提唱者であった。彼は

1週間にわたって毎晩，ブリストルの郵便袋について検討した結果，この結論を得た。彼はまた，"郵便局がその所管業務を拡張して，本や小包の輸送まで取り扱うよう進言した。"彼の著書，製造の経済性と機械 (Economy of Manufactures and Machinery) には，いろいろと興味深いことが書かれている。[28] そこには，上記の郵便業務に関するものを含めて，政治経済学の様々な問題に対する彼の知識と関心のほどが示されている。

バベッジ自身は，イギリスおよびヨーロッパ各界の，社会的にも知性の面でも最もすぐれた集団の中で活動していた。友人または知人の中には，ほんの何人かをあげただけでも，プリンス・アルバート，ウェリントン公爵，ベッセル，ブラウニング，カーライル，ダーウィン，ディケンズ，フーリエ，フンボルト，ミル，サッカレイなどがはいっている。こうしたことからも，抜群の知的資質を備えた，中産階級の上位に属するイギリス紳士としてのバベッジの明確な人間像がうかがわれる。

その多方面にわたる活躍にもかかわらず，彼は最も不幸な，環境に適応しにくい人柄であったように思われる。モーズリーは，バベッジが知識階級の同僚や，一般の人々とうまく付き合っていく能力をほとんどもっていなかったことを示唆するような様々な出来事をあげている。例えば，彼は"**イギリスにおける科学の衰退とその原因のいくつかについての考察**" (Reflections on the Decline of Science in England and on Some of its Causes) という表題の本を出版した。この本は王立協会の前会長デイヴィと，そのときの会長デイヴィス・ギルバートに対して加えられた攻撃の品のなさをもって知られている。デイヴィなどは，"協会の経費で私腹を肥やした"とまで非難されている始末である。[29]

この非難は，それ自身，下品ないい掛かりであったばかりではなく，デイヴィがすでに亡くなっていて，それに反論することができないという事実からもなおいっそう，悪質なものとみなされるようになった。しかしながら，この種の行為は，バベッジが偏執症的な状態に陥っているときには決して例外的なものではなかった。

彼は，また，普通の人々に対しても——特にイタリア人の手回し風琴屋には——恐怖症を起こして，平静に応待することができなかった。モーズリーは，もう一つ，次のような出来事も伝えている。"ある時，彼は当時，大英科学協会の会長をしていたフッカー博士に，協会の会合で彼の苦情を議題としてとり上げるように，前後の見境いもなく申し入れた。そのときの話というのはこうである。前週の金曜日に，彼と彼の下男は警官を見付けるために外へ出た。……彼らは離ればなれになり，チャールズは，数街区の間，彼をつけてきた大勢の浮浪者に，ののしり，はやしたてられて，泥まで投げつけられた。辻馬車が見つ

かったので，彼はそれに乗って警察署まで行ったが，彼は何の助けも受けなかったし，また，だれ一人として検束されたものもなかった。"[30]

　知識人としてのバベッジのはっきりとした人間像をつくり上げ，彼と同時代の人々，あるいは彼のすぐ後に続く人々と彼自身とを比較することは容易ではない。確かに，彼が考え出した解析機関の構想は，思わず息をのむほどに壮大なものであって，この着想だけでも，彼は十分に知識人の最前列に座るだけの資格がある。彼の他の研究は，それなりに着眼の良さはみられるが，それほど高度なものではなく，また，他とのつながりもなかったように思われる。彼の二つの計算機を除いては，ほんとうの知的な興味，あるいは興奮を沸き立たせるような問題に彼は出会わなかったようである。おそらく，機械をつくり上げて使用することができなかったことが，彼の他の問題に対する関心まで打ち砕いてしまったのであろう。疑いもなく，それらの機械には，彼の全精力がつぎ込まれていた。こうしたことが，大切にしていた大多数のことが思いどおりにはいかなかった，このどことなく不完全なところのある偉大な知識人の，非常にちぐはぐな人間像をつくり上げているのである。

　彼の知人によるバベッジについての洞察力豊かな考察は，おそらくこの点に関しては当を得たものであろう。モールトン卿は1915年に出版された本の中で，彼のことをこういっている。

　　私の人生の悲しい思い出の一つは，高名な数学者であり，発明家でもあったバベッジ氏を訪問したことである。彼は非常に高齢ではあったがその物の考え方は相変わらずまだ活気にあふれていた。
　　彼は私を作業室に案内してくれた。最初の部屋で，私は，何年も前に不完全な状態のまま展示され，ある程度実用に供されたことさえあった最初の計算機の一部を見た。私は，現在，それがどうなっているかを彼に尋ねた。"私はこれを完成しませんでした。この仕事をやっている途中で，その機械でできる範囲のことよりももっとたくさんのことができる解析機関*の着想を考えついたからです。実際，その着想は非常に簡単なものでしたので，この計算機を完成させるほうが，その新しい機械を全く最初から設計し，製作するよりも余計に手間がかかると思われたのです。それで，私は私の注意を解析機関のほうにふり向けることにしました。"

---

　*　原文では Analytical Machine と書かれているが，もちろん解析機関と同一のものである.

数分間話した後,私たちは次の作業室へはいっていった。そこでは,彼は解析機関の基本部分の動作を私に見せて説明した。その機械を見せてもらえるかどうかを尋ねた私に,彼はこう答えた。"私はまだそれを完成していないのです。同じことを,これとは違ったはるかにうまいやり方で処理する方法を思いついたので,元のまま仕事を続けるのはむだになってしまったからです。"

そこで私たちは三番めの部屋へはいっていった。そこには機械の一部と思われるようなものがばらばらに置いてあったが,動いている機械の形跡はどこにもみられなかった。おそるおそるこの問題にふれた私は,心配していたとおりの答えを受け取った。"それはまだ出来上がっていません。けれども,私は今その仕事をしているところですし,それを全部仕上げるのには,解析機関を私が放棄した段階から完成させるよりも短い時間しかかからないでしょう。"私は重い気分でこの老人に別れを告げた。

数年後に彼が死んだとき,彼はどんな機械も仕上げていなかったばかりではなく,彼が残した論文や機械について意見を述べることをまかされた,親切で好意的な科学者たちから成る審査会の評決も,どれをとり上げても不備なところがありすぎて,どのような有用な目的にも使用することができないというものであった。[31]

チャールズ・バベッジと彼の機械の話を終える前に,私たちは,彼の生涯に登場したある多彩な人物についても,少しふれておかなければならない。それは,バイロン卿とその妻アナベラ(旧姓ミルバンク)の間に生まれたたった一人の子供で,後にラヴレース伯爵夫人となり,ウェントワース男爵夫人の称号を継いだオーガスタ・エイダ・バイロンである。彼女の両親が別れたのは,彼女がまだ生後1箇月のときで,以後,彼女はその短い生涯の中でいちどもこの詩人に会うことはなかった。しかしながら,彼女が,この父親に対して深い愛情を抱いていたことは明らかで,ノッティンガムシャーにあるバイロン家の墓に,父とともに埋葬されることを強く望んでいた。父親と娘はどちらも36歳でこの世を去り,ともにニューステッドの墓地に隣り合わせに葬られている。"チャイルド・ハロルドの遍歴"(Childe Harold's Pilgrimage)(第3部)にある次の数行からもわかるようにバイロン自身もまた彼女には深い愛情を抱いていた。

  わが娘よ！　なんじの名もてこの巻ははじまりき,
  わが娘よ！　なんじの名もて巻は終わらむ。

見ずも聞かずも何人も
わがごとく，なんじを思うものあらじ
なんじは遠き年の影及ぶところの友にこそ，
わが面影を見ざるとも，
そだたむ後のまぼろしにわが声まじり，
（我の心は己に冷え，ただ思い出の音のみなる
そのとき）父の墓よりぞなんじの心に届きにしかむ。

土井晩翠訳，新月社刊，1949. 4. 10.

彼はエイダとの離別を非常に思い悩んでいたに相違ない。"臨終の床で，彼は，'ああ，私のかわいそうな，いとしい娘！ 私のいとしいエイダ！ 彼女に会うことができさえすれば……' とうめくようにいって，召し使いのフレッチャーに，彼の祝福の言葉を彼女に伝えるよう指示した。" とモーズリーは書いている。[32]

エイダは知的にも芸術的にもきわだった才能を発揮した，非常に天分の豊かな才媛で，15歳のころにはすでに抜群の数学的な才能をあらわしていた。彼女はその時代の有名な数学者で，代数学の近代的な概念を確立したイギリスの"改革者"の一人として前にもあげたことのあるオーガスタス・ド・モルガンの教育を受けている。

バベィジとエイダが顔見知りになったのはその時代のことで，バベィジに会うためにしばしば彼女に付き添ったのが，ほかならぬド・モルガン夫人とマリー・サマーヴィルであった。エイダがバベィジの解析機関を見学した，あるはじめのころの訪問についての次のような記述は，ド・モルガン夫人によるものである。"同行した他の人たちは，あたかもはじめて鏡を見，はじめて鉄砲の音を聞いた野蛮人の群れのような表情と驚きをもって，この美しい機械に見とれていたのに，まだ年端もいかないバイロン嬢がその働きを理解し，それがいかにすばらしい発明であるかを認めた。"[33]

バベィジは，有名な天文学者で，かつ数表の編集者でもあった友人のジョヴァンニ・プラーナ男爵の招きを受けてトリノを訪問し，そこで，著名な人たちのグループに一連の講義をしたことがある。解放統一運動の指導者で，後にイタリアの首相にもなったルイジ・メナブレア将軍（1809-1896）も，そのときの聴講者の一人であった。メナブレアはバベィジの研究に非常な感銘を受け，その講義の要約をこしらえて，1842年にジュネーブのビブリオテーク・ユニヴェルセール社から出版した。[34] ラヴレース夫人はこの講義録を英訳

しようと決心し,バベッジは幅広く解説を補って,メナブレアの要約を敷衍するように,この若い婦人——彼女はそのとき27歳であった——にすすめた。実際,彼女の訳注は本文のほぼ2倍の長さにもなっている。[35] それらの解説は非常にうまく書かれており,彼女が母親のもっていた数学的な才能に加えて,明らかに父親から受け継いだと思われる美しい文体を自分のものにしていたことがうかがわれる。モーズリーは,バベッジが彼女の原稿に手を入れたことに強く抗議した彼女の手紙の一つを引用している。"あなたが私の訳注を修正されましたことに,私はたいそう,困惑しております。ご承知のように,私はどのような変更でも,必要とあれば私自身の手で喜んでいたしますが,私以外のだれかが私の文章に手を入れるのは耐えられないのです。"[36] こうしたことがあったにもかかわらず,彼女の訳注はバベッジの研究の卓越した解説になっており,彼自身も,それらがすぐれたものであることをはっきりと認めた。この二人は互いにすばらしい友人であって,その親密な交際は,彼女の悲劇的な不時の死に至るまで続いた。

1835年にエイダ・バイロンは,ラヴレース伯爵を継ぐことになっていたキング卿と結婚した。彼女は,この章の話の主題ではないが,きわめて魅力的な人物であるし,彼女の努力のお蔭で,バベッジの研究がわかりやすくなったということからも,ここでとり上げるだけの価値がある。意外なことに,彼女について書かれたものはほとんどなく,ボーデン卿が彼女の手紙を有効に活用して,彼女の人柄をおもしろく描き出すことができたのは,彼女の孫に当たるウェントワース男爵夫人のお蔭である。[37] 私たちはまた,モーズリーによるバベッジの伝記の中の,エイダに関するかなり長い記述にも感謝したい。

原著者脚注

[1] Mabeth Moseley, *Irascible Genius, A Life of Charles Babbage, Inventor* (London, 1964).

[2] Bell, *Men of Mathematics*, p. 438.

[3] Moseley, p. 64 および p. 75 ; Philip and Emily Morrison, *Charles Babbage and his Calculating Engines, Selected Writings by Charles Babbage and Others* (London, 1961). 特にモリソンの本には,この研究についてのすぐれた紹介がある. Lord Bowden 編. *Faster than Thought* (London, 1953), chap. I も併せて参照されたい.これらどの文献にも,バベッジの人柄の様々な面が描かれている. バベッジ自身が書き残した *Passages from the Life of a Philosopher* (London, 1864 ; 1968 年に再刊されている.) も一読の価値がある. この本には,きわめて質の高い論文からつまらないものまで,深い内容のあるものから平凡で悪趣味な愚にもつかないようなものまで,種々雑多な

ものが混在している．事実，彼の一生の大半は，このような有様であった．彼の行動がこれほど特異であったにもかかわらず，彼が多数のすぐれた，真心のある友人をもっていたことは不思議なことである．

4 Babbage, *Passages*, p. 42.
5 P. and E. Morrison, 前出, p. xiv.
6 Moseley, p. 69.
7 G. M. Trevelyan, *British History in the Nineteenth Century and After*, 1782-1919 (New York, 1966), p. 153. 読者は，このすぐれた歴史書から，私たちがここでとり上げている時代について多くのことを学ばれるに違いない．
8 Thomson and Tait, *Principles of Mechanics and Dynamics* (London, 1879), part 1, p. 458.
9 *Brewster's Edinburgh Journal of Science*, vol. 8 (1822), p. 122 にある，バベィジからデイヴィにあてた1822年7月3日付の手紙．
10 Moseley, p. 73.
11 Moseley, p. 145.
12 Lord Bowden, *Faster than Thought*, p. 14 以下参照のこと．
13 Moseley, p. 17.
14 Babbage, pp. 68-96.
15 Trevelyan, 前出 p. 267.
16 Bowden, 前出, p. 10 および Morrison, p. xvii.
17 Morrison, p. xvi.
18 Babbage, *Passages*, p. 48. 戸籍管理局はこの機械を使って，イギリスの保険会社が何年かの間使用した平均余命表を作成した．その後，1914年になって，"この機械はサウス・ケンジントンの科学博物館に寄贈された．それは今でもそこに展示されており，ときどきそこを訪問する専門家のために運転されている．"
19 シュウツの業績に関する，簡単ではあるがすぐれた記述が R. C. Archibald の論文 "P. G. Scheutz, Publicist, Author, Scientific Mechanician, and Edward Scheutz-Biography and Bibliography," *Mathematical Tables and Other Aids to Computation*, vol. 2 (1947), pp. 238-245 にある．同じ vol. 2 で，アーチボルドは，ストックホルムのマルティン・ウィベリ (1826-1905) が1874年ごろ設計したシュウツの機械の改良型についても簡単な紹介をしている．
20 バベィジは，明らかにこのような表そのものを32桁までの精度が保たれるように，彼の機械で計算し，毎分33回の割合で結果が得られることを見いだした．そこで，彼はその計算速度を毎分44回まで上げた．これらの速度は人間が到達しうるぎりぎりいっぱいの線よりもまだ上回っている．たぶん，こうしたことも，この機械がそれほど重要視されなかった理由にはなっているものと思われる．この点については前に述べた議論を参照されたい．
21 'Luigi F. Menabrea, *Sketch of the Analytical Engine Invented by Charles Babbage, Esq.*, Bibliothèque Universelle de Genève, No. 82, October 1842. 訳注をつけてラヴレース伯爵夫人，オーガスタ・エイダの手で英訳された．Taylor's Scientific Memoirs, vol. 111, Note A, p. 348. この本の内容はボーデン卿およびモリソンの本に再録されている．
22 d'Ocagne, *Le Calcul Simplifié*, p. 74.
23 Moseley, p. 260.

第2章 チャールズ・バベッジと解析機関　31

²⁴ おもしろいことに，ジャカール・カードを作成する工程それ自体は，ごく最近に至るまで非常に骨の折れる作業であった．事実，織物のデザイナーは，経糸と緯糸の関係位置が各交差点でそれぞれどのようになっているかを示すような図面を紙の上に書き，穿孔作業はその図面を見ながら行なわれていた．1960年代の半ばごろ，IBM社のジャニス R. ルーリー嬢の手で，電子計算機を使ってこの穿孔作業を自動化する非常に巧妙な方法が見いだされた．1968年にテキサス州サンアントニオで開かれた半世紀展では，この方法の実演が動いている機織機を使って行なわれている．つまり，計算機の着想を生み出したものが，逆に計算機でつくられるようになったわけである．

²⁵ *Encyclopaedia Britannica* (1948)，" Jacquard, Joseph Marie " の項を見よ．

²⁶ Babbage, *Passages*, pp. 117 以下．

²⁷ この言葉は Menabrea, *Sketch of the Analytical Engine Invented by Charles Babbage* に英訳者がつけた解説，Note A から引用した．Morrison, 前出, pp. 251 - 252 参照．ラヴレース夫人については後でもう少しふれる．バベッジが計画していた解析機関の性能は決してありきたりのものではない．彼の考えによれば，その機械は50桁の数を1,000個記憶するだけの容量をもち，乗算は毎分1回，加算は毎秒1回といった演算速度で行なわれることになっていた．これらのことについても，後でもういちどふれる機会がある．

²⁸ 1832年にロンドンで出版された．

²⁹ Moseley, p. 108.

³⁰ Moseley, p. 250.

³¹ Lord Moulton, " The Invention of Logarithms, Its Genesis and Growth," *Napier Tercentenary Memorial Volume*, C. G. Knott 編 (London, 1915), pp. 19 - 21, ジョン・フレッチャー・モールトン (1844 - 1921) は，はじめケンブリッジ大学で数学を専攻した．後にクライスト・カレッジの特別研究員をやめて，法曹界にはいり，ついには上院司法参与になった．

³² Moseley, P. 156.

³³ Lord Bowden, *Faster than Thought*, p. 20 に引用されている．

³⁴ 同上, p. 21 に引用．

³⁵ Morrison, pp. 225 - 297 参照．モリソンの本に再録されたものでは，本文は225ページから245ページまでで，ラヴレースの解説が245ページから297ページまでにわたっている．

³⁶ Moseley, p. 170.

³⁷ 彼の著書, *Faster than Thought* にある．

第3章

天文航海暦

　18世紀の半ばごろまでは，船員が経度を計算するのに役にたつような満足な方法は何もなかった。このことは，もちろん，長い距離を航海してある程度の正確さで，あらかじめ定められた港に到着しなければならない船員たちの間では非常に重大な問題になっていた。

　原理的には，時間の関数として月の位置を与える正確な表さえあれば，経度を決定することは困難ではない。問題は，いかにしてそのような表を作成するかという点にある。月の運動は，主として地球および太陽と，月との相互作用から合成されているきわめて複雑なものだからである。

　航海術に果たしてきたその重要な役割のために，月の運動の研究は，長年にわたって，人々の科学的な興味の対象となってきた。最も古いところでは，紀元前2世紀のヒッパルコスによる月の位置に関する記述がある。けれども，この非常に困難な問題に，最も重要な貢献をしたのはアイザック・ニュートンのプリンキピア（Principia；自然哲学の数学的原理）であった。彼は，ハリー*に，月の運動論のことを考えると"頭が痛くなって，たびたび眠れないようなこともあるので，もうそのことは考えないようにしたい"と書き送った。これが三体問題として知られているもののはじまりである。

　事実上，18世紀のすべての偉大な応用数学者の仕事は，ニュートンの理論を改良するために行われた。特に傑出した人物としては，オイラー，クレロー，ダランベール，ラグランジュ，ラプラスなどの名があげられる。この時代には，月の位置を示した正確な表の重要性はきわめて大きかったので，イギリスをはじめとしたいくつかの国の政府がそのような表に賞金を提供していた。それに関連して，オイラーは1746年に予備的な段階の不十

---

　*　ハリー彗星で有名な，ニュートンと同時代のイギリスの天文学者．

分な表をはじめて出版し，その翌年，クレローとダランベールがともに，同じ日に，月の運動論に関する論文をパリ学士院に提出した。どちらの論文にもいくつかの難点があったが，クレローはそれらを 1749 年に解決し，1752 年にはサンクト・ペテルブールク*学士院から提供されていた賞金を獲得した。彼とダランベールが，それぞれ月の表をその運動論とともに出版したのは 1754 年のことである。一方，オイラーは，1753 年に彼の月の運動論の訂正版を発表した。ゲッティンゲンのヨハン・トビアス・マイヤーは"オイラーの表を観測の結果と比較して，非常にうまくそれらを訂正したので，彼とオイラーはそれぞれ 3,000 ポンドの賞金をイギリス政府から受け取った。"[1]

1755 年にマイヤーからそれらの表を受け取ったイギリス海軍省は，それを第三代王立天文台長であり，偉大な天文学者の一人でもあったジェームズ・ブラッドリーに引き渡した。ブラッドリーはその仕事の価値を認め，それらの表を，経度を計算する手段として利用するように勧告した。事実，彼は，それらの表が 1 度の 1/2 以下の誤差で経度を与えることができるというように評価していた。[2]

第五代王立天文台長になったネヴィル・マスケラインは，ブラッドリーの死後マイヤーの表を見て，**グリニジ王立天文台を通る子午線を基準としたイギリス航海暦および天体暦**の作成にとりかかった。マスケラインの部下の人たちはマイヤーの表を使って，毎日の正子および正午における位置を示す使いやすい天体暦——月の位置の表——をつくり上げた。1767 年に出版されたこの天体暦の初版のまえがきに，マスケラインはこう書いている。

　先ごろの法令によって付与された権限を行使して，経度委員会は，ここに 1767 年用の航海暦ならびに**天体暦**を公刊する。この仕事は今後毎年続けられることになっており，天文学，地理学，あるいは航海術などの進歩に大いに貢献するに違いない。この**天体暦**には，これまでに出版されたどの天体暦にも出ているような，一般の使用には欠くことができない各種の事項のほかに，この種の出版物ではいまだかつて公にされたことがなかった，有用かつ興味深い事項が多数記載されている。ゲッティンゲンの故マイヤー教授の努力によって，月の表は，それらを使用した何人かの人の試験結果にもあらわれているように，経度が，海上でも 1 度以内の誤差で求められるようなところまで精確なものになった。困難な長い計算が必要であったことが，それらの表が一般に使用されるようになるのを妨げていた唯一の障害であったように思われる。この**天体暦**がつくられ

---

* 現在のレニングラード．

たのはそうした障害を取り除くためである。これによって，船員は表から月の位置を計算し，さらに，対数計算で距離を秒の単位まで求めるというような作業をしなくてもすむようになった。それらの計算はこの作業の最も重要な部分で，そのうえ，きわめて間違いやすい部分でもあった。この**天体暦**を利用することにより，経度を求める作業は，今やある意味では時間を計算することと表を操作することに還元されたのである。……

太陽と月に関連したこの**天体暦**のすべての計算は，マイヤー氏の最も新しい手書きの表に基づいて行われた。それらの表は同氏の死後，経度局が受け取ったもので，私の校閲を経て印刷され，遠からず出版される運びになっている。……[3]

マスケラインが死んだのは1811年で，航海暦もそれ以後のものは間違いだらけの全くあてにならない代物になってしまった。——それがあまりひどくなったので，1830年には，イギリス海軍省は王立天文学会に対して，そうした状態を改めるよう要請している。この改訂が行なわれた結果，1834年版の**航海暦**は著しく改善された正確な位置推算表になった。

バベッジが，イギリス政府の援助を確保することができたのは，おそらく，こうした状況が考慮されたからであろう。また，バベッジが実際に使えるような機械の製作に失敗したのが，あいにく非常にそれが必要な時期に当たっていたことが天文学者エアリーをして，前に述べたような極端な判断をさせたということも，きわめてありそうなことである。[4] いずれにしても，バベッジが活躍していたのは，天体力学や天文学全般が急速に発展し，月の軌道理論とその位置の表が多数開発されていた時代であった。月の運動論の歴史について，ここで詳しく述べるつもりはないが，バベッジが生きていた時代の，その方面の状況を要約した，次のようなモールトンの記述は興味深いものである。

ダモアゾー〔原文のまま〕(1768-1846) は，ラプラスの方法を高い近似度で具体化した。彼が作成した表は，1857年にハンセンの表がつくられるまでは広く一般に使用されていた。プラーナ (1781-1869) は，1832年に，ほとんどの点でラプラスのそれと同じような理論を発表した。不完全な理論がラボック (1803-1865) によってつくられたのは1830-34年のことである。こうした新しい方向に沿った大きな進歩は，1838年と1862-64年の再度にわたって，ハンセン (1795-1874) によってもたらされた。1857年に出版された彼の表は非常に広く航海暦に採用されるようになった。ド・ポンテクーラ

ン(1795-1874)〔原文のまま〕は1846年に彼の**天体系の解析的理論**(Théorie Analytique du Systéme du Monde)を出版した。……数学的にも非常に洗練された美しさをもち,しかもきわめて高い近似度を実現した新しい理論は,1860年と1878年にドローネイ(1816-1872)によって発表された。[5]

バベッジの時代には,ほかにも重要な計算がいくつか行なわれている。そのうち最もよく知られている二つの計算は,海王星の発見という成果をもたらした。バベッジの友人の,ジョンの父親にあたるウィリアム・ハーシェルの手で,天王星の発見が行なわれてからしばらく後になって,その惑星の軌道が計算に示された本来のものとは違っていることが判明した。1845年に,イギリスのジョン・カウチ・アダムズとフランスのユルバン・ジャン・ジョセフ・ルヴェリエは,別々に,天王星の軌道を混乱させているさらにもう一つの惑星が存在することを主張した。彼らは,天王星の変則的な行動を正確に説明することができるような,この未知の惑星の大きさと軌道を計算した。その結果,ルヴェリエから要請を受けたベルリン天文台のガルレが1846年9月23日に,この惑星,すなわち海王星を発見したのである。

原著者脚注

[1] F. R. Moulton, *An Introduction to Celestial Mechanics* (New York, 1931), p. 364. このことに関する E. T. ベルの記述は,細かい点で多少異なっているが,本質的なものではない. Bell, *Men of Mathematics*, p. 143 参照. これらのいずれとも異なったことが Arthur Berry, *A Short History of Astronomy* (London, 1898), p. 283 には書かれている. ベリーによれば,賞金は1765年にマイヤー未亡人に支払われ,彼の運動論と表は,1770年に,イギリス経度局の費用で出版された. これがみたところ,正しいもののように思われる.

[2] Berry, p. 283.

[3] *The Astronomical Ephemeris and The American Ephemeris and Nautical Almanac*, (London, 1961), p. 3.

[4] 前章 p. 17 を見よ.

[5] Moulton, 前出, p. 364. ダノアゾー (Danoiseau) の名前の綴りと,ド・ポンテクーラン (1764-1853) の生,没年が誤って引用されている

第4章

イギリスの大学：マクスウェルとブール

　天文学や天体力学がバベィジの時代に著しい発展を遂げたことは，以上に述べたとおりである。しかしながら，自然科学の他の部門で，同じような状況がみられるようになったのは，まだしばらく後のことであった。したがって，物理学の他の部門では，大規模な計算などは試みられたことがなかったし，また，実際に必要でもなかった。事実，一般的な原則としていえば，これらの分野では，問題になっている現象を専門家が数学的な形式で明確に書き表わすことができない限り，大規模な計算は企てられなかったのである。

　こうした定式化は，たとえば電気学の分野では，バベィジの時代には可能ではなかった。マクスウェルのすばらしい研究の基礎になった，マイケル・ファラデー (1791 – 1867) の見事な実験が行われていたのが，ちょうどそのころである。ケンブリッジ大学に，ようやく実験物理学の講座が設置されたのは，バベィジが亡くなった年のことであった。1871年に，ジェームズ・クラーク・マクスウェル (1831 – 1879) は，"特に熱，電気，磁気などの問題について研究し，教育すること"を目的としていたその講座の教授職に任命された。ケンブリッジ大学で物理学の講義が行なわれたのは，これがはじめてであった。それ以前には，物理学に関する研究はすべてイギリスの大学組織の外で行なわれていた。キャヴェンディッシュ研究所が，特にクーロンやファラデーに先行する業績を残した著名な物理学者，ヘンリー・キャヴェンディッシュ (1730 – 1810) を記念して，研究所の理事長で，彼とは縁続きのデヴォンシャー公爵から，ケンブリッジ大学に寄贈されたのは1874年のことである。マクスウェルの不時の死に伴って，レイリー卿がその所長の地位についたのは，1879年のことであった。

　バベィジの時代の大学の全般的な雰囲気は，現在のものとは非常に異なっていた。この

違いを頭に入れないで，私たちの経験からその時代のことを類推するのは誤りである。イングランドとウェールズを合わせても，その当時あった大学はオックスフォードとケンブリッジだけであったにもかかわらず，1827年までは，カトリック教徒や非国教派の人々，ユダヤ人などは，1856年まで廃止されなかった法令のお蔭で，これらの大学への入学を拒否されていた。さらに，バベッジが亡くなった年までは，いろいろな制限が設けられていて，こうした人々は，これらの大学では，特別な資格を必要としない仕事にもつくことができなかった。このように，これら二つの大学は，最も有能な人々の何人かを科学と政治の分野から締め出していたのである。18世紀には，ケンブリッジ大学の入学者は，毎年200人足らずしかなかった。1820年代にはそれが400人になり，1870年代には600人，1890年代には900人というように増加した。しかしながら，オックスフォードやケンブリッジがこの間にすっかり変わったなどと想像してはならない。A. J. P. テイラーがいっているように，1920年代になってもまだ"2種類の教育課程が，クラス別に設けられ，支配階級と被支配階級に対して，質的にも内容的にも異なった教育が施されていた。"1 こうした点を裏付けるものとして，彼は，"労働階級の家庭からきた学生が，100人に1人の割合でしかいなかった"という事実を述べている。

この排他的な大学制度は産業革命によって，教育がそれまでより以上に社会の全員に欠かせないものになってきた時代にも続いていた。1823年にジョージ・バークベック (1776-1841) は，彼の最初の機械工講習所をスコットランドに創設した。同じような専門学校は，ヘンリー・ブルーアム (1778-1868) の保護の下にイングランド地方にも広まった。これらの学校は，技術的な訓練が，ちょうどイギリスでも最も必要とされていた時代に，そうした訓練が受けられるような便宜を現場で働いている人たちに提供した。そこでは，年間わずか1ギニーという授業料で，技師や機械工がその仕事を習得することができたのである。生徒の大多数は中産階級の出身ではなかった。たとえば，蒸気機関車を発明したスティヴンソンも，17歳のころには，読み書きすらも独習しなければならなかった貧しい家庭の少年であった。

1827年にブルーアムは，ユニヴァーシティ・カレッジをロンドンに設立した。そこでは学生や教職員に対する宗教的な審査はなく，また教科課程からも神学関係の教科が一切なくなって，オックスフォード，ケンブリッジから締め出されていた人たちでも，まともな教育が受けられるようになっていた。この学校で，最も重視されていたのは科学であった。イギリス国教会が，その向こうを張って，ロンドンにキングズ・カレッジを創立した

のは1828年である。1836年にはロンドンにあったこれら二つの学校は統合されて，ロンドン大学になった。この新しい大学は1878年に，女性が学位を取得することを承認し，それ以後に設立されたイギリスのすべての大学の模範になったのである。

1860年代になってもまだ，オックスフォード大学でトーマス・ハクスリー（1825-1895）が研究を行ない，その結果を神学的な意味合いなどにはかかわりなく主張するというダーウィンの権利，あるいは，より一般的には科学の権利について弁護しなければならなかったという事実は，記憶にとどめておく価値がある。トレヴェリヤンは，こういっている。

　　科学は，まだ確立した社会体制の中には組み込まれていなかった。自分の金を使って独力で仕事をしたプリーストリーやダーウィンのように，昔は，大多数の研究活動が各個人の努力によって行なわれていた。この個人的な研究開発の時代は，やがてきわめて徐々にではあるが，財団などの支援による組織的な研究活動の時代へと移行していった。ケンブリッジ大学に，自然科学優等卒業試験の制度が設けられたのは1850年代のことである。こうした制度が発足するまでになったのは，大学の名誉総長でもあった，女王の夫君の理解ある支援によるところが少なくない。彼が王室の人であったことが，最も反啓蒙主義的であったこの大学の中で，新しい知識を習得することに対する反対分子を沈黙させてしまったのである。60年代にはいると，科学は，それ自身，世の中で一つの力として認められるようになってきた。そして，この自由と承認を獲得するための努力がさらに続けられたことによって，科学は，その闘争の旗印に掲げられた"進化"という言葉とともに，広く自由主義的な改革運動にも，好ましい影響を及ぼさずにはおかなかった。[2]

おもしろいことに，スコットランドの長老教会は，自由な思考を抑圧したりしなかったし，またすべての人に教育を施すことにも熱心であった。したがって，スコットランド地方の大学の実情は，イングランドやウェールズ地方におけるそれとは全く異なっていた。1904年にケルヴィンがグラスゴー大学の総長に就任したときにも，彼は次のようにいうことができたのである："アダム・スミス，ジェームズ・ワット，トーマス・リードの大学は，いまだかつて停滞したことはなかった。2世紀と1/4にわたって，それはきわめて進歩的であった。大学に人体解剖学の実験室ができたのは，ほぼ2世紀近くも前のことである。75年前には，化学の学生のための最初の実験室がつくられ，65年前にはイギリス国

内でははじめての工学の教授職が設けられた。50年前には，大学には最初の学生用の物理実験室——古い教授の家の，空いていたブドウ酒貯蔵庫を利用したもので，数年後には，使われていなかった試験室を併合して拡張された——を備えた。34年前……大学は生理学と動物学の実験室を獲得した。"[3]

実験物理学の講座が新設され，マクスウェルがその教授に任命されたことは，明らかにイギリスの教育界にとっては最も注目すべき出来事であった。キャヴェンディッシュ教授職を占めるのに，マクスウェルより以上に強力な人物を考えつくことは，おそらく不可能であろう。(彼は電気学の分野におけるキャヴェンディッシュの研究業績をまとめて編集した。それらの大部分は，キャヴェンディッシュにその意志がなかったために，公表されていなかった。)さらに付け加えるならば，キャヴェンディッシュ研究所を強化して，イギリスにおける実験物理学の研究に先鞭をつけたのも彼であった。マクスウェルの後継者，レイリー卿(ジョン・ウィリアム・ストラット，三代めのレイリー男爵，1842-1919)は，物理学教育を，彼の活動のすべてにみられるような徹底的なやり方で確立することに着手した。熱，電気，磁気，物質，光，音などに関する近代的な実験教科がしっかりとした基礎の上につくり上げられたのは，レイリーと彼の協力者たちのお蔭である。

マクスウェルも，レイリーも，物理学の教授の地位をバベッジが数学の教授に任命されたときのように，閑職とはみなしていなかった。教授の職にある者が，各学年ごとに18週間は大学内に居住し，その間に40回以上の講義をすることは，むしろ当然とされていたのである。[4] いちども大学に住み込んだことがなく，また講義をしたこともなかったバベッジとは，その点でも彼らは全く対照的であった。

天文学と数理物理学の伝統に違いがあることは，おぼろげながら，以上のようなことからもある程度はうかがわれる。天文学の分野には，きわめて膨大な表を，高い精度で正確に作成するために，大規模な計算をするという，長年続いてきた伝統があった。一方，物理学では，当時はまだ計算をするという伝統はほとんどなかったし，後年，それが発展してからは，比較的に小規模で，その場限りの——今日，俗に"てっとり早くて雑な"といわれているような——計算がむしろ必要になった。物理学者たちはあまりにも包括的な一般化をめざしていたので，通常は，天文学者が使っているような膨大な数表などは必要としなかったのである。その代わりに，彼らが必要としていたのは様々な現象を記述する運動方程式の，かなり大ざっぱな解を求めることであった。こうした差異があったために，物理学者たちは，天文学者とは全く異なった路線をすすむようになった。これら二つの集

団が，ようやく同じ道を歩くようになったのは，近代的な汎用の電子計算機が出現した，ごく最近になってからのことである。

ついでながら，計算というものに対するマクスウェルの見解を読んでおくのも興味深いことであろう。彼は，大英科学協会で行なったある講演の中で，こういっている。

　私には，数量というものが，それ自身，算術や代数の規則に支配されており，したがって，大多数の人が，それだけが数学だと考えているような，無味乾燥な計算の対象にもなりうるという事実をここでとり上げるつもりはありません。

　計算機の仕事を代行しているようなときには，人間の知性はめったに満足させられることはありませんし，また疑いもなく，その最高の機能を発揮するようなこともないでしょう。数学者であれ，物理学者であれ，とにかく科学の研究に従事している者がめざしているのは，彼が取り組んでいる対象のより明確な概念を把握し，それを発展させることであります。こうした目的を果たし，最終的に彼の考え方をより明確にすることが可能でありさえすれば，長い計算に取り組んで，一時期，計算機になりきることも彼はいとわないのです。[5]

イギリスの大学の状況についての手短な解説を終わる前に，バベッジより1世代後で活躍したジョージ・ブール（1815－1864）について二，三ふれておくことは，問題点をより具体的に把握するために役だつであろう。ブールはリンカーンの貧しい中流階級の両親の下に生まれ，宗教のいかんにかかわりなく，大学へは行けないような階層の子供として成長した。その代わりに，彼は，6歳年上のアブラハム・リンカーンのように独学した。ラテン語やギリシア語も，彼は独りで習得したし，驚くべきことに，彼の父親は彼に数学の手ほどきをすることができた。16歳で両親を養うために働きに出なくてはならなくなった彼は，小学校の代用教員の仕事につき，二つの学校で4年間にわたって，実際に教鞭をとった。この期間に，彼は聖職につくための準備として，フランス語，ドイツ語，イタリア語などを独習している。ベルはそのことをおもしろがって，こういっている："神についていわれてきた様々な論議にかかわりなく，その最もきびしい批判者でさえも，神がユーモアのセンスをもち合わせていることだけは，認めざるを得ないであろう。神は，ジョージ・ブールが，かりそめにも牧師になるということの馬鹿々々しさを見すかして，この青年の熱意がもっとそれにふさわしい方向に向くように，巧みに切り替えさせた。"[6]

20歳のときにブールは自分で学校を開いて、彼自身、数学——正真正銘の高等数学の勉強をはじめた。彼は、その当時の偉大な数学者の書いたものに手当たり次第目を通して、その内容を残らず自分のものにしてしまった。この孤独な研究活動は、スコットランド人、D. F. グレゴリーの斡旋で世に出た数々のすぐれた成果を生み出している。彼はケンブリッジ数学雑誌（Cambridge Mathematical Journal）の編集者をしていたので、ブールの仕事を広く数学者たちの目にふれさせることができたわけである。彼の貢献が全体としていかに大きいものであったかは、バートランド・ラッセルの次のような要約からも判断することができる。"純粋数学は、1854年に発表された研究の中で、ジョージ・ブールによって発見された。"

私たちの立場からみれば、いわゆる有限差分計算法に関する研究も、彼の重要な貢献の一つであった。この手法は、数値解析に携わっている人にとっては欠かすことのできない道具であって、その完成を助けたブールの業績は、決して無視しうるようなものではない。

しかしながら、最も重要なものは彼の形式論理学に対する貢献である。1848年に、彼は**論理の数学的解析**（The Mathematical Analysis of Logic）という標題の小冊子を出版した。この本は、論理と確率の数学的理論の基礎をなす思考法則の研究* という、1854年の彼の大著の先ぶれとなるものであった。[7] これらの本の中で、彼は論理を厳密な数学的形式で表現した。ちょうどエウクレイデスやその他の人々が幾何学について行なったのと同じように、彼は論理学に、はじめて公準や公理を設定したのである。そのうえ、彼はすべての課題に対して、代数的な取り扱いを行なった。彼の本の第1章には次のように述べられている。

1. 以下の目的は、推論が行なわれる際の、知能の働きの基本的な法則を探求すること、それらを代数計算で使われているような記号法を使って表現すること、そうした基礎の上に立って、論理の科学を確立し、その方法を提示すること……そして最終的に、これらの研究の過程で明らかにされた真理の様々な要素から、人間の知性の本質と構造に関するいくつかのもっともらしい仮説をまとめることである。

---

* An Investigation of the Laws of Thought, on which are founded the Mathematical Theories of Logic and Probabilities. 通常は省略して、Laws of Thought という標題で引用されている。

3. こうした構想のある部分は，すでに他の人々によってとり上げられてはいるが，その一般的な物の考え方や方法，さらにはその成果の大部分は，はじめてのものであると信じる。したがって，この章では，本書の論述の真の目的が理解され，問題の取り扱いが容易になるようにするために，予備的な記述と解説を与えておくことにする。

　まず第一に意図されていることは，推論を行なう際の知能の働きについての基本的な諸法則を解明することである。この場合，知能の働きが実際になんらかの意味で法則に従い，それ故に思考の科学が可能であるといったような，証明をするための論議などは必要ではない。仮にそうしたことが，疑問の余地のある問題であったとしても，その疑問は論点を演繹的に整理するという努力によって解決されるべきものではなくて，反対者の目を，具体的な法則の存在という明らかな事実にふり向け，実際の科学そのものを学ばせることによって解決されるべきものである。したがって，その疑問に対する解答はこの序章で与えられるものではなく，本書の論述そのものによって与えられる。…………

4. 他のすべての科学と同様に，知能の働きに関する科学は，まず第一に観察に基づいていなければならない。——このような観察の対象は，まさしく，私たちがその法則を決定しようとする際の，作用と過程そのものにほかならない。…………
　………………………………………………

6. 一般的な推論における知能の働きと，代数学という特殊な科学におけるそれとの間には，密接な類似点があるばかりではなく，両分野における作用を支配する法則にはかなりの範囲にわたって正確な一致がある。…………

　さて，以下の各章で展開される具体的な研究では，論理学は，実践的な立場からみれば，一定の解釈を伴った記号によって表現され，その解釈だけに基づいた法則に従う処理の体系にほかならないことが示される。けれども，同時に，そこではこれらの法則が，ある一点を除いては，形式的に代数学の一般的な記号に対する法則と同一であることが明らかにされる。その一点というのは，論理学の記号に対しては，数量を表わす記号の場合には成り立たないような特別な法則が成り立つ（第Ⅱ章）という事実である。…………[8]

ブールの不朽の研究は，長年の間，何か特異なもののようにみなされていた。形式論理学を真面目な数学者がとり上げるようになったのは，ようやくホワイトヘッドとラッセル

が，1910-13年に，数学の原理 (Principia Mathematica) という大著を書いてからのことである。それ以来，この分野は発展を遂げて，今日，ゲーデルやコーエンのすばらしい研究成果が世に送り出されるところまでに成長した。

いずれにしても，ブールの論理学に対する貢献があって，テューリングやフォン・ノイマンなど，それ以後の論理学者たちの研究もはじめて可能になったのである。後に述べるように，このフォン・ノイマンの研究は，電子計算機の開発に際してはきわめて重要な役割を果たしている。数学的な演算が，本来どのようなものであるかといったようなことの理解については，すでにバベィジですらも，ド・モルガンやハーシェル，ピーコックなどの考え方に加えて，ブールの着想から多くのものを得ていた。バベィジが，数学的な演算と，その対象となる数量の概念をどのように理解していたかは，前に述べたとおりである。そうした理解をはじめて可能にしたのが，この時代の，このイギリスの代数学者たちのグループ* であった。

バベィジやその後継者たちが，必要な論理演算を実行するような計算機構を設計することができるようになったのは，ブールによって，論理学が非常に簡単な，今日，ブール代数とよばれている代数系に還元されることが示されたからである。したがって，この生真面目で物静かな人物，ジョージ・ブールに私たちが負うところは絶大なもので，それにふさわしいだけのものを私たちは彼に報いていないように思われる。せめてもの救いは，彼がド・モルガンに支持されていたことや，1849年に新しくアイルランドのコークにつくられたクイーンズ・カレッジの数学の教授に招かれたことなどが，知られていることであろう。

彼の "数量の記号の場合には成り立たないような，特別な法則" についての注意は，きわめて重要である。この法則は事実上，彼の体系では，すべての x について $x^2=x$ が成り立つというものである。ところで，数を対象としている場合には，この方程式，あるいは法則を満足するような解は，0と1以外にはない。現代の電子計算機で2進法が重要な役割を果たしているのはこうしたことがあるからで，それらの論理回路では，実際に，2進演算が実行されている。

ブールの体系では，1は論議の対象となる全領域，議論されるすべてのものの集合を表わし，0は空集合を表わす。また，この体系には，＋および×で示され，それぞれ *or*, *and* とよばれている2種類の演算が定義されている。論理全体がこれほど簡潔な体系の中

---

* B. V. Bowden, *Faster than Thought* (London, 1953) 参照.

に包括されるということは，私たちにとって，きわめて幸いなことであろう。仮に，それがもっと複雑なものであったとすれば，計算の自動化は行なわれなかったかもしれないし，少なくともそれが実現した時点には，まだ行なわれていなかったと思われるからである。この点についてはさらに詳しく述べる必要があるので，もう少し先へすすんで，より多くの予備知識が得られ，無理なくそれが理解されるようになったところでふれることにする。

原著者脚注

[1] A. J. P. Taylor, *English History, 1914–1945*, Oxford History of England (New York and Oxford, 1965), p. 171.
[2] Trevelyan, *British History in the Nineteenth Century*, p. 342.
[3] Kelvin, *Mathematical and Physical Papers*, vol. VI (Cambridge, 1911), p. 374.
[4] Lord Rayleigh, *The Theory of Sound* (New York, 1945) の R. リンゼイによる序文，p. viii を見よ．
[5] J. C. Maxwell, *Address to the Mathematical and Physical Sections of the British Association*, British Association Report, vol. XL (1870), in Collected Works, II, p. 215.
[6] Bell, *Men of Mathematics*, p. 436.
[7] *Laws of Thought*, Reprint edition (New York, 1953). ここでは，この版から引用した．
[8] Boole, *Laws of Thought*, chap. I.

第5章

積分器とプラニメータ

　計算の分野における次の大きな進歩について述べ，計数型電子計算機の初期の歴史という本来の話題のための舞台を準備するために，ここで一つの補足をしておかなければならない。計数型計算機と，アナログ型または連続型とよばれる計算機との相違点を，まだそうした問題にあまりなじみのない読者にも，知っておいてもらうのが望ましいからである。どんな計算機や計算手段でも大別すれば，この2種類に分けて考えることができる。

　一般に，計算をするための器具や機械は，どのような種類のものでも，いくつかの基本的な演算を行なう機能を備えており，必要な計算処理はそれらの基本演算を適当に組み合わせて行なうようになっている。たとえばパスカルの機械では加減算が，ライプニッツのものでは加減乗除の演算が，それぞれできるようになっていたし，バベッジの階差機関は加算と減算の機能を備えていた。

　この三つの例では，基本的な各演算は数えるという最もよく知られた手法を使って行なわれていた。すなわち，これらの機械は，基本演算を，私たち人間のやり方をそのまま機械化して行なっていたわけである。一般に，**計数型**，あるいは**算術型**とよばれているのはこの種の計算機である。明らかに，はじめのよび方では，その数値の表わし方が意識されており，あとのよび方は，それらの数値に対して行なう処理の内容からきたものである。この種の器具で，最初に出現した算盤は，計数型の計算機としては最も簡単なものであるが，いまだに世界の多くの国で使用されている。

　アナログ型計算機は全く別種のものである。それらは，しばしば**連続型**あるいは**計測型**という名でもよばれており，その説明や記述をわかりやすく書くことはかなりむずかしい。ここでも，はじめのよび方は数値の表わし方に着目して考えられたもので，あとのよ

び方は，処理の内容にその視点がおかれている。いずれにしても，アナログ計算機の場合には，数値は棒の長さや直流電圧のような物理的な量によって表わされる。それらは，かなり特殊な目的のために開発されることが多い。

19世紀も後半になると，物理学者たちは様々な数学的手法を開発したので，かなり複雑な機構の動作でも数学的な方程式で記述しうるようになった。彼らはまた，その逆の作業を行なうこと，すなわち，一組の方程式が与えられたとき，それらの方程式にうまく合うような動作をする機械なり，器具なりをつくり出すことにも成功した。[1] この種の機械が，アナログ型（相似型）とよばれる理由もそこにある。アナログ型計算機の設計者は，まずはじめに，彼が実行しようとしている計算がどのようなものであるかを決定し，それに類似した動作特性を示すような，物理的な機器を探索する。次に，彼はその機器を製作し，関係する物理的な連続量を**計測する**ことによってその問題を解くわけである。アナログ型計算機の手近な実例としては，計算尺がある。周知のように，計算尺は対数目盛りのついている2本の物差しから成り立っており，その一つを，他方に沿ってすべらせることができるようになっている。数は物差しの長さで表わされ，実行することができる物理的な操作は二つの長さを加え合わせることである。ところが，よく知られているように，二数の積の対数は各数の対数の和に等しい。したがって，計算尺では，二つの長さの和をつくり出すことによって，乗算や，それに関連するある種の演算を行なうことが可能である。

古くからあったもう一つの重要なアナログ計算機は，単純閉曲線で囲まれた部分（第1図）の面積を測定するために用いられているプラニメータである。ジョージ・スティビッツ

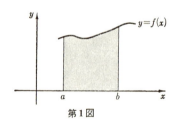

第1図

の数学器械に関する解説によれば，この種の器具で最初のものは，ドイツの技術者 J. H. ヘルマンの手で1814年につくられたということである。[2] いずれにしても，ヨーロッパ各国やイギリスにおいては，その様々な改良型が出現した。そうした改良型の一つを1855年に考案したジェームズ・クラーク・マクスウェルや，そのマクスウェルの考えをもとにして，1860年代のはじめに新しい器具をこしらえたジェームズ・トムソン (1822-1892)

などは，これらに寄与した人々の中でも特に有名である．トムソンは，彼の着想を1876年に王立協会で発表した．この発表がこれほどまでにおくれたのは，彼が弟のケルヴィン卿から，潮汐計算機について相談を受けるまでは，その器具の具体的な用途を思いつかなかったからである．この相談が行なわれた時点で，彼の積分器はまさしく必要とされていた機能を提供しうるものであることが明らかになった．トムソンはそのことにふれて，次のように書いている．"回転と滑りの合成運動の代わりに，純粋な回転運動だけを使うという発想をマクスウェル教授から聞いたのは，彼が考案した仕組みの原理について，彼自身から詳しく学ぶ機会をもったときのことであった．……私は，彼の意図を実現するための新しい運動学的方法を開発することに成功した．……数日前，私の弟に，彼が考えていた潮汐計算機をつくり出すのに，多分，この仕組みがうまく使えるだろうという示唆をしたところ，それをなんとおりかに組み合わせて使用することによって重要な結果が得られることが，彼自身の手で明らかにされた．"[3]

こうしたすべてのアナログ型の計算機構で，基本的な演算になっているのは積分の計算である．すなわち，これらの器具はいずれも，関数 $f(x)$ が入力として与えられたとき，$\int_a^b f(x)dx$ の値を出力としてつくり出す機能を備えていた．(読者は，この値が第1図の網めの部分の面積に等しいことを思い出されるであろう．)

あえて19世紀とは限らないで，全時代を通してみても，イギリスの偉大な物理学者といえば，だれしもが，ニュートンに次ぐほどの人物として，ジェームズ・クラーク・マクスウェルの名をあげるに違いない．彼の生涯や仕事について，ここで述べるわけにはいかないが，二つの基本方程式を出発点とした数学的な理論によって，光と電磁気の関係をあますところなく論じた，彼の最も有名な，驚嘆に値する業績については，せめて一言だけでもふれておくべきであろう．彼の研究は電気，磁気，光，またはその他の電磁輻射線に関する，私たちの知識全体の基盤となっている．彼の研究の集大成ともいうべき**電気磁気学通論** (A Treatise on Electricity and Magnetism) では，実験から導き出されたマイケル・ファラデー (1791-1867) の見事な発見の理論的な裏付けが行なわれているばかりでなく，後に若干ふれるように，電磁波の存在までが予言されていた．

積分器やプラニメータがどのような働きをするものであるかを知らない読者のために，ここでは，その仕組みを非常にうまく説明した，マクスウェル自身の解説を引用することにしよう．

この種の器具の原理について考える場合，最も手っ取り早い方法は，まず，領域の形に合わせて長さを変えながら，正確にその領域を掃くような平行移動をする直線を考えて，図形の面積をその直線の長さから計測する手段を想定してみることであろう。

たとえば，図の AZ を垂直方向に固定された直線，APQZ を領域の境界線とし，端点 P，M を，それぞれこの境界線および固定された直線上にもつ水平方向の直線が，点

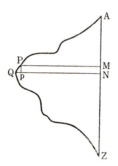

Aの位置からZまで平行移動を行なうものとする。今，この水平方向の直線（以下，生成線とよぶ）が，PM の位置から QN まで動いた場合を考えよう。ただし MN はある小さな量で，話をわかりやすくするために，仮に1インチと定める。この移動に伴って，生成線は，PMNp から小さな三角形 PQp の分だけはみ出した狭い帯状の部分 PMNQ を掃くわけである。

ところで，この場合，MN は1インチであるから，この帯状の部分には平方インチを単位として，PM の長さをインチで表わしたものと同じだけの面積が含まれている。いい換えれば，生成線は，1インチ下降する間にその長さを表わすインチ数に等しいだけの平方インチを掃くわけである。したがって目盛りがその長さのインチ数だけ先へすすむようななんらかの計器を備えた機械があったとすれば，生成線が1インチ刻みに長さを変えながら動いていったとき，その間に掃いた面積が全体で何平方インチあるかを，この計器の目盛りは示すことになる。通常の極限移行法を使えば，これらの変化が間欠的ではなく，連続的に行なわれる場合でも，生成線の両端がたどる曲線で囲まれた部分の面積は，この種の計器を使って計測しうることが示される。

....

次に考えなければならないことは，目盛りに要求されたとおりの動きを伝達するための様々な方法についてである。まず考えられるのは，2枚の円盤を使う方法である。こ

の場合，はじめの1枚は垂直な回転軸 OQ の上に水平に取り付けられた，平らな粗い表面をもつ円盤であり，あとの1枚は，はじめの円盤によって回転が与えられるように，周りをその平らな面上の点Pに接している垂直な円盤である。このあとの円盤の回転速度は，はじめの円盤の中心から接点までの距離 OP に比例するから，もしここで，OP を常に生成線の長さに等しくなるようにすることができたとすれば，当初の条件は満たされたことになる。

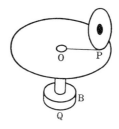

これは，目盛り円盤を水平円盤の半径方向に滑らせることによって達成しうる。したがって，この装置を働かせたときの目盛り円盤の動きは，はじめの円盤の回転に伴った回転運動と，生成線の変動に伴う滑り運動とを合成したものになる。[4]

積分器をもとにして，実際に，人間の能力以上の働きができるような，幾つかの機械をはじめてこしらえたのはケルヴィン卿——当時のウィリアム・トムソン卿——であった。ケルヴィンが，その長い一生の間に関心をもった分野は驚くほど多方面にわたっており，彼の研究は，事実上，その時代の物理学の全領域を網羅していた。中でも潮汐の運動には，彼は特に興味をそそられていたように思われる。潮汐運動を解明するために，彼はこの分野の研究に重要な役割を果たしているいくつかの器具を発明した。潮汐計，潮汐調和解析器，潮位算定器などがそれである。[5]

これらの器具のうち，はじめのものはことのついでにあげたまでで，当面の話題と直接関係があるわけではない。それは"ある想定された基準線を上下する各時点の海水面の高さを，紙の上に描かれた曲線の形で"記録するための器具である。私たちの議論に，はるかに密接な関係があるのは，二番めの器具であろう。ケルヴィンは彼の潮汐調和解析器にふれて，こういっている："この機械の目的は，潮汐の上下振動に含まれる基本成分を計算するための膨大な機械的作業を，brain (頭脳) の代わりに brass (真ちゅう) を使って実行することである。……この機械は，調和解析に必要な積分値の計算をするために，ジ

ェームズ・トムソン教授の円盤・球・円柱式積分器を利用している。……残るところは実際の機械について記述し,解説することである。……それは,今までにつくられた唯一の潮汐調和解析器である。"[6]

次に,彼の調和解析器と潮位算定器について,もう少し詳しくふれておくことにしよう。そのためにまずはじめに,単振動とはどのようなものであるかについて,ごく手短に議論しておくのが好都合である。

おそらく最も分かりやすい単振動の実例は,楽器などから発生する,全く雑音を伴わない楽音によって与えられるものであろう。このような楽音は,**周期的**な振動,すなわち周期とよぶ一定時間ごとに,規則正しく同じことを繰り返すような振動から生ずる。ある時間内に行なわれるその振動の回数を**振動数**という。与えられた楽音の**倍音**というのは,振動数がその楽音の整数倍になっているような楽音のことである。

ところで,楽音は周期的な振動ではあるが,しばしば,**純音**または**単振動**とよばれている,より簡単な振動を合成したものになっている。これらの純音は数学的には,いわゆる円関数——三角法の正弦および余弦——で表現できることがわかっている。これらの関数,あるいは単振動というのは,いったいどのようなものであろうか。今,円周上を一様に——一定の速さで運動している点 P を考え,下の第2図のように,与えられた直径に P から垂線を下ろしてみる。その垂線が直径と交わる点を Q とすれば,点 Q は直径の上を左右

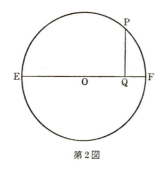

第2図

に運動することになる。このQの運動が単振動とよばれているものにほかならない。

これらについてもう少し詳しく述べる前に,数式に不慣れで脅威を感じられる読者は,以下の説明に出てくる数式をとばして読んでいただいても差し支えはないことを注意しておこう。それらの数式は,記述をできるだけ厳密にするために著者が引用したまでで,それらを無視したとしても,理解を妨げるようなことはない。

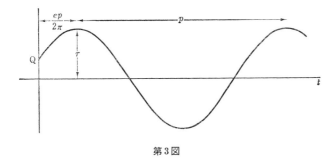

第3図

さて，第3図においてこの単振動の振幅は $r=\mathrm{OE}=\mathrm{OF}$ で，その周期は点 Q が現在の位置——どこにあってもよい——から出発して，再び同じ位置に同じ向きの運動で帰ってくるまでの時間である．この運動は数学的には次の式で表わされる．

$$x=\mathrm{OQ}=r\cos\left(\frac{2\pi t}{p}-e\right)$$

ただし，r は円の半径または振幅で，p は周期，t は時間を表わし，e は**位相**または**位相角**とよばれるものである．この位相は，本質的には計時の開始時点を与えるもので，$t=\dfrac{ep}{2\pi}$ となる時点では $x=r$ となる．異なった単振動においては当然その開始時点もまちまちになる．すなわち，それらの単振動の間では相互に位相ずれが生じる．

　純音や単振動に関するこれらの簡単な事実は，あらゆる型の周期運動に対しても同様に当てはまる．この種の運動は，非常に多くの現象が周期的であるということから，物理学では特に重要視されている．——実際，私たちの生活は，たとえば，1日を周期とする地球の自転，1年周期で繰り返される太陽の周りの公転などといった周期的な運動によって常に規制されているわけである．こうした実例はほかにも多数見いだされるが，ここで重要なのはそのことではない．おそらく門外漢の読者からみれば，単振動の研究などは興味の対象にはなり得たとしても，何か非常に特殊なもののようにしか考えられないであろう．

　そうした見方が正しくないことをはじめて明らかにしたのは，有名なジャン-バプティスト-ジョセフ・フーリエ（1768-1830）である．彼はフランスのオゼール地方にいた名もない仕立屋の孤児であった．ベルによれば，

　　12歳にもならないうちから，彼は，パリの代表的な教会の牧師たちのために彼ら自身が書いたとしか思えないような，堂々とした説教を代作していた．13歳のころの彼は全般的に気まぐれで生意気な，どうにも仕様のない問題児であった．彼がはじめて数学を

知って，まるで魔法にでもかかったように変わってしまったのはそのころのことであった。彼は，どこが良くなかったのかを自覚して，彼自身を矯正したのである。彼が眠っているはずの時間に，自らの数学の勉強をするための明りを手に入れようとして，彼は台所や学校内の至る所からろうそくの燃え残りをかき集めた。彼の秘密の書斎はものかげになっている暖炉の片隅であった。……

いたずらに流血騒ぎが続くのをくいもとめるために，ナポレオンは学校の創設を命令し，あるいは奨励した。けれども教員がいなかった。すぐにでもその職につけるような頭脳の持ち主は，とっくの昔に，断頭台にかけられていたからである。1,500人の新しい教員を養成することが焦眉の急務になって，1794年には，そのために師範学校が創設された。オゼール地方で学生募集に努力した報酬として，フーリエにはその数学科の教授の席が与えられた。[7]

1807年に，彼は後に世界的な名声を博するようになった熱の数学的理論に関する著書 **"熱の解析的理論"** (Théorie analytique de la chaleur) を著わした。今日，彼の名を冠してよばれている定理はこの本の中にある。トムソンとテイトは，この定理について次のように書いている："フーリエの定理は……単に，近代解析学の最も見事な成果の一つであるばかりではなく，近代物理学におけるほとんどすべての難問を処理するのに不可欠な手段を提供しているといっても過言ではない。"[8]

この成果はおおむね次のようにいい表わすことができる：大多数の周期的な現象は単振動と，しかるべき振幅をもったその高調波の和として書き表わすことが可能である。したがって，物理学者は，ほとんどの複雑な周期的振動または運動を，三角法でよく知られた正弦や余弦で表わされる簡単な運動の和に分解することができる。数学的な言葉でいえば，任意の周期関数 f が次のような式で書き表わされるというわけである。

$$f(x)=a_0+a_1\cos\left(\frac{2\pi t}{p}-e_1\right)+a_2\cos\left(\frac{4\pi t}{p}-e_2\right)+a_3\cos\left(\frac{6\pi t}{p}-e_3\right)+\cdots\cdots,$$

ただし，右辺の和の項数は，有限個または無限個である。余弦と正弦を併せて使うことを許容すれば，各項の位相角は消去することができて，上式は次のような形になる。

$$f(x)=b_0+b_1\cos\frac{2\pi t}{p}+b_2\cos\frac{4\pi t}{p}+b_3\cos\frac{6\pi t}{p}+\cdots\cdots$$
$$+c_1\sin\frac{2\pi t}{p}+c_2\sin\frac{4\pi t}{p}+c_3\sin\frac{6\pi t}{p}+\cdots\cdots,$$

この級数に周期項が二つしかないような場合でも，きわめて興味深いものがある。たとえば，月や太陽によって起こされる潮汐現象について考えてみると，それらは——感潮河川，細長い海峡，あるいは奥行きの深い湾などの場合を除いては——いずれもきわめて単振動に近い運動であることがわかる。したがって，潮汐運動をこれら二つの単振動の和とみなしても，多くの場合，第1次近似としては差し支えはない。（月によって起こされる潮汐の振幅は太陽によって起こされる潮汐の約2倍になる。）詳細について興味のある読者は，トムソンとテイトの共著を参照されたい。

調和解析とは何であり，調和解析器がどのようにしてそれを行なうかを説明することは，今やそれほど困難なことではない。まず第一に，一つの周期関数または周期的現象が与えられたとき，その調和解析というのはそれを構成している基音（基本振動）と，その上音または倍音（高調波）の振幅を決定することである。すなわち，与えられた周期的現象の調和解析は，前掲の $f(x)$ の展開式における係数 $b_0, b_1, b_2, \ldots\ldots, c_1, c_2, \ldots\ldots$ などを求めることをその目的としているわけである。

数学的な知識のある読者であれば，容易に確かめられるように，これらの係数は次のように書き表わすことができる。

$$b_0 = \frac{1}{p}\int_0^p f(t)dt,$$
$$b_n = \frac{2}{p}\int_0^p f(t)\cos\frac{2\pi nt}{p}dt,$$
$$c_n = \frac{2}{p}\int_0^p f(t)\sin\frac{2\pi nt}{p}dt \quad (n=1, 2, \ldots\ldots).$$

したがって，調和解析は，次のような一般形をもったいくつかの積分の計算に帰着する。

$$\int_0^p f(t)g(t)dt,$$

ただし，g は正弦または余弦関数である。ケルヴィンが，彼の兄の円盤・球・円柱式積分器をたくみに改造して成功を収めたのはこの種の積分値の計算にほかならない。事実，彼は"……これを潮汐の調和解析に応用した場合，従来は，計算に熟練した人たちでも，どれか一つ求めるだけで20時間以上かかっていた調和成分の計算が，その機械の助けをかりることによって，ほんの1～2時間ですむようになるものと私は確信している。"[9] といっている。彼がどのような改造を行なったかについてまでは，ここでは詳しく立ち入る必要はない。

ここにみられるのは，ケルヴィンの主張にもあるように，人手による処理時間をきわめ

て大幅に短縮することができる装置の，はじめての実例である．ケルヴィンの潮汐調和解析器が重要視され，バベッジの階差機関があまり注目されなかった理由も，この処理速度の点にある．

マクスウェルは，ある調和解析に関する論文の中で，次のように述べている．

　W. トムソン卿は，彼の兄，ジェームズ・トムソン教授の手で発明された円盤・球・円柱式積分器を利用して，潮位，気温，気圧，あるいは地磁気の各成分の強さなどのような，任意の周期的な変量を記録した曲線からフーリエ級数への展開に必要な積分値を8個同時に計算することができる機械をつくり上げた．時間の浪費を問題にしなければ，潮汐の動きに伴って描かれた曲線や，事後に機械で処理される曲線を用いる代わりに，機械自身の時間軸を直接時計で動かし，潮汐そのものが，その機械の第二の変数として作用するようにすることも可能であるが，そのためには，常時，各潮位観測所に高価な機械を設置しておくことが必要になる．

　機会さえあれば，こうした数学的かつ機械的な方法による調和解析と，複合光線がプリズムで単色光に分解される場合，複雑な音律から特定の上音が共鳴器で選び出される場合，あるいは，オーケストラの非常に複雑な音波や，群衆の騒がしいわめき声さえもが，あたかも3,000本もの弦から成るハープを備え，それが耳の通路で共鳴しているかのように，空間の波動の様々な成分を識別する注意深い聴き手によって，わかりやすい音楽や言葉として聴き取られる場合等々にみられるような，力学的な過程との類似点を追跡してみるのも，興味深いことであろう．[10]

調和解析器のもう一つのおもしろい使い方も，注目に値するものである．ケルヴィンは鋼船に搭載されている羅針盤の調整に必要な計算を取り扱うことができる小型の調和解析器を別に製作した．——この調整の手順は，第二次世界大戦中にも，まだ用いられていたものである．その器具は次のような形の調和関数を取り扱う能力を備えていた．

$$A + B \sin \theta + C \cos \theta + D \sin 2\theta + E \cos 2\theta$$

この式は，羅針盤の針の正しい示度からの偏りを正確に船首角度 θ の関数として表わしたものになっており，係数 $A, B, \ldots\ldots, E$ などの値が求められると，小さな鉄片を羅針盤の架台にそう入してその偏りの修正が行なわれる．

　ケルヴィンの潮位算定器は，彼の調和解析器に基づいてつくられた興味深い重要な器具

である。彼の言葉によれば，"潮汐の調和解析について6年間研究した結果，ある特定の港における今後何年間かの満潮や干潮の時刻を予測するだけではなく，年間の，どの時点における潮位でも算定することができるようにするために，その港についての観測データや自記検潮器の曲線を解析して求められるいくつかの調和成分から，その平均潮位に対する（正または負の）高さを機械的に計算するような器具を著者は設計した。"ということである。[11]

　この時代の計算機の歴史に関係したケルヴィンの発明のしめくくりになるものは，今日，微分解析機とよばれるものについての彼の研究である。非常に興味深い予備的な論文の中で，彼は最も一般的な2階の線形微分方程式の解を機械的に求めることを彼自身の課題として掲げた。数理物理学者にとっては，この種の微分方程式は，特に"伸ばした不均質なひも，つり下げられた鎖，幅，深さなどが一様でない運河の水，断面積が不均等な管の中の空気等々の振動や，太さ，熱伝導率などが一様でない棒の中の熱伝導，ラプラスの潮汐微分方程式その他"を記述するきわめて重要な方程式である。電気工学の分野でも，それは多くの回路を記述するための手段として，もはや欠かせないものになっている。

　ケルヴィンは彼の取り扱う微分方程式を次のような形に書き表わした。

$$\frac{d}{dx}\left(\frac{1}{p}\frac{du}{dx}\right)=u,$$

ただし，p は与えられた x の関数である。そこで彼は，u の初期近似解を仮に u_1 と推定して，反復法でこの問題を解く準備をした。次に彼が考えたのは，はじめの積分器で，

$$g_1(x)=\int_0^x u_1 dx$$

の計算を行ない，二番めのものでは

$$u_2(x)=\int_0^x p(x)g_1(x)dx$$

の計算を行なうことができるようになっている，2台の積分器を備えた装置である。ここで得られた u_2 をとり出して，はじめの積分器の u_1 の代わりに入れ，以下，同じ手順を繰り返すことによって，u_3 以下の近似解が求められるわけである。このような手順が一般に収束することはよく知られている。ケルヴィンの言葉によれば，"このような手順で，たとえば u_1 を機械に通すと u_2 になり，次に u_2 を機械に通すことによって u_3 が得られる。以下，同様に続けるものとすれば，その結果は，いわば精製されて，ある一つの解に近づき，機械を通す回数が多くなるに従って，その精度はより高いものになる。仮に

u_{i+1} が見分けがつかないほど u_i に近ければ，実用上は，それらを解とみなしても差し支えがない。"[12]

この考え方は興味深いものではあるが，1876年にケルヴィンが思いついたような，ある種の改善の余地がまだ残されていた。その点について，彼はこう書いている："ここまでの考えに到達した私は，長年の間，やりたいと思っていたことをやりおおせたような気がして，それに満足していた。ところが，そこで喜ばしい番狂わせが起こった。この二重構造の機械に送り込まれる関数を，強制的にその機械からとり出される関数と一致させる。……こうすることによって，私は全く意外な結論に導かれたのである。変数を係数とする一般の2階微分方程式が機械を使って，厳密に，連続的に，しかもいちどだけの操作で解けるということは，私にはきわめて注目すべきことのように思われる。"[13]

ケルヴィンの考えを正確に伝えるためには，ここでもう少し説明を加える必要がある。まず，ケルヴィンがとり上げた二番めの積分には，はじめの積分で計算された関数 $g_1(x)$ が顔を出していることに着目しよう。この場合に彼が指摘したことは，仮に二番めの積分の結果が連続的にはじめの積分に送られるものとすれば，$u=u_1$ は必然的に u_2 と同じものになり，1回の反復で問題が解けるということである。この手順を微分の形で書けば，次のようになる。

$$dg_1 = u\,dx, \quad du = pg_1\,dx$$

そこで，この二つの関係式から g_1 を消去すれば，

$$\frac{d}{dx}\left(\frac{1}{p}\frac{du}{dx}\right) = u$$

が得られる。言い換えれば，u はこの微分方程式の解にほかならない。

この手法は，もちろん一般化することが可能で，ケルヴィンはもう一つ，**変数を係数とする任意の階数の一般線形微分方程式の機械的求積法** (Mechanical Integration of the General Linear Differential Equation of Any Order with Variable Coefficients) という表題の論文を書いた。[14] この論文は，基本的には，はじめてケルヴィンの提案を実現することに成功した機械を，ヴァニヴァ・ブッシュが開発し，製作したときに，ブッシュの手で再発見されることになった着想を含んでいる。

ケルヴィンの計画には技術的な難点があって，彼はついに微分方程式を解くための機械を1台も製作しなかった。問題は一つの積分器から取り出した出力をもう一つの積分器の入力として使わなければならないということから生ずる。どうしてそれが困難なのであろうか。その答えは，積分器の出力がマクスウェルの解説にもあるとおり，回転している円

盤に押しつけられて回っている車輪の軸の回転で与えられるという事実の中にかくされている。この回転軸のトルク——他の回転軸を回す力——がきわめて小さいために，実際には他の積分器の入力とはなりえないからである。ことことは，50年もの間，進歩を妨げる障害になっていた。

原著者脚注

1 S. Lilley, "Machinery in Mathematics, A Historical Survey of Calculating Machines," *Discovery*, vol. 6 (1945), pp. 150–182, Lilley, "Mathematical Machines," *Nature*, vol. 149 (1942), pp. 462–465 も併せて参照のこと．

2 *Encyclopaedia Britannica* (1948), "mathematical instruments," の項を見よ．

3 Thomson and Tait, *Principles of Mechanics and Dynamics*, Appendix B′: III. "An Integrating Machine having a new Kinematic Principle," pp. 488–490.

4 *The Scientific Papers of James Clerk Maxwell* (Dover edition, New York, 1965), pp. 230–232. この論文そのものの表題は，"Description of a New Form of the Platometer, an Instrument for Measuring the Areas of Plane Figures drawn on Paper," となっており，最初，*Transactions of the Royal Scottish Society of Arts*, vol. IV (1855) に掲載された．

5 Kelvin, *Mathematical and Physical Papers*, vol. VI, pp. 272 以下．

6 Kelvin, *Papers*, vol. VI, p. 280.

7 Bell, *Men of Mathematics*, chap. 12.

8 Thomson and Tait, 前出, part 1, p. 54.

9 Sir W. Thomson, *Proc. Roy. Soc.*, vol. 24 (1876), p. 266. Thomson and Tait, p. 496 を併せて参照されたい．

10 J. C. Maxwell, "Harmonic Analysis," Collected Works, II, pp. 797–801.

11 Kelvin, *Papers*, vol. VI, p. 285.

12 Thomson and Tait, part 1, p. 498.

13 同上．

14 Thomson and Tait, p. 500.

第6章

マイケルソン,フーリエ係数,ギブズの現象

　ケルヴィンの調和解析器には,一つの基本的な問題点があった。彼が考案した項の和を計算する装置では誤差の累積を生じたために,級数の項の数をあまり多くとることができなかったことである。項数がある程度以上に大きくなると,そうした誤差の累積によって,全く使いものにならないような結果が導かれることも珍しくなかった。事実,アルバート　A. マイケルソン (1852‐1931) とサミュエル　W. ストラットン (1861‐1931) も,1898年の論文では次のように書かざるをえなかったのである。

　このような機械の実現をはばむ主要な問題点は,加算の処理に伴って生じる誤差の累積にある。この加算を遂行するために,今までに考案された唯一の実用的な器具はケルヴィン卿のものである。この器具では,1本の自由にたわむ紐が,いくつかの固定滑車ならびに可動滑車にかかっている。仮に,この紐の一端が固定されているものとすれば,他の端の動きの大きさは可動滑車の動きの合計の2倍に等しくなる。しかしながら,紐の伸びとそのたわみ方の不完全さのためにこの機械が使えるのは,滑車の数が少ない範囲に限られる。滑車の数がある程度増加すると,これらに起因する累積誤差は,たちまち,級数の項をより多くとることによって得られる利点を相殺してしまうからである。[1]

　マイケルソンは現代の偉大な物理学者の一人であった。ドイツ生まれ[*] の彼は,合衆国海軍兵学校を卒業し,そこで数年間にわたって教鞭をとっていた。その後,ヨーロッパへ

---

[*] 正しくは,現在ポーランド領下にあるプロイセンのストレルノで生まれた.

渡った彼は，ドイツとフランスの両国で大学院の研究生として過ごした。彼が新設のシカゴ大学で初代の物理学科主任になったのは1892年のことである。彼はそれ以来，この大学および米国全体の物理学における偉大な伝統のもとになっている，学風と規範とをそこにうちたてた。1907年に彼は，"計測を精密化するための方法を発見した……"ことが認められて，アメリカ人としては最初のノーベル物理学賞を受賞した。光の速度を測定して，エーテルの存在を否定した彼の研究は，アインシュタインの特殊相対性理論の基礎になったものである。(マイケルソン以後，アメリカ人に与えられたノーベル物理学賞は，彼のもとで25年間研究に従事したロバート・ミリカンが1923年に受賞するまでなかった。ほかにも，ノーベル賞受賞者アーサ H. コンプトンや，エドウィン P. ハッブル，ジョージ E. ヘイルなどをはじめとした有名なアメリカの科学者が，多数マイケルソンのもとで学んだ。)

マイケルソンの業績は，計算機の歴史にはきわめて間接的にしか関係はないが，ごくわずかの差異も見逃さないという彼のすぐれた才能はその業績からも如実にうかがわれる。後に述べるように，こうした観察の一つは，ある非常に著しい現象が純粋数学でとり上げられるきっかけをつくった。しかしながら，そのことを説明する前に，私たちはまず，彼の最大の研究成果について一言ふれておくべきであろう。一時期，絶対空間は電磁気現象を伝播するある種の媒質——エーテル——で満たされているものと考えられていた。したがって，地球が太陽の周りの軌道上を回る際にも，この物質の中を通らなければならないことになる。仮に，エーテルに対する光の速度を c ——毎秒約300,000,000メートル=3×10^8 m/s——とし，ある物体が速度 v でエーテルの中を運動しているものとすれば，$c-v$ がその物体に対する光の相対速度である。ただし，この式では，物体が光と同じ方向に運動している場合には，そのまま両者の速さの差をとり，互いに向かい合って近づく場合には，それらは加えられ，運動方向が斜めに交差している場合には，しかるべき補正が行なわれるものと解釈する。

ところで，地球が太陽の周りを回る速さは，約 30 km/sec=毎秒 30,000 メートルである。1887年に行われた有名なマイケルソン-モーリーの実験は，光の進行方向によって，地球上の観測者から見たその光の相対速度に，なんらかの差異が見いだされるかどうかを確かめるためのものであった。この実験では，10^{-15} sec という時間差を検出する必要があった。マイケルソンは，互いにほんの少し位相がずれている光の干渉を測定するための，非常に精密な装置を発明した。これが彼の有名な干渉計で，アレグザンダー・グラハム・ベ

ルの資金的な援助を受けて，1881年に製作された。この装置を使ってマイケルソンは，エーテルに関する彼の最初の実験を，ベルリンにあった卓越したドイツの物理学者，ヘルマン・フォン・ヘルムホルツの研究所で行った。そのあとに，1887年の偉大な，細心の注意を払った実験が行なわれたのである。（彼の測定はまた，光速度の非常に精密な決定をもたらす結果にもなった。）マイケルソンとモーリーは，光の速度が，その進行方向には無関係であることを示した。かくして，ニュートンが最初から前提としていた，空間を満たしている静止した媒質の概念を彼らは完全にくつがえした。"絶対空間は，それ自身の本性において外部のいかなるものにも無関係に，常に変わることなく不動のままである。"とニュートンはいっていたのである。[2]

さて，このあたりで話をもとへ戻すことにしよう。マイケルソンは明らかに，はじめに引用した論文よりも何年か前，——特に調和解析器に関して——ケルヴィンが経験したような破滅的な精度の損失をまねくことなく，加算の処理を実行する装置について考えたことがあった。彼が最も簡単にできると判断したのは，ぜんまいばねの力の加算による方法であった。この着想を使って，彼とストラットンは，20項のフーリエ級数を取り扱うことができる調和解析器を1897年に製作した。この機械が非常にうまく作動したので，彼らはさらに，合衆国科学学士院のアレグザンダー・ダラス・ベイチ基金からの援助を受けて，80項まで取り扱えるような機械をつくり上げた。すなわち，その機械では，$\cos x, \cos 2x,$ ……, $\cos 80x$ などに対応する項をすべて計算に組み入れることが可能であった。それはまた，正弦関数から成る級数を取り扱う能力も備えていた。

彼らの機械では，三角級数のフーリエ係数を入力とすることが可能で，その場合には各項の総和として得られる関数のグラフが描き出されるようになっていた。また，その逆の処理を行なうことも可能で，一つの関数が与えられたとき，機械はそのフーリエ係数を算出することができた。マイケルソンとストラットンは，$\int \phi(x)\cos kx dx$ の値がどれぐらいの精度で求められるかを評価するために，二つの実例について彼らの機械の誤差を測定した。$\phi(x)$ が0から4までの区間ではある定数に等しく，それ以外のところでは0になるような関数の場合には，最大項の0.65パーセントという平均誤差ではじめの20項のフーリエ係数が計算された。$\phi(x)=e^{-0.01x^2}$ の場合にも，はじめの12項の係数を計算して，ほぼ同程度の誤差を生じることが見いだされた。これらの結果を要約して，彼らはこういっている。

第6章 マイケルソン,フーリエ係数,ギブズの現象　61

したがって,この機械は積分 $\int\phi(x)\cos kx\,dx$ を,他の積分器と同程度の精度で実行する能力を備えていることがわかる。そして,非常に厳密な精度が要求されるような場合には,それがこうした目的で使われる望みはほとんどないが,1～2パーセントの誤差があまり問題にならないような場合であれば,この機械は疑いもなくたいへんな労力を省くことができる。

　現在の機械の製作中に得られた経験では,積分の精度を同程度に保ちながら,項数を数百から千といったところまで増やすことも十分可能であることがわかる。

　最後に注意しておきたいことは,ここで採用した総和の計算方法はきわめて一般的なものであって,点(p)に,単振動の代わりに要求された関数に対応する運動を与えることにより,任意の関数項から成る級数に対しても適用することができるということである。……こうした変更を行なうための一つの簡単な方法は,金属の型板を要求された形に切ってそれらを共通の軸に取り付けることであろう。事実,最初の機械の調和振動はこうした方法でつくり出された。³

　計算機の歴史からみれば,この研究の重要な点は二つある。その一つは,それが,ケルヴィンの多大の貢献によって築かれたアナログ計算の伝統を継承したことで,他の一つは,マイケルソンとストラットンのチームの年少者* がシカゴを離れてから,まず合衆国標準局を創設し,その後さらにマサチューセッツ工科大学の学長に就任したことであろう。

　これらの行動は重要な結果をもたらした。ストラットンが,今日まで持続することになった計算に対する伝統を標準局に確立し,また MIT では,微分方程式の実用的な解法に関するケルヴィンの着想を実現したヴァニヴァ・ブッシュの好意的な,理解のある協力者になったからである。MIT が,計算の分野における革新をめざす最も大きな中心の一つにまでなったのは,このブッシュの絶大な影響によるものであった。

　ストラットンの名は以下の章にもまた出てくる。統計調査局は "統計機械試作室を……標準局長 S. W. ストラットンの全般的な監督のもとに,同局から提供された構内の片隅に……" 設置した。⁴ 後に詳しく述べるように,この研究室には,ホレリスがはじめて手をつけた機械の開発を継続する任務が与えられたのである。

　シカゴ大学の偉大な初代総長,ウィリアム・レイニー・ハーパーが,干渉計,階段格子

---
　　* ストラットンのこと.

式分光器，新しい調和解析器などを，1900年のパリ万国博覧会に出品するようにマイケルソンを説得していることはちょっと興味深いことである。これらの器具は，大学に最優秀賞をもたらし，マイケルソンは，ハーパーにあてて，次のような手紙を書き送った：“私は，こうした研究に対するあなたの御尽力に心からお礼を申し上げるとともに，私自身の反対も含めた多くの障害を克服して，機器を出品するという方針を貫かれたあなたの御見識に敬意を表したいと思います。”[5]

1948年に，合衆国海軍は彼の名を記念して，カリフォルニア州チャイナ・レイクのイヌヨカンにあるモハーヴィ砂ばくの中の海軍兵器試験場に，アルバート・アブラハム・マイケルソン研究所を建設した。その中央ロビーには，調和解析器が，彼の手掛けた他の様々な機器や記録などとともに，後にワシントンのスミソニアン研究所へ移されるまで展示されていた。

マイケルソンの業績には，きわめて特異な問題を取り扱った，重要な研究がもう一つある。彼は数値計算によって，その論文に記述されているような，一つの現象を発見した。この現象についての正しい説明は，その後，19世紀のアメリカが生んだ最大の数理物理学者で，世界的にみても，最も偉大な物理学者の一人であったと思われるジョサイア・ウィラード・ギブズ（1839－1903）によって与えられた。今日，"ギブズの現象"として知られているものがそれである。[6] この現象は，計算機の歴史にとっては付随的な話題でしかないが，それにもかかわらず，何人かの読者にはきわて興味深いものであると思われるので，多少わき道へそれて，その概要を説明しておくことにしよう。問題は本質的に数学的なものであるから，専門的な予備知識のない読者は無視していただいても差し支えはない。

さて，$f(x)$ を区間的にグラフが滑らかになるような関数とし，

$$f_n(x) = \frac{1}{2}a_0 + \sum_{i=1}^{n}(a_i \cos ix + b_i \sin ix)$$

を $f(x)$ に対するフーリエ級数の第 n 項までの部分和とする。よく知られているように，不連続点のない各区間内では全くなんの問題も起こらない。すなわち，f_n のグラフは f 自身のグラフに順調に近づいていくわけである。しかしながら，f の不連続点の近傍では，f_n のグラフは，n をいくら大きくしていっても振幅が減衰しないような振動を含むようになる。このことを明確にするために，次にマイケルソンとギブズによって与えられた例をとり上げることにしよう。彼らはフーリエ級数

$$f(x) = 2\left(\sin x - \frac{1}{2}\sin 2x + \frac{1}{3}\sin 3x - \frac{1}{4}\sin 4x + \cdots\right)$$
$$= 2\sum_{m=1}^{\infty} \frac{(-1)^{m+1}}{m}\sin mx$$

で定義される関数と，その部分和

$$f_n(x) = 2\sum_{m=1}^{n} \frac{(-1)^{m+1}}{m}\sin mx$$

を考えた。

容易に示されるように，$f(x)$ は，区間 $-\pi < x < \pi$ では関数 $y = x$ に一致し，それと合同な区間上へ，第4図にみられるように周期的に拡張される。

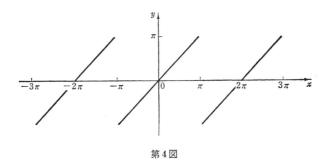

第4図

f が区間 $-\pi \leq x \leq \pi$ 上で，総和が0になるような点 $x = \pm\pi$ を除いては $y = x$ を表わしていることはこのグラフにみられるとおりである。

マイケルソンとストラットンは，$n = 80$ のときの f_n の値を計算して，この関数のグラフが $x = \pi$ の近傍で，非常に奇妙な行動を示すことを発見した。この場合，グラフはわず

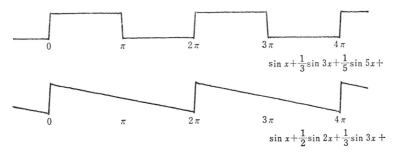

第5図

かではあるが，それとわかる大きさの振幅をもった振動をした。以下の図には，π の近傍でこうした行動を示すいくつかのグラフが例示されている。マイケルソンとストラットンの論文から引用した"ギブズの現象"がはじめて観察されたときの状態を示す二つの図も，その中にある。

マイケルソンのようなすぐれた観察者——非常に小さな，推定上の速度の差を彼が検出しようと試みたことを思い出していただきたい——だからこそ，はじめて第5図にみられるようなわずかな振動もとらえることができたのであろう。とにかく，それをなしとげた彼は明らかに困惑して，前にも述べたように，1898年10月号のネイチャー誌にその状況を報告した。

f_n の極限を示すグラフは上掲の第4図にみられるようなものではなくて，次の第6図のようなものになることがわかる。

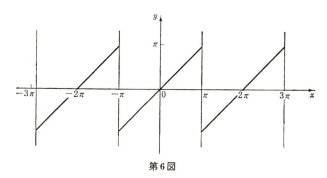

第6図

このグラフに，図のような超過部分があることは，きわめて注目すべきことであろう。垂線部分の全長は定積分，

$$\int_0^\pi \frac{\sin u}{u} du$$

の4倍になる。[7] この積分の値は約 1.8519 になり，したがって，各垂線の長さは，もっともらしい予想ではあるが，誤っていた $2\pi=6.2832$ ではなくて，7.4076 になる。次の第7,8図は，級数の項の数を大きくしていったときに，どのようなことが起こるかを示すために，超過部分を拡大して示したものである。はじめのグラフは50項までの和をとったときの $x=\pi$ の近傍を示しており，あとのグラフは，200項までとった場合のものである。いずれの場合にも，$f_n(x)/2$ の計算が行われている。超過部分の振幅が変わらないで，振動数だけが高くなっていることはこれらの図からも明らかである。

第6章 マイケルソン，フーリエ係数，ギブズの現象　65

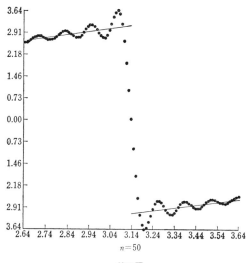

$n=50$

第7図

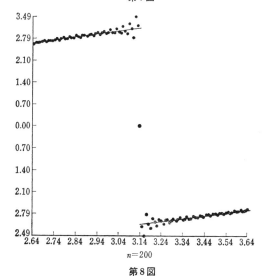

$n=200$

第8図

原著者脚注

[1] A. A. Michelson and S. W. Stratton, "A New Harmonic Analyzer," *American Journal of Science*, 4th ser., vol. v (1898), pp. 1-13.

[2] Isaac Newton, *Mathematical Principles of Natural Philosophy and His System of the World*, English translation by A. Motte, revised by F. Cajori (Berkeley, 1934), p. 6.

[3] Michelson and Stratton, "A New Harmonic Analyzer," pp. 12–13.

[4] Leon E. Truesdell, *The Development of Punch Card Tabulation in the Bureau of the Census*, 1890–1940 (U. S. Government Printing Office, 1965), p. 121.

[5] B. Jaffe, *Michelson and the Speed of Light* (Garden City, 1960), p. 130.

[6] マイケルソンの論文にはじまり,その明白なパラドックスについてのギブズの説明や,マイケルソンがポアンカレにあてた質問とその回答で最高潮に達したこの問題に関する相当数の文献がやや錯綜して,1898年から1899年へかけての *Nature* に掲載されている.読者は,同誌の vol. LVIII, pp. 544, 569 ; LIX, pp. 200, 271, 314, 606 ; LX, pp. 52, 100 などを参照されたい.当時,この問題は多大の関心を集めたが,その後は,1906年にボーシェがその問題を一般的に論じるまで,忘れ去られてしまったようである.驚くべきことに,この現象は無名ではあるが,明らかにすぐれた数学者であったケンブリッジ大学トリニティ・カレッジのヘンリー・ウィルブラハムが,すでに1848年にはじめて発見し,完全な説明を与えたものである.彼の論文は"On a Certain Periodic Function." という表題で, *Cambridge and Dublin Mathematical Journal*, vol. 3 (1848), p. 198 に発表されている.

[7] Gibbs, *Nature*, vol. LIX (1899), p. 606.

第7章

ブール代数：$x^2 = xx = x$

ジョージ・ブールの論理学への貢献については，前にも簡単に述べ，彼の仕事の内容についても，若干言及した。ブール代数のことは，あまり専門用語を使わなくても説明することができるし，計数型計算機との関係も深いので，ここでその性質について多少詳しくふれておくことは無意味ではないと思われる。ブールがいっているように，彼の目的は，"推論の基本的な法則を，計算記号を使って表現する……" ことであった。彼は，論理を代数的な形式に，きわめて巧妙に還元することによって，この目的を達成した。彼の研究を多少なりとも理解しようと試みることは，決してむだではない。

最初の計画で彼が想定していることは，議論の対象となるもの——それらはなんであってもよい——を表わす x, y, z というような任意の記号の集合，これらの記号に作用して他の記号を導き出すような＋および・で示される2種類の演算——すなわち，x, y を記号とするとき，$x+y$，$x \cdot y$ などは再びその集合の中の記号になる——，恒等演算 $=$，および

$$x+y=y+x, \quad x \cdot y = y \cdot x,$$
$$x \cdot (y+z) = x \cdot y + x \cdot z$$

など，それらの演算の行動を規制する様々な法則について論じることである。実際には，この演算の法則は，唯一の例外を除けば，だれもが学校で学んだことのある代数学の法則と異なるところはない。唯一の例外というのは，すべての記号 x について，

$$x^2 = x \cdot x = x$$

が成り立つことである。これについては，すぐあとのところで述べる。

さて，話をブールの記号にもどすことにしよう。それらは，いったい何を表わしているのだろうか。単純にいえば，物，集団，あるいは種類などというのがその答えである。＋

および・の演算とはどのようなものだろうか．まずはじめに，あとの・演算について考えることにしよう．今仮に x が"黒いもの"を表わし，y が"牝牛"を表わすものとすれば，$x \cdot y$ または xy は"黒い牝牛"を表わす．一般に xy は，x, y それぞれの属性を両方とも備えているようなものを表わすわけである．したがって，仮に x が"角のあるもの"，y が"牝牛"，z が"黒いもの"をそれぞれ表わしているものとすれば，xyz は"角のある黒い牝牛"を表わすことになる．そこで，もし仮に x と y が同じもの——たとえば"牝牛"——であったとすれば，xy で表わされるものは x 以外の何者でもない．すなわち，

$$x^2 = xx = x$$

が成り立つ．これが，論理学を通常の代数学とは別種のものにしているブールの特別な法則である．

次に＋演算についてみることにしよう．この演算は，全く異なったものを関連づけ，実際にそれらをひとまとめにした新しいものや集合をつくりだすのに用いられる．すなわち，$x+y$ は，x と y，またはそのどちらかでつくられているようなものである．たとえば，x が"男の人"を表わし，y が"女の人"を表わす場合には，$x+y$ は"男および女の人"を表わす．いいかえれば，x, y をそれぞれ男および女の集合とするとき，$x+y$ は男女両方から成る集合である．さらに，z が仮に"アメリカ人"を表わすものとすれば $z(x+y)$ はアメリカ人の男子と，アメリカ人の女子から成る集合を表わすことになる．

ブールは，集め併せて全体をつくる演算には一般に，全体を部分に分けるというその逆の演算がなければならないと考えた．今，この点について説明するために，x が星を表わし，y, z がそれぞれ恒星，および惑星を表わすものとすれば，これらの記号について

$$x = y + z$$

が成り立つ．この場合，この方程式を書き直して，

$$z = x - y$$

としても不当ではないと思われる．すなわち"惑星以外の星は恒星である"というわけである．

ブールは，彼の論理体系と代数学との関係について，きわめて明快な考え方をもっていた．"いま x, y, z などの記号がすべて0または1という値をとり，それ以外の値にはならないような代数を想定してみよう．このような代数の法則，公理，演算手順などは，全体として論理の代数の法則，公理，演算手順と一致する．その解釈の違いだけが両者を別のものにしているわけである．以下の研究の方法はこの原理に基づいてつくり上げられ

た。"と彼はいっている。[1] 0または1という理由は，もちろん，方程式 $x^2=x$ を満足する値がこれら以外にないからである。ところで，論理の世界，すなわちブールの体系ではこのことはいったい何を意味するのであろうか。

まずはじめに，0のほうをとり上げよう。その果たすべき役割というのはどのようなものであろうか。さて，通常の代数学では，すべての y に対して $0 \cdot y = 0$ が成り立つ。そのことからブールは次のような結論を導き出している。"少し考えれば分かるように，この条件は，記号0が無を表わすものとすれば満たされる。前にあげた定義に従って，私たちは無を集合の仲間に加える。事実，無と全体とは集合の広がりの両極端になる。なんとなれば，それらは一般的な名辞の可能な解釈の限界であって，無に包含されるものより少ない個体と関連させられる名辞，あるいは全体に包含されるものよりも多くの個体と関連させられるような名辞はないからである。"[2] さらに，代数における記号1は，すべての y について $1 \cdot y = y$ という関係が成り立つということで特徴づけられる。"ここで少し考えれば，1で表わされる集合は'全体'でなければならないことがわかる。なんとなれば，どれかの集合に含まれている個体がすべて見いだされるような集合は，これ以外にはないからである。それ故に，論理の体系における0および1という記号の意味はそれぞれ無および全体ということになる。"[3]

このことから，x をあるものの集合とするとき，$1-x$ は x にはいらないようなすべてのものを含むその補集合になることがわかる。したがって，仮に方程式 $x=x^2$ を $x(1-x)=0$ と書き直すことができるものとすれば，この方程式は次のことを主張していることになる：ある集合とその補集合が共有するものは何もない。たとえば x をすべての犬の集合とすれば，$1-x$ は犬以外のすべてのものの集合となって，どのようなものも犬であり，かつ犬以外のものであることは不可能である。

法則 $x^2=x$ はさらに，実質的には記号 x に関する任意の式 $f(x)$ を，ブールが

$$ax+b(1-x)$$

というような非常に簡単な形に還元することを可能にした。このことを明らかにするためには，代数で取り扱う重要な関数の大部分が，多項式

$$f(x)=a_0+a_1x+a_2x^2+\cdots\cdots+a_nx^n$$

で表わされることを思い起こせばよい。ところでこの場合，$x^2=x, x^3=x^2=x, x^4=x^3=x,$ ……, $x^n=x^{n-1}=x$ であるから，$b=a_0, a=a_0+a_1+\cdots\cdots+a_n$ とおけば，

$$f(x)=a_0+(a_1+a_2+\cdots\cdots+a_n)x=ax+b(1-x)$$

となる。いま
$$f(x)=ax+b(1-x)$$
とするとき，
$$f(0)=a\cdot 0+b(1-0)=b, \quad f(1)=a\cdot 1+b(1-1)=a$$
となる。したがって，
$$f(x)=f(1)x+f(0)(1-x)$$
が成り立つ。いうまでもなく，この式の $f(1)$ は，x が全体に等しいときの，論理式 $f(x)$ の値を意味し，$f(0)$ は，x が無，すなわち 0 のときの $f(x)$ の値である。全く同様の関係は多変数の関数に対しても成り立つ。たとえば

（a） $f(x,y)=f(1,1)xy+f(1,0)x(1-y)+f(0,1)(1-x)y+f(0,0)(1-x)(1-y)$

である。*

これらの考え方をわかりやすく示す例として，次に $\oplus$ および $\otimes$ の演算をとり上げることにしよう。前者は 2 を法として 2 進数の和をとる演算で，いいかえれば $x \oplus y$ は桁上がりを無視した x, y の算術和になる。後者は各数字の算術的な積そのものである。したがって

$$x \oplus y = \begin{cases} x=0, \ y=0 \ \text{のとき} \ 0 \\ x=1, \ y=0 \ \text{あるいは} \ x=0, \ y=1 \ \text{のとき} \ 1 \\ x=1, \ y=1 \ \text{のとき} \ 0 \end{cases}$$

$$x \otimes y = \begin{cases} x=0 \ \text{で} \ y=0 \ \text{または} \ 1, \ \text{あるいは} \ x=0 \ \text{または} \ 1 \ \text{で} \ y=0 \ \text{のとき} \ 0 \\ x=1, \ y=1 \ \text{のとき} \ 1 \end{cases}$$

そこで，これらを上記の公式（a）にあてはめれば

$$x \oplus y = x(1-y)+y(1-x), \quad x \otimes y = xy$$

が得られる。すなわち，算術的な積は論理積と同じものになり――2 進数の積が電子回路で，きわめて容易に実行されるのはそのためである――算術和もそれほど困難ではない。

一般に，論理的な命題は $f=0$ の形で表わされる。ただし，f はこの場合，1 変数または多変数の関数である。その一例として，ここでは，"食用に供しうる畜獣は，蹄の分かれた反すうをする動物である"** というモーゼの提言について，ブールとともに考えてみ

---

* 一般にブール関数 $f(x_1, x_2, \ldots, x_n)$ は一意的に，次のような形に書き表わすことができる。
$$f(x_1, x_2, \ldots, x_n)=\sum f(a_1, a_2, \ldots, a_n)x_1^{a_1}x_2^{a_2}\ldots x_n^{a_n}$$
ただし，各 a_i は 0 または 1 の値をとり，$x_i{}^{a_i}$ は，$a_i=1$ のときは x_i，$a_i=0$ のときは $(1-x_i)$ を表わすものとする。この形を f の積和標準形という。

** 旧約聖書 レビ記 第 11 章，申命記 第 14 章。

ることにしよう。x を食用に供しうる獣とし，y, z をそれぞれ蹄の分かれた獣，および反すうを行なう獣とする。問題の提言は，これらの記号を使って書けば

（1）$\qquad\qquad\qquad x=yz$

ということであって，$f(x,y,z)=x-yz=0$ というように書き表わすことができる。この左辺を書き直せば次のようになる。

（2）$\quad 0\cdot xyz+xy(1-z)+x(1-y)z+x(1-y)(1-z)-(1-x)yz$
$\qquad +0\cdot(1-x)y(1-z)+0\cdot(1-x)(1-y)z+0\cdot(1-x)(1-y)(1-z)=0.$*

次にこの方程式を単純化することを考えよう。そのために，まず（1）の両辺に $(1-x)$ を作用させ，すべての変数 u に対して $u^2=u$，すなわち $u(1-u)=0$ が成り立つことを使えば，

（3）$\qquad\qquad\qquad (1-x)yz=0$

が得られる。同様にして $(1-y)z$ を作用させれば，

（4）$\qquad\qquad\qquad x(1-y)z=0$

が得られ，$(1-z)y$ を作用させることによって

（5）$\qquad\qquad\qquad xy(1-z)=0$

$(1-y)(1-z)$ を作用させることによって

（6）$\qquad\qquad\qquad x(1-y)(1-z)=0$

となることがわかる。

（1）式から導かれたこれらの四つの簡単な結論は，それぞれ次のような命題を表わしている。

（a）蹄の分かれた反すうをする獣で，食用に供しえないものはない。

（b）蹄の分かれていない反すうをする獣で，食用に供しうるものはない。

（c）蹄の分かれた反すうをしない獣で，食用に供しうるものはない。

（d）蹄も分かれていないし，反すうもしないような獣で，食用に供しうるものはない。

事実，これら四つの否定的な命題は，はじめの命題（1）と全く同等である。

（3），（4），（5），（6）を（2）に適用すれば

$\qquad 0\cdot xyz+0\cdot(1-x)y(1-z)+0\cdot(1-x)(1-y)z+0\cdot(1-x)(1-y)z=0$

となり，その否定をとることによって

---

* $f(x,y,z)=x-yz$ の積和標準形．

$$xyz+(1-x)y(1-z)+(1-x)(1-y)z+(1-x)(1-y)(1-z)=1$$

という命題が得られる。* この命題は，生存するすべての獣が次のいずれか一つの階層に属していることを主張するものである。

(a) 蹄が分かれていて反すうをする，食用に供しうるような獣。
(b) 蹄は分かれているが，反すうをしない，食用に供しえないような獣。
(c) 蹄は分かれていないが，反すうをする，食用に供しえない獣。
(d) 蹄も分かれていないし，反すうもしないような，食用に供しえない獣。

原著者脚注

[1] Boole, *Laws of Thought*, pp. 37-38.
[2] Boole, p. 47.
[3] Boole, p. 48.

---

* $g(x,y,z)=1-f(x,y,z)$ の積和標準形を考えればよい．

第8章

ビリングズ,ホレリスと国勢調査

　ここで私たちは，ブールの考え方をその基本的な裏付けとしている，計数型計算機の考察にとりかかることにしよう．そこには，これまでとは異なった発展のあとがみられる．これまでのところ，私たちが話題にしてきたのはもっぱら，科学技術の分野における計算の取り扱いや，その必要性であった．ところが，突然，なんの前ぶれもなく，全く新しい事態が出現したのである．1880年代に，合衆国内務省の統計調査室は，計算処理を部分的にでも自動化するような一連の機械を開発することを必要としていた．統計や事務処理の分野における計算の必要性が問題になったのは，これがはじめてのことである．統計調査局におけるパンチ・カードの歴史については前に引用した（p.66，原注4）レオン・トルースデルのすぐれた著書の中に，きわめて完全な記述が与えられている．興味のある読者は，1890年から1940年に至る年代についての権威のある解説をその中に見いだされるであろう．統計調査局の A. ロス・エクラー局長がこの本のまえがきに書いているように，"トルースデル博士は，パンチ・カード機械の発達過程の歴史と，それに付随する計算処理の技術とを関連づけることができる特別な立場にある．彼は1910年から1940年までの急成長の時代に行なわれた4回の国勢調査に密接に関係していたし，1950年および1960年の国勢調査で使われた方法についても精通している．"

　計算機の歴史というやや狭い立場からみれば，特に重要な国勢調査は1890年に実施されたもので，著しい貢献のあった人物としては，ハーマン・ホレリス（1860-1929），ジョン・ショウ・ビリングズ（1839-1913）という二人の名があげられる．（私たちはまた，ジェームズ・パワーズの名も忘れてはならないであろう．）マイケルソンと同じように，ホレリスは，歴史上有名な1848年の政治的動乱の結果，ドイツを離れることになった両

親の息子である。* けれどもマイケルソンと違って,彼はバッファローで生まれ,コロンビア大学の鉱山学科へ入学した。彼の学位論文は,彼が考察した作表方式に関する研究報告であった。コロンビア大学を卒業後,彼は,当時の著名な技術教育者ウィリアム P.トラウブリッジの推薦で,直ちに,1880 年の国勢調査に備えて設けられた統計調査室に勤務することになった。(恒久的な機構として統計調査局が設置されたのは 1902 年のことで,その翌年に,内務省から新設の通商労働省へ移管された。おもしろいことに,はじめの 5 回の国勢調査は時の国務長官の直接的な監督のもとに実施されており,それ以下の役職者が,その監督に当たるようになったのは 1840 年の国勢調査以後のことである。)

ホレリスは 1879 年 10 月から 1883 年 8 月まで統計調査室に在籍し,それから特許局へ移って約 1 年間勤務した。その職を退いてから,彼は人口統計表を作成するための機械の開発に着手し,1889 年には,その装置に関する特許を取得している。これが 1890 年の国勢調査で使われることになったシステムで,重要な部分の自動化に手がつけられた最初のものであった。1882 年から 83 年にかけて,彼がマサチューセッツ工科大学で機械工学の講師として 1 年間過ごしていることも,見落としてはならないことである。

こうした研究が発展して生まれたのが,タビュレーティング・マシン社という企業である。1911 年に,この会社はコンピュータ・タビュレーティング・レコーディング社となり,1914 年には,先代のトマス J.ワトソンが入社した。そのワトソンのすぐれた指導力によって,この会社はさらに 1924 年には,インターナショナル・ビジネス・マシンズ・コーポレーション (IBM 社)になった。その間の経緯などは興味深い話題ではあるが,一部を除けば,計算機の歴史とはあまり関係はないし,またすでに十分に語りつくされている。[1] この本でも IBM 社やその機械については,なんどかふれる機会があるが,IBM 社または他のどのような会社の発展についても,それほど詳細には取り扱わない。そうした事柄は,計算機の歴史からみれば付随的なものでしかないからである。

注目に値するもう一人の人物はジョン・ショウ・ビリングズであろう。1870 年に,当時の統計調査室長官は 1870 年度国勢調査のための生物統計学的な処理の問題に関連して,合衆国陸軍の軍医総監に援助を求めた。そこでこの軍医総監は二人の軍医補をその仕事に当たらせることにした。その一人がビリングズだったのである。ビリングズはこの仕事に非常に興味をもったらしく,統計調査室からは,いちども給与を支給されたことがなかっ

---

* ドイツ統一国家の建設と,支配体制の刷新を目的として 1848 年に起こった市民革命のことで,一般には 3 月革命とよばれている。

たにもかかわらず，その重要な一員となるように努力した．その間に，軍隊では彼は陸軍少佐となり，軍医に昇進した．1894 年には，彼は軍医副総監にまでなっている．（彼は南北戦争の際に従軍した経験があり，その後，ポトマック師団の検疫官をしていた．）しかしながら，彼のおもな関心は軍医総監部の資料室や，その記録から導き出される統計的な公衆衛生学上の結論に絶えずふりむけられていた．

　明らかに，ビリングズはすぐれた行政手腕の持ち主であったので，統計調査室のほかにもいくつかの公共機関から嘱望されていた．そうしたいきさつから，彼は 1876 年には，ジョン・ホプキンズ基金の評議員に対する医療問題顧問を引き受けることになった．この資格で，彼は病院の設立計画や，他の医療，公衆衛生の問題の解決に最も重要な役割を果たした．さらに 1891 年には，彼はペンシルヴァニア大学で衛生学と人口統計学の講義をしており，1893 年には，その大学病院長に任命されている．彼は 1895 年に陸軍を退役し，ペンシルヴァニア大学の教授に就任した．最後に，彼はニューヨーク公衆図書館を現在のような形で建設するために，1896 年に大学を離れた．

　計算機に関連した話題に話をもどせば，1880 年度および 1890 年度の両国勢調査で，ビリングズは人口統計の業務を担当した．データの収集と作表の仕事を受け持ったのが彼であった．彼が，単に名目的な作業の責任者であったというだけではなく，真に知的な指導者であり，開拓者でもあったことは，その仕事ぶりにもよく表われている．彼の活動力と関心の広さはたいへんなものであったに違いない．

　この活動的な人物が，部下の一員として若いホレリスを獲得したことは，何よりも幸運なことであった．**死亡率と人口統計**に関する 1880 年度報告書の発送案内状の中で，彼はそのことに対する謝辞を述べている．話が錯綜してつじつまが合わないようになっているのはこのあたりからである．トルースデルの本やジョン　H. ブロジェットの修士論文には，その間の経緯が詳しく述べられている．[2] バベッジが最初どのようにして階差機関を思いついたかについて，二通りの話があったことが思い出されるが，ホレリスの場合にもそれと同じように二通りの話が伝えられているのである．トルースデルは 1900 年当時，統計調査室に勤務していたウォルター　F. ウィルコックスの書いたものが，最も信頼性が高いと判断して，パンチ・カードが統計調査に使われるようになった起源について次のように書いている．

　第 10 回（1880 年度）国勢調査の集計作業がワシントンで行なわれていた間，ビリン

グスは一人の同僚とその事務所の中を歩き回っていた。そこでは何百人という事務員が手で符牒をつけるという遅くて気骨の折れる方法で，調査票から情報の細目を記録用紙に転記する作業に従事していた。この作業ぶりを観察して，ビリングズは，"カードの穴で織物の模様を規制しているジャカール式織機のような原理を使って，この仕事を機械的に処理する方法があるはずだ。"とその同僚に話した。種は豊かな土壌の上にまかれた。統計調査室の若い才能ある技術者であった彼の同僚は，まず，この着想が実用化しうるものであることを確認し，次に，ビリングズにはその着想の権利を主張したり，使用したりする意図のないことを確かめた。[3]

ウィルコックスはまた，"この記述は私とホレリス氏との会話の記憶に基づいたものである。"と述べている。一方，1919年にホレリス自身はその回想録に次のように書いている。

　ある日曜日の夕方，ビリングズ博士の茶の間で，彼は，人口統計やそれに類似した統計表の作成のような，全く機械的な作業を処理するための機械があっていいはずだと私に話した。この問題について私たちはいろいろと話し合った。私の記憶では……彼は各人の記録を縁にV字形の刻み目を入れて表示したカードを使おうと考えていたようである。……この問題について検討してから，私はもういちどビリングズ博士のところへ行って，私の手でその問題が解決できそうだと告げ，彼もいっしょにやる気があるかどうかをたずねた。博士は，問題がなんらかの手段で解決されるのであれば，それ以上，この問題に首をつっ込むつもりはないと答えた。[4]

この問題に関するビリングズの様々な講演や論文を読むと，ビリングズの基本的な構想を実現したほんとうの人物がホレリスであったことは，疑問の余地がないように思われる。多年，生物学および生物統計学の世界的な指導者の一人として活躍し，ジョン・ホプキンス大学で生物学と公衆衛生学の教授をしていたレイモンド・パール博士は1938年にこの事態を分析して，次のような結論に到達した。"本質的な点については，事実は明らかなように思われる。ビリングズが創案者，すなわち発見者であって，すべての科学的な発見の核心にあるもの，いいかえれば，堅実でしかも有用なことが試行によって立証された独創的な着想を提示した。ホレリスはこの着想を，実用的な性能で実行しうるような機

第8章 ビリングズ, ホレリスと国勢調査

械を製作した。この場合に彼が果たしたのは, 常に, 成功した発明者としての役割であった。"[5]

この功績の配分について, パールがいっている以上に, 何かを付け加えることは困難である。共同研究に全力をあげて取り組んでいたすべての人々に, 適正にその功績をふりわけることがむずかしいという実例にはこれからも出会うことがある。ここではパールに従って, ビリングズが基本的な構想を提示し, ホレリスがそれを実行に移したという意見に同意しておくことにしよう。

それよりも重要なこととして, 次に, そのシステムがどのようなものであったか, またどのような効果がそれによって得られたかについて考えることにしよう。ホレリスはビリングズの提案を発展させて, たとえば男か女か, 黒人か白人か, 本国生まれか外国生まれかなどの別, 年齢など, 様々な属性を表わすのに, パンチ・カードに穴をあけるという方式を採用した。当初, 彼が設計したのは, 1枚1枚のカードの代わりに, 連続用紙を用いる方式のものであった。このカード, または連続用紙は, 一組の接触ブラシの下を通り, 穴があいている場合にだけ, 電気回路が閉じるようになっていた。穴が検出されるたびに, その電気回路によって働く計数器の読みが1ずつすすめられた。――計数器はリレー（継電器）で作動するようになっていた。1890年の国勢調査では, カードが使用され, 連続用紙は放棄された。カードであれば, 多くの人がそれぞれ別々の場所で異なった時間に準備し, それから全部をひとまとめにして, 統計表の作成に必要な大きな組をつくるのが可能であることに, ホレリスが気付いたのである。彼はまた, 与えられた属性に従って, カードが分類できることにも気が付いた。この最後にあげた利点は決定的な重要性をもつものであった。すなわち, 人口統計の分析に際して, 与えられた人口の中で, たとえばどれだけの人数が A, B, C などの属性をもっているか, どれだけの人数がもっていないかというようなことが, 数回の分類で決定されるようになった。

ホレリスは, 288箇所までの穴があけられる $6^{5}/_{8} \times 3^{1}/_{4}$ インチ という大きさのカードを考案した。(彼がこの大きさを選んだのは, ドル紙幣がその寸法でつくられていたので, 余分な機器を製作する手間がはぶけたからである。) 彼はこれらのカードに穿孔する機械と, 簡単な分類機とをこしらえた。この分類機は, それぞれ電磁式の掛けがねで開かないようになっているバネ仕掛けのふたのついた24個のカード受けがはいっている箱を備えていた。通常は, これらのふたはすべて閉じているが, カード上に穴が検出されると, その結果流れる電流によって, その穴に対応するカード受けの掛けがねがはずされ, ふたが

バネの力で開いた。そこで，そのカードは，開いているカード受けの中へ手で落とされた。この部分の操作が自動化されたのはかなり後になってからのことである。

　1890年度国勢調査の監督官になったロバート　P. ポーターは，その際の調査データから，どのような方法で統計表を作成するかを決めるために，三人を代表者とする委員会を1889年に設けた。その委員会には，他の人たちにまじってビリングズとウィリアム　C. ハントが加わっていた。はじめ，この委員会で検討されたのはホレリスの方式とチャールズ　F. ピジンが提案したチップ方式とよばれている方法であった。その後，ハントが委員をやめて，ピジンのものに多少似かよった方式を提案している。これらの方式をテストするために1880年度国勢調査の際の，セントルイスのデータの一部が使われた。その中には，約10,000人の住民に関する情報がはいっていた。ホレリスの方式は，カードにデータを移して作表するのに必要な消費時間の総計でみて，最も近い競争相手より2倍もすぐれていた。いちばんの強みは作表の速さで，ホレリスの機械は他の約8倍という速さであった。

　1890年の国勢調査では，ホレリスの方式で作表が行なわれ，非常な成功を収めた。全部の調査結果がワシントンに届いてからわずか1箇月後には，ポーターは総人口数を発表することができたのである。[6] この問題について1891年に書かれた論文の中で，ポーターは次のように述べている。

　　　第11回の国勢調査では，6,300万人の住民と15万に及ぶ地方行政区に関する記録を取り扱った。一つの調査項目（属性）についてだけでも，必要な穿孔の数は約10億個に達した。ホレリス氏の電気式作表システムでは，容易に集計を行なうことができたので，いくつかの設問に対する調査がはじめて行なわれた。
　　　　　生まれた子供の数
　　　　　生存している子供の数
　　　　　英語を話す家庭の数
などがその例である。電気作表機の使用によって，どのような形で表わされている情報でも，すべて，調査表に基づいて集計することが可能になった。以前は，このような集計には限度があった。機械化のおかげで，複雑な集計を，単純なものと変わらない費用で実施できるようになったのである。[7]

第8章 ビリングズ, ホレリスと国勢調査

この成功の後, 1896年に, ホレリスはタビュレーティング・マシン社を設立して, 機械とカードの製作をはじめた. アメリカでの実験の結果は, 西ヨーロッパやカナダで統計調査に従事していた人々を刺激し, 彼の商売は繁昌した. 彼の機械は種々の改良が加えられて, 第12回(1900年度)の国勢調査でも使われた. このとき, 統計調査局は機械一式を賃貸契約で使用した.

合衆国議会が, 統計調査局の常設に関する法案を可決したのはこの時代のことで, 1903年には S. N. D. ノースがその初代の局長に就任した. ホレリス式機械の使用に伴う賃貸料について, 彼とホレリスとの話し合いが物分かれになったのはそれから間もなくのことであった. そこで, ノースは議会に要請して——現代ふうにいえば——統計機械の研究開発を行なうために, 4万ドルの支出をする承認をとりつけた. 統計調査局の業務に対して, S. W. ストラットンが果たしている前に述べたような役割はこのことに関連したものである.[8]

ホレリスの作表機の, いくつかの改良型がこの研究室から生まれた. 中でも重要な改良点は, 新しくつくられた作表機が件数を自動的に記録する, 印書機能をもった計数器を備えていて, 旧式の文字盤を人間が読む必要がなくなったことである. この改善は1906年から1907年にかけて行なわれた. この2年めの年に, 統計機械研究室の技術者の一人であったジェームズ・パワーズは自動カード穿孔機の開発をまかされることになった. 彼は次の2年間でそれを完成した.

数年後(1911年), 彼はパワーズ・タビュレーティング・マシン社を設立した. この会社が, 長年にわたって, ホレリスの会社の主要な競争相手になったわけである. パワーズ社は1927年にレミントン・ランド社に吸収され, さらに1955年には, スペリー・ジャイロスコープと合併した. パワーズの方式がすぐれたものであったことは, だれの目にも明らかであった. T. G. ベルデンと M. R. ベルデンの共著には, "ホレリスの方式が手書きであったのに対して, パワーズは, 結果を自動的に印書するような機械をもっていたし, ホレリス式のやぼったい手動穿孔機の代わりに, 電動式の穿孔機をもっていた. また, カードを作表の順序にそろえるのに, 狭苦しい鉄道の事務室用にホレリスが考案した不便な垂直型分類機に代わるものとして, パワーズの方式では, 水平型の分類機が使えた. さらに, パワーズが月額わずか100ドルで機械を賃貸していたのに, 性能の悪い CTR 社*の装置は150ドルもした." と述べられている.[9]

---

* コンピュータ・タビュレーティング・レコーディング社のこと.

1914年にワトソンの手で,ホレリスの部下であった E. A. フォードをリーダとする開発グループがつくられたことが,IBM 社がパワーズ社よりも優位に立つきっかけになったことは興味深い事実であろう。フォードのグループにいた技術者クレア D. レイクが,そこで高性能の印書作表機を発明して,CTR 社を倒産から救ったのである。

計算機諸分野の大半が,政府の従業員や大学の研究受託者に,政府資金で行なわれた発明の権利を与えるという,寛大な政策のおかげで存立していることは,アメリカの制度の注目すべき特色である。

原著者脚注

[1] T. G. and M. R. Belden, *The Lengthening Shadow, The Life of Thomas J. Watson* (Boston, 1962).
[2] Truesdell, 前出, または J. H. Blodgett, "Herman Hollerith, Data Processing Pioneer," master's thesis, Drexel Institute of Technology, 1968.
[3] Truesdell, pp. 30-31.
[4] Truesdell, p. 31.
[5] Truesdell, p. 33.
[6] Blodgett, 前出, p. 54.
[7] Robert P. Porter, "The Eleventh Census," *Proceedings of the American Statistical Association*, no. 15 (1891), p. 321 ; Blodgett, pp. 54-55.
[8] p. 61 を見よ.
[9] T. G. and M. R. Belden, *The Lengthening Shadow*, pp. 111-112.

第 9 章

弾道学と大数学者の活躍

　以上で，パンチ・カード機械の発達に関する話を終わることにして，私たちは科学技術の分野における計算の必要性や，計算技術の進歩についての議論にもどることにしよう。特に，第一次世界大戦がそれらに対してどのような影響を及ぼしたかについて調べてみることにしたい。

　一言で要約して，この第一次世界大戦を支配したものは，科学的な観点からみれば化学であって，合衆国では，その分野の長足の進歩がこの戦争によってもたらされた。開戦当初には，カリウム，硝酸塩，染料などのほとんどを合衆国はヨーロッパに依存していた。この状態を打開するために，政府はいくつかの施策を実行した。テネシー川流域のマッスル・ショウルズに窒素の生産を増強するための工場が建設されたことなども，その一つである。* これらの開発の結果は合成化学工業全体の，急速な発達を促した。たとえば，1914 年から 1931 年の間にレーヨンの生産高は 69 倍にも増加している。[1]

　しかしながら，こうしたことは，計算機の歴史にとってはあまり重要ではない。私たちが注目しなければならないのは弾道学に関する科学と応用の発達，特に砲外弾道学の進歩についてである。この砲外弾道学というのは，砲口から発射された瞬間から標的に到達するまでの弾丸の運動を研究する学問である。いうまでもなく，これは重力と大気の影響下で行われる運動を取り扱う剛体の力学の一部門である。この難解で，興味のもてそうもない力学の一部門をここでとり上げる理由は，それが計算機の歴史に基本的な影響を及ぼしたからにほかならない。合衆国における弾道学上の必要性が，電子計算機の開発のための

---

　* 有名な TVA 計画に先だって，第一次世界大戦中に着手された開発計画で，マッスル・ショウルズにダムと発電所を建設し，その電力を利用して，空中窒素固定法による窒素化合物の量産を行なうというものであるが，戦争の終結とともに，一部未完成のまま中断した。

どれほど大きな動機づけになったかについては後に述べる。

　古典力学のほとんどすべての分野がニュートンまでさかのぼることができるように，弾道学の場合にも，それと同じことができる。弾道という概念そのものはもちろん，人類または人類の好戦的な資質と同じぐらいに古くからある。弾道学（ballistics）という言葉そのものも，ラテン語のバリスタ（ballista），すなわち石，投げ槍などを発射するための兵器という言葉からきたものであるし，さらにさかのぼれば，そのラテン語はギリシア語の投げるという意味の言葉，バレイン（ballein）をその語源としている。弾道学の歴史について，ここで詳しく説明をすることは不可能である。幸い，数理弾道学に関する決定的な名著の付録にそのすぐれた解説がでているので，参照されたい。[2]

　ニュートンは重力の作用とともに空気，水などの抵抗を受ける抛射体の運動に強い関心をもっていた。実際，有名な林檎のつくり話はこうした問題に対する彼の関心の度合いを端的にいい表わしたものと思われるが，少なくとも，抛射体の運動が，彼にとっては何者にもまさる運動の実例であったことを示している。重力の法則の一般性を示そうと考えていた彼にとっては，抛射体の運動はまさしく，研究の対象としてとり上げるのにふさわしいものであった。事実，抛射体は，自然科学者たちが実験をして，彼がたてた仮説が妥当なものかどうかを試すことができる，数少ない対象の一つである。主としてこのことが理由になって，過去300年の間に驚くほど多くの著名な人々がこの問題に取り組んできた。——ピサの斜塔から球を落とす実験をしたガリレオも，その中に含まれている。この課題に関するニュートンの研究の大多数は，空気抵抗が速さの2乗に比例するという仮定の上にたっていた。空気に対しても水に対しても，これが実際に法則として成り立つと，彼は信じていたからである。プリンキピアの第2巻，第1章の注釈には"粘性の全くない媒質の中で物体に加わる抵抗力はその速度の2乗に比例する。……そこで，この抵抗の法則からどのような運動が生じるかについて考えてみることにしよう。"と述べられている。モールトンやフォン・カールマンも，このニュートンの法則が速度がきわめて大きい場合には良好な近似になっていることを指摘している。しかしながら一般的な剛体，およびその特別な場合としての抛射体に対する運動方程式を定式化することは，月の運動理論で重要な役割を演じたことで知られているオイラーをまたなければならなかった。彼はまた，この運動方程式の二通りの近似解法を考案した。

　ほかにも，多くの傑出した人物が弾道学のさまざまな問題について研究した。有名な人々としては，クレロー，ダランベール，ラグランジュ，そして1784年に砲兵隊の試験官に

なったラプラスなどの名があげられる。

　弾道学の主要な問題の一つは抗力関数の決定，すなわち空気の抵抗を速度のどのような関数として決定するかということである．ニュートン以来，多数の物理学者や数学者がこの問題について研究してきた．19世紀の半ばごろ，イギリスのフランシス・バッシュフォースによって，正確な方法が完成された．彼の着想を使って，多くの弾道学者が実際の抗力のデータを計算し，1880年から1900年に至る20年の間に，フランスのガヴルで作業をしていたある委員会がそれらの結果をとりまとめて，**ガヴルの関数表**とよばれているものにした．主抗力関数を与えるこの関数表は，多くの場合，おそらく不十分な近似値にしかならなかったと思われるが，第一次世界大戦中はほとんどすべての砲弾に対して用いられた．

　第一次世界大戦のほんの少し前の時代に，妥当性の疑わしい他のいくつかの方法が，必要な数値計算の量を削減するために考案された．典型的な近似法として，たとえば空気の密度が高さに関係なく一定であるというような仮定が採用された．運動方程式があまり手数をかけないで解けるような，特に簡単な形になるようにするために，ほかにもいくつかの仮定が設けられた．そうした開戦当時の状況について，モールトンはこう書いている："……古典的な弾道学の方法を急いで調査した結果，それらが今の要求に全く合わないばかりでなく，以前の条件の下でも，問題の解決法としては不適当であることが明らかになった．それらは推論の欠陥と，いくつかの全く誤まった結論を含んでおり，変に仕末の悪い方法で結果が導き出された．"[3]

　第一次，および第二次の両大戦にまたがって弾道学の分野で活躍し，長年，ブラウン大学で数学の教授をしていたもう一人の人物，アルバート　A. ベネットも，その実情を"非常に簡単な手段で解けるように方程式をねじ曲げること"と書いている．ブリスが著した弾道学に関するすぐれた小さな本の中には，いわゆるシアッチの近似法，およびその変形についての詳細が出ているので，興味のある読者は参照されたい．[4]

　シアッチの方法は，現実の問題に適用した場合にはきわめて低い精度しか得られなかった．第一次世界大戦の初期に，ドイツの海軍はきわめて強大な大砲を設計し，製作した．はじめてそれらが発射されたとき，その最大射程距離はシアッチの方法で推定された値のほぼ2倍もあることが判明した．このようなことが起こった理由は，弾道の大半の部分が，空気の密度が地上の半分ぐらいしかないところを通っていたからであった．この発見が，ドイツの弾道学者たちが，パリを攻撃するための長距離砲——"太っちょのベル

タ"* という名でもよばれている——の設計をするきっかけになったのである。この大砲の口径は9インチでアンモニアの合成でノーベル賞を獲得した有名な化学者，フリッツ，ハーバー（1861 - 1924）が考案した推進火薬を使って，90マイル以上も離れた遠隔地を撃破する能力を備えていた。ハーバーは帝政下のドイツ政府のために働き，いくつかの重要な貢献をした。彼はアンモニアの生産量を増やして，それを高性能爆薬の原料となる硝酸に転換した。彼はまた，ドイツ陸軍の化学作戦本部の長官でもあった。1915年に行なわれた，イープルの塩素ガス攻撃を指揮したのも彼であった。

　合衆国陸軍は第一次世界大戦中，弾道の問題について研究するために一流の人材を集めて二つの委員会をこしらえた。その一つはワシントンの陸軍兵器局長官室の弾道部の中に設けられ，1918年4月以降，フォレスト・レイ・モールトン（1872 - 1952）がその委員長になった。オズワルド・ヴェブレンを委員長とするもう一つのグループは，はじめサンディ・フックにあったが，その後，1918年に，新しく建設されたメリーランド州のアバディーン試射場へ移った。早くから問題の重要さを認識して，このようなすぐれた人たちをその研究の推進役にもってきたのは合衆国陸軍当局の偉大な功績である。これらの二人はどちらも第一級の科学者であった。彼らは，シカゴ大学では仲のいい同僚であって，ともに大学院の学生を経て，一人は天文学の，もう一人は数学の教官をしていた。そのうえ，二人ともすぐれた行政担当者として，多くの人々の管理に当たるようになった。

　モールトンは，彼自身と4人の兄弟から成る著名な家族の一員であった。長年，大学で経済学の教授をし，その後，ワシントンのブルッキングズ協会**が著しい発展を遂げた時代にその会長になったハロルド，はじめは教授として，後には大学院の学部長としてノースウェスターン大学で輝かしい業績を残した数学者エルトン，それに，民間企業の有名な経営者になったアール，およびヴァーンの4人がその兄弟である。モールトンの学問的業績の中で最もよく知られているのは，太陽系の起源について，地質学者，T. C. チェンバリンとともに提唱した微惑星説，すなわち渦状星雲説である。

　計算機の歴史という観点からみれば，彼の著しい業績は弾道学を確固とした科学的な基盤の上におくために，中心的な役割を演じたことであった。彼はそれについて次のような見解を述べている。

　　* クルップ製鉄所の社長夫人，ベルタ・クルップ・フォン・ボーレン・ウント・ハルバハの名からきた。
　　** セントルイスの企業家，ロバート　S. ブルッキングズが中心になって設立した非営利団体で，社会科学の諸分野にわたった広範な研究，教育活動で知られている。

第9章 弾道学と大数学者の活躍　85

　この課題は適切な理論と，周到な実験との密接な連携を必要とする科学的な問題として，著者の手で改めてとり上げられた。……

　その理論は多数の，厳しい管理上の要求を満たすだけの迅速さで開発された。1918年の6月までに，この本の主要な部分は最後の章を除いて出来上がっており，青焼きの形で配付された。いくつかの追加が……著者と他の人々，特にブリス教授によって行なわれた。

　理論と並行的に実行する必要があった実地的な実験は，（a）試射実験と，（b）風洞実験であった。試験場での弾道試験は幸いにもオズワルド・ヴェブレン教授（当時は陸軍少佐）の指揮下にあった。彼はワシントンからの指示を精力的に，手際よく実行したばかりでなく，困難な状況のもとでも物事をやり遂げる抜群の能力とともに，物理学的な問題に対する洞察力と想像力を駆使して，高度な指導性を発揮した。彼の指導のもとに得られた成果はきわめて注目すべきもので，戦争が終結しさえしなかったら，彼らの仕事はさらに大きな発展をしていたであろう。……

　試射実験でとらえられるのは最終結果に関係のある諸因子の影響を積分したものだけであるが，理論では，個々の影響の微分を取り扱う必要がある。したがって，風洞実験は明らかに高い重要性をもっていた。不幸にして，音速以上の速度を出すのに必要な力は……きわめて大きいものである。ところが，ジェネラル・エレクトリック社が溶鉱炉で使用するいくつかの巨大な送風機の試験を1918年の秋口に，マサチューセッツ州のリンで行なう計画をもっていることがわかった。……1918年7月にワシントンで行なわれた会議の席上でモス博士は，ジェネラル・エレクトリック社がこれに全面的な協力をすることを約束した。直ちに，A. A. ベネット教授（当時は陸軍大尉）の協力を得て，実験のための全般的な計画がつくり上げられた。必要と見積もられた10万ドルほどの政府予算がその実験を遂行するために確保された。標準局のストラットン長官に申し入れをした結果，ブリッグズ博士がこの実験の仕事に選任された。……この実験は，予想どおり最も困難なものであることが判明し，数年以上にもわたって続行された。[5]

　ストラットンが，再び話題に登場したことに注意していただきたい。ライマン・ブリッグズ（1874-1963）もまた，一言ふれておくだけの価値のある人物である。彼は農務省に勤めていた物理学者であったが，ストラットンの手で標準局へ引き抜かれて，そのまま

そこにとどまった。1933年に彼はその長官に就任し、1945年には名誉長官になっている。彼の研究活動はいずれも、高速気流や高圧下の液体中におかれた物体の研究と密接に関連したものであった。

さて、話をモールトンへもどすことにしよう。彼の際立った貢献の一つは、弾道計算に全面的に有限差分法を導入したことであった。イギリスでは、この差分法の導入は統計学を特に生物学に応用して、輝かしい業績をあげたカール・ピアソン（1857-1936）によって行なわれた。長年の間、彼はロンドンのユニヴァーシティ・カレッジで、優生学のゴールトン教授職にあって、ゴールトン優生学研究所の所長もかねていた。一方、合衆国でこの天文学の数値計算技法を弾道学にもち込んだのがモールトンであった。彼は、以前から知られていた方法よりも数段進歩した技法を開発した。彼のしたことは、海王星の発見者として前にもふれたことのあるジョン C. アダムズの手順に、今日、アダムズ・モールトン法という名で知られている重要な改善を加えたことであった。これは連立常微分方程式を任意の精度で解くための数値計算法である。これについては、後にもう少し詳しく述べ、それがいったいどのような意味をもっているのかを明らかにしよう。この問題に関する彼の研究はいろいろなところに出ているが、代表的なものとしては、**砲外弾道学における新方法**（New Methods in Exterior Ballistics）という彼自身の著書がある。

モールトンは1926年にシカゴ大学をやめて、シカゴの電力会社の財務担当の役員となり、さらに1932年にはシカゴ万国博覧会の会場運営担当理事に就任した。その後1937年に、彼はアメリカ科学振興協会（AAAS）の終身幹事となり、**サイエンス、サイエンティフィック・マンスリー**両誌の版権獲得と刷新に尽力したほか、AAASを今日のような大きな組織に発展させるのに重要な役割を果たした。合衆国学術研究評議会、および合衆国科学学士院のある幹部は、1963年に彼にささげた賛辞の中で、彼のことを"アメリカ科学界のド・ゴール"とよんでいる。

第一次世界大戦中に、合衆国における弾道学の進歩に貢献したもう一人の指導者はオズワルド・ヴェブレン（1880-1960）であった。彼は1847年にノルウェーからウィスコンシンへ移住し、ウィスコンシンおよびミネソタで一家をおこして12人の子供をもうけたノルウェー人の家庭の孫息子であった。社会学者および経済学者として有名なソースタイン・ヴェブレン（1857-1929）はその子供たちの中の一人である。オズワルド・ヴェブレンはアイオワ州で生まれ、1903年にシカゴ大学で Ph. D. の学位を得た。プリンストン大学のウッドロー・ウィルソン学長とヘンリー・ファイン学部長から、新しい学生研究の指

第9章　弾道学と大数学者の活躍　　87

導教官としてきてほしいという要請を受けるまでの数年間，彼はそのまま数学科の研究員としてシカゴにとどまった。

　プリンストン大学の教授として何年も過ごした後で，ヴェブレンはアルバート・アインシュタインとともに，新しく設立された高級研究所の最初の教授に任命された。彼は引退するまで，ずっとその職にいた。この研究所が発足したのは1930年5月20日で，二人が就任したのはその2年後のことであった。ヴェブレンはまた，この研究所の評議員にもなっており，晩年にはその名誉評議員になって，死ぬまで活躍した。研究所や大学に対する彼の貢献のすべてはアメリカの数学界に対するそれと同様に，はかり知れないほどの大きいものであった。プリンストン大学に，世界でも屈指のすぐれた数学教室を建設するために，最もめざましい活躍をしたのは彼であったし，高級研究所の設立に際して，ジェームズ・アレクサンダー，アルバート・アインシュタイン，マーストン・モース，ジョン・フォン・ノイマン，ヘルマン・ワイルなどといった無類の強力な数学教授陣の選択を，ほとんど一身に引き受けたのも彼であった。ヴェブレンはこのすばらしい学部をつくり上げたばかりではなく，設立者のルイズ・バンバーガーおよび妹のフェリックス・フルド夫人，初代の研究所長，アブラハム・フレクスナーなどを説得して，研究所の全精力が学位取得後の研究者の育成にふりむけられるようにした。"主要な目的は，純粋な自然科学や高度な人文科学の分野におけるすすんだ学習と探究を遂行することである。……"と，バンバーガーおよびフルド夫人は書いている。この点については，1955年にロバート・オッペンハイマーが，その研究所長として書いたものからも引用しておくのが妥当である。"研究所の活動から直接得られる成果は知識と研究者である。新しい知識と着想は全世界の自然科学界，人文科学界にとり入れられ，研究者は地球上の至る所で，研究に，教育に，著作に，そして新しい真実の発見に貢献した。新しい知識が，新しい力と新しい英知を先導し，人類の運命を変え，その品性を高めることは，歴史が——この研究所の短い歴史からも確かめられるように——教えている。"[8]

　ヴェブレンは最も早くからこれらのことを理解し，学位をとったばかりの若い人たちが，特に授業の負担の大きい教師として生存競争に没頭しなければならなくなる前に，もう少し数学の勉強をしておくことがますます必要になってきたことを痛感していた。何年も前，彼がプリンストンへきたばかりのころ，天文学および天体物理学のすぐれた研究者の一人であったヘンリー・ノリス・ラッセルがその精力の一部を研究にふりむけたいと考えていたときに，彼はラッセルを大学当局からかばうのに手をかしている。当時の大学当

局は教職員の役割を，もっぱら学部学生の教師としてしか考えていなかったからである。その後しばらくして，1927年には，ヴェブレンは数学の学位取得後の人たちを対象とした特別研究員制度を確立することについて，学術研究評議会の承認をとりつけた。その選考委員会は長年の間，彼自身とシカゴ大学のギルバート・ブリス，ハーヴァード大学のジョージ・バーコフで構成されていた。これらの三人はともに，Ph. D. の学位をシカゴ大学から取得している。この大学時代に，彼らははじめて友達となり，その後はいずれもプリンストン大学の学生研究の指導教官を経て，それぞれアメリカ数学界の指導的な人物になった。ハーパー総長がマイケルソンをシカゴ大学へよんだとき，彼はまた，もう一人，若いアメリカの数学者，イリアキム・ムーア（1862-1932）を大学へつれてきた。合衆国で実際に，近代的な数学をはじめたのはこのムーアである。バーコフ，ブリス，ヴェブレンといった人たちも彼の学生であったし，彼の門下生はアメリカの数学界の各世代を網羅した名士録さながらであった。

ヴェブレンは若いアメリカ人の数学者の必要性をきわめて明確に認識していたが，決して盲目的な愛国者でも，外国人嫌いでもなかった。さまざまな機会をとらえて，彼はオックスフォード大学へ交換教授として行ったし，ドイツで講義をしたことも何度かあった。彼の研究者仲間の一人であったディーン・モンゴメリーはヴェブレンの生涯に関する感動的な賛辞の中で，ヴェブレン自身が書いたファイン学部長に対する追悼文から次の言葉を引用している。

> ファイン学部長はアメリカの数学を，ほとんど皆無の状態からヨーロッパ各国と同等に近いところまで前進させた一群の人たちの中の一人であった。研究活動を奨励する空気の欠除，指導方針の欠除，問題点および科学の現状についての認識の不足，環境からもたらされる科学的なもの以外のあらゆる方向へ向けられた圧到的な衝動など，彼と同時代の人たちが立ち向かわなければならなかった困難の数々を実感するためには，もはや想像力を必要とするようになっている。けれども，現在のわが国における平均的な状態を世界の最もすすんだ国々でみられる状態と比較し，それを過去にさかのぼって延長してみれば，その人たちの才能と成果を正しく評価するのに役だつような状況を，ある程度再現することが可能である。[7]

これらの言葉はそのままヴェブレンに対していわれたとしても不当ではない。

第9章 弾道学と大数学者の活躍　89

バンバーガーが当初，研究所をニュージャージー州のオレンジ地方にある彼の出身地につくろうと主張したときに，彼をうまく説得して，プリンストンのりっぱな大学の近くにつくるようにさせたのはヴェブレンであった。何もないところでは，研究所も発展しえないことをヴェブレンは知っていたからである。彼の全生涯は最高の学問的規準を確立することにささげられた。"その点に関しては，彼はどのような妥協もしようとはしなかった。晩年，彼はほとんど目が見えなくなってしまったが，それでも数学や科学に対しては常に若々しい興味をもち続けていた。……まだ若いのにすっかり老け込んでしまった人々が，いろいろな面で，輝かしい時代はもはや永遠に過ぎ去ったというような意味のことを話すのを，彼はよくおもしろがっていた。彼にはそんなことは信じられなかった。おそらく，彼の若々しい気構えの一部は，若い人たちに対する彼の関心によってもたらされたものであろう。彼は，研究所の数学的な活力の源泉は，大部分，そこに出入りする若い数学者たちの流れの中にあると，かたく信じていた。"[8]

ヴェブレン夫人の兄弟に，ノーベル物理学賞を受けたオウエン・リチャードソンがいることや，彼女の義理の兄弟にも，もう一人，クリントン・デヴィソンというノーベル賞の受賞者がいたことはちょっと興味深いことである。このデヴィソンは，電子に関する実験で物理学に貢献したばかりではなく，ベル・テレフォン研究所を卓越した工業技術研究所として確立するためにも多大の貢献をした。彼はアーサー　H. コンプトンとともに，プリンストン大学ではリチャードソンの学生であった。

ヴェブレンは1930年の1月に，ノーベル物理学賞の受賞者，ユージン・ウィグナー(1902-)とジョン・フォン・ノイマン（1903-1957）の二人を数学および物理学の兼任教授として，プリンストンへつれてきた。二人をいっしょに招くようにヴェブレンに推薦したのは物理学者のエーレンフェストであった。ヴェブレンがこの二人をつれてきたことは，計算機の歴史に途方もなく大きな影響を及ぼす結果になったのである。

しかしながら，ここで私たちが目的としているのは，ヴェブレンの全経歴をその合衆国政府のためにささげられた部分ほどに詳しく述べることではない。このヴェブレンの政府に対する貢献は二つの大戦にまたがっている。第一次世界大戦中の彼の役割についてはすでに要約したとおりである。そこでは，彼は，ジェームズ・アレクサンダー，ギルバート A. ブリス，トマス・グロンウォール（バーコフがやめたあと，プリンストンへきたスウェーデンの科学者）や，有名なノーバート・ウィーナー，ハーヴィ・レモンなどを含む一流の数学者，物理学者の集団の組織者であり，創設者であった。レモンは長年，シカゴ大

学で物理学の教授をしていたが，1950年に退職すると同時に，科学工業博物館の館長に就任した。彼はヴェブレンと同様に，両大戦中アバディーンで活躍した。(彼はバーコフの義理の兄弟である。)第二次世界大戦中はレモンはアバディーンでロケット開発部門の責任者をしていた。ヴェブレンの，第二次世界大戦中およびそれ以後における役割については後に述べることにする。

モールトンもまた，ワシントンに第一級の学者を集めた集団をつくり出した。その中には，すでに前に述べた A. A. ベネットや，アメリカの重要な数学者の一人で，戦時中の仕事から興味をもつようになった近似計算の理論にすぐれた貢献をしているダンハム・ジャクソンも含まれていた。

モールトンの先駆的な仕事からは，計算機の歴史に関係のある，いくつかの重要な結果がもたらされた。彼は陸軍および海軍をなんとか説得して，特に有望な若い士官を何人かシカゴ大学へ派遣し，弾道学を専攻科目として数学の学位をとるための勉強をさせるようにした。すべての士官が戦場で軍隊を指揮する能力をもつと同時に，超音速風洞のための要求事項を理解する能力をもつといった万能の人間である必要性はないという考え方は，おそらくこれがはじまりであろう。もちろん，今日までにひたすら技術的な経歴だけを踏んで，高い地位を獲得するのに成功した士官はまだほんの少数しかいない。——たぶん，その最高の地位を得た例はリコーヴァー提督であろう。

モールトンやヴェブレンの仕事が成功したおかげで，二つの戦争にはさまれた不況の時代にも，兵器局長官室のしかるべき技術部門とアバディーン試射場にある同規模の弾道研究所の存続が，ともに保証されることになった。特にこのことは，第一次世界大戦中，手計算を担当したサミュエル・フェルトマンがワシントンの弾道研究部門の次長待遇の技官に昇進して，1947年の労働者の日に，自動車事故による不慮の死を遂げるまで，仕事を続けることを可能にした。

長年の間，フェルトマンはその技術部門の長として勤務した何人もの士官——中には専門的な教育を受けたものもいたが，大半はそうではなかった——の代わりに動揺をおさえたり，指針を与えたりする役割を果たした。兵器局が，超音速で発射する火器を製造するための高張力鋼をもつようになったのは，彼の見識によるものであった。この当然のことのような，事実上は必要性といってもいいほどの要求も，50年前には全くみられなかったのである。大多数の，いわゆる専門家にとってさえ，高速で移動する目標を攻撃しなければならなくなるような時代がやってくるということは，決して自明なことではなかっ

た。もしこれを疑う人があれば，1914年には，イギリス陸軍全体に自動車がわずか80台しかなかったし，合衆国もそれと似たような状態であったことを思い起こしていただければよい。

フェルトマンと同じ部門から出発して，アバディーンの活動の科学的な指導者になったのがロバート H. ケント（1886-1961）であった。合衆国が第一次世界大戦に参戦したとき，ケントはペンシルヴァニア大学で電気工学を教えていた。彼は志願をして，陸軍の兵器局勤務の大尉となり，1917年から1919年までの間，モールトンのところにいて，アレクサンダーと親しい友達になった。その後，1919年から1922年まで彼は一般公務員としてワシントンの弾道研究部門で働き，それから弾道研究所へ移って，1956年に退職するまでそこにとどまった。彼は，その弾道研究所の所長補佐としてのすぐれた業績に対して，トルーマン大統領から特別功労章を受け，また，フランクリン研究所からもポッツ・メダルを贈られている。

モールトンとヴェブレンの伝統はフェルトマン，ケント，その他の人々の考えの中にも明確に受け継がれており，その価値も十分に認識されていたので，第二次世界大戦がはじまると直ちに，モールトンのかつてのワシントンでの役割が果たせるような，応用方面にも十分な理解をもった傑出した数学者を起用する処置がとられた。行なわれた選択は申し分のないものであった。1935年から1962年に退職するまで，高級研究所で数学の教授をしていた H. マーストン・モース（1892-）がその人だったのである。それまでの彼の仕事がすべてそうであったように，彼の貢献は多方面にわたり，かつ奥深く掘り下げたものであった。それらは，計算機の歴史とはあまり関係がないので，ここでとり上げるのは適当ではないが，全くふれないというのも配慮がなさすぎるであろう。彼の貢献が非常に著しかったので，トルーマン大統領は1945年にモースの戦時中の業績に対し，合衆国では民間人に与えられる最高の褒章になっている特別功労章を授けて，彼を表彰しているし，さらに1965年には，ジョンソン大統領が彼の数学に対する貢献全体をたたえて，科学功労章を贈ったからである。モースのワシントンでの研究活動を最もよく助けたのは，ニューヨーク州立大学の教授をしていたウィリアム・トランシューであった。

モースが，ハーヴァード大学で長年バーコフとは親しい間柄の同僚であったことはいささか興味のある事実であろう。バーコフもまた，シカゴ大学ではムーアの学生であったことがあるが，学問的には，歴史的な大数学者で，マイケルソンがイギリスの応用数学者とギブズの現象をめぐって論争したときに質問状を差し出した相手でもあったアンリ・ポア

ンカレ (1854-1912) の, 事実上の門下生であった。モースはバーコフについて述べたすばらしい賛辞の中で, こういっている:"ポアンカレの著書についての F. R. モールトンの研究は, バーコフ自身が熱中してポアンカレを読むようになったきっかけをなにがしか与えている。バーコフの真の先生はポアンカレであった。"[9] E. T. ベルが "最後の万能学者" とよんでいるこのポアンカレについて, 一言, ベルの本から引用すれば, "広範な研究報告類が大多数を占める 500 編近くの新しい数学の論文と, 事実上, 彼の時代に存在した数理物理学, 理論物理学, 理論天文学のすべての分野を網羅している 30 冊以上の著書というのが彼の残した記録である。この中には科学の哲学に関する彼の古典的な名著や, 専門的でない評論などははいっていない。"[10] これらすべての仕事が 1878 年から 1912 年という期間に行なわれたということは驚嘆に値する。

おそらく, バーコフやモースがポアンカレから受け継いだ最も重要なものは, 当時は位置解析とよばれていた現在の位相数学の手法を, 天文学へ応用するという考えであろう。ヴェブレンも, このポアンカレの研究からは強い影響を受けており, 彼自身, 位置解析に関する研究報告を書いている。

その当時の数学界の指導者たちについてモースが書いていることを読むのも, また一興である。"ディクソン, E. H. ムーア, そしてバーコフのたくましい個人主義がアメリカの数学の '開花' の象徴であった。これらの偉大なアメリカ人の仕事は, しばしば外面的なはなやかさには欠けていたが, それ以上のものを鋭い着眼と力強さ, 独創性で補っており, バーコフによる同国人の評価が不当なものではなかったことを裏付けている。"[11]

フェルトマンのところにいたモースの同僚で, 数学者としてすぐれた能力をもっていたグリフィス C. エヴァンズ (1887-) についても, 一言ふれておく必要がある。彼の貢献の大きさは, 彼が 1948 年の大統領特別功労章の受章者であったことからも, ある程度はかり知ることができる。彼自身, 計算機の発展にはあまり寄与するところはなかったが, 陸軍内部に, 完全な知的規準を確立するのに多大の貢献をした。1971 年春, バークレイのカリフォルニア大学はその新しい数学教室の建物にエヴァンズの名をつけて, 彼の功績をたたえた。

ここでアメリカの科学が——少なくとも, シカゴ大学のムーアとともに実際にはじまったアメリカの数学が——モースの記述にも指摘されているとおり, ちょうど合衆国が何百万人もの貧しい移民を忙しく受け入れていたように, 一種の愛国的な運動に乗り出すことによってそれ自身の独自性を見いだそうとしていた時代に, どのような経験をもったかに

ついてふれておくのは，無意味ではないであろう。1820年から1860年の間に約500万人が，1860年から1890年の間にはさらに1,350万人が移住してきた。——これらの集団は，主としてヨーロッパの北部および西部にいた人々から成り立っていた。さらに1900年から1930年にかけて，主にヨーロッパの南部と東部から，1,900万人に近い人々がわたってきた。[12] この最後の集団にいた人々はそれぞれその母国における経済的，政治的，社会的，そして宗教的な専制から逃れてきた人々であった。大多数の人々が，彼らの子供たちには最も高い理想を抱いていたし，きわめて幸いなことに，合衆国にはそれらの若い人たちを収容する教育施設があった。

そこへ，ナチの専制によって，もう一つの集団が移住してきた。——貧しい，無教育な労働者ばかりではなく，自然科学者，人文科学者として著名な人々や若手の人たちも，その中にはまじっていた。そうした人たちにしかるべき仕事の場を提供するのがアメリカ科学界のつとめであった。これらの人々はやがてアメリカのために無類の貢献をし，この国をつくり上げるのに協力した。こうした推移，このヨーロッパへの門戸の開放は，もちろん常に，すぐれた能力をもっていても先見性に乏しい人たちからのなんの抵抗も受けずに実施されたわけではなかった。いずれにしても，この動きは，大学教授の地位が社会的に選ばれた階級のものとなる可能性にとどめをさして，合衆国の民主的精神の働きが及ぶようにするのに決定的な役割を果たした。

原著者脚注

[1] W. E. Leuchtenberg, *The Perils of Prosperity, 1914-1932* (Chicago and London, 1958), p. 181.

[2] E. J. McShane, J. L. Kelley, and F. V. Reno, *Exterior Ballistics* (Denver, 1953), p. 742 以下.

[3] F. R. Moulton, *New Methods in Exterior Ballistics* (Chicago, 1926), p. 1.

[4] G. A. Bliss, *Mathematics for Exterior Ballistics* (New York, 1944), pp. 27-41.

[5] Moulton, 前出, pp. 2-4.

[6] Robert Oppenheimer による *The Institute for Advanced Study, Publications of Members, 1930-1954* (Princeton, 1955) のまえがき.

[7] D. Montgomery, "Oswald Veblen," *Bull. Amer. Math. Soc.*, vol. 69 (1963), pp. 26-36.

[8] 同上.

[9] Marston Morse, "George David Birkhoff and His Mathematical Work," *Bull. Amer. Math. Soc.*, vol. 52 (1946), pp. 357-391.

10 Bell, *Men of Mathematics*, p. 538.
11 Morse, 前出.
12 S. P. Hays, *The Response to Industrialism, 1885 - 1914* (Chicago, 1957), p. 95.

第10章

ブッシュの微分解析機

 以下の各章では，MIT におけるヴァニヴァ・ブッシュとその同僚，ハーヴァード大学のハワード・エイケンと IBM 社にいた彼の仲間たち，そして，ベル・テレフォン研究所のジョージ・スティビッツとその協力者などによる研究を，順次とり上げていくことにしたい。そのためには，1920 年代の電気工学者の，数学的な教養がどれほどのものであったかを理解しておく必要がある。

 すでにごく初期のころから，工学の各分野と同系統の科学の間にはかなり密接なつながりがあった。もちろん，多くの場合，それらのつながりは，偶然に重要な発明をした自然哲学者，あるいは科学者によってつくり上げられた。そうした科学者の一人として，ジョゼフ・ヘンリー (1797-1878) は，長さが 1 マイルもある電信用ケーブルを，1830 年に敷設した。彼はまた，1829 年に，今日，だれもが方々で使用している電磁モーターの原型や，電信，電話では必需品であったリレーを発明した。

 ヘンリーは，単なる技術者ではなかったというよりも，むしろ，アメリカが生んだ最も偉大な物理学者の一人であった。彼はファラデーと同時代に，電気に関する基本的な諸実験を行なっていた。彼が，プリンストン大学の前身で，当時はカレッジ・オブ・ニュージャージとよばれていた大学の，自然哲学の教授になったのは 1832 年のことである。1846 年に，彼はその大学をやめて，スミソニアン研究所の設立幹事となり，アメリカ科学振興協会の設立にも参画し，さらに合衆国科学学士院の創立会員となって，長年の間，その会長をつとめた。彼がスミソニアン研究所にいたのは 1846 年から 1878 年までであるが，その間に彼は合衆国の各地から，毎日の気象データを電信で受けて，天気予報に先鞭をつけた。この仕事がもとになって，合衆国気象局がつくられることになったのである。フォン

・ノイマンが，気象予報を主要な問題の一つとしてとり上げ，天候に対する私たちの理解に革命的な変化をもたらすようになったいきさつについては，また後に述べる。

　ヘンリーとファラデー（1791-1867）の実験はマクスウェルに大きな影響を及ぼしているが，一人は合衆国で，他の一人はイギリスで，ともに本質的には独学で勉強をした人たちであった。どちらも，それぞれ時計屋と，製本屋の徒弟として働いていたのである。二人が輝かしい成功をもたらした科学者としての道を歩むようになったきっかけは，ヘンリーの場合には自然科学に関する本との出会いであり，ファラデーの場合にはハンフリー・デイヴィ卿（バベッジに関連して前にも出てきた人物）の，ある通俗講義に出席したことであった。ジョゼフ・ヘンリーの略歴は上に手短に紹介したとおりである。ファラデーは王立科学研究所でデイヴィの助手になり，後に彼の後任者となって，長年の間，そこで見事な実験をしながら研究を続けた。E. N. da C. アンドレードはファラデーのことを"おそらく世界で知られている，最も偉大な実験の天才"と書いている。彼はまたすばらしい解説者でもあって，"少年，少女のためのクリスマスの教程"という，楽しいヴィクトリア調の表題で知られた一連の子供向けの講習会を開始し，彼自身，その講義を19回も担当した。それらは，今日なお，最もすぐれた読み物として親しまれている。最後にふれておきたいことは，彼が王立科学研究所で，有名な金曜日の夕方の公開講演会をはじめたことである。そこで行なわれた講演の一つについては，後にふれる機会がある。

　物理学と電気工学のこうした連携は，はじめての大西洋横断海底電線を成功させるのに，きわめて重要な働きをしたケルヴィンにもその例がみられる。計算機の製作に関する彼の研究については前にとり上げた。そのほか，彼は電力網の開発にも関心をもっていた。1879年の，下院特別委員会における証言の中で，彼は，何百マイルも離れた電力消費地へも送電することができるようにするために，たとえば"ナイアガラの滝"のようなものを，発電機の動力源として利用することを提案している。

　1845年に，ドイツの物理学者，グスタフ・ローベルト・キルヒホフ（1824-1887）が行なった二つの法則の発見も見逃すことはできないであろう。これらの法則は，どのような学生にでも回路網の動作を説明することができるようにしたものであった。潜在的には，これらの法則は，マクスウェルの方程式に含まれている。

　もう一つの注目すべき実例が，これらとは性格の異なった分野でみられる。1873年にマクスウェルは，世界的に有名な，彼の**電気磁気学通論**（Treatise on Electricity and Magnetism）を出版し，その中で電磁波の存在を予言した。早くも1886年には，ハインリッ

ヒ・ヘルツ (1857 – 1894) が一連の実験を行なって，その実在性を立証し，物理学，電気工学の双方に大きな変革をまき起こした。この研究がグリエルモ・マルコーニ (1874 – 1937) を 1897 年の無線電信の発明に導いたのである。実際には，すでに 1895 年に，彼は 1 キロメートル以上離れた場所へ，空中を通して信号を送っていた。

ここでは，電気工学の歴史を調べるのが目的ではないので，こうした分野の発展についてこれ以上詳しく述べるつもりはない。ここで強調しておきたいことは，多数の電気工学者と物理学者との，この共存的な相互関係と，当時の物理学者がもっていた発明に対する意欲とが相まって，電気工学には，きわめて早い時期に，相当程度，数学的な方法がとり入れられるようになったということである。この科学者の工学的な問題に対する関心が，たとえば，電子工学の分野で第二次世界大戦中に行なわれた，非常に著しい技術的な発展の要因の一つにもなっていることは注目に値することであろう。その時代には，一流の物理学者と技術者が，放射研究所やマサチューセッツ工科大学のようなところへ，新しい機器を開発するために，きわめて多数集まっていたのである。[1]

第一次世界大戦が収まるころまでには，電気工学の総合的な研究施設が合衆国内にいくつもつくられており，どの施設でも，計算のためのなんらかの補助手段の必要性を感じていた。特に指導的な役割を果たしていた研究施設としては，ベル・テレフォン研究所，ジェネラル・エレクトリック社，マサチューセッツ工科大学のものなどがあげられる。これらの研究施設における計算手段の必要性が，論議の対象になっている現象の記述を，技術者が数式の形に書き表わすことまではできても，その記述を分析することができるだけの，数学的な手段をもち合わせていなかったという事実から生じていることは強調しておかなければならない。いいかえれば，物理的な状態を数学的な言葉で表現しただけでは，本質的に，なんら理解を深めることにはならないということである。それができるのは，数学の理論を使って，その方程式の性質を明らかにすることができるような場合に限られているが，普通そうしたことは，それらの方程式がすでに研究されているようなときか，既知のものの特別な場合に当たっているときにしか起こらない。

応用面での数学の効用は，それまで未知であったものと，すでによくわかっているものとの間の類似性，あるいは同一性を明らかにする点にある。電線を伝わる電流の伝播現象が熱の拡散現象を表わすフーリエの微分方程式で記述され，したがって，熱に関する知識が直ちに電流の場合にも使えることを示すのに成功したケルヴィンの研究[2] は，そうした数学の応用例の一つである。この種の成功を収めた他の例としては，神経繊維を伝わる刺

激の伝達に関して，ケルヴィンのいわゆる電信方程式を用いた使 A. L. ホジキンと A. F. ハクスリーのすばらしい研究[3]があげられる．彼らはこの研究によって，1963 年の，医学および生理学部門のノーベル賞を分かち合った．

もちろん，このような類似性は，常に明らかになるわけではないし，よくわかっている既知の要因がいつでも見いだされるわけでもない．つまり，事態を明らかにするという数学の効力も，決して万能ということではないわけである．したがって，与えられた問題が取り扱えるような数学的な手法があるか，数学者が敗北を認めざるをえないようになるか，二つのうちのどちらかのことが起こる．このあとの場合に，最後の頼みの綱になるのが計算機である．

一般に，計算機は相互に関係のある多数の状態を研究して，そこに存在するなんらかの規則性を，発見的に見いだすための道具としても使用することができる．こうした使い方は，数学者の手ではまだあまり行なわれていないが，近い将来に新しい未開拓の分野を探求するために使われる数学者の道具として，計算機が浮かび上がってくる可能性は決して小さくない．このことを示す例としては，第二次世界大戦直後，ロバート D. リクトマイヤーとアデール K. ゴールドスタインがロスアラモス科学研究所のために行なった一連の膨大な計算がある．偉大な物理学者 エンリコ・フェルミ（1901 - 1954）はこの数値計算の結果に目を通して，方程式の解が，それに含まれているある一つのパラメータにはほとんど無関係であることに気が付いた．そこで彼は，そのパラメータをゼロとおいて方程式を簡略化し，その解が数学的な式に書き下せるようにした．その結果，問題となっていた現象についての知識は飛躍的に増加し，最少限の計算で，何が起こるかまで予測することができるようになった．残念ながら，この種の例は，まだきわめてまれにしかない．

19 世紀末から 20 世紀のはじめにかけて，世界各国の物理学者および電気工学者は電気現象に関するいろいろな段階の，基本的な問題について研究していた．彼らは回路理論の問題の数学的な定式化を，電気工学の教程の中の確立された一教科とすることに成功し，1920 年代には，数学的な内容をもったすぐれた論文や教科書が，MIT のヴァニヴァ・ブッシュ，ハーヴァード大学と MIT 兼任の A. E. ケネリー，ベル・テレフォン研究所の J. R. カーソン，G. A. キャンベル，O. J. ゾーベル，ジェネラル・エレクトリック社の C. P. スタインメッツなどといった，この分野の指導者たちによって生み出された．もちろん，ここにあげたのはごく一部の人たちでしかないが，その中の何人かの名前はおそら

くなにがしかの記憶をよび起こすことであろう。1929年に出版された回路解析に関する著書[4]の中で，ブッシュは，すぐれた風変わりなイギリスの学者オリヴァー・ヘヴィサイド (1850-1927) によって考え出された手法を，どうすれば大学の電気工学の教程に組み込むことができるようになるかを示した。このとき，彼はその本に，**フーリエ解析**と**漸近級数** (Fourier Analysis and Asymptotic Series) という表題の，格調の高い付録を書いたノーバート・ウィーナー (1894-1964) の助けを受けている。ウィーナーはこの付録の中で，ブッシュの応用に必要な，数学的な基礎づけを行なったのである。

　計算機の歴史にそれほど密接な関係があるわけではないが，ヘヴィサイドやウィーナーについて一言もふれないですますのは不可能である。ヘヴィサイドはほとんどのことを独学で勉強した人物で，チャールズ・ホイートストン卿の甥に当たっていた。彼は，微分方程式を解くための非常に見事な数学的方法を開発したこと，およびその方法をきわめて巧妙に応用したことで，電気学の分野における最も重要な人物の一人となった。彼はマクスウェルの信奉者で，科学界に大きな影響力をもっていた。彼が行なった，いわゆる電磁誘導現象の数学的な解析は注目に値するもので，レイリーのような人たちからも高く評価されていた。

　ウィーナーはあまりにもよく知られているので，二つのことを除いては，ここで多くを語る必要はない。その一つは，民間人であった彼が1918年から1919年まで，アバディーンのヴェブレンの集団に加わっていたことであり，もう一つは，数学に関する彼のきわめて洗練された研究の大半が電気工学の基礎固めに貢献していることである。おそらく，彼がMITにいたことは，その大学の工学部がもっていた高度な数学的教養にも大いに貢献するところがあったものと思われる。ブッシュは上記の1929年の本のまえがきで，彼とウィーナーとの関係にふれてこういっている："私は，工学者と数学者が，これほど好ましい時をいっしょにもつことができるものとは知らなかった。このうえ，私が望むことは，彼が物理学の基本原理を把握している程度に，私が真に数学の基本的な論理を自分のものにすることができればということだけである。"

　以上，述べたところで，私たちは，今世紀に行なわれた計算機の進歩と開発について調査するための体勢をととのえたことになる。最初のそうした開発はMITのヴァニヴァ・ブッシュの手ですすめられた。彼の経歴については少し後のところで紹介する。

　前に述べたように，ケルヴィンやマイケルソンは，二つの関数の積の積分を求める演算

を実行することができる装置の開発に非常な関心をもっていた。記号で表わせば，

$$\int_a^b f_1(x)f_2(x)dx$$

を実行する装置である。この積分は第9図に示されたように，二直線 $x=a$, $x=b$ の間にある曲線 $y=g(x)=f_1(x)f_2(x)$ の下の部分の面積になる。

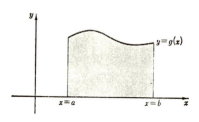

第9図

彼らがこの積分に関心をもつようになった理由の一つは，f_2 を正弦波関数に限定したとき，すなわち，与えられた振動数をもつ純音とした場合，フーリエ係数がその結果として得られたことで，いいかえれば，与えられた振幅をもつ高調波の振幅がそれによって求められたからである。こうした働きは，彼らの調和解析器にとっては基本となるものであった。

1927年のはじめ，MIT の電気工学科にいたブッシュ，ゲイジ，ステュワートらは，上記のような形の積分が計算されるだけではなく，何台かをつなぎ合わせることによって，"電気回路，連続梁などに関連した問題や積分方程式に関するある種の問題"[5] など多数の重要な問題を解くことができるような装置の設計，開発，製作について発表した。

事実，この機械は，ブッシュが設計した他の計算機と同じようにアナログ型のもので，その基本的な二つの演算はそれぞれ

(1) $\qquad F(x)=f_1(x)f_2(x)$

(2) $\qquad G(x)=\int_a^x f_1(x)f_2(x)dx$

の値を変数 x の変動に伴って連続的に求めるものであった。ブッシュと彼の仲間たちは，すでにケルヴィンがいち早く気づいていたように，彼らが "逆結合" とよんでいた操作を行なうことによって，関数 f が与えられたとき，

$$g(x)=\int_a^x f(x)g(x)dx$$

のような方程式を g について解くことができることを明らかにした。この最後の方程式はある非常に簡単な微分方程式と同等で、電気工学の数値的な問題を解く過程で最初に出会う代表的なものである。

　上記の演算（2）を実行するためにブッシュが採用した基本的な積分装置は、電力の消費量を計測するためにどの家庭にも電力会社がつけている積算電力計を改造したものである。この装置は、二つの因数が時間の関数として電流および電圧で与えられている場合に、積の積分を計算する能力を備えているので、この二番めの演算を実行するための装置としては、まさしくうってつけのものであった。ブッシュと彼の仲間たちはこの計器を若干改造することによって、この電流や電圧を、各値がそれに比例した電圧で与えられるような、任意の時間の関数に置き換えた場合でも、なおかつそれが正常に作動することを見いだした。

　上記の演算（1）——二つの関数の乗算——を遂行するのに使われた装置は、それほど複雑なものではなかった。それは、二つの長さの乗算ができるような、初等幾何学の定理を応用した比較的簡単なリンク機構であった。

　この機械は、ブッシュと彼の仲間たちがすすもうとしていた方向の第一段階を形成するものでしかないから、ここで、これ以上それについては詳しく説明をする必要はない。明らかに彼らが目標としていたのは、電気工学に出て来る数値計算の問題を解くことができるような機械をつくり出すことであった。ブッシュは1931年に、次のように述べている。

　　物理学および工学の現状は、この種の機械の開発にとっては特に好都合である。たとえば、歴史の大部分を通じて、実質的には線形回路しか取り扱ってこなかった電気工学は、今や非線形性を著しい特徴とするような諸素子を急速にこれらの方法の中にとり入れるようになり、その結果生じた未解決な数学上の問題にその進路を妨げられている。数理物理学者たちは、彼らが用いる方程式の深遠さというよりもむしろ複雑さに絶えず悩まされており、ここでも、ほんの一、二の数値解がしばしばその救済になる。

　　これらの要求に合うような機械は一つもないし、そうした機械の開発計画ですらも、まだどこにも見当たらない。パスカルの加算機から今日のパンチ・カード式会計機に至る道程は、長くて困難なものであった。ライプニッツの理想がすべて実現するようになるまでには、さらにたいへんな労苦と多くの困難を克服しなければならないであろう。[6]

アナログ計算機の製作は MIT だけで行なわれていたわけではなかった。同じような計画がほかにもいくつかすすめられていたのである。そうした活動の代表的なものは，何台かの調和解析器および合成器の製作であった。その一つは，当時，ケース応用科学学校という名でよばれていた大学で1916年に製作され，他の一つはイリノイ州ジェネヴァのリヴァーバンク研究所でつくられた。[7] ちなみにマイケルソンが光速度に関する彼の最大の研究のいくつかを行なったのも，このケース応用科学学校であった。*

全体として，ブッシュと彼の協力者たちは頭の中に三本立ての計画をもっていた。近代的な電力網の取り扱いの際などに出てくる"複雑な連立代数方程式を，技術者が解けるようにするために，いわゆる回路網解析器（交流計算盤）を，電力系の電気的な模型のうえで交流計測を行なうという方法を用いて開発すること,"[8] ウィーナーの独創的な提案の線に沿って一般の積分の値を計算することができるような，光学的な手段を開発すること，常微分方程式を解くための装置を開発することなどが，それである。この計画は1927年から1942年にかけて実行され，すばらしい成功を収めた。唯一の問題点はおそらく，それが MIT の工学者たちに――少なくとも知識のうえでは――アナログ的な物の見方のみを植え付け，長年の間，計数的な考え方が排除されるようになったことであろう。もちろん，こうしたことははっきりと意識されてはいなかったが，ブッシュの仲間たちの頭の中に，疑いもなく存在していた考え方であった。この伝統を破って，MIT を現代の計数型電子計算機の時代へ押し出すためには，ジェイ W. フォレスターの周囲に集まった次の世代の人たちの努力を必要としたのである。

話を前にもどすことにしよう。私たちは，すでに連続式積分器とよぶ装置による，ブッシュの数値計算の分野における最初の試みについて簡単に述べ，その器具が，ある種の1階の微分方程式をどのようにして解くことができるかを示した。しかしながら，物理学や電気工学で最も頻繁に出てくるのは，1階の微分方程式ではなくて，2階微分方程式のほうである。その根本的な理由はたぶん，力学系に対するニュートンの有名な運動の法則についてのおおまかな議論によって説明することができる。これらの法則は，質点の加速度と，その質点に加えられる位置と速度に依存した力との関係を端的に表わしている。ところでよく知られているように，速度は位置の変化率であり，その速度の変化率が加速度である。つまり，加速度は位置の2次的な変化率で，このことから次のような形の方程式が

---

* マイケルソンは1883年から1889年まで，後にケース工科大学と名を改めたこの大学の教授をしていた．有名なマイケルソン・モーリーの実験が行なわれたのはこのケース在任中のことである．

導かれる。

$$\frac{d^2x}{dt^2} = f\left(x, \frac{dx}{dt}\right)$$

これは2階の微分方程式といわれているものにほかならない。自然が何故にこのような行動を示すかということは，魅惑的な話題である。[9]

いずれにしても，連続式積分器は，工学者のための道具としては十分なものではなかった。そこで，ブッシュとハロルド・ヘイゼンは，単独の2階微分方程式を解くことができるように改良した器具を1927年11月に発表した。[10] このヘイゼンは後にマサチューセッツ工科大学の電気工学科の主任となり，その後は，1967年に退職するまで，その大学院の学部長として活躍することになった人物である。彼はまた，合衆国政府が新兵器の研究開発のために第二次世界大戦中に設けた民間人の機関である国防研究委員会（NDRC）の，いわゆる第七部門の主査にもなっている。この委員会の歴史を簡単に述べればこうである。国防研究委員会が組織されたのは1940年6月のことで，その1年後に，行政機構の再編成の結果，非常事態対策本部の下部機構として科学研究開発局（OSRD）がつくられた。このOSRDの目的は"いろいろな面で，軍事活動に関係していた科学者および技術者の努力を結集することであるが，それ以外に，NDRCによってすでに開始されていた研究を積極的に追跡するという，定まった任務も与えられていた。そのために，NDRCはこの機構の中に組み入れられた。"[11] ブッシュは，創設当初からNDRCの委員長に就任した。その後，1941年から1946年まで，彼はOSRDの長官となり，ハーヴァード大学学長のジェームズ・コナント（1893-）がNDRCの委員長になった。マサチューセッツ工科大学学長のカール T. コンプトンがコナントを助けた。委員会には，また，いろいろな政府関係者も加わっていた。

　OSRDはブッシュを長官に迎えたのに加えて，コナント，医学研究委員会の委員長でペンシルヴァニア大学の医学部門担当の副学長をしていたニュートン・リチャーズ，合衆国航空諮問委員会の委員長でMITの航空工学科の主任でもあったジェローム C. ハンセイカーなどから成る諮問機関をもっていた。この機関にも政府関係者が参画した。

　さて，ブッシュとヘイゼンがこのとき製作した機械は，1930年に開発された次の機械につながる，興味深い，発展的な一段階であった。1930年の機械は，以後約10年間，電気工学者が必要とした計算上の問題を実際に処理することを可能にした。ここで思い出していただきたいことは，ブッシュの最初の機械で解くことができたのは1階の微分方程式だ

けであって，その基本的な構成要素としては，イライヒュー・トムソンの積算電力計を改造したものが使われていたということである。この電力計は2種類の，いずれも電気的な入力と，機械的な回転運動で与えられる出力とをもっている装置であった。その当時は，この回転運動を電気的な信号に変えること——この点については後でもう少しふれるが，ブッシュの1942年の微分解析機では，それが決め手の一つになっている——は，技術的に不可能もしくはきわめて困難であった。そこでブッシュとヘイゼンは，前に述べたジェームズ・トムソンの積分器を第二の積分装置として採用した。その結果，イライヒュー・トムソンの電力計の出力が，もともと機械的な回転運動を必要としていたジェームズ・トムソンの積分器への入力として使えることになったのである。

ブッシュとヘイゼンの論文には，新しい機械の，困難な問題を処理する能力を示す二つの興味深い例が，電気工学および機械工学の問題の中からあげられている。どちらの場合にも，電力計の出力をケルヴィン型積分器に入力として供給するという，彼らの手法の主要な特徴はよくあらわれている。彼らは"2ないし3パーセント以内，都合の悪い歯車比が使われた場合を除けば1パーセント以内の精度"という正確な結果を得ることができた。おそらく，この機械の基本的な問題点は，一つは非常に扱いにくかったことで，もう一つは連立した2階微分方程式の系を解くことができなかったことであろう。この扱いにくさは，型式の異なった二つの積分装置を各積分ごとに用いる必要があったことから生じているもので，この機械の用途が，どちらかといえば人為的かつ一方的に限定されているのは，明らかにそのためである。したがって，ブッシュがあわただしく次の機械の開発にとりかかったことは決して驚くべきことではない。事実，1931年までに彼は，これよりもはるかに完成度の高い，微分解析機と名づけられた機械について述べた論文を発表することができるようになった。[12] それは，積算電力計などは使わない，全く機械的な性格のものであった。すべての装置は機械的な回転運動によって作動し，出力も回転運動で与えられた。相互の接続は回転軸および歯車を回転させることによって行なわれた。MITの人たちが問題の一部分に対して，再び電気的な解決方法を見いだしたのは1942年のことである。

いろいろな点からみて，この新しい機械は，仮にケルヴィンが彼の兄によって考案された積分器の出力軸の機械的な回転運動量を増幅するという問題を解決していたならば，おそらく製作していたにちがいないと思われるような機械を実現したものになっていた。前にも述べたように，この積分器は電気モーターによって回転する円盤とその円盤面に垂直

に押しつけられた車輪とからできた装置である（第10図）。円盤の運動に伴って車輪は回転するが，車輪をよほど強く円盤に押しつけない限り，その車輪の回転によって重い回転軸を回すことは不可能である。

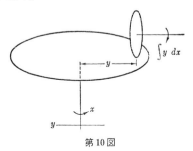

第10図

ケルヴィンに欠けていて，ブッシュがとり入れた本質的なものは，ベスレヘム・スチール社の技術者，C. ニーマンによる非常に注目すべき発明であった。[13] このニーマンのトルク増幅器は，ケルヴィンやブッシュを悩ませていた問題を見事に解決した。この装置にはそれぞれ駆動軸，制御軸，作用軸と名づけることができるような三つの回転軸がある。そのうち，一番めのものは，電気モーターのように一様な速さで単純な回転をする外部の動力源によって動かされる。二番めのものは，特に積分器の場合には円盤上に押しつけられた小さな車輪についている出力軸で，三番めのものは，回転させなければならない重い回転軸または車輪，歯車などである。ニーマンの装置の主要な点は，いうまでもなく，制御軸の誘導と指示のもとに，この作用軸を回すのに，ある独創的なやり方で駆動軸の力を利用していることである。ニーマンの言葉によれば，"作用軸は，たとえば大砲の昇降装置や船舶の舵，自動車のステアリングホイールなどのような，操作の対象となる装置に直結されている。制御軸は，ほんの少しの力でどちらの方向にでも自由に回転させることが可能で，作用軸は常にその制御軸との回転角の同期を保ちながら，外部からの抵抗を上回る大きなトルクを出す。"

このトルク増幅器の機構的な詳細についてまで述べることは本書の目的からそれているので，ここでは，それが船の竪型巻揚機といくらか似かよった動作を示すことだけを指摘しておくことにする。このような装置では，軸は発動機によって回転し，乗組員が重量物を巻き揚げる場合には，それについている綱を輪にしてこの回転軸にかけ，綱の自由になっているほうの端を握っている。わずかな力でその握っている端を引き締めると，回転軸は荷物を巻き揚げるようになり，締め方を強くすればするほど，発動機から出される力は

より大きくなる。トルク増幅器との類似でいえば，制御軸に当たるのが，この乗組員が握っている綱の端である。ニーマンはこの原理の非常に巧妙な変形を考え出して彼のトルク増幅器をこしらえた。

ニーマンの増幅器を利用して，ブッシュはトムソンの積分器だけを使用した機械を製作した——その機械は6個の積分器を備えていた。この機械にはまた，乗算装置，任意の関数を入力として与えることができるようにするための，3台のいわゆる入力テーブル，計算結果のグラフ表示をつくり出す出力テーブルなどが，回転軸の動きを加算する装置，定数を導入することができるようにするための歯車機構などとともに組み込まれていた。すべての相互接続はある種の変数に比例して回転する長い回転軸を使って行なわれた。積分器と他の装置とは，回転軸同志の接続の仕方を変更することによって，相互に結合することができるようになっていた。機械全体は，子供向けの非常に大掛かりな組み立て模型とたいして違わないようなものであった。この類推は，実際，それほどまずいものではない。イギリスの物理学者で，後のところにまた出てくるダグラス・ハートリーは，"もともとは真面目な目的というよりも娯楽のために，この機械の原理を説明するための模型として，メカーノ*の標準部品からつくることができる範囲で"そうした装置を実際に組み立てた。彼はさらに，それは"予想以上にうまく作動して，2パーセント程度の精度を与え，真面目な定量的作業にも，その精度でよければ使用することができ，また使用された。"と報告している。[14] この説明はファラデーによってはじめられた，王立科学研究所における金曜日夕方の公開講演会で行なわれた。

この機械の成功の後，当時マンチェスター大学で物理学の教授をしていたハートリーは，公共心に富んだイングランド中部の実業家，ロバート・マクドゥーガル卿を説得して，ブッシュの機器を手本とした大規模な機械をメトロポリタン・ヴィッカース・エレクトリカル社に製作させ，ブッシュをその製作顧問として招くのに必要な資金を大学に寄付してもらった。ケンブリッジ大学の数学研究所のものを含むイギリスの他の何台かの機械がこれに続いた。ケンブリッジ大学の機械は理論化学の教授であったジョン　E. レナード-ジョーンズ卿の指揮のもとに，後に，1940年代のイギリスにおいて，計数型計算機の分野の指導者となった何人かの若い人たちの手で製作されたものである。その中の一人F. C. ウィリアムズは，ノーベル物理学賞の受賞者，P. M. S. ブラケットの提案を実行して，微分解析機の入力テーブルの操作員の代わりをする自動曲線追跡装置を1939年に製

---

* 大小さまざまな金属製の部品がセットになっている，有名なイギリス製の組み立て模型玩具。

作した。この装置は，MIT の機械のために，ヘイゼン，T. T. イェーガー，G. S. ブラウンなどが 1936 年に設計，製作した非常に興味深い装置とは原理的に異なったものであった。[15]

　ここで，ブラウン，ハートリー，ウィルクス，ウィリアムズなどの名をあげたのは，彼らが後になって重要な役割を果たしているからである。フォレスターが計数型計算機の分野で偉大な貢献をするようになったのは，MIT の自動制御機構研究所の所長をしていたブラウンの指導によるものであった。ブラウンは後に工学部長となって，計算機に関する MIT の方針を定める際にも主要な役割を演じている。ハートリーについては，イギリスにおける計算機分野の草分けとして，このあとでも何度かふれる機会がある。ウィルクスは全面的にハートリーの刺激を受けて，アメリカの設計を手本とした最初のプログラム内蔵方式の計算機を製作した。最後にウィリアムズは，電子計算機のその後の発展の糸口となったある種の記憶装置の開発者となった。

　話が先走りしすぎてしまったことを，またしても読者にお詫びしなければならない。物事には自然な成り行きがあって，話がいったんはじまってしまうと，ときにはそれを中断するのがむずかしくなるようなことがある。けれども，ここでは話をもとへもどすことにしよう。ブッシュの微分解析機が 1930 年に動き出してから間もなく，アバディーンの弾道研究所とペンシルヴァニア大学のムーア電気工学教室は，ともに，弾道の微分方程式，あるいは電気工学の微分方程式を解くという彼らの仕事にとって，この装置が基本的な重要性をもっていることに気が付いた。そこで，どちらのグループの人たちも同種の機械の入手について検討するために，別々にブッシュに相談をもちかけた。彼は非常に快く手をかして，1933 年には，陸軍の兵器局，ペンシルヴァニア大学のムーア・スクール，およびマサチューセッツ工科大学の三者共同の設計計画が発足した。この計画の結果，アバディーンとムーア・スクールのために一つの設計がまとめられた。弾道研究所向けの機械は，ブッシュと彼の同僚の監督のもとに民間会社で製作され，一方，ムーア・スクール用のものは公共事業局の補助金を受けて，大学で組み立てられた。この公共事業局は，ルーズヴェルト大統領によって設立された政府機関で，すぐれた技能者に職場を提供することによって，1930 年代の大恐慌下の合衆国経済に刺激を与えることを目的としていた。二つの機械は 1935 年に完成し，ちょうど 10 年後に，両者のためだけでなく，世界全体にとってきわめて重要な意味をもつようになった結び付きを，兵器局とペンシルヴァニア大学の間につくり出した。

特に関係があるわけではないが，ここでふれておかなければならないことは，1930年代の後半には，明らかにドイツやロシアでも微分解析機が製作されるようになり，ペンシルヴァニア大学がロシア向けの機械を設計するためにジェネラル・エレクトリック社と提携したことである。このようにして，1940年には，ハートリーが"私が知っている限りでは，世界中に現在稼動している大型の機械は全部で7，8台ある。イギリスにはこのほか，小規模で精度も低い型の機械が何台かある。……"といえるような状況にまでなっていた。[16]

私たちはネヴィル F. モット卿(1905-)と協力して，原子の衝突理論に関する有名な本を1933年に出版したハリー S. W. マッシー卿(1908-)についてもふれておかなければならない。ベルファストのクイーンズ大学の物理学科にいたマッシーと彼の同僚は，ハートリーの指導に従ってさまざまな物理学上の問題を解くための小さな微分解析機を1938年に製作した。[17] 彼らはその論文の中で，この機械を彼らが主として使うのは，球対称な系に対する，いわゆるシュレーディンガーの波動方程式を解くためであることを述べている。これは量子力学に出てくる簡単な2階の微分方程式である。

計算機に関するブッシュの基本計画のもう一つの方向は，いわゆる交流計算盤をつくることであった。この種の機械は，いろいろな条件下で起こる電力系特有の動きを決定するために利用することができるものの一つである。ヘイゼンと彼の同僚の，1930年の論文には，"これらの量を決定するためには，長々とした通常は使いものにならない数学的な計算よりも，実験的な方法のほうが有利であることがずっと以前から認められていた。"と述べられている。(ちなみに，1968年に IBM 社の人たちが，多数の電力会社およびエディソン研究所のために，大停電の非常に大掛かりな分析を厳密に数学的な計算によって行なっていることは興味深い事実であろう。こうした計算は，電子計算機の発達によってはじめて可能になったのである。)私たちがここでいおうとしている機械の設計に先立って，何台かの交流計算盤が縮小模型の形で製作された。そうした予備的な設計の後で，ニューヨーク州，スケネクタディにあるジェネラル・エレクトリック社の人たちと，この種の機械について研究をしていた MIT の人たちが協力して，MIT 式交流計算盤を開発し，つくり上げた。[18]

MIT における計算機開発計画の第三の方向は，シネマ式積分器とよばれていたものを開発することであった。この機械もまた，次のような形の積分値を，アナログ的方法で計算することを目的としていた。

第10章 ブッシュの微分解析機　109

$$F(x)=\int_a^b f(x\pm y)g(y)dy$$

ただし，g および f は既知の関数で，x はパラメータである。この機械の基本的な着想は，前にも述べたようにウィーナーによるものであった。それを最初に実行に移したのは T. S. グレイであるが，"その演算速度や精度は良好ではあったけれども，決して期待されていたほどのものではなかった。"[19] そこで，新しい機械が同じ基本的な着想——それは光学的なものであった——を使って設計され，製作された。興味のある読者は，ヘイゼンとブラウンの論文でその詳細について読むことができるし，こうした装置の効用は，その当時は重要であったにしても，計数型電子計算機の発達とともに間もなく小さくなってしまったので，ここではこれ以上詳しくふれないことにする。

最終的には，ブッシュとS. H. コールドウェルは，さらにもう一つの微分解析機を1942年に製作することになった。彼らがこの機械で解決しようと試みたのは，新しい問題を解くための**事前の準備**に必要な時間を短縮するという問題であった。それ以前の微分解析機では，新規の問題を一意的に，正確に表現するために要求される，各部の物理的な接続をすべて行なうことは大仕事——しばしば，1，2日もかかる——であった。彼らはあらかじめ準備された穿孔紙テープを使用することによって，著しい高速化を実現することに成功した。"実際に機械で処理した限りでは，最も大規模な問題に対しても，すべての接続は3分から5分の間——一つの解を求めるのに必要な時間よりも短い時間——で行なわれた。"[20] このことを可能にするために，以前の微分解析機で情報の記憶と伝達を受け持っていた回転軸は，電気的な接続に置き換えられた。

この機械は首尾よく働いたが，間もなく，計数型電子計算機にその地位を奪われる羽目になってしまった。しかしながら，主要な工業が発達して，世界の計算に対する要求を満たす，非常に精巧な高速の電気式アナログ計算機が製作されるようになったことは，見過ごしてはならないであろう。本書ではそれらの機械について説明する余裕はないが，多くの面で，それらは1942年の MIT の機械の，論理的な後継者になっている。

アナログ型計算機の話をこの章限りで終わりにする前に，すでに何度か登場したダグラス・ハートリーの数学的な業績と試みについてふれておかなければならない。彼は，はじめマンチェスター大学に席をおき，その後ケンブリッジ大学へ移った物理学者で，持ち前の熱心さと，ケンブリッジ大学における数理物理学のプラマー教授であり，微分解析機の使用に関するイギリスでの先駆者であったという有力な立場とを生かして，イギリスを電

子技術の時代へ導いた。ハートリーについて述べるためには，ノルウェーの物理学者で，量子力学における重要な人物の一人であったエギル A. ヒレロース (1898-1965) の言葉を引用するのが，おそらく適切であろう。ヒレロースは彼のことを次のように書いている：" 二体問題よりもはるかに広い範囲の問題をとり上げたのは，有名なハートリー・フォックの近似法の二番めの生みの親である V. フォックであった。はじめのほうの生みの親，ダグラス R. ハートリーについていえば，私は，今までに出会った最も親切な人物の一人として，決して彼のことを忘れないであろう。彼の早すぎた死は，私にとって何よりも残念なことであった。彼は，いくつかの共同出版物に名を出している彼自身の父，すなわちもう一人のハートリーのことを，彼が知っている最もすばらしい数値計算の名人であったといっているが，その言葉はそのまま彼自身にも当てはまる。"[21]

ハートリーのすぐれた業績の一つは，微分解析機を使って，いわゆる偏微分方程式を解く試みを行なったことであった。彼はたぶん，この種の困難な計算を手掛け，電子計算機の発達とともに提起されるようになってきた問題を解く下準備をしている最初の人であった。彼がやったことをもう少し明確にするためには，常微分方程式および偏微分方程式について，二，三説明しておく必要がある。

電気工学者や弾道学者がおもに関心をもっていたのは，ほとんど例外なく，任意の電気回路網が与えられたとき，その回路の一箇所ないし数箇所における電流および電圧の大きさを，時間の関数として記述せよ，あるいは，信管，砲弾，砲の組み合わせが与えられたとき，いろいろな仰角と初速度で発射された弾丸の位置および速度を時間の関数として表わせ，というような種類の記述であった。これらの記述は，いわゆる全微分方程式または常微分方程式の系の，数学的な取り扱いによって達成され，それを実行する手法としては，前にも述べたように，ジョン・カウチ・アダムズ，オイラー，モールトンなどの時代からのよく知られている手法がある。

しかしながら，物理的な状態の中には，数学的な取り扱いが，これらよりもはるかに複雑なもう一つの型のものがある。まずはじめにその例をあげよう。いま一端が氷槽に，他の端が火の中にはいっているような棒があるものとする。そこで，棒上の位置と時間の関数として，棒の温度がどのように変化するかを問題にすることにしよう。すなわち，私たちが知りたいのは，棒上の各点の，各時点における温度である。前の例では，従属変数の数は――回路の電流と電圧の大きさ，弾丸の位置と速度というように――一つまたはそれ以上であるが，独立変数は時間一つだけであった。ところが熱伝導の場合には，従属変数

は温度一つであるが，独立変数の数が棒上の位置，時間など，複数個になる．この後者のような型の問題を数学的に定式化すれば，**偏微分方程式**とよばれているものが導かれるわけである．特に熱伝導の場合は，前にも述べたフーリエの輝かしい労作，**熱の解析的理論**の中で，はじめてその数学的な取り扱いが行なわれている．

こうした実例はほかにもまだ多数ある．飛行機の翼面の各点と翼の周辺における空気の圧力，密度，温度などの研究もその一つである．この種の問題もまた，偏微分方程式で表わされるようになる．量子力学はさらにもう一つの，ここでとり上げる最後の実例を提供する．この場合，単純な状態でも，数学的に定式化すればかなり複雑な形になることがある．こうしたことが起こるのは，粒子の位置を確定的に示すことが量子力学ではもはや不可能で，ある確率で，ある地点に存在するとだけしかいえないからである．

微分解析機を常微分方程式系の解を求めるために使用した弾道学者，工学者，物理学者たちは，重要でしかも急を要する問題全体のほんの一部にしか手をつけていなかったといっても過言ではない．ハートリーが果たすことになった役割は，この残された部分を取り扱うために微分解析機の活用を試みることであった．彼はこの試みを，戦前から戦争中にかけて，マンチェスター大学の学生および同僚の人たちとともに行なった．この意欲的ではあったが必ずしも成功とはいえなかった冒険の結果は，1949年にハートリーがイリノイ大学で行なった一連の講義の中で，彼自身によっておもしろく要約されている．[22]

後に述べるように，イリノイ大学は，当時ようやくはじまったばかりの計数型電子計算機の分野で，指導的な地位を占めていた研究機関の一つであった．この指導的地位をもたらしたのは，後ほどもう少しふれる数学者アブラハム H. タウブ，あとからまた出てくる工学者ラルフ・ミーガー，それにイリノイ大学の大学院の学部長で，終生，合衆国空軍の科学諮問委員会の委員をしていた物理学者，ルイス・ライドナーなどであった．

一般的にいえば，偏微分方程式には，放物型，楕円型，双曲型とよばれている三種類の型がある．* 熱伝導の問題は，そのうちのはじめの型を代表する例になっており，二番め，三番めの型の代表例としてはそれぞれ，表面上の静電ポテンシャル，上記の航空力学の問題などがあげられる．こうした異質の物理的現象が各型の方程式に帰着することからもわかるように，これら三種類の型の数学的な性質はすべて著しく異なっている．一番めの型

---

* こうした分類ができるのは，基本的には2階の線形偏微分方程式に限られるが，物理学や工学上の重要な問題は，多くの場合，この型の方程式で表わされる．なお，放物型，楕円型，双曲型などといった概念そのものは，高階，非線形などの場合にも拡張することができる．

の方程式についてはかなり成功を収めたハートリーも,二番めの型のものを微分解析機で取り扱うことは,彼の能力ではできないことを認め,さらに,"それを'双曲型'の方程式に応用する試みも何度かやってみたが,部分的にしか成功しなかった。"[23] と述べている。

　ハートリーが行き詰まった理由の一部は,偏微分方程式の数値的な取り扱いの際に起こる,全く新しい数学的な現象*に対する認識が,彼には明らかに欠けていたことにあった。この現象はリヒャルト・クーラント,クルト・フリードリクス,ハンス・レヴィらによって発見され,今や古典になっている1928年の彼らの論文[24]で,はじめて解明された。現在,数値解析として知られているような,数値計算上の諸問題に関する研究については,後のところで簡単にとり上げることにする。しかしながら,ハートリーとマンチェスター大学における彼の同僚やレナード-ジョーンズとケンブリッジ大学の彼の同僚などによって行なわれた,偏微分方程式に関する研究の非常に簡単な紹介は,これで終わることにしよう。これらの結果は,絶対的な意味ではそれほど重要なものではなかったが,別の面できわめて重要な意味をもっていた。すなわち,それらは,物理学や工学のきわめて複雑な現象を実験的な方法ではなく,計算による方法で協力して解明しようとした最初の代表的な試みであった。これを実行した人たちについて,ここで言及したのは当然のことであって,数値解析は彼らの開拓者精神を忘れてはならないであろう。

　この章を終わるに当たって,ケルヴィンからハートリーに至る中間の時代には,計算機の研究を手掛けた物理学者や応用数学者が,イギリスにも,事実上は他の国にもほとんどいなかったという,変わった意味で興味深い事実にふれておくことにしよう。この約50年間は,イギリスの物理学界にとっては特に輝かしい時代であった,キャヴェンディッシュ研究所およびトリニティ・カレッジのジョゼフ　J. トムソン卿(1856-1940)は世界で最も偉大な物理学者の一人であった。彼はそのすばらしい実験によって,物理学を原子内部の現象の研究へ導いた人たちの一人になった。彼はまた若いころに,しばしばマクスウェルの第3巻とよばれることがある電磁気学に関する本を著している。1894年に,彼はキャヴェンディッシュ教授となり,1919年にその職を退いた。そのとき,彼のあとを継いだのが,彼の多数のすぐれた学生の中の一人であり,巨人中の巨人とまでいわれるよう

---

*　偏微分方程式の近似解を差分法によって求める場合,形式的に同じ近似差分方程式,近似初期条件などを採用した場合でも,格子間隔の比などによって,その差分方程式が安定であったり,そうでなかったりする現象。

になったアーネスト・ラザフォード卿 (1871-1937) である。ほかにも多数のすぐれた人たちがいたが，だれ一人として，計算機の研究をした人はいなかった。

すでに今世紀のはじめには，専門化をよりいっそうすすめなければならないという必要性が，明らかに，最も才能のある人たちの研究分野をも狭めはじめていた。いわゆる万能学者の時代は消え去ろうとしていたのである。この研究分野を限定するという動きと相まって，すぐれた物理学者たちを，おそらく少数の例外を除いては，計算機の開発から遠ざける結果になったと思われるもう一つの事態が出現した。これは J. J. トムソンの研究とともに始まり，マックス・プランク，アルバート・アインシュタイン，ニールス・ボーア，アルノルト・ゾンマーフェルトなどをはじめ，ポール A. M. ディラック，エルウィン・シュレーディンガー，マックス・ボルン，ウェルナー・ハイゼンベルク，パスキュアル・ヨルダンなどといった人たちの研究をも含む，近代物理学全体の問題であった。これらの人々がすすんだ方向は，ケルヴィンがめざしていた，きわめて定量的な方向からはかけ離れていた。彼らは極微の世界の性質を定性的な表現によって理解し，説明しようと試みていた。このことが，彼らを定量的な研究から，したがって計算機から，概して遠のく方向へと導いたのである。例外はエギル・ヒレロースの計算であった。彼は膨大な計算を手作業で実行し，それによって，新しい量子力学から実験と一致する数値的な結果が導かれることを明らかにした。[25] このヘリウムの，いわゆる基底状態に関する計算からは，実験結果よりも少し低い値が得られたが，最新の電子計算機を使って行なわれたその後の計算は彼の結果に改善をもたらした。しかしながら，一般にハートリーより以前には，詳細な数値計算などはほとんど実行されていなかった。

ハートリーが，ときとしてハートリーの"つじつまの合う場"の方法，あるいはハートリー・フォック法などとよばれている近似法をいち早く提唱し，膨大な計算を実行したのは 1928 年のことであった。[26] トーマス・フェルミ法という名で知られた，同じ問題に対するもう一つの計算法はブッシュとコールドウェルによって，実際に微分解析機で試みられた。[27]

最後に，エギル・ヒレロースについてもう少し述べておくことにしよう。彼の研究は，新しく発展しつつあった量子力学あるいは波動力学にとって，きわめて重要なものであった。彼はそれについてこういっている。

　　よく知られているように，波動力学はボーアの理論から得られるすべての正しい結果

を直ちに再現し，非常に便利なその摂動論の使用はそれ以上のかなりのことを付け加えたが，厳密な，定量的な意味では，必ずしもそうはいえなかった。そこで，特にマックス・ボルンによって，波動力学の正確さを一般的に試す最も簡単な判定結果が，ヘリウム原子――特にその基底状態――に対して，この理論を適用する過程で得られるはずであるということが認められた。

　ゾンマーフェルトの**原子構造とスペクトル線**（Atombau und Spektrallinien）に出ている，物質についての説明からもよくわかるように，2個の電子が原子核に関して正反対の位置にあるような，明らかにつじつまの合わない，間に合わせの原子模型を採用しているボーアの理論からは，最初の電子のイオン化エネルギーとして約 28 eV という値が導かれた。一方，シュレーディンガー方程式の簡単な摂動的処理からは，20.3 eV という，きわめて低い値が導かれた。分光学的測定から得られた真の値 24.46 eV は，ほぼその中間にある。したがって，そこには，埋めなければならない約 4 eV という大きな開きがあった。[28]

ヒレロースは続けてこう述べている。

　ヘリウム原子の基底状態の問題を系統的に解明しようという試みは，マックス・ボルンによって計画された……ボルン自身は数値計算を好まなかったからである。

　はじめてボルン教授から――彼のいったところでは――私がヘリウムの問題に取り組むのにふさわしい人間だという示唆を受けたとき，もちろん，私は大いに喜んだ。

　比較的短時日のうちに私の気がついたことは，6個の座標全部の代わりに，3個の座標のみに従属するような解が存在しなければならないということであった。……この実に有効な単純化に直面したとき，ボルンはこう尋ねた："いったいそれはどういうことなんだ。ウィグナーの意見を聞いてみることにしよう。"

　ユージン・ウィグナーはその当時，すでに若いゲッティンゲンの先駆者たちの中の，中心的な人物であった。彼は，群論と称するある種の悪魔の秘伝に詳しいという疑いをもたれていた。それは，すべての波動力学に関する論文がまともな取り扱いを受けるようにするために，その課題の"群論的性格"について述べることからはじめなければならなかった，いわゆる"群論病"の全盛時代よりも数年前のことであった。……

　理論のこうした数学的側面に関連して，ゲッティンゲン大学の二人の著名な数学者，

第10章　ブッシュの微分解析機　　115

　リヒャルト・クーラント，ダヴィド・ヒルベルトや，ときどきチューリッヒから訪ねてきたヘルマン・ワイルなどからゲッティンゲン学派全体に差し伸べられた貴重な支援については，一言ふれておくべきであろう。クーラントとヒルベルトの名著，**数理物理学の方法** (Methoden der Mathematische Physik) は，量子力学の分野で研究に携わっている大多数の物理学者に知られているが，もちろん，その必要性は，こうしたごく初期の時代にはあとの時代よりもさらに切実であった。

　クーラントは聴き手を楽器のように共鳴させる，講義の名人であった。ヒルベルトはそれとは全く趣を異にしていた。名誉教授であり，"枢密顧問官"の称号をもっていた彼の講義は物理学における新しい発展に対する純粋な興味から，不定期に，自分の意志で行なわれただけであった。彼は決して急がなかった。それどころか，彼は，自分の言葉を繰り返して味わうことを好んでいるかのようにさえみえた。彼は非常に人望があって，彼のもの静かな声に聴き入り，彼の白いあごひげをたくわえた温和な顔をみているのはほんとうに楽しいことであった。ヒルベルト空間を考え出した彼にとっては，行列力学から波動力学に至る通路およびその逆の通路は，もちろん秘密でもなんでもなかった。そしてこのことを，彼はおどけて頭を振りながら，"ノーベル賞はまさしく街にころがっている。"という言葉でいい表わした。[29]

　この温和なノルウェーの学者*は，さらに彼の計算について次のように説明している。

　この部屋には，最近の電子計算機と同じぐらい堅牢で大きく，したがって音響波だけではなく，かなりの衝撃波さえもつくり出す能力をもっていた，優秀なメルセデス・ユークリッドの 10×10 型電動卓上計算機が備え付けられていた。この機械がたった一人分の仕事をするのにも事欠くことは，今日では私たちのだれもが知っている。名声を獲得するためには，やっている仕事について多少騒ぎ立てることが大切かもしれないが，その点に関しては，メルセデス・ユークリッドは全くすばらしく私の役にたってくれた。……

　私の計算の最終結果として得られたヘリウム原子の基底エネルギーは，……24.35 eV であった。この値は非常に高く評価され，数値的に厳密な意味でも，ほぼ波動力学の妥当性の証明になると考えられた。けれども，ほんとうのところは，1電子ボルトの1/10

---
* ヒレロースのこと。

にも達する誤差というのは……決して無視できない量で，それそのものが反証としてとり上げられかねないほどのものであった。……

この不一致は，長い間私を悩ませ続けた。……

この座標の変更は，驚いたことに，そしてまた非常に満足すべきことに，ほとんど奇跡的といってもいいほどの効果をあらわした。……　上に述べたやっかいな不一致は，分光学的な大きさのものが，まだ多少は残っていたが，電子ボルト単位の大きさのものは完全に消失した。……　残された問題は，私自身，そして特にチャンドラセカールおよびヘルツベルクと彼らの多数の共同研究者など，多くの専門家の手で何度も改良が加えられている，長い正確な計算の問題になった。……最も最近の注目すべき成果としては，木下東一郎とべキリスによって遂行された見事な計算がある。[30]

原著者脚注

[1] 電気工学の歴史について詳しく勉強しようという読者は，たとえば，P. Dunsheath, *A History of Electrical Engineering* (New York, 1962) のようなその方面の歴史書を参照されたい

[2] *Proc. Roy. Soc.*, 1855.

[3] Hodgkin, *The Conduction of the Nerve Impulses*, The Sherrington Lectures, VIII (Liverpool, 1964).

[4] *Operational Circuit Analysis* (New York, 1929).

[5] V. Bush, F. D. Gage, and H. R. Stewart, "A Continuous Integraph," *Journal of the Franklin Institute*, vol. 203 (1927), pp. 63-84.

[6] V. Bush, "The Differential Analyzer, A New Machine for Solving Differential Equations," *Journal of the Franklin Institute*, vol. 212 (1931), pp. 447-488.

[7] F. W. Kranz, "A Mechanical Synthesizer and Analyzer," *Journal of the Franklin Institute*, vol. 204 (1927) にはこれら以外のことも出ているので，興味のある読者は参照されたい．

[8] V. Bush, 前出, p. 448.

[9] 興味のある読者は，Eugene Wigner, "The Unreasonable Effectiveness of Mathematics in the Natural Sciences," *Communications on Pure and Applied Mathematics*, vol. XIII (1960), pp. 1-14 に書かれている，この問題についての格調高い，深く掘り下げた議論を読まれることをおすすめする．

[10] V. Bush and H. L. Hazen, "Integraph Solution of Differential Equations," *Journal of the Franklin Institute*, vol. 204 (1927), pp. 575-615.

[11] V. Bush, *Endless Horizons* (Washington, 1946), pp. 110-117.

[12] V. Bush, "The Differential Analyzer, A New Machine for Solving Differential Equations," *Journal of the Franklin Institute*, vol. 212 (1931), pp. 447-488. この機械は，実際には 1930 年から使われはじめていた．

第10章 ブッシュの微分解析機　117

¹³ C. W. Niemann, "Bethlehem Torque Amplifier," *American Machinist*, vol. 66 (1927), pp. 895-897.

¹⁴ D. R. Hartree, "The Bush Differential Analyzer and Its Applications," *Nature*, vol. 146 (1940), pp. 319-323, および Hartree, *Calculating Instruments and Machines* (Urbana, 1949). どちらの著作にも，特に後者にはすぐれた参考文献表がある．読者はまた，Bush, "Instrumental Analysis," *Bull. Amer. Math. Soc.*, vol. 42 (1936), pp. 649-669 または，C. Shannon, "Mathematical Theory of the Differential Analyzer," *Journal of Mathematics and Physics*, vol. 20 (1941), pp. 337-354 を併せて参照されたい．

¹⁵ J. E. Lennard-Jones, M. V. Wilkes, and J. B. Bratt, *Proc. Cambridge Phil. Soc.*, vol. 35 (1939), p. 485 ; P. M. S. Blackett and F. C. Williams, 同上, p. 494 ; H. L. Hazen, J. J. Jaeger, and G. S. Brown, *Review of Scientific Instruments*, vol. 7 (1936), p. 353.

¹⁶ Hartree, "The Bush Differential Analyzer and Its Applications," *Nature*, vol. 146 (1940).

¹⁷ H. S. W. Massey, J. Wylie, R. A. Buckingham, and R. Sullivan, "A Small Scale Differential Analyser-Its Construction and Operation," *Proc. Royal Irish Acad.*, vol. XLV (1938), pp. 1-21.

¹⁸ H. L. Hazen, O. R. Schurig, and M. F. Gardner, "The MIT Network Analyzer, Design and Application to Power System Problems," *Quarterly Transactions of the Amer. Inst. of Electrical Engineers*, vol. 49 (1930), pp. 1102-1114. シュリッグが第二次世界大戦中，弾道研究所で働くようになったことは注目に値する．ガードナーは，長年の間，MIT の電気工学科の，きわめて著名な一員であった．1930 年以降，彼はブッシュによってはじめられた演算子法による回路解析についての講義を担当し，いわゆるラプラス変換の導入によって，その内容を一新した．ラプラス変換は，それまでのコーシー・ヘヴィサイド変換やフーリエ変換にとってかわって，電気工学者の主要な数学的手法になった．

¹⁹ H. L. Hazen and G. S. Brown, "The Cinema Integraph, A Machine for Evaluating a Parametric Product Integral, with an Appendix by W. R. Hedeman, Jr.," *Journal of the Franklin Institute*, vol. 230 (1940), pp. 19-44 および pp.183-205. この論文に述べられている器具は，"G. S. ブラウンが学位論文のために行なった実施研究で一部開発された．付録には，W. R. ヒードマン2世の学位論文からとった計算例が含まれている．"

²⁰ V. Bush and S. H. Caldwell, "A New Type of Differential Analyzer," *Journal of the Franklin Institute*, vol. 240 (1945), pp. 255-326.

²¹ E. A. Hylleraas, "Reminiscences from Early Quantum Mechanics of Two-Electron Atoms," *Review of Modern Physics*, vol. 35 (1963), pp. 421-431. この論文は，1963 年 1 月 14 日から 19 日まで行なわれた原子および分子量子力学に関する国際シンポジウムで発表されている一連の講演の中の一つである．このシンポジウムは，ヒレロース教授の業績を記念して，サニベル・アイランドのフロリダ大学が企画したものである．

²² Hartree, *Calculating Instruments and Machines*, chap. 3.

²³ *Calculating Instruments*, pp. 33-34.

²⁴ Courant, Friedrichs, Lewy, "Über die partiellen Differenzen-gleichungen der Physik," *Math. Ann.*, vol. 100 (1928-29), pp. 32-74.

²⁵ E. A. Hylleraas, *Zeits. f. Physik*, vol. 65 (1930), p. 209.

[26] D. R. Hartree, "The Wave Mechanics of an Atom with a Non-Coulomb Field," *Proc. Camb. Phil. Soc.*, vol. 24 (1928), part I, pp. 89-110; part II, pp. 111-132; part III, pp. 426-437. J. C. Slater, *Physical Review*, vol. 35 (1930), および V. Fock, "Näherungsmethode zur Lösung des quantenmechanischen Mehrkörperproblem," *Zeits. f. Physik*, vol. 61 (1930), pp. 126-148 も見よ.

[27] V. Bush and S. H. Caldwell, *Physics Review*, vol. 38 (1931), p. 1898; L. H. Thomas, *Proc. Camb. Phil. Soc.*, vol. 23 (1926), p. 542; E. Fermi, "Eine statistische Methode zur Bestimmung einiger Eigenschaften der Atoms und ihr Anwendung auf die Theorie der periodischen Systems der Elemente," *Zeits. f. Physik*, vol. 48 (1928), pp. 73-79 および "Statistische Berechnung der Rydbergkorrektionen der s-Terme," 同上, vol. 49 (1928), pp. 550-554. 興味のある読者は L. I. Schiff, *Quantum Mechanics* (New York, 1949), p. 273 または E. C. Kemble, *The Fundamentals of Quantum Mechanics* (New York, 1937), p. 777 を参照されたい.

[28] Hylleraas, "Reminiscences," p. 425. 記号 eV は電子ボルト, すなわち, 与えられた準位から, それよりも1ボルト高い準位へ移る際に, 電子が獲得するエネルギーの大きさを測る標準的な単位を表わす.

[29] 同上, pp. 425-426.

[30] 同上, pp. 426-427. 木下およびペキリスは電子計算機を使って, ヒレロースの結果にいくつかの改良を加えた.

第11章

科学計算への適応

　以上でアナログ型計算機についての主要な議論は終わりにして，私たちは計数型計算機に話をもどすことにしよう。そのために，連立1次方程式を解くマロックの機械をはじめとした，きわめて巧妙な多数のアナログ型計算機についての説明はあえて省略することにした。それらに興味のある読者は，もういちど，マレーやドカーニュの著書を参照されたい。[1]

　1893年に，スペインのトレス・クェヴェド（1852-1936）が，バベッジの着想を実現するための電気機械的な解決方法を提案していることは，一言ふれておくだけの価値がある。彼の機械は，計数型計算機の一連の発展過程における，きわめて暫定的な一段階とみなしうるものであった。それについての説明は，よく知られたフランスの雑誌に掲載されている。[2]

　しかしながら，一世紀前のバベッジの計画を実行することは，一方はハーヴァード大学のハワード・エイケンと IBM 社のクレア D. レイク，もう一方はベル・テレフォン研究所のジョージ・スティビッツと彼に協力したアーネスト G. アンドリュース，サミュエル B. ウィリアムズらといった両者の手にゆだねられた。これらの開発についての議論にはいる前に，ここではまず，前にとり上げた天文学一般についての話，そして特に天体力学の話に立ちもどる必要がある。

　すでに述べたように，天文学者たちは，古くライプニッツの時代から，正確な表というものに対して具体的な関心をもち，強くその必要性を感じていた。さらに私たちは，この必要性が，どのようなきっかけでバベッジの研究の主題としてとり上げられるようになったかについてもみてきた。事実，そうした表の必要性は，それ以来ずっと最近まで続いて

いる。アナログ型の計算機は，私たちの記憶にあるように，あまり天文学者から関心をもたれていなかった。天文学者が必要としていたのは，微分解析機のような機械では到達しえないような高い精度をもった誤りのない表であった。それでは，この間，天文学者はいったいどうしていたのであろうか。

シュウツの機械が 1856 年にニューヨーク州のオルバニー天文台に売られ，1924 年までそこに置かれていたことは前に述べた。この機械の，オルバニーでの使われ方に関しては，ちょっとした論争がある。アーチボルドが，"1924 年に転売されるまで，それは使われないままそこに放置されていた。"[3] と述べているのに対して，ドカーニュは，"対数表，正弦表および正弦の対数表の計算のためにそこで使われた。"[4] と書いている。アーチボルドは，このドカーニュおよびこのことについての情報をドカーニュの本から得たと思われる H. H. エイケンの説に，非常に強く異論を唱えたのである。証拠に示された限りでは，アーチボルドのほうが正しかったと信じるに足る理由は出そろっている。しかしながら，私たちの立場からみれば，そのことはさして重要な問題ではない。シュウツの機械はどこかで実際に種々の数表の計算を行ない，その結果を機械的に印書したに違いないからである。この機械のウィベリによる改良についても，前のところではふれておいた。

ホレリス式作表機が，天文学上の表の作成にも広く使えることがはじめて明らかにされたのは 1928 年のことで，この開発を行なったのは，ケンブリッジ大学で数学と天文学を学んだニュージーランド人，レスリー・ジョン・コムリー（1893 - 1950）であった。彼は 1920 年代に，スウォースモア・カレッジおよびノースウエスターン大学でしばらく教えた後，1926 年に，イギリス海軍兵学校，王立航海暦編纂所の初代副所長に就任した。その後，1930 年から 1936 年までの間，彼はその所長として活躍している。彼は，その時代における無類の計算家で，ブルンスヴィガ，ホレリス，ナショナルなどの機械を天文学上の計算に使った場合，どのようなことが起こるかをすべて熟知していた。1928 年にはコムリーは，月の位置推算表をつくるためにホレリス式作表機を使用していたことが知られている。[5] このコムリーの仕事はきわめて重要な意味をもっていた。それは，一つの転換期を示すものであって，元来，統計や事務処理を目的としてつくられたパンチ・カード機械が，今や，高度な科学計算用としても有用であり，不可欠なものですらあることが見いだされたのである。これは，新たな，飛躍的な前進である。

たぶん，前に紹介した月の運動理論に関する非常に手短な解説[6] は，ここでもういちどとり上げて，その後の発展を付け加えておく必要がある。そこでふれたように，シャルル

ーユジェンヌ・ドローネイは,"数学的に非常に洗練された美しさをもち,しかもきわめて高い近似度を実現した"[7]月の位置に関する理論を発表した。ウィベリがシュウツの機械の改良型として開発した機械を,"讃辞をそえて,パリ科学学士院に"寄贈したのはこの同じ偉大な天文学者であった。コレージュ・ド・フランスの有名な天文学の教授,クロード・マティウ,偉大な数学者,ソルボンヌの理学部創設者であって,イギリス王立協会の特別会員やフランス学士院の院長でもあったミシェル・シャール,およびドローネイの三人から成る学士院の委員会は,非常に注意深くこの機械について調べた。彼らの報告はきわめて詳細なもので,科学学士院の紀要に発表された。[8] この機械は対数表や複利計算表を作成するために使われた。前者の対数表は非常に広汎なもので,現存することがわかっている2冊のうちの1冊が,"チャールズ・バベッジに,その心からの崇拝者,イエオリおよびエドヴァルド・シュウツから献呈された"[9] シュウツの表の写しとともに,ブラウン大学の図書館に保管されている。

次の大きな進歩は,アメリカのすぐれた天文学者であり,数学者でもあったジョージ W. ヒル (1838-1914) が,1878年に,"新しい概念に基づき,かつ新しい数学的方法によって開発された" 月の運動理論を発表するまではみられなかった。彼は非常に長い間――1859年から1892年まで――**アメリカ天文航海暦編纂所**で助手として働き,短い間,コロンビア大学の講師をした。カジョリは,彼の研究についてこういっている:"オイラーの提案に従って,ヒルは,地球を有限なものとし,無限大の距離に無限大の質量をもった太陽があり,無限小の質量をもった月が有限の距離にあるものとみなした。この採用された制限下では,月の運動を表わす微分方程式はかなり簡単な,実用に耐えるようなものになった。"[10] このヒルの研究は,月の運動理論にとっても,計算機の歴史にとっても,きわめて重要なものになった。ヒルが彼の研究に着手してから約10年後に,博物学者の息子で,ケンブリッジ大学の天文学および物理学のプラミアン教授をしていたジョージ H. ダーウィン卿 (1845-1912) は,アーネスト W. ブラウン (1866-1938) に,ヒルの研究について勉強するようにすすめた。1889年から1895年まで,ケンブリッジ大学のクライスト・カレッジで特別研究員をしていたブラウンは,そのすすめに従って,注目すべき成果をあげた。ケンブリッジ大学をやめて合衆国へやってきたブラウンは,数年間,ヘイヴァフォードで教え,その後,1907年にエール大学へ移って1932年に退職するまでそこにとどまっていた。

モールトンはブラウンの研究を評してこういっている:"目下のところでは,ブラウン

の仕事は，現存する月の運動理論の中で数値的に最も完璧なものであって，その観点からみれば，改良すべき点はほとんど残されていない。"[11] そのため，このブラウンの理論はずっと後まで生き残ることになった。ブラウンの門下生で，おそらく最近では数値天文学の分野での最もすぐれた人物であったと思われるウォーレス J. エッカート (1902-1971) は，ブラウンの指導を受けて 1931 年にエール大学で学位を取り，天体力学の数値解析的な局面で，たえず関心をもたれるようになった問題に手をそめた。この関心が，すぐあとで述べるように，計算機の継続的な発展と密接なつながりをもつことになったのである。

エッカートは，1926 年に天文学科の助手としてはじめてコロンビア大学へ行き，学位取得後は助教授となって，大学に計算機械室をつくる仕事にとりかかった。この計算センター (Computing Bureau) の起源はいささか重要な意味をもっている。IBM 社が，パンチ・カード機械業から電子計算機という最新分野へ移行していく過程の，第一歩がそこにしるされているからである。1929 年に，IBM 社の代表取締役であったトマス J. ワトソンはこの大学の学生教育研究部長ベンジャミン D. ウッドにすすめられて，コロンビア大学統計センター (Statistical Bureau) を設立することになった。この統計センターには，ワトソンによって，当時の標準的な統計機械が一式備え付けられた。エッカートはこういっている："現在，計算センターによって運営されている計算機械室は，筆者がこしらえたもので，当初はコロンビア大学統計センター内におかれ，後にコロンビア大学の天文学科に移された。これらの施設の長であったベン・ウッド博士，およびジャン・シルト博士からは，全面的な支援が与えられた。"[12]

1930 年までには，"差分作表機" そのほか，いろいろな名前でよばれている特殊な作表機の製作にワトソンが承認を与えるほど，この計算センターは繁昌していた。1931 年に設置されたその機械は，バベッジ，シュウツ，ウィベリの機械の現代版とみなしうるようなものであった。"この興味深い計算センターでは，一つ一つの仕事がすべて異なっていた。……コロンビア大学およびカーネギー財団のほかに，エール，ピッツバーグ，シカゴ，オハイオ州立，ハーヴァード，カリフォルニア，プリンストンなどの各大学がその利用者の中にはいっていた。"[13]

1933 年にエッカートは，計算機械室を機械と組織の両面で拡張する必要があることを，ワトソンに納得させるのに成功した。その結果，トマス J. ワトソン天文計算センター (Astronomical Computing Bureau) がつくられることになった。この計算センターは，エッカートが書いているように，"天文学者たちが利用するためにつくられた科学研究のた

第11章 科学計算への適応　123

めの非営利機関で……，アメリカ天文学会，インターナショナル・ビジネス・マシンズ社，およびコロンビア大学天文学科の共同事業として運営された。実際の運営はその理事会にまかされ，理事の過半数はアメリカ天文学会によって任命された。"[14]

　1937年に開設されたときの計算センターの理事会は，理事長になったコロンビア大学のエッカートのほか，エール大学の E. W. ブラウン，ハーヴァード大学の T. H. ブラウン，プリンストン大学のヘンリー・ノリス・ラッセル，IBM 社の C. H. トムキンソンなどの人たちで構成されていた。（このいちばんあとに名前をあげた人が，実際に，新しいセンターの構想を考え出した人物であった。）理事会は，ハーヴァード大学の T. E. スターンをはじめとした，他の著名な天文学者から成る諮問機関をもっていた。このスターンは，後に述べるように，第二次世界大戦中，アバディーンで活躍した人で，そこでは，彼のパンチ・カード機械の活用法に関する知識が決定的な影響力をもつようになった。アメリカ人であった彼は，ケンブリッジ大学のトリニティ・カレッジで学位を取って合衆国へ帰国し，間もなくハーヴァード大学の研究員となって，後に教授に昇進した。ラッセルは，アバディーンで科学諮問委員会の委員をしていた人物として，後からもういちど出てくる。彼のそこでの貢献は科学的価値の高いものであった。

　標準的な IBM 機械を改善して，もっと科学研究のために役にたつようにせよという，エッカートが主張した要求によって，同社は，それらの機械の科学的な使用者に適応しうるような受け入れ態勢をととのえることを余儀なくされた。このことは，ペンシルヴァニア大学とプリンストンの高級研究所で行なわれた電子計算機の開発に著しい影響を及ぼすと同時に，IBM社自身にも，きわめて重大な結果をもたらすことになった。事実，後年の同社の成功のために，それは絶対不可欠のものであったかもしれないのである。

　エッカートの本を見れば，1940年までに，彼が科学における計数型計算機の価値について，きわめてすすんだ理解を身につけており，彼の生涯の計画を具体的に描き上げていたことがわかる。彼は計算機について，こういっている："ホレリス式機械，あるいは電気式会計機という名でもよばれている電気式パンチ・カード機械の利用法は，現在，事務処理や統計業務の分野では一般によく知られている。けれども，物理的科学におけるその活用は，おおむね天文学の分野に限られていた。この本の目的はこの方法の科学計算における可能性を示すことにある。"

　第二次世界大戦が始まるころには，合衆国やイギリスでの計算に対する能力はパンチ・カード機械の使用によって，かなりのところまでになっていた。1940年に，エッカートが

コロンビア大学をやめて航海暦編纂所の所長になったとき，そこには，計算のための最新の機器が何もないことがわかった．彼はその事務所における時代おくれの作業を自動化し，近代化するのに尽力した．その努力の最初の成果が，飛行機の航空士の助けとなる航空暦の作成であった．

　エッカートと彼の業績についてはあとでもう少し述べる．ここでは，話を先へすすめる前に，もとにもどって，二，三ほかの点について話をしておく必要がある．天文学者がたえず数表――特に月に関する表――を必要としていたことが，計数型計算機の発展にたえず刺激を与えてきたこと，そして，このような状況が少なくともライプニッツの時代から続いていることなどは，以上でわかっていただけたものと思う．さらに，この必要性は具体的な要求となってあらわれ，IBM 社に衝撃を与えて，数々の成果をもたらした．その中のいくつかについては，後のしかるべきところでとり上げる．

　1937年ごろまでに，電気機械的な計数型計算機に興味をもっていた人物が，合衆国にはほかに二人いた．当時，ハーヴァード大学物理学科の大学院学生であったハワード H. エイケンと，同じ時代，ベル・テレフォン研究所にいた数学者，ジョージ R. スティビッツである．1937年の秋に書かれたと思われる未発表の覚書*の中で，エイケンは計算機に対する彼の計画について要約した．彼は，パンチ・カード式会計機と科学の要求に合致するような計算機の相違点を四つ指摘している．その要求というのは，正負の数をどちらも取り扱えること，種々の数学的な関数が利用できること，人間の介在を必要としないように操作がすべて自動的に行なえること，数学的な処理手続きの自然な順序に従って計算が実行されることなどである．

　エイケンは続けてこういっている："基本的には，これら四つの特徴がインターナショナル・ビジネス・マシンズ社などで製造されている，現存するパンチ・カード計算機を，特に科学的な計算に適合するような機械に変えるのに必要なすべてのことである．会計的な問題に比べて，科学的な問題はずっと複雑になるので，必要な演算素子の数は著しく増加するに違いない．"[15]

　明らかにこのエイケンの提案は，コロンビア大学のワトソン計算センター理事会の一員として前に名前をあげた，ハーヴァード大学の T. H. ブラウン教授の注目するところとなった．彼はエイケンを，エッカートとその同僚たちのところへ行かせた．このことが反応の触媒となって，エイケンとクレア D. レイクに率いられた IBM 社の技術陣との間に，

---

*　この覚書は，後に *IEEE Spectrum*, Aug. 1964 に収録された（原著者脚注15参照）．

共同開発に関する合意が生まれることになったのである。この開発計画は1939年に開始され1944年に完了した。その年の8月7日に、"インターナショナル・ビジネス・マシンズ社を代表して、トマス J. ワトソン氏は、ハーヴァード大学に IBM 式自動逐次制御計算機* を寄贈した。"[16] L. J. コムリーは、1946年発行のネイチャー誌に掲載された、ここで引用した本の書評に"バベィジの夢が実現"という表題をつけた。彼はその中で、次のように書いている。

　チャールズ・バベィジの階差機関を成功するまで見届けるのを怠ったために、100年以上も前の、この国の政府がつけられた罰点は、今でもぬぐわれなければならないものである。** その失敗は、計算機械の技術におけるイギリスの指導的地位を失わせたといっても過言ではない。その後バベィジは、数を貯え、ジャカール織機で使われているものとよく似たカードにより機械に伝えられる処理手順に従って演算を行なうように設計された"解析機関"を考え出して、それをつくろうと努力した。けれども、この機械はついに完成されなかった。
　ここに紹介する機械、"自動逐次制御計算機"は、物理的なものとしては20世紀の技術と大量生産という方法の恩恵を被っているが、原理的にはこのバベィジの計画をそのまま実現したものになっている。ハーヴァード大学のハワード H. エイケン教授（合衆国海軍の予備役中佐でもある）は、インターナショナル・ビジネス・マシンズ社（I. B. M.）に、彼と共同してこの新しい機械を製作するようよびかけた。その機械は、特別に設計されたテープ式逐次制御装置が、機械の操作を指示するために追加されていることを除いては、おおむね標準的なホレリス式計数器で構成されていた。I. B. M. 社の第一級の技術者たちがこの仕事にふり向けられ、彼らの多数の新しい発明が基本的な装置に組み入れられた。機械が完成したとき、I. B. M. 社を代表して、トマス J. ワトソンはそれをハーヴァード大学に――I. B. M. 社が示してきた科学に対する関心の、新たなもう一つのしるしとして――寄贈した。このような前例を、イギリスにある彼らの競争相手は見習ってくれないものだろうか。ところで、だれもが気がついて驚くことは、コナント学長のまえがきには常に注意深く、I. B. M. 自動逐次制御計算機と書かれている

---

* Automatic Sequence Controlled Calculator, ASCC と略記されることがある.
** 以下、コムリーがイギリス人であったことを頭において読んでいただきたい. なお、文中で I. B. M. となっているのは、もちろん今日の IBM 社のことである.

にもかかわらず，本の表題やエイケンのまえがきでは，"I. B. M."の文字が意味ありげに省略されていることである。[17]

本質的に電気機械的であったこの機械は，数を貯えるために，一つ一つが23桁の数と正負の符号を収容しうるような，72個の計数器（カウンタ）を備えていた。それとは別に，手動のスイッチで制御して，定数を貯えることができるようになっている60個の置数器（レジスタ）があった。機械は乗算を行なうのに約6秒，除算には約12秒かかった。この機械はまた，対数，指数，正弦（または余弦）関数の値を計算する三つの装置をもっていた。

機械は，番号順に並べられた機械に対する指令または命令が収容されている紙テープを使って制御された。各指令は三つの部分から成り立っていた。その一つは，演算を行なうべきデータがどこで得られるかを示し，他の一つは，結果をどこに貯えるべきかを示す。三番めは，どのような演算が行なわれるべきかを指示する部分である。コムリーはこの機械の速さについて，こう述べている。

　　エイケン教授が見積もったところでは，この計算機はよくできた手動計算機の100倍近くの速さをもっており，それが行なっているように，1日に24時間運転すれば，6箇月分もの仕事を1日で消化することができるということである。簡単だという理由で選ばれている彼の例だけでは，おそらくこの機械の能力を正しく評価することはできないであろう。それらは，ブルンスヴィガやナショナルの機械でもほぼ同じぐらいの速さで，しかも，間違いなくより経済的に処理することができるからである。

　　当然，次のような疑問がわいてくる：この機械は，果たして数値解析に——特に常微分方程式，偏微分方程式，大規模な連立1次方程式などの解を求めるというような困難な問題に——新しい局面を開くことができるだろうか。私たちが知らされているこの機械からの産出物が，ベッセル関数表だけしかないということを，ここに書かなければならないのは残念なことである。その程度の計算は，（実用上必要な桁数の範囲であれば）従前からあった方法と機器によって行なっても困難ではない。この機械がその存在を正当化するためには，これまで計算することが全くできなかったような分野を開拓するために使用される必要がある。[18]

エイケンは，彼と IBM 社の技術者との協力について，次のように述べている。

最初に接触した相手は……J. W. ブライスであった。ブライス氏は 30 年以上もの間，計算機部品の考案に携わってきた人で，私がはじめて彼に会ったとき，彼は彼自身の手で行なわれた発明を 400 以上——1 箇月当たり 1 件以上の割合で——もっていた。その中には，自動逐次制御計算機の構成要素となった計数器，乗除算装置，そのほかここに書ききれないほどのあらゆる機械や部品が含まれていた。……
　計算機の分野におけるこの幅広い経験によって，科学計算用機械に対する私たちの提案はすぐにとり上げられ，すみやかに開発が行なわれた。ブライス氏は，直ちにその実現性について認めた。彼は直ちにこの計画の促進と助成に取り組み，彼自身，その機械に使われる乗除算装置の設計を行なった。
　ブライス氏の提案に従って，機械の設計と製作はエンディコットの C. D. レイク氏の指揮下におかれ，レイク氏は彼の二人の部下，フランク E. ハミルトン氏およびベンジャミン M. ダーフィー氏をその仕事に加えた。
　初期の仕事は主として会話から成り立っていた。——その会話の中で，私は，科学的な目的に使用する機械が備えていなければならない要件について説明し，他の人々は，彼らが開発し，発明した様々な機械の特徴について説明した。機械の最終的な形が出来上がるまで，仕事はこうした会話に基づいてすすめられたのである。[19]

原著者脚注

[1] F. J. Murray, *The Theory of Mathematical Machines*, および M. d'Ocagne, *Le Calcul simplifié*.
[2] *La Nature*, June 1914, p. 56.
[3] R. C. Archibald, "P. G. Scheutz, Publicist, Author, Scientific Mechanician……," p. 240 (本書 p. 18 もあわせて参照のこと).
[4] d'Ocagne. 前出, p. 76.
[5] L. J. Comrie, "On the Construction of Tables by Interpolation," Royal Astronomical Society, *Monthly Notices*, vol. 88 (April 1928), pp. 506-623, および "The Application of the Hollerith Tabulating Machine to Brown's Tables of the Moon," 同上, vol. 92 (May 1932), pp. 694-707.
[6] 本書 p. 32 以下.
[7] Moulton, *Celestial Mechanics*, p. 364.
[8] Académie des Sciences de Paris, *Comptes Rendus*, vol. 56 (1863), pp. 330-339.

⁹ M. Wiberg, *Tables de Logarithmes Calculées et Imprimées au moyen de la Machine à Calculer* (Stockholm, 1876). アーチボルドによれば，これらの表は1876年のフィラデルフィア博覧会に出品された．George and Edward Scheutz, *Specimens of Tables, Calculated, Stereomoulded and Printed by Machinery* (London, 1856) も併せて参照されたい．
¹⁰ F. Cajori, *A History of Mathematics* (New York, 1919), p. 450.
¹¹ Moulton, *Celestial Mechanics*, p. 365.
¹² W. J. Eckert, *Punched Card Methods in Scientific Computation* (New York, 1940), p. iii.
¹³ J. F. Brennan, *The IBM Watson Laboratory at Columbia University: A History* (New York, 1970).
¹⁴ Eckert, 前出, p. iii および p. 129 以下．
¹⁵ H. H. Aiken, "Proposed Automatic Calculating Machine," edited and prefaced by A. G. Oettinger and T. C. Bartee, *IEEE Spectrum*, Aug. 1964, pp. 62–69.
¹⁶ *A Manual of Operation for the Automatic Sequence Controlled Calculator* (Cambridge, Mass., 1946) のジェームズ・ブライアント・コナントによるまえがき．
¹⁷ L. J. Comrie, *Nature*, vol. 158 (1946), pp. 567–568.
¹⁸ 同上．p. 568.
¹⁹ *Manual of Operation* のまえがき（その中に，このエイケンの言葉が引用されている）．

第12章

計数型計算機の復活と勝利

　エイケンと，レイクや彼の部下との共同開発と同じ時期に，ベル・テレフォン研究所のジョージ R. スティビッツは，サミュエル B. ウィリアムズおよび後から加わったアーネスト G. アンドリュースというきわめて有能な技術者と研究所の応援を得て，同じような開発計画を着実にすすめていた。どちらの計画も，発足したのは 1937 年であるが，スティビッツのほうはその最初の機械を 1940 年につくり上げている。この"部分的に自動化された計算機"は，ダートマス・カレッジで開かれたアメリカ数学会秋季大会の会場に展示された。この大学では，それにふさわしく，計算機の分野できわめて多数の重要なことが行なわれている。——計算に関連した分野における，非常に近代的な研究に糸口をつけたジョン・ケメニーを学長に任命したこともその一つである。

　戦時中，NDRC（国防研究委員会）の技術顧問になったスティビッツは，そこで，リレーで作動する種々の軍用の計数型計算機を設計するのに主要な役割を演じた。これらの機械もまた，ベル・テレフォン研究所でつくられた。こうした研究が発展してつくり出されたのが，汎用のリレー式計数型計算機であった。ここでこの機械について述べるのは，話を少し先走りさせることになるが，そうした扱いをすることは決して不当ではない。アバディーンにいた数学者の一人で，ベルの計算機を担当した F. L. アルトは，その機械の説明の中で次のように述べている。

　この機械の説明にはいる前に，その"先祖"に当たる機械を簡単に列挙しておくのが順序というものであろう。電話交換用の機器を計算のために使用するという，この種の機械全体のもとになっている基本的な着想は，先ごろの戦争が始まる数年前に，当時，

ベル・テレフォン研究所の一員であったジョージ R. スティビッツによって考え出された。同研究所はその所内用として，複素数の加減乗除を行なうことができる機械をこしらえて，小規模にこの着想を試してみることを決定した。戦時中の，大規模な計算を実施するという要求の影響を受けて，同社は次に"リレー式補間計算機"を開発した。この機械は主として約500個の電話用リレーからできており，数を機械に出し入れしたり，演算の指示を与えたりするために，ある種のテレタイプ用の機器がついていた。次につくられた機械は"弾道計算機"であった。約1,300個のリレーを使用した，補間計算機よりもさらに手の込んだ複雑な機械ではあったが，それでもなお，他の初期の機械と同様に，いくつかの限定された計算だけを行なうように設計されている，特殊用途の機械でしかなかった。最後に，1944年にベル・テレフォン研究所はここでとり上げる汎用の計算機の開発に着手した。この機械はその先輩たちと，規模の点——9,000個以上ものリレーと約50組のテレタイプ用装置を使用し，約1,000平方フィートの床面積を占め，約10トンの重さがある——で異なっているばかりではなく，融通性，汎用性，信頼性，そして操作員がいなくても自動的に操作ができる能力などの点でも異なっている。[1]

ハーヴァード大学と IBM 社が共同開発した機械では23桁，標準的な IBM 社の計算穿孔機では8桁の数を取り扱っていたのに対して，この機械では7桁の数を記憶し，取り扱うようになっていた。その演算速度はあまり速いものではなかった。アルトはその点についてこう述べている："この計算機では，加算は0.3秒，乗算は1秒，除算または平方根の演算は，たぶん5秒ぐらいの速さで行なわれる。（正確な計算時間は演算に出てくる数の桁数によって決まる。）しかしながら，制御装置は，これらの演算に対する命令を読むためにも約2秒を必要とする。つまり，この計算機では，時間の一部をむだに遊ばせており，命令の読み取りが計算に必要な時間を左右する支配的な要因になる。"[2]

この機械は，よく知られたリレーという電気機械的な装置を使って数を貯えるようになっていた。リレーというのは，本質的には，制御信号によって作動する2値スイッチ以上のなにものでもない。それを適宜に配置することによって，どちらか一つの状態にあるときには，ある一組みの回路が閉じて他の回路が開き，もう一つの状態にあるときには，はじめの回路が開いてあとの回路が閉じるというようにすることができる。すべての標準的な論理機能は，リレーを組み合わせることによって実行することが可能で，事実，そのとおりのことが，この機械では行なわれているわけである。ここでは，格別，それがどのよう

第 12 章 計数型計算機の復活と勝利　　131

な方法で行なわれるかについてまで詳しく述べる必要性はない。興味のある読者は，特にスティビッツとラリヴィーの本に出てくる，いくつかの興味深い実例を参照されたい。[3]

　コムリー，エッカート，スティビッツなどの研究はいくつかの重要な発展をもたらした。その筆頭にあげられる重要な結果は，科学計算のための計数的な方法に対する関心が復活したことである。このような方法は前に述べた非常に有用なアナログ型計算機の蔭にかくされて，およそ一世紀の間，忘れ去られたままになっていた。今や，それが再び脚光を浴びるようになり，電子工学が計数型計算機と結び付くことによって，ほぼ全面的に支配的なものになった。このことに次ぐ重要な展開は，ワトソンと彼によって代表されるIBM 社が，私たちの社会にとって，したがって IBM 社自身にとっても，科学計算が基本的に重要なものであることを学び，あるいは感じ取ったことであった。著者の見解では，このことは後年の同社の驚異的な成功の,根本的な理由の一つになっている。他の——あるいはもう一つのたぶんそれ以外にはない——理由は，電子工学的な方法こそが，IBM 社がすすむべき正しい方向であるという確信を，トマス J. ワトソン 2 世がもっていたことであった。*

　しかしながら，ハーヴァード大学およびベル・テレフォン研究所の機械の出現は，時期的にはあまりにもおそすぎた。それらは最初の電子計算機 ENIAC とほとんど同時代に出てきたので，現実にはそれらの目的を達するまでに至らなかった。たとえば，IBM 自動逐次制御計算機の**操作解説書**が発行されたのは ENIAC が稼動を開始した年のことであったし，ベル研究所のリレー式計算機は，それが 1946 年に設置された当初から，ENIAC との勝ち目のない競争の場に立たされたのである。

　これに関連する事柄については，後のところでより詳細にとり上げるが，ここでは，ハーヴァード大学の機械と ENIAC とでは，乗算の速さでみれば，およそ 500 対 1 の割合でENIAC のほうが勝っていたし，ベルの機械の場合には，それよりもさらに悪い比率であったという事実をあげておくだけで十分である。速さに対抗する要素として信頼性の重要さを云々する議論も種々行なわれたが，この 500 倍という比率は決定的な要因になって，電気機械的な方法の運命にとどめをさした。（ここまでのところでは，各計算機の乗算の速さをとり上げて，それを全体的な速さを測る目安に使ってきた。この評価数字が妥当なものであることは後に明らかにする。）

---

　　* 初代のトマス・ワトソンは，当初，このような進路をとることにはむしろ不賛成であった．IBM社が本格的な電子計算機の開発に取り組むようになったのは 1950 年以降のことである．

バベッジの夢が達成されるのがほんのわずかおそすぎたこと，そしてある意味では，彼と彼の着想が，彼が常に熱望していたような成果には遂に到達しえなかったことはいささか皮肉なことである．バベッジの世の中に対する敵意の少なくとも一部は，彼の知的な業績を世の中が排除していると彼が考えたことから生じたものであることは，著者には明らかなように思われる．したがって，彼の霊は，一世紀たった後でもなお，安らかな眠りにはつけないでいるわけである．

コムリーもウォーレス・エッカートも，計算機そのものの技術的な問題に専念するようなことにはならなかった．彼らは，本来は，むしろ利用者であった．コムリーは，若いころ手掛けた事務用の機器の科学的な問題への応用以上のことには踏み込まないで，晩年には大型の計算機を取得するだけの資力をもたない，ある小さな計算サービス会社の社長になった．けれども，彼はそのことを苦にしていたような様子は全くなく，常に数値的な実験や計算業務に対する興味を失わなかった．エッカートは後に述べるように，1945 年に IBM 社に入社し，適切な時点に，会社の注目をその時代の技術的な問題に集めるという役割をもった，重要な新しい組織を社内に創設した．彼自身は，彼の計算と月の運動理論の数学的方法の改善によって天文学の分野で独自の業績をあげた．これについてはもういちど，後でとり上げる．

スティビッツはベル・テレフォン研究所をやめて学究生活にはいり，電子音楽から生体系のモデルに及ぶ種々の問題に関心を示した．ベルを離れてからは，彼はどのような大型の計算機も設計しなかったようである．しかしながら，ベル研究所自身は所内用に彼の機械の改良型を製作した．[4] さらにベルは継続的に事務計算および科学計算のための，そして通信のための計数型電子回路技術の主要な利用者となり，開発者となった．事実，しばしばいわれてきたように，仮にこうした技術がなかったとすれば，合衆国の電話網は今日みられるような規模と完全な状態にはなっていなかったであろう．旧式の方法では不可欠であった，通話を取り扱うための女性が，全国合わせても必要なだけはいないからである．いずれにしても，アンドリュース，スティビッツ，ウィリアムズなどが，計数的な方法の可能性をベル研究所に認識させるのに重要な役割を果たしたことだけは疑う余地がない．ウィリアムズはある種の計数型電子回路の設計すら行なった．

ハーヴァード大学の機械は Mark I という略称でよばれるようになった．エイケンが同大学に計算機研究所をこしらえて，Mark II, III, IV として知られているほかの何台かの機械を合衆国海軍および空軍のために製作したからである．Mark II は合衆国海軍兵器局

第12章 計数型計算機の復活と勝利   133

のダールグレン試射場のために，ハーヴァードの人たちによって設計，製作が行なわれた。その設計は1944年11月に開始され，その後間もなく，機械はダールグレンに設置された。それはリレーを使用したもう一つの電気機械的な計算機である。機械は10桁までの数を取り扱い，内部的にそうした数を100個ぐらいまで貯える能力をもっていた。[5] 乗算の速さは他の電気機械的な計算機と同程度のものでしかなかったので，この機械もまた，姿を消す運命にあった。

1947年1月に，大型の計数型計算機に関する研究討論会が開かれているが，そこで目立つことは，発表された多数の論文が，その当時，電気機械的な方法の支持者と電子的な方法の支持者との間に存在していた見解の相違点を示していることである。おそらくこの時代は，両者の交替時期に当たっていたのであろう。

1949年12月に，ダールグレン向けのいわゆるMark III計算機がほぼ完成したことを祝って，もう一つの研究討論会がハーヴァード大学で開かれた。この機械はまた，ADEC——エイケン・ダールグレン電子計算機 (Aiken Dahlgren Electronic Calculator) という名でも知られている。それは，16桁までの数が取り扱えるような10進法の機械で，毎秒80回の割合で乗算を行なう能力を備えていた。つまり，1949年までにエイケンはすでに電気機械的な計算機から電子計算機へ転向していたわけである。この機械は1950年3月に完成し，それからダールグレンへ移されて，約1年後から本番の作業を開始した。[6] 最後にエイケンは，空軍のためのMark IVの設計と製作に当たることになった。この機械は1950年に着手され，1952年に完成してハーヴァード大学の構内に設置された。ダルムシュタット工科大学のアルウィン・ワルター教授（1898-1967）は，彼の機械を製作する際にこの機械の設計から大きな影響を受けた。事実，ワルターの計算機はエイケンとスティビッツの機械の，それぞれの特徴をかね備えている。彼の機械は1951年に製作が開始され，1959年に完成した。[7]

ハワード・エイケンの仕事で基本的に重要なものは，若い人たちが，計数型計算機の回路や諸装置の設計に関する学問的な訓練を受けることができるような研究所をハーヴァード大学につくり上げたことである。この研究所は，今日，この分野で一流の技術者として活躍している多数の人たちの訓練の場となった。そうした人たちの名をあげればきりがないし，彼らの個人的な業績はきわだってすぐれたものである。この研究所の活動については，次のようなことがいわれている："エイケン教授の指導の下に，ハーヴァード大学計算機研究所は多くの新しい素子と設計方法を導入した。たとえば，スイッチング回路の設

計に論理代数（すなわち論理の代数学）を使用したことなどもその一つであった。幸いにもハーヴァードにおける研究成果についてはハーヴァード大学出版部から出されている計算機研究所の研究報告に詳しく記述されている。"[8]

ついでながら，いわゆる情報理論の創始者，クロード E. シャノンが，ブール代数を使ってどのように複雑なスイッチング回路の解析が行なえるかを，きわめて手際よく彼の修士論文で示していることも，ここでふれておくだけの価値がある。[9] これは疑いもなく，今までに書かれた最も重要な修士論文の一つである。この研究は，ブッシュ，コールドウェルおよび F. L. ヒチコックの指導のもとに行なわれた。これら三人はいずれも MIT の教授をしていた人で，前の二人については，すでにこの本でもとり上げた。シャノンの論文は，計数型回路の設計を単なる技法から科学に変えるのに貢献したという点では画期的なものであった。

ハーヴァード大学計算機研究所の機械が，直接，その後にあらわれた一連の計算機の原型にはならなかったことは決して驚くべきことではない。生気に満ちた新しい分野のごく初期の段階では非常に多くの斬新な着想が考え出されて，装置の中にとり入れられる。そこで，識別力をもった科学的な市場の厳しい審査が行なわれて，不適当なものは淘汰されることになる。これは工学的な分野における，進化論の適者生存，あるいは自然選択に類似した現象である。新しい基本的な着想が最初あらわれると，私たちは，当然その主題に著しい変化が起こることを期待する。このことは，新しい安定状態が達成されるまで続くわけである。そうした安定状態は，様々な新しい変化が互いにせり合って，不適当なものが淘汰され，最良の着想の中の最適のものがいくつかの様式にまとまったときにはじめて実現する。ある調査では，1955年までに，アメリカ国内の計数型電子計算機は 88 台になり，1957年までに 103 台，1961年までに 222 台，そして 1964年までには 334 台という結果が得られた。[10]

この章の記述は，はじめ考えていたよりもだいぶあとの時代にまで話が及んでしまったが，ハーヴァード大学やベル・テレフォン研究所での，野心的な電気機械式計算機についての議論を完結させるためには，これで十分である。そこで，私たちは第2部へ移って，次に，第二次世界大戦中に行なわれたきわめて興味深い開発について調べてみることにしよう。

第12章 計数型計算機の復活と勝利　135

原著者脚注

1 F. L. Alt, "A Bell Telephone Laboratories' Computing Machine," parts I and II, *Math. Tables and Other Aids to Computation*, vol. 3 (1948), pp. 1-13 および 69-84. 興味のある読者は G. R. Stibitz and J. A. Larrivee, *Mathematics and Computers* (New York, 1957) を併せて参照されたい.
2 Alt, 同上, p. 79.
3 *Mathematics and Computers*, chap. 6.
4 M. V. Wilkes, *Automatic Digital Computers* (London, 1956), p. 134.
5 Proceedings of a Symposium on Large-Scale Digital Calculating Machinery," *The Annals of the Computation Laboratory*, vol. XVI (Cambridge, Mass., 1948), pp. 69-79.
6 Staff of the Computation Laboratory, *Description of a Magnetic Drum Calculator* (Cambridge, Mass., 1952).
7 W. de Beauclair, *Rechnen mit Maschinen, Eine Bildgeschichte der Rechentechnik* (Braunschweig, 1968), p. 149.
8 C. V. L. Smith, *Electronic Digital Computers* (New York, 1959), p. viii.
9 C. E. Shannon, "A Symbolic Analysis of Relay and Switching Circuits," *Trans. AIEE*, vol. 57 (1938), p. 713.
10 M. H. Weik, *A Survey of Domestic Electronic Digital Computing Systems*, Ballistic Research Laboratories Report No. 971 (Aberdeen Proving Ground, December 1955) ; *A Second Survey of Domestic Electronic Digital Computing Systems*, B. R. L. Report 1010 (June 1957) ; *A Third Survey of Domestic Electronic Digital Computing Systems*, B. R. L. Report 1115 (March 1961) ; および *A Fourth Survey of Domestic Electronic Digital Computing Systems*, B. R. L. Report No. 1227 (January 1964).

第2部

第二次世界大戦中の発達：
ENIACとEDVAC

第1章　ENIAC以前の電子的な試み
第2章　弾道研究所
第3章　アナログ計算機と計数型計算機
第4章　ENIACのはじまり
第5章　数学機械としてのENIAC
第6章　ジョン・フォン・ノイマンと計算機
第7章　ENIACを超えて
第8章　EDVACの構造
第9章　考え方の普及
第10章　ENIACで行なわれた最初の計算

第1章

ENIAC以前の電子的な試み

　第1部の末尾のところで述べたように，電子技術の出現によって，電気機械的な計数型計算機は滅亡の運命をたどることになった。私たちがここでとり上げる研究や開発がいつ行なわれ，また他の要因とそれらがどんな相対関係にあったかは，まことに信じ難いほど微妙なものである。発見には最適な時点があり，またその着想を完成させるのにも，同様に最適な時期があるように思われる。つまり，開始がおそすぎたり，仕事をやり上げるのがおくれたりすると，ちょうどすんでのことで，ジョン・カウチ・アダムスが海王星の発見でそうなりかかったように，自分が"出し抜かれた"ことを見せ付けられる羽目になる。一方，この最適な時点よりも前に，あまり早く発見や発明の仕事にとりかかると，途方もないほどの労力を必要とし，それだけ失敗する可能性も大きくなる。たぶん，バベィジはその顕著な一例といってよいであろう。イギリスの工業水準は彼の企てた仕事を受け入れるだけ十分にはすすんでいなかったので，彼はその仕事の中途で自滅してしまったのである。もう一つの例として，ジョン V. アタナソフという物理学者がある。彼は1926年から1945年まで，数学と物理学の準教授として，当時のアイオワ州立カレッジに籍をおいていた。

　1930年代の後半に，アタナソフは，数人の大学院学生に線形微分方程式および積分方程式の解法の研究を開始させた。その結果，彼は微分解析機に関するブッシュの研究について，非常に注意深く調べることになった。(事実彼は，"アナログ計算機"という言葉は彼がつくり出したと信じている。)この検討の結果として，彼が1937年に，電子的な計数型回路によるのが適切な計算方式であるという確信を得たことは，明らかである。1966年の手紙の中にアタナソフは，そのころすでに電子回路によって得られる高速性と，その高

速性が，データの連続的な処理にどれほど役だつかを理解していたと書いている。彼はまた，2進法を使用するとよいことにも気づいていたと主張した。[1] 彼はこの2進法の使用が，それ以前に，機械的な装置のためのものとして，あるフランス人の論文の中で示唆されていると指摘しているが，その名前は明らかにしていない。いずれにしても，彼と彼の同僚のクリフォード・ベリーは連立1次方程式を解く電子式の計算機をつくった。1940年に，大学の農事実験所の所長は"特許に値する'線形代数方程式を解く新しい計算機械'の開発"に関する書類を，その大学の特許委員会に送っている。[2] 1941年1月15日付のデモイン・トリビューン紙は，機械の一部を手に持ったベリーの写真を掲載した。その解説記事には，機械全体は300本以上の真空管を使って，ほぼ1年後には完成する見込みであると書かれていた。

発表はされなかったようであるが，工学図書出版部へ送った研究報告*の中で，アタナソフは，大規模な連立1次方程式の基本的な重要性に対して，明確な認識をもっていたことを明らかにしている。事実，フォン・ノイマンと私も，まさしくこの問題を，数値解析に関してそれまでに書かれた最初の現代的な論文の題材として選定した。その問題が，数値計算数学にとって最も基本的なものであると私たちはみなしたからである。[3] アタナソフは，彼の研究報告の中で次のように述べている。"大規模な線形代数方程式の解法は，このように数学の応用において重要な地位を占めている。……10個以上の未知数をもつような，一般の大規模な連立1次方程式の解などは，めったに求められることはない。しかしながらこれこそが，実際の問題を解く場合に，近似的方法をより有効にするために必要なものである。"

興味深いことに，アタナソフは連立1次方程式の解法としては，行列式による方法よりも，よく知られているガウスの消去法のほうがより重要であることに，非常に早くから気付いていた。前者は連立1次方程式の解を，非常に見事な完結した形で表わす手段として，純粋数学においては重要なものである。(このように，純粋数学で見事な美しい結果とされているものと，数値計算数学におけるそれとは根本的に別種のものであって，私たちは，今後も多数のそうした実例に出会うであろう。)アタナソフの初期の仕事の大多数は，かなり洗練されたものであるが，ときとして，たとえば記数法における基数の変換に関する議論のように，まるで初歩的なものも入り交じっている。彼はこの基数の変換の計算がど

---

* この未発表の研究報告は，B. Randell ed., *The Origins of Digital Computers* (New York, 1973), pp. 305–325に収録されている。

第1章　ENIAC以前の電子的な試み　　141

れほどつまらないものであるかを自覚していなかったようである。

　彼はきわめて明確に，彼の計算機に数量を記憶させる必要があることを認め，電荷を貯える装置である多数の小さな蓄電器（キャパシター）——当時，それらはコンデンサとよばれていた——をそのための装置として選んだ。この種の装置で最初に出現したのはライデン瓶という名で知られているもので，電気回路の電荷を貯える標準的な装置として使われている。彼はまた，この種の装置に貯えられた電荷がだんだんと漏れてしまうことも知っていたので，"短い時間間隔で機械が記憶をよび起こすような仕掛けにしておくこと"が望ましいと考えていた。この考え方をいくぶん単純な形にしたものが，10年後にフォン・ノイマンと著者によって，高級研究所の汎用の計算機にとり入れられたのである。

　アタナソフは，基本演算として加算と減算を行ない，パスカルを思い出させるようなやり方で加減算を繰り返すことによって，これらの線形演算から乗除算を合成する機械を頭に描いていた。演算の実行速度を上げるために，彼はまた，数を左右に1桁分移動させる桁送り演算——これは，2を乗数または除数とする2進法の乗除算に相当する——を，機械に組み込むことを計画した。さらに彼は，通常のガウスの方法によって，30元までの連立1次方程式を次に示すようなやり方で解くことを考えた。仮に，与えられた方程式を

$$ax+by+cz=d,$$
$$ex+fy+gz=h,$$
$$ix+jy+kz=l,$$

とする。まずどれか一つの式を x について解き，次に他の式から x を消去する。この結果，未知数 y と z を含む二つの方程式が得られる。以下，同様の手続きを，z に対する定まった値が見付かるまで繰り返す。この値を，y を z の関数として与える式に代入すると y が見いだされ，同様にして x も求められる。この方法は，元数が任意の連立1次方程式に一般化することができるわけである。

　アタナソフは方程式の係数を毎秒1回転する円筒の周りに取り付けられたキャパシターに貯え，穿孔カードを用いて，途中の結果を貯えることを考えた。彼は"1940年のはじめ"には，実際に動くような彼の機械の原型をもっていたらしい。ここで強調しておかなければならないことは，この機械が，たぶん計数的な計算をするために真空管を使った最初のものであり，単能機，すなわちバベッジの階差機関がそうであったように，特定の計算をするために設計された機械であったということである。

　この機械は，工学的な着想の点で幾分時期尚早であったうえに，機能的な面においても

限界があったので,計算を行なうための実用的な道具としてはついに日の目をみるには至らなかった。しかしながら,それは,偉大な先駆的労作とみなさなければならないものである。最も重要な点は,おそらく計算の処理手順に非常に興味をもっていたもう一人の物理学者ジョン W. モークリーの考えに,影響を与えたことであろう。アタナソフが連立1次方程式を解く機械について研究をしていたころ,モークリーはフィラデルフィア周辺の,アージナス・カレッジという小さな大学にいた。どういう経路でか,彼はアタナソフの計画を知るようになり,1941年に彼を1週間たずねた。その訪問中に,二人はアタナソフの着想の細部にわたって,かなり詳しく検討したようである。この討論はモークリー,および彼を通して計算機の歴史全体に,大きな影響を及ぼした。アタナソフが彼の着想をモークリーに打ちあけた時期と前後して,モークリーはアージナスを去って,ペンシルヴァニア大学のムーア電気工学科に着任した。アタナソフはまた,もっと汎用の計数型電子計算機の構想ももっていたらしく,その生まれ出ようとしていた着想についても,同じ機会にモークリーと論じているようである。[4]

原著者脚注

[1] アタナソフからアイオワ州立大学工学図書出版部の D.V. ヘンリー嬢へあてた 1966 年 6 月 10 日付の手紙。
[2] R. E. ブキャナンから特許委員会へ提出された 1940 年 11 月 21 日付の文書。
[3] J. von Neumann and H. H. Goldstine, "Numerical Inverting of Matrices of High Order," *Bull. Amer. Math. Soc.*, vol. 53 (1947), pp. 1021-1099.
[4] 最近(1971年6月)アタナソフは審理中のある民事訴訟の法廷で,彼の初期の研究について,かなり詳しい証言を行なった。彼の証言を,そのままここに紹介することは,この本の目的からあまりにも逸脱しすぎるので,興味のある読者は,ミネソタ地区,地方裁判所第4部で係争中のハネウェル社対スペリー・ランド社事件の裁判記録を調べられたい。この同じ法廷では,電子計算機の初期の歴史に登場する他の多くの人物が証言をし,あるいはこれから証言をすることになっている。したがって,裁判が完了したあかつきには,この訴訟事実に関する証言の記録は,裁判所の見解とともに,こうした初期の時代に対する最も価値のある記録文書となるであろう。*

* モークリー自身は,この法廷での証言で,本文に述べられているようなアタナソフからの影響については,はっきりと否定している。

第2章

弾道研究所

　物事を正しく時間的な流れに沿って述べていくためには，前章でとり上げた話の続きにはいる前に，だいぶわき道にそれる必要がある。その手順として，まず最初に，電子計算機の歴史と密接に結び付いた経歴をもっている何人かの人々を紹介しておくのが好都合であろう。

　ハーマン H. ゾーニッグはアイオワ州立カレッジを1910年に卒業し，その夏アメリカ陸軍の士官に任命された。彼はその後，マサチューセッツ工科大学とドイツのシャルロッテンブルク工科大学で大学院学生として研究を行なった。シャルロッテンブルクでは弾道学の最高権威の一人であるカール J. クランツ（1858 - 1945）のもとで研究できるという，またとない機会にめぐりあわせている。こうした研究を終えた後，彼はウォータータウン兵器廠では冶金関係の，ピカチニー兵器廠では爆薬や発射火薬関係の重要な仕事をし，1927年から 1930年まで，ベルリンで大使館付き陸軍武官補佐として勤務した。さらに1935年には，彼はアバディーンにおける様々な作業部門とは別に試射場付属の研究部門を創設する構想をまとめた。1938年に弾道研究所と改名されたのがその研究所である。彼は1935年から1941年までこの研究所の所長をつとめた。

　アバディーンへ赴任する前は，ゾーニッグは兵器局長官室技術部の弾薬部門の部長をしていた。その在任中に，彼はウェスト・ポイントと MIT で教育を受けた若い士官レスリー E. サイモンに，弾薬の品質管理に統計的な手法を応用するようすすめた。この分野におけるサイモンの業績は顕著なもので，多くの機関から高い評価を受け，1949年には品質管理貢献者にあたえられるシューハート・メダルを受けている。サイモンは弾道研究所の副所長としてゾーニッグを助け，彼のあとを継いでその所長となって，1949年までそ

の地位にとどまった。彼が陸軍少将の階級にまで昇進したことは，軍隊における科学と工業技術の役割の重要性を示すものであろう。

MIT で修士号を得た正規陸軍士官三羽烏のうちの三人めの人物は，ポール N. ジロンであった。彼は 1939 年に弾道研究所の幹部将校となり，その後 サイモンが 所長になったときに その副所長に任命された。彼はこの 地位から 兵器局長官室の研究，資料部門に移り，はじめはその副部長として，後にはその部長となって活躍した。後年，彼はウォータータウン兵器廠にある研究所の所長となり，次いで，デューク大学の構内におかれることになった兵器研究局を設立してその長官に就任した。後にこの機関は陸軍研究局(ダーラム)に発展して，陸軍と各大学との研究契約の管理に当たることになった。

弾道研究所の創立に当たっては，前に述べた ロバート H. ケントと L. S. ディデリックが所長補佐に任命され，研究所の主席事務官になった。研究所に対するゾーニッグ大佐の最も大きな二つの貢献は，第二次世界大戦中，主席科学者として働いたオズワルド・ヴェブレンを選んだことと，アメリカの指導的な科学者から成る科学諮問委員会を設立したことであった。現代の最も偉大な空気力学者の一人で，航空宇宙局の創設に際して指導的な役割を果たしたヒュー L. ドライデン (1965 年死去)；"電子管に関して世界で最も多数の発明をした"[1] アルバート W. ハル (1966 年死去)；当時合衆国鉱山局 にいた 物理化学者で燃焼と爆発の偉大な権威者であったバーナード・ルイス；前にもふれた，世界最大の天文学者の一人，ヘンリー N. ラッセル (1957 年死去)；ノーベル物理学賞に輝き，合衆国における 科学界の長老の一人であるイジドール I. ラビ；ノーベル 化学賞を受けた，科学界のもう一人の長老ハロルド C. ユーリー；偉大な空気力学者の一人であったテオドール・フォン・カールマン (1963 年死去)；偉大な万能数学者の一人であったジョン・フォン・ノイマン (1957 年死去) などといった人たちが当初の科学諮問委員会の委員であった。戦時中，ジョージ・キスティアコウスキーをはじめとした，これらの人々に匹敵するすぐれた科学者が多数委員会に加わって，この顔ぶれには若干の変更があったが，基本的には，この委員会が弾道研究所でとり上げられた仕事の完全さと質の高さとを確保するのに役だつ，最高級の科学者の一団であることに変わりはなかった。

最初の計数型電子計算機に至る過程での出来事について話をすすめる前に，二つの世界大戦の間にはさまった時代に合衆国陸軍で行なわれた研究開発の，財政的な側面にしばらく目を向けることにしよう。

第一次世界大戦中のヴェブレンの最後の仕事の一つは，弾道学的な研究と開発をすすめるうえで，彼の後継者の指針となるような多くの勧告を出したことであった。この試案は，私たちがすでに学んだような結果を生み出した。彼は相応の財政的援助を要請したが，1920年代にみられた戦後の不況時代の，厳しい予算削減により実現しなかった。1923会計年度には，兵器局は，総額で，わずか6,000,000ドルほどの予算を割り当てられただけで，しかもこの割り当ては次の5年間ますます少なくなっていった。1928会計年度に，この額は6,000,000ドルにもどされ，1937年までは，ほぼこれと同じくらいの水準にとどまっていた。その年，ヨーロッパにおける情勢変化＊の結果として，この予算は17,000,000ドルにまではね上がった。さらに1940年には，一挙に177,000,000ドルになっている。² これらの数字を見ると，研究や開発の仕事に対して，その時代の兵器局が，どれほどの重点をおいていたかをはかり知ることができる。1922年から1937年までの間は，この目的のために毎年約1,000,000ドルほどの予算が割り当てられていた。この期間における兵器局の総予算は年平均約11,000,000ドルであったから，比率からいうと，この研究開発予算は全く妥当なものであった。しかしながら1937年から1940年にかけては，研究開発予算は2,000,000ドルに達することはなかった。³ こうした少ない予算にもかかわらず，非常に高度な能力をもった人々がこれほどすばらしい仕事をなし遂げていることは驚くべきことであろう。——この部門には，1935年当時，たった30人ほどしかいなかった。この点に関して，私たちがゾーニッグとケントに負うところは，きわめて大きいといわなければばらない。

　この研究部門が，1935年に1台のブッシュ式微分解析機を入手したことを思い出していただきたい。おもしろいことに，アバディーンでその獲得に当たった中心的な人物は，弾道計算部門の主任で，モールトンの門下生の一人であったジェームズ L. ギオン少佐であった。⁴ 当初から，そのころ副官をしていたポール・ジロンは計算の仕事に特別な興味を示した。第二次世界大戦の直前に，射撃表および爆撃表の作成には，計数的な計算がきわめて重要であることをはっきりと認識していたことは，彼の大きな功績であった。彼はまた，実戦において，これらの表がいかに重要なものであるかを理解していた数少ない研究所の指導者の一人であった。（これらの表が，どのような目的のために使われたかについては，後に述べる。）そこで彼は，研究所で使用するパンチ・カード機械を一式手に入れ

＊ その前年に行なわれたドイツのライン非武装地帯進駐，ロカルノ条約破棄，およびイタリアのエチオピア占領などにより，第一次世界大戦以降，ヨーロッパの国際関係を規制してきたいわゆるヴェルサイユ体制が崩壊した。

るために，IBM 社と交渉するようサイモンとゾーニッグを説得した。

　ゾーニッグ，サイモンおよびジロンの三人は，パンチ・カード機械の科学計算への応用に大きな関心をもっていた IBM 社のジョン C. マクファーソンに話をもちかけた。マクファーソンは，1940 年から 41 年にかけてケントやディデリックをなんども訪ね，科学上の親交を深めていたので，アバディーンの士官たちが彼に話をもちかけたのは全く自然なことであった。彼の手配の結果，標準的なパンチ・カード機械一式が，弾道計算をするために弾道研究所へ運び込まれることになった。さらに 1944 年には，2 台の特殊な乗算機が IBM 社でつくられ，アバディーンに設置されている。ついでながら，この機械の設置が好結果をもたらしたおかげで，他の約 15 にのぼる政府関係の機関や請負業者たちが，同じような機械を備えるに至ったことは興味深いことである。なかでも注目に値するのはロスアラモス科学研究所であった。このことはとりもなおさず，ブリス，グロンウォール，モールトン，ヴェブレンなどの時代にはきわめて重要な方法とされていたにもかかわらず，1935 年の微分解析機の導入によって，一時なりをひそめていた計数的な計算方式に対する関心が，復活したことを示すものである。計数的に計算をするというこの考え方は，最初の計数型電子計算機 ENIAC に集約され，今日の巨大な計算機産業において，遂にその最高潮に達したのである。

　しかしながら，この時点では，計数型計算機の時代はまだ部分的な実現をみただけにしかすぎなかった。ほぼ同じころ，ジロンは，ペンシルヴァニア大学ムーア電気工学科の初代の学部長（1923-1949）ハロルド・ペンダー（1959 年死去）と，アバディーンにある機械の故障時に，大学の微分解析機を使用するという契約を結んだ。彼はまた，理科系の学部を卒業した女子を対象として，弾道計算の訓練をする計画をこの大学で発足させた。これは戦争の遂行に必要な，各方面の技術的な要員を養成するという，合衆国政府によって確立された広汎な計画の一部として行なわれた。その結果，たとえばすぐ後に出てくるジョン W. モークリーやアーサー W. バークスも，ムーア・スクールで電気工学の教育を受け，ともに非常にすぐれた成績を収めたので，電気工学科の教職員になってほしいという呼びかけを受けた。政府はこの計画を ESMWT（Engineering, Science, Management, War Training）とよんだ。概してこの試みはたいへん成功し，著しく人手が不足していた分野での，技術的な職場につく資格を，多数の男女に与えることを可能にした。弾道計算についていえば，研究所が行なわなければならない計算の作業量を前もって予測した彼の先見性は，合衆国のために決定的な役割を果たすことになったもので，その計算に対す

る貢献全体に対して彼が受けた勲功章は，当然授与されてしかるべきものであった。

弾道研究所の科学者陣は，1941年から42年の間に，科学的な能力の面で，最高の規準を満たすように，戦時体制にのっとって再編成された。ヴェブレンの助力で，研究所の組織を拡大するために，一流の科学者が学界から多数よび集められた。動員された科学者は，数学関係ではブラウン大学の A. A. ベネット，ペンシルヴァニア州立大学の H. B. カリー，ミシガンの H. H. ゴールドスタイン，ロチェスターの J. W. グリーン，クーラント研究所の F. ジョン，ノトルダムの J. L. ケリー，バークレーの D. H. レーマー，バークレーの H. レヴィ，ヴァージニア大学の E. J. マクシェーン，バークレーの C. B. モーリー，バークレーの A. P. モース，リーハイ大学の E. ピッチャー，ペンシルヴァニア大学の I. J. シェーンバーグ，クイーンズの L. ジッピン；物理学関係ではウィスコンシンの L. A. デラサッソおよび G. ブライト，バートル研究財団の T. H. ジョンソン，シカゴの H. B. レモン，パデューの R. G. サックス，オハイオ州立大学の L. H. トーマス，ウースターの J. P. ヴィンティ；天体物理学および天文学関係ではハーヴァードの L. E. カニンガム，ウィルソン山天文台の E. P. ハッブル，ヴァージニアの D. ロイル，コロンビアの M. シュワルツシルド，ハーヴァードの T. E. スターン，カールトンの R. S. ツーク；物理化学ではバッファローの J. H. フレーザー，コロンビアの J. E. メイヤーなどであった。ほかにも多くの人が後から加わっているが，名簿があまりにも長くなりすぎるのと，著者がその名前を思い出せないという二つの理由のために，この中には含まれていない。

このリストは不完全なものには違いないが，それでもなお，ヴェブレンがこれらの科学者を選ぶにあたって，きわめて高い基準をも設けていたことだけは十分にうかがわれる。もちろん1941-42年当時の弾道研究所が，すでにそれよりも以前に集めた，ここにあげられていない多くの優秀な人材を，その職員としてもっていたことも事実である。偉大な天文学者ハッブルは，妻にあてた1942年の手紙の中に，こう書いている："私はこの研究の場から，ますます深い感銘を受けています。それは決して天才の集団というわけではありませんが，多くの問題に対する解答を知っていますし，他の問題についても，どうすれば答えを得られるかを知っています。そして何よりもすばらしいことは，高い目標に向かって挑戦していることです。—— 一つの結論が得られ，議論が定式化されたとき，それをいい加減に聞き流していたりしますと，たちまち困難にぶつかってしまうのです。"[5]

私自身の経験を述べれば，たぶんそうした研究要員の募集の仕方を示す，典型的な例に

なるであろう。私は1936年にシカゴ大学でPh. D. の学位をとり，そこで数学教室の研究助手を何年間かしていた。1936年から1939年までの間と，それから後も毎年夏の間，私はギルバート A. ブリス（1951年死去）と一緒に研究をした。当時，彼は数学科の主任で，変分法に対する深い理解から生まれた広い視野をもっている数学者であった。変分法というのは，与えられた長さをもつすべての単純閉曲線の中で，最も広い面積を囲むものを見いだせ，あるいは，垂直な平面上の二点を結ぶすべての曲線の中で，玉が上の点から下の点まで，最短時間で下降するときに描く曲線を見いだせ，といったような問題に答える数学の一分野である。これら二つはともに古典的な問題であって，特に後の問題は，"変分法の理論の体系的な発展が，事実上，この問題からはじまった" ということで有名である。この問題は，1630年にガリレオがはじめて定式化し，独創的ではあるがきわめて特殊な方法を使って，ヨハン・ベルヌイ（1667-1748）が1697年に解決した。次いで同じ年にヨハンの兄ヤコブ・ベルヌイ（1654-1705）が"広範囲の最大最小問題に対して有効な，きわめて強力な"方法による解を与えた。[6]

　第一次世界大戦中ブリスは，弾道学の問題の研究に，摂動法あるいは変分法の手法を導入し，いろいろなパラメータのわずかな変動が発射体の飛行に及ぼす影響を解明することができるようにして，弾道の数学的理論に大きな貢献をした。そうしたパラメータの変動の代表的なものは，空気の密度や温度，発射体の重さ，推薬の燃焼温度，速度，風などの変化である。いろいろな機会に，彼は大学院で，彼が興味をもっていた弾道学，量子力学などの科目を教えた。幸運なことに，ブリスは数年間にわたって，私が彼の講座で教えることを許してくれた。そこで私は，純粋数学および応用数学の，かなり広範囲の問題について教え，その結果学ぶという，当時の若者にとってはまたとない機会に恵まれたのである。私がブリスの助手をしていた間，私たちは，主として彼の変分法に関する大著[7]の執筆に従事した。偶然にも，これはまたモースの多年にわたる研究の主題でもあった。ブリスはどちらかといえば古典的理論の大家であり，モースは位相数学の手法を用いた現代的な理論の大家であった。

　私が，エドワード・マクシェーン，マーストン・モースおよびオズワルド・ヴェブレンと知り合ったのも，ブリスの助手をしていたときのことであった。これらの出会いは，私の望みどおりに，その後，真の友情へと発展していった。事実，あるときモースは私に，彼の助手として高級研究所へくるようすすめてくれた。けれども私は，シカゴ大学をやめてミシガン大学へ行き，教職生活をはじめるほうを選んだ。合衆国の経済史上でも，この

時代は，大学における就職口が極端に少なく，多くの若い人たちがそれらを求めて激しくせり合っていたので，非常に優秀な人々でも，大半は学者としての生活をあきらめて，実社会で働かざるをえないというような時代であった．私が砲外弾道学の講義をしたり，ブリスとともに彼の著作のための仕事をしたりすることができたのは，全くの幸運であった．こうして 1942 年 7 月に私が兵役に服することになったとき，ブリスは，私を弾道研究所に移すのが望ましいことを示唆する手紙をヴェブレンに書いてくれた．ヴェブレンはそれに同意し，1942 年 8 月 7 日から，私は研究所に勤務することになった．当時，陸軍中尉であった私は，ただちに，あらゆる弾道計算の責任者であったジロンの部下として配属された．

　その年の 9 月 1 日にジロンと私は，ムーア・スクールで行なわれていた小規模な活動を視察しに行った．私たちには，物事があまり良好な状態にはないことがわかった．そうした状態は，次のような三つの原因から生じていた．まず第一に，この計画は，他の新しい計画と同様に，だんだんと増大していく不安になやまされていた．第二に，大学側が数学を教えるために選んだ教授陣は，もはや終日の授業の負担には耐えられないような，かなりの年輩の名誉教授によって構成されていた．第三に，微分解析機の操作や，射撃表および爆撃表の作成に必要なそれ以外の仕事をするために，アバディーンから派遣されている訓練をつんだ人々の集団は，統卒者を必要としていた．1942 年 9 月 30 日またはそれ以前に，私は，フィラデルフィアにおけるあらゆる活動の責任者に任命され，その後間もなく，この話の中で，重要な役割を果たすことになった妻のアデール K. ゴールドスタイン（1964 年死去）とともにフィラデルフィアへ移った．同じころジロンは，兵器局長官室の研究資料部へ転任した．ジロンが副部長になったこの部門は，弾道研究所の技術的な報告書の提出先であって，その部員の中にはフェルトマン，モース，トランシューなどがいた．

　ペンダー学部長は，当時ムーア・スクールの教授をしていたジョン・グリスト・ブレイナードを，兵器局との連絡業務に当たらせることにした．後に彼は，ムーア・スクールの主任——この電気工科の長の肩書きは，組織上の理由で学部長というよび名から変更された——となった．（ブレイナードはこの地位を 1970 年の春に退き，現在は工学部の教授をしている．）ブレイナードは，たぶんこうした目的のためには学内の最適任者であった．彼は計算——特に，微分解析機の使用[8]——に対する強い関心と，指導者および管理者としての得がたい能力とを一つに結び付けた．彼は，この問題の処理にすぐれた手腕を発揮し，間もなくすべての時間を，それに費やすことになった．この正直で親切な，人の好い

紳士と付き合うことは，私にとっては，常にこのうえない喜びであった。彼はまぎれもなく，アバディーンと大学の間に展開される入り組んだ関係の鍵をにぎっていた，大学側の功労者とよぶに値する人物である。私たちは，すべての議論で，必ずしも最初から意見の一致をみるとは限らなかったが，彼の公正さを尊ぶ精神は，常に道理を快く受け入れ，私たちの間柄は，常に最も親密なものであった。この大学，政府間の関係の初期の段階では，ムーア・スクールの二代めの学部長になったカール C. チャンバーズ教授が，弾道計算の講習と微分解析機の両方にかかわり合いをもっていた。しかしながら，ほかにも彼は多くの職責と政府関係の計画を受け持っていたので，彼はこの仕事からははずれてしまった。彼は後に学部長の地位を退いて，この大学の工学部門担当の副学長となり，そのまま今日に及んでいる。

　もう一人の重要な人物は，ブレイナードの計算の分野における協力者コーネリアス J. ワイガント2世教授であった。彼は微分解析機の責任者で，この機械を，いつでも稼動しうるような状態に保ち，その性能を改善する方法を考え出すために，献身的な努力を重ねた。このどちらの能力においても彼は，政府にとってかけがえのない人物であった。当時のことを記録したある本の中には，彼および彼の仕事について，次のように書かれている。

　　幸運にも，このときムーア・スクールには，ブレイナード教授を指導者とする非常に有能な人々の集団があって，ジロン中尉との討論の結果……，ウェイガンド助教授〔原文のまま〕は，ブッシュの微分解析機の機械的なトルク増幅器に代わる，電子的なトルク増幅器の開発にとりかかった。この仕事は見事な成功を収めた。……
　　さらに光電管を利用した追跡装置が，この微分解析機の入出力表を取り扱うために，ムーア・スクールの人々の手で開発された。その結果……ムーア・スクールとアバディーンの両方にあったこれらの微分解析機の生産性は，少なくとも一桁向上した。[9]

　私が最初に手掛けた問題は，前に述べたように，女子を弾道研究所の計算担当者として使えるように訓練することであった。私は，年寄りの教官を使ったムーア・スクールのやり方をやめるように，ブレイナードを説得し，妻のアデール K. ゴールドスタインと，シュメール文化に関する著名な学者で，この大学のアッシリア学クラーク研究教授をしていたサミュエル・ノア・クレイマーの妻，ミルドレッド・クレイマー，およびジョン W. モ

ークリーの妻マリー・モークリー（1946年死去）の三人を，この訓練計画の講師陣とする新しい組織をつくり出した。少し後にこれらの陣容は変わったが，計画そのものは，それまでに十分基礎が出来上がっていたので，つまずくようなことにはならなかった。しばらくたつと，ボルチモアやフィラデルフィアの近郊にいた人材はもはや集めつくしたので，ゴールドスタイン夫人は，北東部全域の大学へ訓練生を募集するために出掛けた。しかし結局は WACs ——陸軍婦人部隊——が結成され，さんざん苦労の末，彼女らの中の何人かが弾道研究所で使えるようになった。彼女らはフィラデルフィアで訓練を受け，アバディーンへ行って仕事をした。超人的ともいえる努力の結果，弾道研究所には，当時，合衆国陸軍および空軍が緊急に必要としていた射撃表および爆撃表を作成する能力を備えた，訓練された人々から成る担当部門がつくられた。（合計人員は約200人で，その中の半数はフィラデルフィアにいた。）射撃表作成作業の本部は訓練計画との関連で，アバディーンからフィラデルフィアへ移された。戦争の初期に，私は民間人の助手として，幸運にもジョン V. ホルバートンの手助けを得ることができた。ホルバートンは，無数に発生する人事上の問題を，きわめて巧みに処理する能力をもっていた。弾道計算の訓練生が彼に好意をもち，彼を信頼していたのは当然である。

　前に述べたように，弾道研究所の主要な業務の一つは，射撃表，爆撃表，および関連する砲の制御データを作成することであった。これらの表が，どのような役割をもっていたかについて，読者におおよその概念をつかんでいただくために，ここで若干の説明を加えておくことは無意味ではない。この計算作業の自動化が，最初の計数型電子計算機の**存在理由**となったからである。

　基本的には，砲手は，一群の基本的な情報と，いくつかの補助的な情報とをもっている。前者は標的の位置，したがって距離（射程）と，たとえば北からの角度といった類の情報である。しかしながら彼の砲は，水平面および垂直面内を，あらかじめ定められた角度だけ回転させることができるという点で，照準のつけ方に関しては測量技師のもっている器具と同じようなものでしかない。したがって彼はその射程を，砲身が垂直面内につくる角度に変換する必要がある。この変換が，射撃表によって行なわれるわけである。この場合に射撃表が果たす主要な役割は，砲弾がある距離までとどくようにするためには，砲身の仰角を何度にすべきかを砲手に教えることである。もちろん，そうしたことが必要になるのは，砲身を，直接標的に向けて発射したりはしないからである。その代わりに，砲手は砲身を空中に向けて発射し，弾丸は，ほぼ放物線に近い形の軌道に沿って，弧を描い

て上昇してから落下する。水平方向の角度，すなわち方位は直接測定され，単純に幾何学的な方法で決定される。

　補助的なものとして，砲手はそれらのほかに，決して大きくはないが無視しえない役割を演じているいくつかのデータを別にもっている。彼に与えられる情報としては，風向きや風速，空気の密度および温度——いずれも高度の関数として——，装塡される弾丸や発射火薬の重量と温度，そして場合によれば，他の二，三の事項に関するものなどがある。射撃表によって，彼はこれらの事項を考慮した，最終的な仰角と偏向角を導き出すことができるわけである。

　これらの表は，ときには砲手のポケットにはいる小さな本の形になっていたり，自動機械——小型できわめて特殊化された，通常はアナログ型の計算機——の形で，砲に取り付けられていたりした。この自動機械は，レーダーの位置とそれに付属する情報を入力として受け入れ，人間の介入を受けないで砲身の角度を調節した。こうした装置は，飛行機を標的とする場合に求められる動作速度に関する要求を満たすために，第二次世界大戦中に導入された。しかしながら，**指導装置**とよばれていたこの種の自動照準装置は，その中に弾道表が組み込まれており，非常な速さでその内容を調べ，得られた情報を使って電気モーターを制御するだけのものでしかなかったので，いずれにしても，射撃表と全く同じものを計算しておく必要があった。爆撃表と爆撃照準器の場合も，全く似たようなことであった。

　このようなわけで，簡単にいえば，砲，弾丸，および信管のあらゆる組み合わせに対して，この種の表をすべて計算しておくことが必要であった。そこで私たちは，こうした表をつくるのに，いったいどれぐらいの作業が必要になるのかを，大ざっぱに見積もってみることにしよう。そうすることによって，私たちは，計算の過程に対する一般的な理解を，いくらか深めることができるからである。

　計数型計算機は，算術の基本的演算，すなわち加減乗除の各演算を遂行する装置である。与えられた計算をするのに要する時間を見積もる正しい方法は，これら各演算がそれぞれ何回行なわれるかを決め，それぞれを行なうのにどれだけの時間がかかるかを知ることである。多くの科学計算では，乗算や除算とほぼ同じぐらいの頻度で，加算や減算が出てくることがわかっているが，普通計算機は，乗算や除算のような非線形演算を行なうためには，加算や減算のような線形演算よりもはるかに多くの時間を必要とする。最初の電

子計算機の場合,乗算に要した時間は加算に要する時間の14倍であった。このように,二つの計算機を比べるのに,乗算の速さがどのような比較になるかで判定するのは,悪い規準ではない。もちろんこれは計算機のように,きわめて複雑な装置を評価する方法としては,あまりにも粗雑であるが,難しい問題に対する最初の方向づけとしては,十分にその目的を果たしている。全体の計算時間を見積もる場合,まず乗算に要する時間の合計を見積もって,これを約3倍するというのは,ほぼ妥当な評価である。典型的な科学計算の場合,この倍率は2.57であった。[10] したがって,仮に,ある計算の中に出てくる乗算を行なうのに,1時間かかるものとすれば,計算全体——データの転送や,その他の"簿記"的な作業を含むすべての操作——を行なうのに必要な時間は3時間前後と見積もられる。

こうした理解の上に立って,次にいくつかの機械の,乗算の速度について調べてみることにしよう。[11] 人間はどのような機械の助けもかりないで,手計算で二つの10桁の数の乗算を行なうのに約5分かかる。1940年代に使われていた在来型の卓上計算機は,同じ演算を行なうのに,10秒ないし15秒程度かかった。すなわち,それらの機械は,20倍から30倍に及ぶ速さの向上をもたらしたわけである。こうした機械の価値は,いうまでもなく,この演算速度の改善にある。しかしながら,すべての自動計算機が,人間の介在を必要としないのに対して,これらの場合には,人間が計算結果を,いちいち手で紙に書き取らなければならない。この作業のために,おそらく人手で行なわれる計算は,相当な割合でおそくなる。——今仮に,その速度の低下率を2倍としよう。そうすれば,私たちが全体の計算時間を比較する場合,自動計算機では乗算時間を3倍すればよかったのに対して,人手で行なう場合には,たぶん乗算時間の6倍を覚悟しなければならないことになる。

前に述べたハーヴァード大学の IBM 自動逐次制御計算機は,10桁の乗算に約3秒を必要とし,したがって,私たちが採用した非常に粗い評価数字で考えれば,卓上計算機を使用した人手による計算よりも,わずかに3倍から5倍程度速いだけであった。ハーヴァードでつくられた二番めの機械 Mark II は,2台の乗算装置をもち,乗算は,約0.4秒という速さで行なうことができた。——人間が卓上計算機を使用した場合の25倍から40倍という速度の向上である。ベル・テレフォン研究所の計算機は,平均約1秒という乗算速度をもっていたので,卓上計算機と人間の組み合わせに比べれば,約10倍から15倍程度速かったことになる。F. L. アルトはこれらの計算機についてこういっている:"手計算と比べると,この機械の速さは,性能のよい(完全に自動化された*)卓上計算機を人間が使用し

---

* 以前には,乗除算機構を備えた電動卓上計算機のことを,自動計算機とよぶ習慣があった.

た場合の,約5倍である。機械は,通常二つの問題を同時に扱うことができるので,その毎時間ごとの出力量は,計算係10人分のそれに匹敵する。"[12] 後に述べるように,ENIAC は,おそらく,ベル・テレフォン研究所の機械の1,000倍に達する速さをもっていた。

さて,射撃表および爆撃表の作成に必要な基本的要素になっている,弾道曲線の場合にあてはめて,これらの数字が,どのような意味をもっているかを考えてみよう。このような計算は弾丸が砲口を離れてから,たとえば地上のある地点に達するまでに描く経路の形を,ニュートンの運動法則を使って,時間の関数として決定する一つの方法である。もちろん,仰角や砲口を離れるときの初速が変わると,この経路は変化する,典型的な弾道または経路の決定には,750回程度の乗算が必要で,どの微分解析機を使っても,1万分の5ぐらいの精度でその計算を行なうのに10分ないし20分程度の時間がかかった。これは,この種の機械で達成しうる,ほぼ最高の精度であった。この精度は,10進数の約4桁に相当し,微分解析機は,10分から20分で,その750回の乗算に相当する計算を行なったことになる。したがって,その実効速度は4桁の数に対して0.8秒から1.6秒,あるいは,乗算の所要時間が桁数に比例するものと仮定すれば,10桁の数に対して約2秒から4秒である。このことは,微分解析機が,ベル・テレフォン研究所の計算機のようなリレー式の機械と,だいたい同程度の速さのものであったことを示している。

人間が卓上計算機を使用して計算する場合,この乗算を行なうのに約2時間(乗算1回あたり10秒)かかるから,私たちの見積もった6倍という倍率を考慮すると,1本の弾道の計算だけで約12時間かかることになる。この推定は,たぶんやや低めではあるが,ほぼ妥当なものであった。ハーヴァード大学の自動逐次制御計算機(乗算速度3秒)は約2時間;ベル・テレフォン研究所の計算機(乗算速度1秒)は約2/3時間;そしてMark II (乗算速度0.4秒)は約1/4時間を要した。微分解析機がかかった時間は,すでに述べたように,約10分から20分である。

これらの数字は,粗いものではあるが,電気機械的な計算機でどこまでのことができるかを示すのに,ある程度役だっている。最もすすんだ計算機が,卓上計算機で人間が計算する場合の約50倍の速さであったということに注意すればわかるように,これが精いっぱいの限界だったのである。標準的な射撃表は,だいたい2,000本ないし4,000本の弾道——仮にこれを3,000本とする——を必要としていたので,これらの計算機は,いずれもアバディーンの要求には合わなかった。たとえば微分解析機は,一つの表のための弾道計算を行なうのに,およそ750時間——30日——を必要とした。残りの計数型計算機に対して

は，読者は，容易にその所要時間を見積もることができるであろう。

作業量が大きすぎたこと，そしておそらくより重要な理由としては，戦場にいる軍隊の手に武器を渡すのが遅れないようにするために，作業をきわめて迅速に行なわなければならなかったことなどから考えると，こうした見積もりの結果が，是認できるような状況でなかったことは明らかである。これらの理由のために，ジロンと私は，表の計算を促進するような，よりすぐれた——より速く，より正確な——方法に絶えず気を付けていた。事実，その当時の私は，フィラデルフィアでの私の主要な任務は，第一に，射撃表および爆撃表の作成を促進する新しい機械装置を発見することであり，第二に，状態のより正確な数学的記述を目標とした，砲外弾道学についての，実行可能な数値的研究を行なうことであると考えていたし，今でもそう考えている。前者はいうまでもなく既知の数学的手法と関連した，実際にものをつくるといった種類の活動であり，したがって，非常に大規模な広がりをもってはいたが，きわめて型にはまった日常的な仕事であった。多くの点で，それはバベッジ，シュウツ，ヴィベリあるいはその他の人々が手掛けた天文学の表の作成の仕事に似ている。一方，後者の仕事はそれよりもずっと試験的なものである。それは多くの試行錯誤から成り，したがって，"拙速"を必要としていた典型的な物理学者の仕事によく似ている。

第一の要求が，第二の問題の解決にはあまり役にたたなかった一つの解答によって，どのように満たされたか，またそれらの欠点が，どのようにして，近代的な発展をもたらしたもう一つの解答を生み出したかについては，後にとり上げる。これらのことを議論する前に，これから後の内容を読者に理解していただけるようにするためには，アナログ計算機と計数型計算機の動作上の相違点について，次に若干述べておく必要がある。

原著者脚注

1 National Academy of Sciences, *Biographical Memoirs*, vol. XLI, pp. 215-233.
2 Ballistic Research Laboratory, "Ballisticians in War and Peace." これは未発表の原稿で，弾道研究所応用数学部主任，ジョン H. ギーズ博士のご好意により利用させていただいた．
3 同上．
4 M. H. Weik, "The ENIAC Story," *Ordnance* (1961), pp. 3-7.
5 National Academy of Sciences, *Biographical Memoirs*, vol. XLI, p. 182.
6 Bliss, *Calculus of Variations*, Carus Mathematical Monographs (Chicago, 1925), pp. 174-175.

⁷ *Lectures on the Calculus of Variations* (Chicago, 1945).

⁸ J. G. Brainerd, "Note on Modulation," *Proc. IRE*, vol. 28 (1940), pp. 136-139; Brainerd and C. N. Weygandt, "Solutions of Mathieu's Equation—I," *Phil. Mag.*, vol. 30 (1940), p. 458; Brainerd, "Stability of Oscillations in Systems Obeying Mathieu's Equation," *Jour. Franklin Institute*, vol. 233 (1942), pp. 135-142; Brainerd and H. W. Emmons, "Temperature Effects in a Laminar Compressible-Fluid Boundary Layer along a Flat Plate," *Jour. App. Mech.*, vol. 8 (1941), pp. 105-110; "Effect of Variable Viscosity on Boundary Layers with a Discussion of Drag Measurements," *Jour. App. Mech.*, vol. 9 (1942), pp. 1-6.

⁹ Weik, "The ENIAC Story."

¹⁰ H. H. Goldstine and J. von Neumann, "Blast Wave Calculation," *Comm. Pure and Applied Mathematics*, vol. III (1955), pp. 327-354.

¹¹ より詳細な分析について，興味のある読者は，H. H. Goldstine and J. von Neumann, "On the Principles of Large-Scale Computing Machines," を参照されたい．この論文は von Neumann's Collected Works (New York, 1963), vol. V, pp. 1-32 に収められている．(この論文についての補足的な説明に関しては，p. 225 の脚注 10 を見よ．)

¹² Alt, "A Bell Telephone Laboratories' Computing Machine." 公平にみれば，計算機は，1日24時間動かすことができるから，おそらく，さらにこの3倍ぐらい——ときとして，だれもいない間に困難な問題が起こって，とまるようなこともあるので，多少，疑問はあるが——の仕事をする能力をもっている．

第3章

アナログ計算機と計数型計算機

　前にも述べたように，19世紀の物理学者は，非常に複雑な機構を数式の形で表わす方法を見いだし，したがってまた，その逆の操作を行なうこともできるようになった。一つの数式が与えられたとき，彼らは，少なくとも原理的には，その式によって動作が正確に記述されるような機構を考え出す能力をもっていた。これがとりもなおさずアナログ計算機である。こうしたやり方の限界は，いったいどのようなものであろうか。この問題は，基本的にはアナログ型機器の汎用性，精度，および動作速度という三つの側面から考えてみなければならない。

　与えられた計算を実行しうるような機械を見いだすことは，原理的には不可能ではないが，往々にして，それを実用化することはきわめて困難である。すでに見たとおり，ケルヴィンは，微分方程式を解く彼の着想を実現することができなかったし，ブッシュがあらわれて一連の機器をつくり出すまで，50年以上もの間，その着想は実用化されなかった。アナログ的な問題の解決法が，多種多様な科学計算に適さないことは，こうしたことからもうかがわれる。事実，前に述べたように (p. 102)，ブッシュは数理工学者の様々な要求を満たすために，多数の全く異なった機械をつくるという構想をもっていた。この考えは完全には成功しなかったし，著しく柔軟性にかけていた。実際，ハートリーが偏微分方程式を微分解析機で解こうと試みたとき，彼は，一つの独立変数に対してのみアナログ的な取り扱いをし，他の独立変数に対しては計数的な処理をするという混合的な解決法をとらざるをえなかったのである。

　動作を数式で表現することができるような機械が与えられた場合でも，私たちはたちまち，あらゆる機械はある許容誤差をもち，かつある範囲の速度でしか作動しえないような

部品からできているという，二つの現実的な技術上の問題に突き当たる．これらは，数学的に定式化された問題を解く場合の，精度および速度の限界を決定する．表面の仕上げや，歯車の切削などといった工作の精度には，上限があるばかりではなく，年月の経過とともに，部品の精度が落ちて劣化し，そのため，機械全体の応答の正確さは失われるようになる．さらに，機械的な装置の場合，その運転速度を速めれば速めるほど，数学的内容の再現がより不正確になるという事実がしばしばみられ，結果的には精度と速度とが致命的，あるいは少なくとも互いに両立しえないような関係で結び付いている場合が少なくない．微分解析機の場合も，まさしくそのとおりであった．運転速度をおそくすれば，その精度は，速く動かしたときよりもかなり良好なものになったのである．

　アナログ型機器に関するこうした制約は，計数的な計算方式の場合には存在しない．それでは，実際にこの計数的な計算方式とはどのようなものであり，その限界はなんであろうか．それを理解するために，まず問題の数学的な定式化の本質について，それらをどのような方法で解けばよいかという問題とは無関係に，少し論じてみることにしよう．そうした問題の定式化は，通常，種々の数学的演算と間接的な定義，極限操作などを含んでいる．それらはいったいどのようなものであろうか．

　数学的な演算の中には，算術の基本演算のほかに，たとえば平方根，正弦，対数，微分，積分などのような，それらよりもはるかに複雑な多くの演算が含まれる．

　往々にして，量は数学的な式で，間接的に表現される．たとえば

$$ax^2+bx+c=0$$

という式を与えるのは，xという量を定義する一つの方法で，事実この方程式は，ある特定の量xに対してその等号が成立することを述べたものになっている．それは，私たちが子供のころからよく知っている公式

$$x=[-b\pm(b^2-4ac)^{1/2}]/2a$$

によって与えられる量である．もう一つの間接的な定義の例としては，"$y=y(x)$は点$(0,1)$を通り，各点における勾配がx軸上の高さに等しいような曲線である．"といったようなものがあげられる．これによって曲線のある種の特徴は知られるが，その事実それ自身の中に，曲線の詳細な形までが内包されているのである．この場合，曲線はまさしく$y=\mathrm{Exp}(x)$にほかならない．

　最後に，数学的な演算や量の多くは，より基本的な演算や量の列の極限として表わされる．たとえば，幾何学の授業などでだれもが習ったことのある周知の量πは，与えられた

単位長の半径をもつ円に内接する正多角形の辺の数が増加していくような列を使って表わすことができる。これらの多角形の周囲の長さは，2π で表わされる一定の数に，単調に近づいていくような数列をつくるわけである。このような方法で行なわれる定義の例は，ほかにも多数あるが，その要点を示すためには，これで十分であろう。

繰り返すと，問題の数学的な定式化は，その結果として，超越的な演算や間接的定義とともに，無限列で定義されるような過程を含む関係式を導く場合がある。この定式化は，アナログ型か計数型かというような，その問題を解くために使用される計算機器の型式には何の関係もない。むしろそれは，定式化される問題の性格からくるものである。しかしながら，いちどある特定の種類の機械を使って，数値計算で問題を取り扱うことが決まれば，すべての超越的な演算は，基本的な演算——機械にとって基本的な，すなわち計算機で直接取り扱えるような演算——を使って書き直さなければならないし，すべての間接的な定義は，有限の構成的な手続きで示された具体的な定義に書き換え，すべての極限操作は適当なところで打ち切って，基本演算の有限列に置き換えなければならない。[1]

与えられた計算機の基本演算とは，その機構の中に"組み込まれている"ような演算である。したがって，ブッシュの微分解析機がその基本演算としてもっているのは，微分，積分，およびある種の（直接的な積分では解が求められないような）微分方程式を解く演算である。乗法の演算は，この機械にとっては基本的ではないが，

$$uv = \int u dv + \int v du$$

のような積分から合成される。一方，卓上計算機を使用する人間は，たまたま手元に数表でもない限り，通常は平方根の計算を，基本演算としてはもっていない。その場合，彼はこれを"超越的"な演算として取り扱い，基本的な演算の組み合わせによって，それをつくり出さなければならないわけである。

以上述べたところから，今や私たちは計数的な方法とは何を意味するのかについて，より正確に理解するための準備をととのえたことになる。それは，数を数えたり，基本的な演算——加減乗除——をこの数えるという手続きから構成したりして行なわれている人間の計算法を，そのまま模倣するような機械がつくられるという可能性を実証した問題の解決法である。そのような機械をつくることは，実際に可能であるばかりではなく，一般に数学的に定式化されたものは，これらの基本的な演算を用いて取り扱いうることが示される。このことは，おそらく"神は整数をつくり出した。他のすべてのものは人間がこしら

えたものである。"とか，"高度な数学的研究のあらゆる結果は，最終的には，整数の性質に関する簡単な定理の形で表現されうべきものである。"とかといったクロネッカーの言葉をいいかえた，別の表現法であるとも考えられる。

いわゆる計算可能な数に関連して，数理論理学者から提起された微妙な哲学的問題をここでとり上げるのは，あまりにも本題から離れすぎるであろう。当面の目的のためには，計算に関する数学が，数えるという基本的手続きから構成しうること，したがってこの方法は，きわめて現実的な意味で，普遍性ないしは汎用性をもっていることを述べておくだけで十分である。

計数的な方法は，このような性質をもつだけではなく，たとえそのためには，気の遠くなるほどの経費がかかるにしても，とにかく要求された桁数の精度を出すことが常に可能であるという，これまた非常に魅力的なもう一つの特長を備えている。物理定数に関する私たちの知識の精度と，精密工作に関する能力によって，根本的に制約されているアナログ方式では，このようなことはありえないことに注意していただきたい。したがって，計数的な方法によれば，10桁の代わりに20桁の計算を行なうことが，仕事の質にはかかわりなく，量を単純に増やすだけで原理的に可能であるが，微分解析機で，4桁の精度を8桁まで上げることは全く不可能である。

それではマクスウェルやケルヴィンは，どうしてバベッジの仕事に背を向けたのであろうか。その理由は速度の差を考慮したからである。アナログ計算機は，機械的ないしは電気機械的な技術の時代に，計数型の計算機よりも圧倒的に速い装置として出現した。バベッジの機械の一つは，全く疲れずに働ける人間とちょうど同じくらいの速さでしかなかった（前出，p.14）のに対して，微分解析機は，知ってのとおり人間の約50倍の速さをもっていた。

したがって，もしもその速度を，著しく上げることができさえすれば，計数的な方式は，申し分のない計算方式になるはずである。本質的には，どのような過程を経てそれが達成されたかということが，この本の残りの部分の主題である。それはきわめて短時日でなし遂げられ，その結果，わずか四半世紀のうちに広汎な知的職業全体が，なにもないところから，何十万人もの人々を包含するところまで成長した。以下では，そうした発展過程の詳細を述べることに全力を傾けることにしよう。

はじめに理解しておかなければならないことは，電気機械的なリレーや真空管は，どちらも二つの可能な状態のうちの一つ，すなわち2進法の1桁を記憶する装置をつくるため

に使用することができ，それをいろいろな方法で組み合わせることによって，計算機をつくることができるという事実である．この点については，後でもう少し詳しくふれる機会がある．二つの方式——電気機械的な方式と電子回路による方式——の基本的な相違点は，全くその動作速度にあるが，初期の時代には，むしろ信頼性にあると感じていた人もあった．こうした状況を，きわめて公平に評価しているのが次の文章である．

　　計算を行なうための素子として，電気機械的な構成部品の研究をしたエイケンやスティビッツの初期の仕事が出て，数年たってから，ペンシルヴァニア大学にいた一群の人たちが，真空管を利用して計算を行なうことを研究しはじめた．当時，その大学にいたジョン・モークリー，J. P. エッカート，および，陸軍の兵器局に所属していたハーマン・ゴールドスタインを含むこれらの人たちは，もっとありふれた機器に取り組んでいた人たちに比べると，はるかに困難な多くの問題に直面した．リレーは，それまでに何年も商用に用いられていたし，リレーそのものも，その動作を利用した回路もよくわかっていたのに対して，真空管をリレーのように使用することは，全く新しい試みであった．こうした利用目的に合うような真空管回路は，新しく開発されなければならなかったし，計算機の分野でそれまでに企てられたどのようなものよりも，はるかに速い動作速度が目標とされていた．[2]

　リレーを使っても，真空管を使っても，計算を行なうための回路をつくることができるという事実は認めることにして，ここではどれぐらい，そして何故にそれらの動作速度が異なるかという問題を考えてみることにしよう．どちらの場合にも，電気は電線を通って，光とほぼ同じくらいの速さで流れている．それにもかかわらず，どうしてそのような差異が生じるのであろうか．この疑問に答えるためには，リレーまたは真空管を使った回路の全応答時間には，二つの時間的な要因がからんでいることを理解するか，事実として認めるかしなければならない．その一つは，リレーまたは真空管を作動させるために必要な時間であり，もう一つは回路の残りの部分を構成している抵抗，コンデンサ，コイルなどを作動させるための時間である．

　リレーの場合，それを物理的に閉じたり開いたりするためには，1ないし10ミリ秒——1ミリ秒は1/1,000秒——かかる．この時間は，機械的な部品の慣性に起因するもので，たいていの機械的な動作がミリ秒台，またはそれよりも少し長い時間がかかるという，巨

視的な物の通性にほかならない。真空管——またはトランジスタ——の場合，すべての動作は微視的な水準にある。動かされているものは電子であって，その質量は，リレーの接点が約1グラムもあるのに対して，わずか 9×10^{-28} グラムである。したがって真空管の場合には，実質的には克服しなければならないような慣性は存在せず，私たちの目的に対しては，ほとんど瞬間的に作動するということができるわけである。

　回路の他の部分を作動させるのに必要な時間，たとえばコンデンサを充電するのに要する時間は，抵抗，容量，自己誘導などの大きさによって決定される。この時間は，非常に短くすることができる。ENIAC の場合，それはほぼ5マイクロ秒——1マイクロ秒は 1/1,000,000 秒——程度のものであった。したがって電子的な技術を用いれば，電気機械的なものよりも，少なくとも 1,000 倍は速い速度が得られることになる。事実，現在（1971年）では電子回路をナノ秒台——1秒の10億分の1——の時間で作動させることも可能である。最初の最も初歩的な電子計算機であった ENIAC が，最もすぐれたリレー式計算機よりも数百倍速かったのは，こうした理由によるものである。

　信頼性についてはどうであろうか。多くの人々は，真空管が非常に頻繁に誤作動を起こし，その結果，故障から故障までの"平均自由行程"は数秒程度になるだろうという理由で，頭から ENIAC は決してまともには働かないだろうと主張していた。こうした結果になるのを避けるために，フィラメント電圧が定格では6.3ボルトの真空管を5.7ボルトで働かせ，電流は決して切らないようにし（電流を流したり切ったりすることによって，フィラメント線が変形し，ときにはそのために回路の短絡を起こすことがある），プレートやスクリーン・グリッドは，定格電力の25%で働くようにした。さらにすべての真空管は，オン・オフ装置としてのみ使われた。このことは，グリッドをほんの少し正電圧の状態にしたり，正規のカットオフ水準よりもずっと低い負電圧の状態にしたりして，電流を通したり，通さないようにしたりするために真空管が使われたことを意味している。いい換えれば，どのような真空管も，その出力電圧の大きさによって数を表わすというような使われ方はされなかった。[3]

　これらの手段を，他のいくつかの対策と併用すれば十分であることが実証され，機械の運転開始後，その真空管の故障率は，1週間に2本ないし3本という割合になった。その信頼性はきわめて高く，毎週ほんのわずかな時間が，故障した真空管を発見するために失われただけであった。最も困難なことは，ごくまれに，2本の真空管が同時に故障したような場合に起こった。そうした場合に観察される徴候は，いつでもきわめて異常なもので

あった。フォン・ノイマンは，このENIACを常に運転しうるような状態に保つための努力を，冗談めかして"毎日バルジ作戦*の最前線で戦争をしている"ようなものだと評したことがある。

その当時の電気機械的な計算機の信頼性は，どの程度のものであったのだろうか。アルトはベル・テレフォン研究所の機械に関する説明の中で，この点について次のように述べている："ベル・テレフォン研究所の，小さいほうのリレー式計算機で得られた経験からの類推では，機械の平均故障頻度は，たかだか1日に1回ぐらいのもので，おそらく1週間に1回か2回の割合にしかならないだろうと考えられる。"したがって私たちは，電子計算機が計算問題の解答をはるかに迅速に出したばかりではなく，悪くみても，電気機械的な計算機と同程度の信頼性をもっていたという結論を下すことができる。これら二つの事実は，電気機械的な方式の急速な没落を招いた。電子計算機には，電気機械的な機械では考えられないような計算を実行させることができた。さらに電子的な方式の場合でも電気機械的な方式の場合でも，故障の回数は毎週2回程度であったので，演算あたりで考えれば，前者のほうがはるかに高い信頼性をもっていた。——すなわち処理速度の点を考慮すれば，誤った演算が行なわれる確率は，電子計算機の場合，電気機械的な計算機のそれに比較して約1,000倍も小さかった。

ところで，このような大きな速度が，どうしてそれほど重要なのであろうか。それらの計算は本当に必要なものであろうか，それともただ単に，新しい機械を忙しくさせておくためだけに考え出されたものなのであろうか。私たちは，電子技術によってのみ可能になったこの速度を抜きにしては，現代のようなコンピュータ化された社会はありえなかったという事実を，まずはじめに断定的に述べてから，以下の議論にはいることにしよう。10人分，20人分，30人分，あるいは100人分程度までの仕事ができる機械は，非常に重要ではあっても，現代社会に革命をもたらすようなことはない。こうした機械はきわめて有用であり，人間の負担を大いに軽減してくれるが，全く新しい生活様式を可能にすることはないからである。

おそらく，速度の必要性をはかる最良の方法は，一つか二つ，典型的な計算を調べてみて，それらを実行するためには，どれだけの作業を行なわなければならないかを数え上げ

---

* 第二次世界大戦中，1944年12月から翌年の1月にかけて行なわれたドイツ軍の最後の大反攻作戦。"バルジ作戦"というのは，軍艦のバルジ（魚雷防止用の膨らみ）からきた連合軍側のよび名で，ドイツ軍側では，司令官の名をとって，ルンドシュタット攻撃とよばれていた。

てみることであろう。

　まず最初に，何ページか前に論じた弾道の問題をとり上げてみる。この場合空間に打ち上げられた弾丸——実際には質量をもった点として扱われる——の位置は，時間の関数として計算される。各時点における物体の位置を定めるためには，三つの座標を与える必要がある。約50個の異なった時点を選んで，行なわなければならない乗算の回数を，それぞれの時点ごとに15回とすることは，決して不当な仮定ではない。（前に，軌道1本あたり，750回の乗算という見積もりに達した根拠がこれである。）この例で注意しなければならない重要なことは，ニュートン力学の問題にみられる一つの特色であるが，独立な変量が時間だけしかないということである。空気力学や流体力学のようなもっと新しい分野の問題に立ち入ると，たちまち事情はずっと複雑になる。この種の問題——天気予報の問題も例外ではない——では，もっと多くの独立な変量がある。通常必要とされるのは，たとえば圧力のように，時間の関数としてだけではなく，空間の位置の関数としても変化するような物理的な量を記述することである。その結果，たとえば与えられたいくつかの時点に，調査の対象となっている空間の，何個かの点における圧力がどうなっているかというような質問が出されるのは，至極当然のことであろう。

　まず空間的な次元が一つだけしかない場合，すなわち，ある源から出て球面状に進行し，あらゆる方向に一様に広がっていくような現象を考えてみることにしよう。この場合，私たちは，空間のただ一つの方向についてだけ調べれば十分である。ある実例では，100個の空間的な値と約3,000個に及ぶ時点が用いられ，時間と空間の点の各組み合わせごとに約50回の乗算が実行された。したがって，これに含まれている作業量は，一つ一つの時点に対して，乗算が約5,000回である。異なった時点の数が，この場合は3,000であるから，全体では1,500万回もの乗算を含む作業が行なわれたことになる。仮にこの計算を，乗算に1秒かかる電気機械的な計算機を使って試みたとすれば，乗算を行なうだけで，機械は約半年間占有され，したがって，実際の計算には，おそらく2年前後かかることになったであろう。

　次に天気予報の計算に目を向けることにしよう。この場合，少なくとも初期の時代には，空間はほぼ2次元的なものとして取り扱われていた。すなわち最初の数値予報の計算——それは ENIAC で行なわれた——では，北アメリカは 18×15 の地域に分割され，実生活では24時間の各1日は，それぞれ8個の時間帯に分けて取り扱われた。わずらわしい乗算の見積もりなどはしなくても，ENIAC では24時間予報を行なうのに，ちょうど約24

時間かかったことがよく知られている。[4] ところで予報の全使命は，将来起こる事実について，前もって人々に注意を与えることにあるから，ある1日のための予報は，その1日よりもある程度短い時間で行なわれないかぎり，実際には世の中で何の役にもたたないことになる。したがって，一つまたは二つの空間的変数と，一つの時間変数とを独立変数として含むような計算では，速度の必要性は本質的なものである。

私たちは，これらのことを一般化して，おそらくその基本となっている原理を理解することができるであろう。そのために，空間――0，1，2，または3次元とする――の各点について，それぞれ n 回の乗算が行なわれるものとし，時間帯の数を t，空間の点の個数を，その空間が0，1，2，3次元のいずれであるかに従って，それぞれ 1, s, s^2 または s^3 とする。この場合，全体の計算量は，それぞれ nt, nts, nts^2, nts^3 に比例する。したがってたとえば，不当に低すぎる数字ではあるが，$n=15$, $t=50$, $s=100$ とした場合を考えると，必要な乗算の回数は，0次元空間で約750回，1次元で約75,000回――この数字は上記の結果からみて非常に小さい――となり，2次元では750万回，3次元では7億5,000万回となる。作業量は指数関数的に増加し，なんらかの意味で，この種の問題に合理的な解決をもたらすことができるのは，極度に速い演算速度だけである。

天気の数値予報によって代表されるような仕事は，明らかに電子計算機なしでは全く不可能であろう。これが現代の電子計算機の最大の特質である。それは，単にこれらの機械が，人間または電気機械的な計算機で行なわれている，非常に退屈な，冗長でわずらわしい計算を手早く処理するというだけのことではない。これらの機械は，それ以前には全く不可能であったことを可能にするのである。電子技術は，計算作業における奴隷的な時間の浪費から人間を解放した以外にも，きわめて多くのことをなし遂げた。それはまた人手だけでは決してできなかったようなことを考え出して，それを実行することをも可能にした。人間を月面に着陸させたり，月世界のものをこのはじまったばかりの旅行から安全に持って帰ったりすることを可能にしたのは，この電子技術である。

原著者脚注

[1] J. von Neumann and H. H. Goldstine, "Numerical Inverting of Matrices of High Order," *Bull. Amer. Math. Soc.*, vol. 53 (1947), pp. 1021–1099 参照．特にこの論文の第1章は，ここでとり上げたような点について論じている．

[2] G. R. Stibitz and J. A. Larrivee, *Mathematics and Computers*, pp. 54–55.

[3] A. W. Burks, "Electronic Computing Circuits of the ENIAC," *Proc. IRE*, vol. 35 (1947), pp. 756-767 を見よ.

[4] J. G. Charney, R. Fjörtoft, and J. von Neumann, "Numerical Integration of the Barotropic Vorticity Equation," *Tellus*, vol. 2 (1950), pp. 237-254 または von Neumann, Collected Works, vol. VI, pp. 413-430.

第4章

ENIACのはじまり

　電子計算機の真に決定的な歴史は，現時点では書けないという事実を，読者は常に頭に入れておいていただく必要がある。初期の時代（1943-1957）に起こった多くの事柄については，まだ議論の余地が少なくないし，たぶん，いまだに機密事項に指定されたままになっているようなことがまだそのほかにあるからである。しかしながらこの本をまとめるにあたって，私はこれらの危険よりも，後代の歴史家が，今なお健在であり，しかも，生のままの文書をきわめて完全な形でもっている，この時代の数少ない関係者の一人* が書いた詳細な記録を手にすることによって受ける利益のほうが，より大きいと考えた。この場合私が努力したことは，前書きにも述べたように，マサチューセッツ州アマーストにあるハンプシャー大学の図書館に私が寄贈した現存する文書に基づいて，要点をできるだけ客観的に記述することである。この分野についての首尾一貫した正確な説明を今日の読者に提供し，今後の歴史家にその形成期を正しく展望するための素材を供給するものとして，こうした努力の結果がいささかでも役にたつようであれば幸いである。

　1942年秋のあるとき，私は，アバディーンにおける計算の問題に少なからぬ興味を示していたジョン W. モークリーと，はじめて知り合いになった。事実モークリーは，計算には二重の興味をもっていた。アージナス・カレッジにいた当時から，彼は調和解析器について研究をしたことがあったばかりでなく，アタナソフの着想についても完全に熟知していた。彼はまた，天気予報をはじめとした，様々な分野への統計学の応用についてもいろいろと考えており，それについて，たとえばプリンストン大学の故サム・ウィルクスなどといった人々と，しばしば討論した。こうした応用に対する彼の関心は，なかなか思う

---

*　ゴールドスタイン自身のこと．

ような成果を生まなかったので，その問題に関する論文を作成するまでには至らなかったが，その背後にある，数学的な計算作業を取り扱う機械について彼に考えつづけさせる動機には十分になった。

1941年にアタナソフとの会話からたいへんな刺激を受けたモークリーは，彼の研究室のノートに，アタナソフの着想に対する様々な修正の概要を書きしるした。1942年の8月には，彼の考えを要約した簡単な研究報告が書けるところまで，彼の考察は進展した。この研究報告は彼の同僚の間を回覧されたが，たぶん最も重要なことは，それが若い大学院の研究生であったJ．プレスパー・エッカート2世*の目にふれたことであろう。エッカートは疑いもなく，ムーア・スクールにいた最もすぐれた電子工学者であった。普段からの習慣に従って，彼は直ちに計数回路に関する乏しい文献を調べることに没頭し，きわめて短期間のうちにその分野での専門家になった。わずか1年後には，これが測りしれないほどの重要な意味をもつことになったのである。

1942年の秋に，モークリーと私は，互いに興味をもっていた計算に関連する事柄についてかなり頻繁に話し合った。これらの会話は，"電子的な方法で計算を実行するような装置を使用すれば，そのような装置の速さは，いかなる機械的な装置よりもはるかに速くすることができるから……著しい計算速度の改善がもたらされる。"[1] というモークリーの論点を，私に強く印象づけるのに役だった。

1943年3月に私は，モークリーの考えと，それらが決して非現実的なものではないという彼自身の見解とを聞かせてくれたブレイナードに，このこと全体に対して私が非常な関心をもっていることを伝えた。それから私は，かなりの時間をかけてジロンとその問題を協議し，その結果私たちは，弾道研究所のために計数型電子計算機を製作することを最終目標として，兵器局が，ムーア・スクールにおける開発計画に必要な資金を負担することが望ましいという合意に到達した。ジロンは彼流の積極的かつ熱狂的なやり方でこの件をきわめて迅速におしすすめた。特に私の要求に応じて，ブレイナードは，ジロンおよびサイモンに提出するための報告書を1943年4月2日に作成した。この報告書は，ムーア・スクールと兵器局との間の，契約上の関係の根拠となりうるようなものであり，また事実そうなった。[2]

実際その時点から，物事はとんとん拍子に運んだ。4月9日，ブレイナードはエッカー

---

* 前に出てきた天文学者のウォーレス・エッカートとは別人で血縁関係もない。以下の各章に出てくるエッカートは，特に断りのない限りすべてこのJ．P．エッカート2世である。

第4章 ENIAC のはじまり　169

トとモークリーを伴って，研究所の所長，レスリー E. サイモン大佐とともにアバディーンで行なわれた会議に出席した。この会議に先立って，他のいくつかの会議が行なわれた。それらの会議の一つは，サイモン，T. H. ジョンソン，ヴェブレンおよび私自身が関係したものであったが，その席上で，しばらくの間私の説明を聞きながら，椅子の後ろ足に体重をかけて前後にゆすっていたヴェブレンは，大きな音をたてて椅子を倒すと，立ち上がってこういった：" サイモン君，ゴールドスタインに金を出してやり給え。" 彼はそのまま部屋を出て行ったので，その会議はこの喜ばしい発言で幕を閉じた。こうして4月9日の会議は，あらかじめかなりうまくいくように方向づけられていたし，また実際の結果もそうなった。機械を構成する真空管がきわめて多数にのぼること——約18,000本——に関しては，若干，それを懸念する声も聞かれた。弾道研究所で電子技術関係の研究の責任者をしていたジョンソンは，この点に関する彼の見解を非常に適切な言葉で表明した。その結果，NDRC や RCA の人々との様々な会議がもたれることになった。作業は1943年5月31日に開始され，最終的な契約は1943年6月5日から発効した。このことからみれば，ジロンの見通しが正しかったことは明らかであろう。その点について，彼はこういっている：" しかしながら，私はその提案が，ハーマン・ゴールドスタインとグリスト・ブレイナードによって，1943年4月8日の金曜日に，ワシントンにいた私の所へもってこられたことはよく覚えています。私はその提案が兵器局によって徹頭徹尾援助されるべき，きわめて重要な企画であることに気が付きました。サム・フェルトマンのすぐれた助力によって，私はただちに事をすすめるための資金と承認を獲得するのに成功し，サム，ハーマンおよび私は記録的な短期間のうちに契約を終えたのです。"[3]

　開発作業がはじまる直前に，ジロンを座長とし，弾道研究所からは天文学者の L. E. カニンガムと T. H. ジョンソンおよび私が，ムーア・スクールからはブレイナード，エッカート，モークリーの三人がそれぞれ出席した最終的な会議がムーア・スクールで行なわれた。この会議の席で，ジロンは提案書に示されている機械を電子式数値積分計算機 (Electronic Numerical Integrator And Computer) と名付け，それに ENIAC という略称を与えた。実質的な内容の大部分は，そのときに決められた。カニンガムと私は，部下の人たちとともに，数学的にみた場合の研究所の計算作業上の要求について報告し，ブレイナードと彼の同僚たちは，その当時の技術の状況と，機械の各部を構成する装置，必要な費用および完成期日などに対する計画案について論じた。最後の議題は NDRC の電子技術部会の見解であった。この部会の人たちは，主として二とおりの考え方に大きく影響

されていた。その一つはスティビッツの考え方で、計数型ではあるが電気機械的な方式によっていた。もう一つはコールドウェルのもので、アナログ型ではあったが部分的に電子技術を採用していた。しかしながら、この会議では、NDRC の人たちの、無視しえない圧力に対抗して事をすすめていくことがかなり明確に決定された。この問題は、後にみられるように、1943 年の 10 月に至ってもまだ議論されていた。いずれにしても、その数日後ブレイナードは、何がこの会議でとりあげられたかを正式に通知し、"大学の執行部に提出される最終計画案をまとめることを目標にして議論を継続する許可"を得るために、ペンダーにあてて覚書を書いた。[4] この同じ覚書の中で、彼は開発に要する費用は約 15 万ドルにのぼるだろうと述べている。

　今日、計算機の設計と開発に対する 1940 年代の専門家の見解を読むのは興味深いことである。1943 年秋のものとしては、この問題に関する世界の――あるいは少なくとも合衆国の――見解を非常にうまく要約した、二つの電子計算機に関する NDRC 部内の覚書が見いだされる。その一つは次のようなものである。

　　ジロン大佐の記述によれば、機器の仕様は……実質的には、高速演算機械計画の仕様をそのまま踏襲したものであると考えられます。

　　私はさらにもう一つ、説明を加えておきたいと思います。明らかに、前にあなたへ差し上げた手紙は、私たちの計画の限界について、間違った印象を与えました。彼は"私たちが、私たちの技術に対する知識に基づいて、実際に何か役にたつようなものをつくることができるとは考えてもいなかった"という私の言葉を引用しています。ここで私がいいたかったことは、工学的にみてあまり問題のない機械を、今直ちにつくることができるような、適切な基礎技術はまだ十分にできていないということです。それは、決して私たちが全く何もしていなかったということではありません。それどころか、私たちは基本回路と構成部品の研究に約 3 年を費やしており、戦争で仕事が中断されたときには、それらの装置を組み合わせた機械全体の設計について、研究がすすめられているところだったのです。

　　最もさかのぼれば、1939 年当時、すでに私たちはこのような機械を製作して、なんとか動かすことができることに気付いていましたが、私たちはそれが実用になるとは考えていませんでした。計算を行なうために、安心して使えるようなものにするためには、電子機器の信頼性は大幅に改善する必要があったのです。……

第4章　ENIAC のはじまり　　171

　私たちに，今直ちに完全な計算機をつくるという考えを放棄させたもう一つの理由は，こまごまとした部品がきわめて大量に必要だったことです。ジロン大佐は何千本という真空管を使用する機械について話しています。さらにその機械には，抵抗やコンデンサ，配線端子などが何千個も組み込まれることになります。私たちの"草の根"計画の基本的な目標の一つは，機械の構成要素をもっと簡単にすることでした。[5]

もう一つの覚書には，こう述べられている。

　ジロン大佐におくられた覚書の中で，計算機構の演算速度は，それ自身あまり重要な意味をもっていないということが明らかになったと私は考えています。本質的な問題は，十分な負荷を処理する能力をできるだけ経済的に獲得することです。したがって，個々の機械が極端に速くないような場合でも，そのような機械を何台か使って負荷を分担させることができ，その結果，全体的な速さとしては，要求されているだけのものが得られるのです。……
　私には，リレー式計算機 RDAFB* の使える範囲が，ENIAC よりも狭いと考える理由がわかりません。どちらもともに計数型の計算機であり，ENIAC との関連で，スイッチングと記憶の問題が解決できさえすれば，おそらく完全に同じ演算処理を行なうことができると思われるからです。私は，理想的な計算機は，たぶんリレーと電子回路を組み合わせたものになるだろうと思いますが，電子機器の開発に要する時間は，間違いなくリレー式機器の開発に必要な時間の4倍ないし6倍になると確信しています。[6]

これらの覚書は，むしろ，この歴史の転換期における工学界および応用数学界の代表的な見解を示している。だからこそムーア・スクールの業績は，あれほど高く評価されることになったのである。介在していた危険は，信じられないほど大きなものであったが，ブレイナードは非常に冷静に，憶することなくそれに立ち向かった。彼は学部長に次のような手紙を書いて，この計画をすすめる許可を求めた："すでに指摘したように……これは開発計画であって，期待されているような結果が達成されるという保証はありません。しかしながら，それはやってみるだけの価値のある計画です。"[7]

---

*　弾道研究所向けにベル・テレフォン研究所でつくられたリレー式計算機で，前に引用した F. L. アルトの報告書（第1部第12章）では"弾道計算機"とよばれている．

私の意見では，当初の時点でなされた貢献は以下のようなものであった：（1）モークリーが技術的な先見性と勇気をもって，計数的な計算に電子技術を導入する機が熟したという理解に到達したこと。（2）ブレイナードが他の有名な技術研究機関にいた同僚の反対意見をものともせず，ペンシルヴァニア大学のために，冷静に危険を受けとめたこと。（3）モークリーの技術的に未完成な着想の重要性を，私が高く評価したこと，すなわちその着想が，射撃表や爆撃表の作成作業を妨げていたゴルディオスの結び目* を切り放つ決定的な方法になることを察知して，その計画に安定した財政的な援助が与えられるようにしたこと。（4）ジロンの援助は終始一貫したものであるが，特にそれが非常にさしせまって必要であった初期の時代に，彼が熱心に断固としてこの計画を支持したこと。以下にみられるように，後にはもちろん，他の人々も基本的な貢献をしているが，ここにあげた人々の果たした役割はますます大きくなっていった。

ジロンの功績を示す一例として，私たちは，前に引用したような見解に反駁して彼が書いた覚書の一部を引用しておくことにしよう。

14. ENIAC の性格が電子的であるという事実は，その演算速度を，RDAFB のそれよりもはるかに速いものにすることを可能にします。現在わかっているところでは……砲外弾道方程式の特別な場合，その結果を求めるのに必要な時間は1分前後になると思われますが，RDAFB で同じ計算を行なうのに要する時間は，ブッシュの微分解析機とほぼ同等で，約45分程度のものになります。つまり，ENIAC を開発する最大の理由は，この予想される演算処理速度の点にあるのです。

16. 以上のことを要約しますと，ENIAC は，もしうまく開発に成功すれば，はじめの規準を完全に満足したものになるでしょう。……[8]

危険の大きさに，ある程度の粗い目安をつけるためには，提案された機械が毎秒10万パルスという基本パルス速度で動作する16種類もの異なった真空管を，17,000本以上使用することになっていたという事実を頭に入れておかなければならない。この毎秒10万パルスの速さで動作するということは，この機械が同期式の機械であって，10マイクロ秒ごとに信号を出している刻時装置によってその鼓動が伝えられるということを意味してい

---

* 古代フリギアの王ゴルディオスが戦車を結び付けた結び目，この結び目を解く者は全アジアの支配者になるという神話があったが，だれも解くことができず，最後にアレキサンドロス大王がこれを剣で切り放って，難問を解決したと伝えられている。

る。17,000本の中のたった1本の真空管が間違った動作をしただけでも，10マイクロ秒ごとに1回の割合で誤りが起こる。これは，誤りを起こす可能性のある機会が1秒間に17億(1.7×10^9)回，1日($=100,000$秒)では約1.7×10^{14}回もあることを意味している。いいかえれば，ここで考えられている機械が12時間誤りなく動くようにするためには，その運転中の誤作動の確率は$1/10^{14}$程度のものにしなければならない。人間は，かつてこれだけ高い正確さまたは信頼度で運転することができる機器をつくったことはなかった。この企てがきわめて冒険的なものとされ，またそれを達成したことが非常に偉大なこととみなされている理由もその点にある。事実，今日でも計算機は，人間がつくった最も複雑な装置の代表である。宇宙カプセルとそれに付随するすべての計算機を除いては，誤作動の確率をこんなにも小さくしなければならない装置は，後にも先にもつくられたことがない。A. W. バークスは，次のような興味深い統計数字を与えている："18,000本の真空管のほかに，ENIACには70,000個の抵抗，10,000個のキャパシタ，および6,000個のスイッチが使われている。長さは100フィート，高さは10フィート，そして奥行きは3フィートあった。運転中，それは140キロワットもの電力を消費した。"[9]

　成功のためには不可欠であった，ほとんど信じられないほどの信頼性を達成しうるようにするために，他のだれよりも貢献したのはJ. P. エッカートであった。彼はこの計画の主任技師で，モークリーを相談相手にしていた。この二人の果たした役割は，ふりかえって評価してみるだけの価値がある。エッカートは，この計画全体の成功が，部品の信頼性に対する全く新しい考え方と，絶縁の質から真空管の型に至るすべてのものの規準を定めるにあたって，最大限の注意を払うことに全面的に依存していることを，たぶん同僚のだれもがそれに気付いていなかった当初の時点から，十分に理解していた。

　私の言わんとしていることの例証として，エッカートが1943年に技術者たちに与えた，一連の技術的な注意事項を引用しておくことにしよう："求められている真空管の寿命(期待値としては2,500時間以上)を得るために，真空管の仕様説明書に出ている定格は，次のように変更しなければならない：……プレート電圧は最大定格電圧の50％以下に保たなければならない。プレート電流は最大定格電流の25％をこえてはならない。"

　抵抗，コンデンサ，配線盤，真空管のソケットなど，他のあらゆる部品に対しても，エッカートは最も厳格な規準を設定し，例外を許さなかった。彼はまた，基本的な計数回路を開発し，部下のすべての技術者たちが，彼らの設計の中ではこれらの回路を用いるようにとり決めた。

174　第2部　第二次世界大戦中の発達：ENIAC と EDVAC

　エッカートが設定した規準は最高のものであった。彼の活動力にはほとんど限りがなく，また，非凡な発明の才と抜群の知性とを彼は備えていた。はじめから終わりまで，この計画を完全な姿で実現し，その成功を確実なものにしたのは，ほかならぬ彼であった。このことは，もちろん ENIAC の開発が，彼の一人舞台で行なわれたことを意味しているのではない。それが，一人の手で行なわれたものでないことはきわめて明らかである。しかしながら，たとえ彼を含む多くの人々の努力がどれだけあったにしても，すべての物事を前向きにすすめたのは，エッカートのあらゆる面にわたる活躍であった。

　この計画に関する開発作業が実際にはじまったのは，前にも述べたとおり 1943 年 5 月 31 日で，最終的な契約書は 1943 年の 6 月 5 日に調印された。この文書の中には，大学は"弾道研究所の代表者に協力し，かつその指導のもとに……電子式数値積分計算機の開発にかかる研究と実験に従事するものとする。……"と述べられていた。また大学は，報告書の写しを提出し，"この契約の成果として，なんらかの部品または装置が製作され，完成された場合は……それを政府に引き渡す……"ことに同意している。[10]

　政府のどの機関が ENIAC に対して責任をもっていたかということについては，関係者の受け取り方に若干の混乱があったように思われる。契約全体は陸軍省の兵器局の管轄下におかれていた。しかしながら，事実上の責任の所在は複雑であったので，たぶんその点について，二，三説明を加えておく必要がある。まず第一に，契約を取り扱った実際の機関は，フィラデルフィア管区調達事務所であった。これは，必要な資材を購入するために設置されていた兵器局の出先機関である。第二に，技術的な責任は，メリーランド州のアバディーン試射場にある弾道研究所が受け持たされた。第三に，資金的な問題を含むすべての面についての総合的な責任は，兵器局長官室の技術部にあった。これほど多面的に入り組んだ状況であったにもかかわらず，物事がきわめて順調に運んだのは，ジロンとサイモンの功労によるものである。二人とも互いに相手をよく知っており，信頼と尊敬の念をもって接していたので，必要なことは，なんでも疑いをさしはさむことなく実行した。

　1943 年 7 月 9 日に，私は正式に弾道研究所の代表者に任命された。そのときから陸軍を退役するまで，私はほとんどすべての時間を，この契約，および後にとり上げる他の契約に指定されているような研究と開発の仕事に費やすことになった。大学とアバディーンおよびワシントンが，非常に良好な関係を保つことができたのは，前にも述べたように，ブレイナードの公正さに対する鋭い感覚と物事に動じない平静さによるところが大きかっ

た。ふりかえってみると，小さな危機は決して少なくなかったが，一つのことを除いては，いずれも後々までしこりが残らないような形で解決された。特許のことでもち上がった対立はこの種の解決をみなかった唯一の例外で，そのことが，後にしかるべきところで述べるように，ムーア・スクールにいた人たちを分裂させるきっかけをつくったのである。

少なくとも当初の時点では，モークリーは引き続いて ENIAC 計画の中心的な役割を果たしていた。ムーア・スクールにいた人たちの中で彼だけが，当時の電気機械式の，標準的な IBM 機械の設計について多くのことを知っていたし，様々な設計上の問題の処理の仕方を IBM 社で用いられていた方法から類推して技術者たちに教えることができた。その後時がたつに従って，彼が関係する部分は次第に少なくなり，遂には主として特許申請のための文書の作成にかかわるだけの存在になってしまった。はじめのころのモークリーは，彼自身のもつ力量を最大限に発揮していた。当時の問題を処理するのにうってつけの，敏速で活動的な思考力を彼が備えていたからである。彼は基本的には偉大な短距離走者であり，一方エッカートは，すぐれた短距離走者であったばかりでなく，堂々たるマラソン走者でもあった。

エッカートが，大部分はブレイナードが戦争中に集めた人たちから成る，一流の技術者の集団をもっていたことは，きわめて幸運なことであった。その集団はアーサー・バークス，ジョゼフ・チェデカー，チュアン・チュー，ジェームズ・カミングズ，ジョン・デーヴィス，ハリー・ゲイル，アデール・ゴールドスタイン，ハリー・ハスキー，ハイマン・ジェームズ，エドワード・ノーブロック，ロバート・マイケル，フランク・ミューラル，カイト・シャープレス，ロバート・ショウなどといった人たちから構成されていた。

正確には，だれが ENIAC を発明したのかという点については，すでに多くの議論がなされているが，現時点では，それについて決定的な話をすることは不可能である。仮になんらかの判定が可能であるとしても，それは後世の人々が行なうべきことであろう。この場合私たちができることは，こうした法律的な考察を，一部の人々にとってそれが重要でないという理由からではなく，むしろ今は結論が出せないからという理由で，無視することである。その代わりとして，ここではこれらの技術者の ENIAC に対する主要な知的貢献の概要を書きとめておくことにする。

まず第一にあげなければならないのは，エッカートの貢献である。この計画の全期間にわたって，彼の貢献は他のだれよりもまさっていた。主任技師として，彼は全機構の中心

的な役割を果たした．モークリーの偉大な貢献は最初の着想を出し，同時に，その着想に含まれる多くの問題を原理的にどのようにして実現するかについて，彼の膨大な知識を提供したことであった．

少なくとも私にとっては共同の仕事であったこの計画に対して，各人がどのように貢献したかを要約する代わりに，私は，指導的な役割を果たした技術者が，アーサー・バークスとカイト・シャープレスであったことだけを述べておくことにしよう．彼らは，全体のシステムに対する責任を，互いにいろいろな形でエッカート，モークリーと分担し，機械の多くの部分を設計した．次いであげなければならないのは，ジョン・デーヴィスとロバート・ショウであろう．彼らもまた，累算機や関数表などのような，機械の部分に対して主要な貢献をした．他の人たちもまた，この計画にとっては重要な人々であって，彼らの一人でもなしですますということは，容易にはできなかったであろう．彼らの貢献はすべて注目に値するものであって，いつの日にか決定的な評価が可能となり，この仕事に携わった各人が，正当な名誉を受けることができるようになることが望まれる．いずれにしても，それらの人々が，それぞれの方法でヘラクレスの大業*を一つ一つ成し遂げていったことだけは忘れてはならない．

原著者脚注

[1] "The Use of High-Speed Vacuum Tube Devices for Calculating" という表題の，モークリーからブレイナードにあてた1942年8月付の覚書．これはブレイナードによって，1943年4月2日付のアバディーンあての報告書の中に Appendix A として加えられた．ブレイナードのこの文書に対する礼状の日付は 1/12/43 となっているから，この1942年8月という日付は少し変である．

[2] J. G. Brainerd, "Report on an Electronic Diff. (原文のまま) Analyzer, Submitted to the Ballistic Research Laboratory, Aberdeen Proving Ground, by the Moore School of Electrical Engineering, University of Pennsylvania, First Draft, April 2, 1943."

[3] W. D. ディッキンソン2世にあてた1958年11月19日付のジロンの手紙．ディッキンソンは弾道研究所の管理部門の責任者であった．

[4] ブレイナードからペンダーにあてた1943年4月26日付の電子計算機開発計画に関する覚書．

[5] S. H. コールドウェルからハロルド L. ヘイゼンにあてた1943年10月23日付の覚書．

---

* ギリシャ神話の英雄ヘラクレスがアルゴスの王エウリュステウスの命令で行なった12の難業．困難な仕事のたとえとして用いられる．

[6] G. R. スティビッツから W. ウィーヴァーにあてた 1943 年 11 月 6 日付の覚書.
[7] ブレイナードからペンダーにあてた 1943 年 4 月 26 日付の覚書.
[8] ジロンからヘイゼンにあてた 1943 年 10 月 7 日付の手紙.
[9] A. W. Burks, "Electronic Computing Circuits of the ENIAC."
[10] Fixed Price Development and Research Contract No. W-670-ORD-4926 between the United States of America and the Trustees of the University of Pennsylvania. この契約に対しては 1946 年 11 月 16 日付のものを最後とする,全部で 12 件の追加契約が交わされることになった. 本契約および追加契約に基づいて支出された金額の総計は486,804 ドル 22 セントであった

第5章

数学機械としてのENIAC

ENIAC が何をどのような方法で行なったかについて，読者がもっとよく理解することができるようにするために，ここで話を一時中断して，ENIAC の数学機械としての特徴を説明しておかなければならない。その場合私たちは，この機械がほかに類のない，最も初期のものであったことを頭に入れておく必要がある。その基本になっている方式や機構上の考え方の大部分は，この機械の完成後捨て去られた。したがって，私たちがやろうとしていることは，ある意味では恐竜を細かく調べるようなことになるわけである。

その当時書かれたある論文には，この機械のことが，次のような言葉で一般的に説明されている。

本機は大きな U 字型に配置された 40 台の配線盤から成る集合体で……全部で約 18,000 本の真空管と，1,500 個のリレーとがその中に納められている。これらの配線盤は，30 個の装置*を構成するように結合されており，各装置は，自動計算機械に必要な一つまたはそれ以上の機能を遂行する。

主として算術演算に関係した装置は，20 個の（加算と減算のための）累算器と一つの乗算装置，および除算装置と開平装置とを組み合わせて一つにした装置などである。

数値は，IBM のカード読み取り装置と連動する，定数転送装置とよぶ装置によって ENIAC に送り込まれる。このカード読み取り装置は，標準のパンチ・カード（80桁以

---

* 同期装置，開始装置，主プログラム装置，定数転送装置，印字装置，乗算装置，除算兼開平装置各1個，および関数表装置3個，累算器20個の計30個．主プログラム装置，定数転送装置，印字装置，乗算装置などは後になって，さらに何個か追加されている．

内の数字と16個以内の正負の符号がはいる）を走査して，カード上の数値データを，定数転送装置が備えているリレーの中に貯える。定数転送装置は，これらの数値を……必要に応じて，計算に使えるようにする。同様にして，計算結果は……IBM のカード穿孔装置と連動する ENIAC の印字装置* によって，カード上に穿孔される。数表は，IBM の作表機を使って，カードから自動的に印書することが可能である。

　機械に数値を記憶させるという要求は，何通りかの方法で満たされる。3個の関数表装置は，表の形になっているデータのための記憶場所を提供する。各関数表装置には，スイッチを備えた手で操作できる関数マトリックスが組み込まれており，そのスイッチによって，一つの独立変数の104個の値のそれぞれに対して，12桁の数字と2個の符号を設定することができるようになっている。……計算の途中で算出された以後の計算に必要な数は，累算器に貯えることができる。計算の途中で算出され，後で必要になるような数の量が，累算器の記憶容量をこえる場合には，これらの数をいったんカードに穿孔し，カード読み取り装置と定数転送装置を使って，後から再びそれらを読み込むことも可能である。[1]

　演算装置や累算器は，動作方式においては，その時代の電気機械的な計数型計算機と異なるところはなかった。これらの電気機械的な装置は，電気的な信号を受け取ることによって，いちどに一段階だけ回転することができる計数輪を備えていた。電子的な環状計数器は，この計数輪に類似した装置である。その動作について説明するために，まずフリップフロップまたはトリガー回路** とよばれているものについてふれておくことにしよう。この基本的な電子的記憶装置は，1対の真空管から構成され，相互に，どの瞬間をとり上げても，どちらか一方の真空管だけが必ず伝導状態（すなわち，電流がその真空管の中を流れている状態）にあり，他方は非伝導状態（電流が流れていない状態）になるように，結線されたものである。真空管の一方が伝導状態のとき，フリップフロップは"1"の状態にあるといい，他方が伝導状態のとき"0"の状態にあるという。

　ENIAC の計数器は，次のような動作をするように結線された，直線状につながってい

---

* 印字装置（Printer Unit）とよばれているが，内容的には穿孔装置に出力データを送るような装置でしかない。
** リレーと同じ働きを，それよりもはるかに速い動作速度で行なう回路素子として，1919年にW. H. エクルズと F. W. ジョーダンによって考案された。フリップフロップというのは，もともとは遊園地などでよく見かけるある種のシーソーのことで，以下の説明にあるような動作をするところから，この名前がつけられた。

るフリップフロップの配列によって構成されていた。すなわち,各瞬間に(a)この配列の中の,どれか一つのフリップフロップだけが"1"の状態にあり,残りのすべてのフリップフロップは"0"の状態にある;(b)計数器がパルスを受信すると,このフリップフロップは"0"の状態にもどり,配列のなかの,次のフリップフロップが"0"から"1"の状態に変わる;(c)あらかじめ指定された第一段とよばれているフリップフロップが,常に"1"の状態にセットされるように計数器を復帰させる仕組みがある。

ENIACのすべての計数器は,環状計数器になっていた。つまり,計数器の最終段が"1"の状態のとき,それがパルスを受けた場合には,いつでもその第一段を"1"の状態にするというような循環が行なわれるように,いいかえれば,配列の中の最終段の次に続くフリップフロップが第一段になるように,その第一段と最終段は相互に接続されていた。このことは,動作原理の面で,環状計数器を計数輪ときわめてよく似たものにしているが,速さの点では,環状計数器のほうがはるかに高速であった。

ENIACは,符号と10桁(10進法で)の数字から成る数を取り扱う能力を備えた10進法の機械であったので,各累算器——加算および減算を行なう装置——は,それぞれ10段の環状計数器10個と正負の符号を示す2段の環状計数器とから構成されていた。この10段の計数器の各段階は,それぞれ0, 1, ……9といった数字に対応するものであった。各累算器の中の計数器は,"桁あげ"回路によって互いに連結されていて,どの計数器も,"1"の状態にあるフリップフロップが9の段階のものから0の段階のものへすすむときに,パルスをその左側にある次の計数器に送って,桁上げが起こったことを示すようになっていた。[2]

ENIACの内部では,数字はパルス列の形で伝達された。与えられた数を表わす10桁の10進数と符号のすべては,11本の導線の上を並列的に転送され,d個のパルスの列によって表わされた各桁の数字$d(0≦d≦9)$が,それぞれ対応する導線の上を送られるようになっていた。符号を伝える導線には,正数の場合には何もパルスが送られないで,負数の場合には9個のパルスが送られた。

累算器に数が送り込まれると,上に示したような手順で,その累算器に前からはいっていた内容にその数が加算された。これだけでは,減算がどのような方法で行なわれたのかという疑問がまだ残されている。この演算は"補数"とよばれるもので負の数を表現して,加算の形で行なわれた。一見不思議なように思われるこの考え方は,実際にはきわめて単純なものである。累算器の構造から明らかなように,1から$10^{10}-1$までのどのような整

数も，10個の10進計数器によって一意的に表わされたが，0と10^{10}の表示は同じものになった。10個の10進計数器にはいる最大の数は $9,999,999,999=10^{10}-1$ だからである。

したがって，この10進計数器を用いる限り，和に関しては $(10^{10}-N)+N=0$ となる。便宜上，この $(10^{10}-N)$ という量は，10^{10} に関するNの補数とよばれた。たとえば正整数1843の補数は $10^{10}-1843=9,999,998,157$ である。ENIAC では，-1843 という数を転送する代わりに，1843の補数すなわち $9,999,998,157$ が 10 本一組の導線に送られ，負数であることを示すために，9個のパルスが符号用の導線に送られた。

以上のことから，私たちは加算を行なうことによって，どのように減算が処理されるかを示すことができる。たぶん二，三の計算例を示せば，物事はより明確になるであろう。はじめに 8429 と 1843 の和を考えれば，

$$\begin{array}{r} P0000008429 \\ P0000001843 \\ \hline P0000010272 \end{array}$$

となる。次に 8429 から 1843 を引くときの差を考えれば，

$$\begin{array}{r} P0000008429 \\ M9999998157 \\ \hline P0000006586 \end{array}$$

となる。最後に 1843 から 8429 を引いたときの差を考えれば，

$$\begin{array}{r} P0000001843 \\ M9999991571 \\ \hline M9999993414 \end{array}$$

となるわけである。P，Mといった記号は，もちろん正と負の符号を示すためのもので，それぞれ0個および9個のパルスを表わしている。二番めの例で，答えの符号がPになっているのはそのためである。すなわち符号用の計数器の内容は，0と9の和で9となり，それに前の位からの桁上がりが加えられて10となるが，これがちょうど0と全く同じような取り扱いを受けるわけである。ところが三番めの例では，前の位からの桁上げがないので，符号計数器は9個のパルスをそのまま受け取ることになる。これはM自身にほかならない。

1回の加算や減算には，200マイクロ秒，すなわち1秒の1/5,000を要した。この時間は，その内容にふさわしく，加算時間とよばれた。乗算装置は，たかだか加算時間の14倍，すなわち3ミリ秒＝3/1,000秒以内の時間で乗算を行なうことができた。この速さを得るために，私たちが子供のころよく使った，九九の表を記憶している電子装置が組み込

まれた。除算は、10進法ではさらに複雑な仕事で、加算時間の約143倍、すなわち30ミリ秒＝3/100秒ほどかかった。開平演算の時間も、ほぼ同程度のものであった。こうした速さの意味を、L. J. コムリーは次のようにうまくいい表わしている。

カチ……カチ……カチ……カチ

3秒で……1,000回の乗算が終わった。時計は時を刻み続ける。……1時間のうちには100万回の乗算が終わるだろう。

これは現在の光景であって、未来の夢ではない。それは疑いもなく、ジュール・ヴェルヌ、ウェルズ、あるいは次のような詩* を書いたテニソンらの、想像力の限界をこえている。

For I dipt into the future, far as human eye could see,
Saw the Vision of the world, and all the wonder that would be.[3]

さて残された問題は、与えられた仕事をさせるために、どのような方法で、ENIAC に指示を与えたかについて説明することである。これはきわめて複雑な作業で、ENIAC が特異な機械だとされる理由の一つにもなっていた。その点に関しては、この機械は、以後の発展過程で明らかにされたように、不満足なものであった。大多数の装置は、個別にプログラム制御部をもっていて、その装置が加算その他の与えられた演算を実行しなければならないことや、一般にそれが完了したときには、合図の信号を送らなければならないことなどを覚えこませておくことができるようになっていた。通常、一つの算術演算を完全に実行するためには、何段階かのプログラム制御が必要であった。たとえば、仮に累算器1に貯えられていた数を、累算器2に貯えられている数に加えるものとすれば、累算器1の制御部はその内容を転送するように指示し、累算器2の制御部はそれを受けるように指示しなければならない。ついでながら、数が実際に二つの累算器の間を移動することができるようにするためには、それらの間の通信路も確保しておく必要があった。

こうしたすべてのことが、どのようにして行なわれたかを示すために、次に単純ではあるが説明に役だつと思われる例題をプログラムしてみることにしよう。私たちが選んだ例題は2乗の表をつくることである。そこで私たちは、まず最初に累算器1に n が、累算器

---

* テニソンの物語詩"ロックスリー・ホール"(1842). 以下に引用されている部分は、意訳をすれば、"人間の眼で見える限りの遠い未来にひたった私は、その世界の幻影と、そこで起こるあらゆる奇蹟をみた."というような意味の一節である。

2にn^2がはいっているものと仮定して，どのような方法で$n+1$と$(n+1)^2$がつくられるかを示すことにする．第11図は，その過程を示したものである．

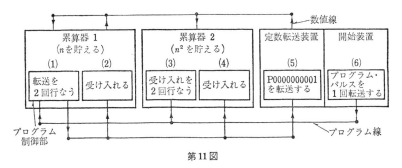

第11図

累算器1にnが，累算器2にn^2がはいっている状態を出発点として，開始装置がなんらかの方法で——ボタンを押すことにより——パルスを送り出すものと考えると，累算器1はその開始パルスを受けて内容の転送を2回行ない，累算器2ではその受け入れが2回行なわれることになる．この操作が実行されると，累算器2の内容はn^2+2nとなり，累算器1は完了の信号を送り出す．その信号を受けて，定数転送装置は1を送り出し，二つの累算器はともにそれを受け入れる．その結果，累算器1の内容は$n+1$となり，累算器2の内容は$n^2+2n+1=(n+1)^2$となる．この場合，ほかにはどのようなプログラム・パルスも出ていないから，プログラムはここで停止する．

このプログラムを，$n=0,1,……$に対する表をつくり上げるために繰り返して使用することが，どのようにして可能になったのであろうか．これが，主プログラム装置とよばれている装置の役割であった．この装置は，プログラム・パルスの数を数えて，プログラムの接続を切り替えることができるプログラム制御部を，10個内蔵していた．その使用法を説明するために，$n=0,1,……99$に対してnとn^2を計算し，その結果を印字する場合を考えよう．

第12図で(1),(2),……(6)の各プログラム制御部は前と同じである．しかしながら，この場合は主プログラム装置の存在によって，それらの動作に差異を生じることに注意しなければならない．出発点では，累算器はゼロに払われているものと仮定する．そこで開始装置が働くと，主プログラム装置は印字回数を数える作業を開始し，最初のものを印字するように命令する．これで$n=0$, $n^2=0$が記録される．この結果は，累算器に前と同じ動作を行なわせる．すなわち累算器1は$2×0$を送り出し，累算器2はその数を受

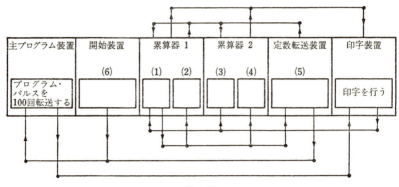

第12図

け入れ，さらに定数転送器からは1がこれらの累算器に送り込まれて，主プログラム装置を1段階先へすすめる。そこで $n=1$, $n^2=1$ が印字され，以下，この基本サイクルが前と同じように繰り返される。この手順は，主プログラム装置から出されたパルスの数が100個になるまで続けられ，100個になったときに，最後の印字が行なわれて処理が完了する。これで，$n=0,1,……99$ に対する n と n^2 の表が，要求どおりにつくられるわけである。

この例はもちろんきわめて簡単なものであるが，機械全体の動作を説明するためには，これで十分である。ここではこれ以上余分の時間をその説明に費やすことはできないので，詳細について興味をもたれる読者は，他の文献を参照されたい。[4]

この計画がはじまったころ，それに参加していた数人の技術者と私は，ニュージャージー州のプリンストンにある RCA 研究所をなんどかたずね，V. K. ツウォリキン博士と J. A. ラジチマン博士から，数多くの非常に興味深い研究成果を見せてもらう機会に恵まれた。これら二人の人たちについては，後に何度かふれる機会がある。私たちが，フランクフォード砲兵隊のために RCA 社が設計した，射撃管制用の計数型電子計算機の試作機を見たのは，この訪問のときのことであった。この計画は，遂に完成するには至らなかったが，ムーア・スクールの人々によって採用された ENIAC にとっては基本的な装置が，少なくとも一つはその中に含まれていた。

それがいわゆる関数表装置で，多数の抵抗から成る電気回路網の形で，数表を貯えておくといった方式のものであった。この装置は，ENIAC の正規の速さで作動する能力をもっており，ENIAC による各種の演算を可能にした。後に述べるように，この関数表装

置は，あとから行なわれた ENIAC のきわめて巧妙な改造の際に，その一部として組み入れられた．このような関数表装置が，RCA 社のラジチマンと，当時は MIT の一員で，今は IBM 社にいるペリー O. クロフォード 2 世によって，明らかに独立に発明されていることについては，一言ふれておかなければならないであろう．

　出発当初には，様々な機能を電子的に取り扱う方法についても，機械自体の数学的な特性と要件についても，もちろん数えきれないほどの会議や討論が行なわれた．この後者の問題に関しては，カニンガムが最も大きな貢献をした．間もなくこの機械は，砲外弾道学の微分方程式を解くためだけの装置というよりも，ずっと有用なものであることがわかってきた．計数的な計算方式の著しい利点が生かされて，ENIAC は真に汎用の計算機になろうとしていることが，次第に明らかになっていったのである．このことは，その機械が，はじめに考えられていたよりもはるかに有用なものになる可能性があることを意味しており，——また事実，そのとおりであった．ENIAC は，種々の分野にまたがって，多くの問題の解決に重要な役割を果たすことになったのである．

　一組の累算器をつくるという第一の目標は，次第にこの計画を続行する意味があるかどうかを判定するめどとして考えられるようになった．この大事なときに，私は伝染性の肝炎にかかって入院させられたが，ブレイナードの言によれば，"午後になると，あなたはベッドのかたわらで，事務所にいたときと同じくらいの仕事をしているとカニンガムは言っていました．"[5] という有様であった．

　数箇月間にわたって，二つの累算器から "欠点" が取り除かれた結果，ペンダー学部長は，私に次のような手紙を書くことができるようになった．

　　ENIAC の二つの累算器の稼動状況は，私たちのだれもが満足しうるようなものになっています．その詳細の一部は，あなたに電話でご説明したとおりです．この機会に私は，試験の結果が一般的な見地からだけではなく，非常に細部にわたって調べても満足しうるものであることをお伝えしたいと考えました．たとえば，実際に動かしてみて，累算器に接続される多数の異なった補助装置は，適切に設計されていることがわかりました．大きな間違いは何一つ起こっておりません．……

　　現在，私たちがもっているのは，必要な補助装置の付いた 2 台の累算器で，正弦波や簡単な指数関数を表わす 2 階の微分方程式を解いたり，加算，減算，自動的な加算の繰り返し等々の計算処理を実行したりすることが，それを使ってできるような状況にな

ています。これらの計算は，機械の定格速度で行なうことができますが，それがあまりにも速いので，表示ランプでその結果を追うことはできません。速度をずっとおそくして，はじめて結果を追うことができるようになるのです。……

　全般的にみて，私はある程度楽観してもいいだけの理由はあると思います。もちろんこれは研究開発計画ですから，致命的なものから不可能なものに至るまで，前もって予想もされないような問題が起こる可能性は常にあります。けれども現在までのところ，克服できないような困難に遭遇したことはありませんし，すでに過去に克服されたものよりも困難だと思われるような問題は，これから先に何も見当たらないのです。……[6]

　発足してからほぼ1年経過したこの時点は，まさしくこの計画の天王山であった。その時期に，計画は頭の中だけの着想の段階から，成功を約束された技術的な段階に移行したのである。不規則に——事実上は毎日——発生する多数の小さな危機は，依然として克服しなければならなかったが，1944年の中ごろから以後は，この機械が首尾よく完成するであろうことは，もはや明らかであった。

　機械に必要な装置の中で，ムーア・スクールにとっては開発すること——ましてや製作すること——が不可能だと思われた唯一のものは，データを機械に出し入れしたり，結果を人間が読めるような形で印字したりするために必要な装置であった。これらの問題がうまく解決されない限り，ENIAC の効用は著しく減少するだろうという重大な危険性があった。したがって，パンチ・カードの機器をそうした目的のために使うという考え方は，全く妥当なものだと思われた。そこでジロンは，トーマス J. ワトソンから援助の約束をとりつけるために，1944年2月28日に彼をたずねた。前（p.125）に述べたように，ワトソンは，計数型計算機の領域を広げる可能性のある斬新な着想には，常に敏感に反応した。この場合にも，彼は満足な解決を見いだすために，ムーア・スクールの人々を J. W. ブライスと A. H. ディッケンソンの2人に接触させた。ジロンはそれについてこう書いている。

　何よりもまず私は，あなたが私に対して示された数々のご好意に，心からお礼を申し上げたいと思います。……

　ご存知のように，あの日の午後，私はブライス氏とさらに討論を重ね，会合のための準備をしました。……

第5章 数学機械としての ENIAC

　その会合には，この問題に関心をもっている貴社の技術陣，私の部下，ムーア電気工学科および弾道研究所の人々……などが集まりました。

　これまでに行なわれた調査の範囲では，私たちの問題に対する非常に満足すべき解決が，あなた方のご援助によって可能になるものと思われます。私は，この仕事に関連した必要な細部の準備は，すぐにでもできるものと確信しています。

　あなた方の立場からご覧になれば，この仕事は比較的小さなものだと思われるかもしれませんが，私たちの弾道計算問題全体の中での，その実質的な重要さはきわめて大きいのです。[7]

　この手紙から引用した最後の一節は，今日読んでみるとおもしろい。後に判明したように，この計画は，ワトソン氏と IBM 社の立場からみても，きわめて重大な結果をもたらした。ある意味では，これはワトソン氏が電子計算機の世界へ進出した試験的な第一歩であった。

　ENIAC の真空管回路と IBM 社のパンチ・カード機械との間の，速度のつり合いを保つために，前に述べた定数転送装置を，ベルの機械に使用して成功したものと同じ種類のリレーを使って製作することが決定された。そこでまた，ジロンは，当時ベル・テレフォン研究所の所長をしていたオリヴァー E. バックリー博士にその話をもちかけた。1944年5月には，私がジロンにあてて，"IBM 社とウェスターン・エレクトリック社の人々は実に協力的です。……"[8] という手紙を書けるような状況になっていた。

　1944年当時，ジロンや私自身が感じていた ENIAC の必要性がどのようなものであったかを，ここに再録しておくのは無意味ではないと思われる。バックリー博士あての手紙の草案に，私はこう書いている。

　弾道研究所は，陸軍の航空部隊および地上部隊のために，すべての射撃，爆撃表と，照準装置やカムに関するデータを作成する責任を負っています。そのために，こうした射撃および爆撃に必要なデータの作成に常時従っている，国内最大の計算要員をかかえているわけです。この研究所では，弾道学の分野での基礎的な研究も行なわれていますが，そうした研究でも，当然多くの場合，きわめて大規模な計算作業を実行することが必要になってきます。

　計算部門にいる 176 名の計算作業員のほかに，研究所は，アバディーンにある 10 台

の積分器をもった微分解析機と,フィラデルフィアにある14台の積分器をもった微分解析機を,多数の IBM 機械とともにもっています。現在動員することができるこの人員と機器をもってしても,照準装置,照尺,または射撃表……をつくり上げるのに必要なデータを作成するためには,二交替制で約3箇月もかかるのです。[9]

約6箇月後,私は,その当時きわめて緊急に必要とされていた表をつくる際に経験した遅れを示すために,他のいくつかの統計数字を集めた。私はそれらの数字を次のように要約した。

(4) 1944年8月15日で終わる週に対する以下の要約は,この仕事の量を,計算部門内のものだけに限って表わしたものである。……

	完成したもの	進行中のもの
地上射撃表	10	16
爆撃表	1	28
対空射撃表	3	16
弾道表		6
各種主要計算	1	8

計算能力の不足のために,まだ作業がはじまっていない表の数は,進行中の表の数よりもはるかに多くなっている。新しい表の作成要求がはいってくる件数は,現在のところ,1日に約6件の割合である。[10]

原著者脚注

[1] H. H. and Adele Goldstine, "The Electronic Numerical Integrator and Computer (ENIAC)," *Mathematical Tables and Other Aids to Computation*, vol. II (1946), pp. 97–110.

[2] 実際問題として,これはいささか単純化されすぎている。詳細については,前の脚注に引用した文献を参照されたい。

[3] L. J. Comrie. "Calculating-Past, Present, and Future," *Future*, Overseas Issue (1947), pp. 61–68.

[4] たとえば脚注3にあげたコムリーの解説や,A. W. Burks, "Electronic Computing Circuits of the ENIAC," *Proc. IRE*, vol. 35 (1947), pp. 756–767; A. K. Goldstine, *Report on the* ENIAC (*Electronic Numerical Integrator and Computer*), Technical

Report 1, 2 vols., Philadelphia, 1 June 1946 などを参照されたい.

[5] ブレイナードからゴールドスタインにあてた1944年5月25日付の手紙.

[6] ペンダーからゴールドスタインにあてた1944年7月3日付の手紙.

[7] ジロンから T. J. ワトソンにあてた1944年3月4日付の手紙.

[8] ゴールドスタインからジロンにあてた1944年5月26日付の手紙.

[9] G. M. バーンズ将軍の名前で,1944年2月1日前後に O. E. バックリー博士に出された手紙の草稿.

[10] B. R. L. Memo, 16 August 1944. これは,明らかに,計数型計算機の開発に,兵器局側でよりいっそうの努力をすることを正当化するために書かれた業務報告であった.

第6章

ジョン・フォン・ノイマンと計算機

　ジョン・ルイス・フォン・ノイマン*は1903年12月28日，社会的には，ハプスブルク家の統治下での最後の輝かしい日々が続いていた時代のブダペストで，裕福な家庭の子として生まれた。父親のマックスは，その街の主要な私立銀行の一つで，共同経営者の一人として活躍していた銀行家で，教育的にも経済的にも，子供たちに十分なことがしてやれるだけの能力をもっていた。彼は1913年にマルガッタイというハンガリーの爵位を皇帝から受けた。後にそれが，若いフォン・ノイマンのフォンというドイツ風の称号になったのである。この父親と母親のマルガレットの間には，ジョン，ミカエル，ニコラスという三人の息子があって，ジョンはその中で最年長であった。

　幼少のころからフォン・ノイマンは，驚異的な知性と語学能力を発揮した。彼は6歳のころ，父親とよく古典ギリシア語で冗談をいい合ったと著者に話したことがある。余技として歴史の勉強をした彼は，たちまちひとかどの歴史家になった。その後彼は，ビザンティン文化の研究に熱中するようになり，他のいくつかの社会に関するものと同様に，真に該博な深い知識を身につけた。

　彼の最も注目すべき能力の一つは，完璧な記憶力であった。著者の知る限りでは，フォン・ノイマンは本や論文にいちど目を通しただけで，一語の誤りもなくその内容を再現することができ，しかも，彼は何のためらいもなく数年たった後でもそれを行なうことができた。彼はまたそれを普通に読むのと同じ速さで，もとの言葉から英語へ翻訳することもできた。あるとき私は，彼の能力を試すために，二都物語がどのような書き出しで始まっ

---

* 彼が名前をジョン・ルイスと書くようになったのは，もちろんアメリカへ移ってきてからあとのことで，それ以前にはドイツ風に，ヨハン・ルートイッヒ・フォン・ノイマンと書いていた．

ているのかを尋ねたことがある．それに答えて彼は少しの間もおかずにすぐにその第 1 章を暗誦しはじめて，10 分か 15 分後に私がやめてくれというまで続けた．別の機会に私は，20 年ほど前にドイツ語で書かれたある問題について，彼が講義をしているところをみた．その講義でフォン・ノイマンは，文字や記号に至るまで，もとの論文と全く同じものを使用していた．彼が最も使い慣れていた言葉はドイツ語で，いろいろな着想も彼はいったんドイツ語で考え出してから，稲妻のような速さで英語に直していたのであった．私は彼がものを書いているところはたびたび見ているが，あるドイツ語の単語に，英語のどのような言葉が対応するのか尋ねている彼を見掛けたことも何度かあった．

　彼の記憶力は，彼のすぐれたユーモアの感覚を大いに助けた．覚えておきたいと思ったどんな話でも，彼は覚えておくことができたからである．この記憶力によって彼は，逸話や戯詩それにこっけいな出来事などの，前代未聞の宝庫をつくり上げた．彼は重要な内容のものであってもあまり形式ばらない討論などを，それにぴったりのたとえ話をして，分かりやすくすることが好きであった．その点では，彼はリンカーンと同じような資質をもっていた．彼を訪ねる友人たちは，いつでも何がしかの新しい話を，彼への一種の贈り物として携えていくように心掛けたものである．

　彼はまた，人々が親しく交わることを非常に喜び，彼の家は最もすばらしい会合や食事の場になった．高級研究所の流動所員に対して，彼は強い責任感をもっていて，彼らをその仲間たちに，そうした打ち解けた場で引き合わせる義務があると感じていた．したがって，少なくとも週にいちどは，大学院を終わったばかりの若い人々から，プリンストンに立ち寄った年長の著名な科学者まで，家中いっぱいの人々を彼ら夫妻はもてなした．彼は逸話や適切な，たいていはユーモアに満ちた歴史からの引用などで，彼の客を楽しませて喜んでいた．そんなときの彼は最高であった．彼には物語を，特に長い物語をうまく話す著しい才能があったので，聞き手は息をのまんばかりにして，その大詰めを待っていた．

　1919 年に，ベラ・クン一派の共産主義者たちによる反乱がハンガリーで起こったので，フォン・ノイマンの一家は，彼らがベネチアにもっていた土地に逃れた．疑いもなく彼の父親は，共産主義体制のもとでの家族の安全性について，不安を抱いていたようであった．この経験はフォン・ノイマンに大きな衝撃を与え，その結果彼は，共産主義の名のもとに行なわれるすべてのことに対して，強い反感，あるいは憎悪さえも抱くようになった．[1]

　ベラ・クンが敗北した後に，オーストリア・ハンガリー帝国の各地には，科学史上きわめて特筆すべき一時期が到来した．ハプスブルク家の統治の特質とされていた抑圧と知的

不毛の中から突如として，たとえば，ハンガリーのフォン・ノイマン，ユージン・ウィグナー，ポーランドのバナッハ，ユーゴスラビアのフェラーなどといった，最も注目すべき一群の科学者たちがあらわれたのである。[2] もちろんそれ以前の時代にも，オーストリア・ハンガリーの国々には，ジグムント・フロイト，ゲオルク・フォン・ヘヴェシー，テオドール・フォン・カールマンなどのような偉大な科学者がいたが，一般にハプスブルク家の支配下にあった中部ヨーロッパは，理想的な環境にはほど遠く，実際にヘヴェシーやカールマンもその学者としての生活は，中部ヨーロッパ以外のところで送った。

こうした学問的な復興の理由がなんであるにしても，フォン・ノイマンは間違いなく，この時代が生んだすべての注目すべき人物の中の最も偉大な人物であった。その時代の人々は，どのような規準でみても傑出しているので，これはきわめて得難い評価である。ナチの学問的，人種的，あるいは宗教的な迫害の手から逃れるために，こうした中の最もすぐれた人々がきわめて多数亡命してきたことは，合衆国にとっては幸運以上のものであった。[3]

大多数の人々にジョニーという愛称で——そして，ある一部の人々にはヤンチという愛称で——知られているフォン・ノイマンは，学校時代非常に目立った存在であったので，彼の先生の一人であったラズロ・ラッツは，学校での正規の授業のほかに，個人的に何か勉強させるよう彼の父親を説得した。[4] 18歳になる前に，彼は彼の個人教師をつとめたハンガリーの有名な数学者 M. フェケーテと共著の論文を発表した。* 彼はブダペストにあったルーテル教会系のギムナジウム**に 1911 年から 1921 年に卒業するまで通学した。このとき，彼の父親はその学校に，ハンガリーでは最高のものの一つとされているきわめて大きな贈り物をした。教職員の中にラッツのような人がいたことは，ほんとうに幸福なことであった。彼はすぐれた教育者で，フォン・ノイマンにもウィグナーにも大きな影響を与えており，後にはこの学校の校長になっている。

高級研究所のカール・ケイセン所長の好意により，私は彼がこのギムナジウムにいたときにもらった成績表を見る機会を得た。彼の少年時代の得意科目——彼はその学校が生み出した最高の数学者だと考えられていた——と不得意な科目について知ることは興味深いことである。幾何の製図が B，習字が B，音楽が B，体育が C そして操行が A のときもあ

---

* チェビシェフ多項式の零点に関するフェイエールの結果の一般化について論じたもので，ドイツ数学会年報 vol. 31 (1922), pp. 125–138 に掲載されている。

** 19世紀のはじめ，ドイツで制度化された中等学校で，戦前日本にあった 7 年制の高等学校などは，この制度をまねたものである。

るがBのほうが多かった以外は，すべてAというのが彼の成績であった．

1921年に彼はブダペスト大学に入学したが，1921年から1923年までの学年を彼はベルリン大学で過ごし，フリッツ・ハーバーの薫陶を受けた．* ベルリン大学からチューリッヒのスイス連邦工科大学へ移って，彼は後に高級研究所で彼の同僚になった偉大な数学者ヘルマン・ワイル，および数学の最もすぐれた教育者の一人であったジョルジュ・ポーヤの二人にそこで接触した．彼はこの大学で化学工学の学位を1925年に取得し，その翌年，すなわち1926年3月12日には――22歳で――実験物理学および化学を副専攻科目として，ブダペスト大学から最優秀の成績で数学の学位を受けた．

次いで1927年に，彼はベルリン大学で数学の講師となり，3年間その地位にとどまって，代数学，集合論，量子力学などに関する論文で世界的な名声を確立した．ウラムは，ポーランドのルヴォフで開かれた数学者会議にフォン・ノイマンが出席した1927年当時までに，すでに彼がどれほど"若き天才"として学生たちから注目されていたかについて詳細に述べている．

1927年以前から，彼がすでに偉大な数学者として認められていたことは明らかで，1929年をハンブルク大学で過ごした後，1930年には，彼はプリンストン大学へ客員講師として招かれた．彼はそのまま客員教授としてとどまり，1931年には正教授になっている．その後1933年に，彼は高級研究所へ移った．その当時の研究所は，ヘンリー B. ファイン学部長を記念してヴェブレンの手で建てられた，プリンストン大学の数学教室であるファイン記念館の中に同居していた．フォン・ノイマンやウィグナーが，ヴェブレンの招きによって合衆国へきた経緯は，前（p. 89）に詳しく述べたとおりである．**

大学と研究所の数学の教授陣が，一つの建物の中に同居することによって，数学および物理学に関する指導的な研究者たちの，世界にも例のないような最高の集中状態がつくり出された．これに匹敵しうる唯一のものは，ゲッティンゲン大学の偉大な数学教室であったが，すでにこの時代（1933年）までに，それは著しく衰退していた．事実，その当時は，すでにナチがこの数学研究所の主導権を握っており，クーラント，ランダウ，エミー・ネーター，ベルナイス，ボルン，フランク，ワイルなどをはじめとした多くの人たちが，間

---

* 各学期末ごとに，フォン・ノイマンはブダペストへ帰って必要な学科の試験だけを受けているが，これはその当時のヨーロッパでも全く変則的なことであった．
** フォン・ノイマンがプリンストンへ移る決心をした表面的な理由は，その当時のドイツの大学では，数学科の教授定員が極端に少なく，数年待っていてもその地位につける見込みがなかったこととされているが，ドイツの国情に強い不安を抱いていたことも，その大きな動機になっていることは疑う余地がない．

もなくこの研究所を去ることになっていたか，すでに去ってしまったかのいずれかというような状態であった．オットー・ノイゲバウアーはこの研究所の所長に任命されたが，たった1日だけしか所長室にはいなかった．彼はナチから求められた忠誠の宣誓書に署名することを拒否し，そのままドイツを離れた．[5] ヒトラーが権力の座についたことが，著名な人たちの一大集団をプリンストンにつくる大きな原動力になったわけである．そこに集まったすべての人たちが亡命者であったというわけではないが，そうした人たちが多数を占めていた．今や数学および物理学の分野で，ヨーロッパが支配的な地位に立っていた時代は終わりを告げた．その支配力たるや，かつてはアメリカ数学会の会報が，ゲッティンゲンで行なわれる講義の教程を，長年の間定期的に掲載していたほど強力なものだったのである．

ゲッティンゲンが平穏であった時代のドイツ数学界の偉大な指導者は，ダヴィド・ヒルベルト（1862-1943）であった．彼は世界の数学界に深い影響力をもち，その生涯に，数学および理論物理学全体の様式を設定する役割を果たした．これは，他に並ぶもののない空前の業績であった．数学におけるヒルベルトの役割は，1900年のパリ国際数学者会議で発表された彼の論文について述べることによって，おそらく最も適切に要約することができるであろう．＊ 会議の基調講演であったこの話の中で，ヒルベルトは"その解決を将来にまっている" 23 の問題を定式化することを試みた．これらの問題は，事実上現代数学のための青写真となったものであった．その第五問題の部分的な解決は，フォン・ノイマンのすぐれた業績の一つに数えられている．今日なお，それらの中の未解決の問題が，いまだに数学の最前線をにぎわしているのである．＊＊

以下に述べるいくつかのことを，私たちはこうした背景の中で理解する必要がある．1920年代の様々な時期に，ゲッティンゲン大学のこの偉大な影響力をもった集団に仲間入りをした物理学者の中には，その大学の正教授になったマックス・ボルンやジェームズ・フランクをはじめとして，P. M. S. ブラケット，カール・コンプトン，ポール・ディラック，ウェルナー・ハイゼンベルク，パスキュアル・ヨルダン，ロタール・ノルドハイム，ロバート・オッペンハイマー，ウォルフガング・パウリ，ライナス・ポーリング，ユージン・ウィグナーなどがいた．同じ時期に，フォン・ノイマンもまた，形式論理や物理学に

＊ この論文の内容，およびヒルベルトの業績については，ヒルベルト数学の問題（現代数学の系譜 4），一松 信訳・解説（1969，共立出版）にすぐれた解説がある．

＊＊ たとえば，Mathematical Developments Arising from Hilbert Problems, edited by F. E. Browder (AMS PSPUM/28, 1976) を参照されたい．

ついてヒルベルトのもとで研究するために，ゲッティンゲンへ足を運んだ。リード女史はこの二人を比較して，ヒルベルトは"物分かりが遅い"ほうであるが，フォン・ノイマンは"知人の中では最も回転の速い頭"の持ち主であったというノルドハイムの言葉を引用している。それは1924年のことであった。

数学者仲間の間では，このフォン・ノイマンのすばらしい頭の回転の速さを物語る，数多くの定説化した逸話が流布していた。その一つは，彼自身は作り話だといい切っているが，その速さがどれほどのものであったかをよく表わしている。この話では，ヘルマン・ワイルが，次回の講義で証明しようとしていた定理の深い意味について，その証明が非常に困難なものにならざるをえない理由を示す予備的な講義をしたということになっている。翌日ワイルは，この定理の長い困難な証明を与えた。その最後の場面が，この物語の山場である。若いフォン・ノイマンが立ち上がって，"次の証明をみていただけませんか。"といった。そこで彼は，ほんの数行ばかり書いただけで，全く新しい簡単な証明を与えた。

彼の頭の回転の速さを示すもう一つの例は，プリンストンで実際にあった話である。研究所を訪れたどんな人々に対しても，常に門戸を開放しておくのがフォン・ノイマンの慣習になっており，彼らは何か数学上の困難に突き当たったときには，いつも彼のところへ助言を求めるためにやってきた。ほとんど一瞬のうちに何が問題点であるかを理解し，問題の定理がどうすれば証明されるか，あるいはどうすれば正しい定理に置き換えられるかを示す彼の能力は，他のだれよりもまさっていた。この話は，ある若い学生が，彼が直面している困難について訴えたときのことである。フォン・ノイマンは黒板の上で詳しい証明を与え，その学生はうなずいて彼に礼をいってから立ち去った。その週の土曜日の夜，フォン・ノイマン家で行なわれたパーティーの席上で，同じ学生がフォン・ノイマンに近寄ってきて，彼がその証明を忘れたのでもういちど教えていただけないだろうかと尋ねた。フォン・ノイマンは，これを大勢の人がいる部屋の中に，立ったままでやってのけたのである。

1930年にフォン・ノイマンはマリエッタ・コヴェシーと結婚し，1935年に長女マリナをもうけた。この長女は後に妻として，あるいは母親としてだけでなく，ピッツバーグ大学の経済学の教授としても，非常に輝かしい経歴を踏むことになった。フォン・ノイマンの彼女との結婚生活は1937年に終わりを告げ，1938年に彼はクララ・ダンと再婚した。彼女は後にロスアラモス科学研究所のプログラマとなって，1950年代に処理された最も大

規模な問題の中のいくつかのプログラムを作成する作業に協力した。

さて，ここでもういちど，フォン・ノイマンがヒルベルトとともに過ごした彼の青年時代に，話をもどすことにしよう。このヒルベルトの影響を受けて，フォン・ノイマンは，後年，計算機とその周辺の問題に関する彼の研究に，深いつながりをもつことになった一つの研究計画にとりかかった。当時のヒルベルトは，数学基礎論における壮大な計画に全力をあげて打ち込んでいた。彼がこの仕事に乗り出したのは，数学の完全性について，少なからぬ懸念が世紀の変わりめにもたれていたからである。演繹的な推論は，それが正しく用いられている限り，決してつじつまの合わない結論に到達することはないというのが，何世紀もの間，数学者がもち続けてきた基本的な信条であった。そうした信条に基づいて，バートランド・ラッセルとアルフレッド・ノース・ホワイトヘッドは，彼らの古典的な大著[6]を出版した。数理論理学のあらゆる問題の起源がブールによって与えられたという意味では，この仕事もさかのぼればブールにつながるものであった。ブールは数学的な思考を表現する形式的な仕組みを提示したわけであるが，そうした方向の研究は，1905年に E. シュレーダーが著したほとんど余すところのない論述[7]に至って，その頂点に達したのである。

次いで現代的な学派が，ホワイトヘッド，ラッセルらの仕事に先行するフレーゲやペアノの研究とともに始まった。1903年のラッセルの本には，彼らのねらいとしていたことが，"本書の主要な目的は二つある。その一つは，すべての純粋数学が，もっぱらきわめて少数の基本的な論理概念を用いて定義しうるような概念のみを取り扱っていること，および，そのすべての命題が，ごく少数の基本的な論理学の原理から演繹的に導かれることの証明であるが……"というように述べられている。[8] この本は，ヒルベルトの立場や，オランダの数学者 L. E. J. ブローウェルの見解を，ともに一掃することを意図して書かれたものであった。* ヒルベルトは，数学の諸概念を，それらがもっている現実的な意味から分離させることによって，数学を"古典的な形而上学の抜き差しならない泥沼から"[9]救い出そうと考えた。たとえば，正の整数といったような概念も，もはや経験から得られたどのような直観的な意味合いももたないものとされ，ある種の形式的な法則に従う抽象的な存在以上の何者でもないというようにみなされた。この考え方は**形式主義**とよばれてい

---

* ヒルベルトが，ここに書かれているような考え方をはじめて公表したのは1904年のことであるし，いわゆる直観主義の出発点となったブローウェルの最初の論文は，1907年に書かれているので，このラッセルの本が，これらに対する反論として出されたというのは，おそらく原著者の思い違いであろう。

る。こうした行き方を正当化するために，ヒルベルトとフォン・ノイマンを含む彼の仲間たちは，すべての数学が無矛盾であることを証明し，彼らの体系のもとで，古代ギリシアの理想が再現されることを示す計画にとりかかった。いかなる矛盾も，どのような不一致もはいり込むすきはなかった。ヒルベルトはこの計画を，ラッセル，ホワイトヘッドおよびワイル，ブローウェルの両陣営に対する彼の解答として推進した。ブラリ－フォルティ，リシャール，ラッセルなどが，不注意な人たちをわなにかけるような逆理*が存在することを指摘した論理学から，数学を救済する彼の方法がこれであった。

　ブローウェル一派の人たちは，著しく異なった方針で事をすすめた。ブローウェルは，そして後からはワイルも，"真偽を決定するなんらかの方法が存在しない限り，与えられた命題が真である，または偽であるとみなすこと"を拒否した。[10] ここで言われている方法というのは，有限の手続きで記述し，あるいは使用しうるようなものでなければならない。無限集合の取り扱いに際して，このような方法が存在しない場合には，ある命題が真であれば，その否定は偽でなければならないとする排中律を，ブローウェルやワイルは受け入れることを拒んだ。この排中律は，平面幾何以来，だれもがよくなじんできたもので，その場合，私たちはしばしば"反対のことが成り立つと仮定"して，そこから矛盾が導かれることを示すという論法で証明を行なった。私たちは，この証明によってその命題を正当なものと認めたわけであるが，ブローウェルやワイルは，そうは考えなかった。彼らの立場は，数学の非常に広範囲の分野に疑問を投げかけたもので，多数の数学者を大いに悩ませた。そうした中で，ヒルベルトはこういっている："クロネッカーが無理数を排除しようとして，ほとんど何もなしえなかったように……今日のブローウェルやワイルは，それ以上のいかなることもなしえないものと私は確信する。ブローウェルの主張は，ワイルがそう思い込んでいるような，革命といえるようなものではない。――かつて企てられた反乱の二番せんじにしかすぎない。当時，それは最も周到な計画のもとに行なわれたが，なおかつ完全な敗北に終わった。今日では……そうした試みは，最初から失敗するように運命づけられている。"[11]

　1924年にフォン・ノイマンが登場したときの状況は，このようなものであった。彼が数学の無矛盾性の問題に関する有名な論文**を発表したのは，1927年のことである。その

---

　　* これらの逆理については，たとえば高木貞治，数学雑談（共立全書），pp. 188-220 を参照されたい．
　　** "Zur Hilbertschen Beweistheorie," *Math. Zeits.*, vol. 26 (1927), pp. 1-46.

当時のフォン・ノイマンが，解析学全体の無矛盾性を証明することができると予想していたことは，記憶にとどめておく価値がある．数年後の1931年には，もう一人の傑出した若い数学者でかつ論理学者であったクルト・ゲーデルが，ある種の論理構造は，その体系の中では真であるかどうかを決定することができないような命題を含んでいること，すなわち，必ずしもすべての命題が決定可能ではないことを明らかにしたからである．[12] 彼の証明は，きわめて直接的なものであった．彼は実際に，"形式的な証明が可能であるとすれば，矛盾を生じるような正しい定理"[13] をつくり出した．こうした異例の事態を引き起こす可能性のある構造は，それ自身特異な，あるいは病的な性質をもっているわけではない．ヒルベルトの意味では，算術の無矛盾性ですらも，証明することはできないのである．*

　フォン・ノイマンは，ゲーデルをアリストテレス以来最大の論理学者であると評しており，あるとき，彼自身にまつわる興味深い話をしたことがあった．この話が何を言おうとしているかをよく理解するためには，フォン・ノイマンには，ある問題が少しでも先へすすめられる間は，その特定の問題について考え続ける傾向があったということを，頭に入れておく必要がある．1日の仕事が終わると，彼は眠りにつくわけであるが，そうした問題に対する新しい見通しを得て，夜半に目を覚ますようなこともたびたびあった．この話の場合，彼はちょうどゲーデルの結果と正反対のことを証明しようとして，それに熱中していたが，なかなかうまくいかなかった．ある晩，その難問を解決する方法を夢に見て起き上がった彼は，机の前でその証明をかなりのところまですすめたが，完了するまでには至らなかった．翌朝，彼はもういちどそれに取り組んでみたが，またしても不成功に終わった．その晩，寝床にはいってから，彼は再び夢を見た．今度こそ彼は，その困難を通り抜ける方法が見いだせたと思ったが，それを書きとめるために起き上がってみると，まだ，ふさがなければならないすき間が残っていることに気が付いた．"三日めの夜，私が夢を見なかったなんて，数学とはなんと幸運なものなんだろう．"と彼は私に語った．

　現代の電子計算機の前ぶれとなったある研究結果を，彼がきわめてよく理解し，それに興味を抱くようになったのは，形式論理についての彼の訓練のたまものであった．その研

---

*　ゲーデルの結論は，"自然数の理論を形式化して得られる形式的体系においては，それが無矛盾である限り，Aおよびその否定→Aがともに証明不可能になるような命題Aが必ず存在する．特にその体系それ自身が無矛盾であるという命題がそれである．"というもので，今日では一般に，ゲーデルの不完全性定理とよばれている．当時，数学の無矛盾性の証明について講義をしていたフォン・ノイマンは，この論文を読んで，その講義を途中で打ち切ったということである．

究結果は，エミール L. ポストとアラン M. テューリングが，1936年に別々に発表した独立な論文の中に含まれていた。[14] ポストはニューヨークのシティ・カレッジの教員であり，テューリングはプリンストン大学で学んでいた (1936-1938) イギリス人であった。彼らはどちらも，今日オートマトンとよばれているものを考え出し，それを同じような機械用語を使って記述した。二人は独立に研究し，お互いに相手のことは全く知らなかった。テューリングの研究をフォン・ノイマンが知り尽くしていたことは，疑う余地がないが，ポストのものについては，彼はあまりよく知らなかったようである。この種の研究については，後に，その発展のあとを追って，もういちどとり上げることにしよう。しかしながら，ポスト，テューリングらの仕事が，ライプニッツを喜ばせたに違いないということだけは，この際，ついでに一言いっておく価値があると思われる。彼らのオートマトンは，"すべての正しい推論が，ある種の計算に還元されるような一般的方法"というライプニッツの夢をまさしく実現したものだからである。事実，彼らのオートマトンが行なっていることは，このことそのものにほかならない。

　ゲーデルが行なった興味深いことの一つは，証明可能な各定理を，その定理に関する記述と一定の対応関係にある自然数の列によって表わしたことである。* その結果，数論的アルゴリズムが，それぞれの定理に対して与えられ，私たちは，数論的な計算の分野で議論をすすめることができるようになった。

　フォン・ノイマンが常に抱いていた数学の応用に対する関心は，彼がごく若い時代からみせていたものであった。1927年から28年にかけて，証明論についての研究とほぼ同じ時期に，彼は量子論と量子統計力学における確率の数学的基礎に関するいくつかの論文を発表して，物理現象に対する彼の深い理解力を示した。実際彼は，きわめて複雑な物理的状態を完全に理解する能力において，他のだれにもひけをとらなかった。物理学者によって与えられたなにがしかの方程式を，巧みに取り扱おうとするだけの多くの応用数学者とは異なって，フォン・ノイマンは，物理学者たちが行なった理想化について，数学的な定式化と同様に再検討するために，しばしば基本的な現象そのものに立ちもどって考えた。

　彼は，他のあらゆる才能に加えて，非常に手の込んだ計算を，頭の中で稲妻のような速さでやってのけるという，きわめて著しい能力を備えていた。この能力は，だいたいの大

---

　* 形式的体系を構成する基本記号，論理式，証明図などのそれぞれに対して，このように対応づけられた各自然数をゲーデル数という。こうした方法は，ゲーデルが不完全性定理を証明する際にはじめて導入したもので，以後，形式的体系に関する各種の問題を取り扱うきわめて重要な方法の一つとなった。

きさを暗算で計算したり，彼が覚えている信じられないほど多くの物理定数を引用したりするときなどに，特にその偉力を発揮した。

　数学の応用に対する彼の絶大な関心は，時とともに重要さを増すようになり，1941年ごろまでには，もはやそれが彼の最も主要な関心事となっていた。このことは，特に計算機の分野に，そして広くいえば合衆国全体に，計りしれないほど大きな貢献をした。こうした関連では，フォン・ノイマンが1928年に書いたゲーム理論に関する論文も，注目に値するものである。これは，その種の問題に対する彼のはじめての挑戦であった。ほかにも散発的な研究——ボレル，シュタインハウス，ツェルメロその他による——は，それ以前からすでにあったが，ゲームと経済行動との関係を明らかにし，さらに今日の有名なミニマックス定理*を定式化して証明を与え，それによってある一群の重要なゲームに良好な戦略が存在することを保証したのは，彼の論文が最初であった。[15] フォン・ノイマンとモルゲンシュテルンのよく知られた本の中には，"本書の考察は，1928年および1940-41年に，著者の一人が何段階かにわたって展開した'戦略ゲーム'に関する数学的理論の応用に帰着する"[16] と述べられている。

　これは，フォン・ノイマンのどの仕事にも共通した，ある種の特色を示している典型的な一例であって，通常は思いもかけないような，しかも深遠な方法で，絶えず混じり合い，繰り返される数多くの主題は，それ自身，芸術作品のような趣を備えている。事実，フォン・ノイマンは，あらゆる数学の芸術家の中でも，最も偉大な芸術家の一人であった。彼は数学的にみて洗練されているというのは，どのようなことを言うのかについて完璧といっていいほど確かな感覚をもっており，常にそうした面に対して気を配っていた。単に結果を確立するだけでは，彼は決して満足せず，それを洗練された優美なやり方で行なわなければ気がすまなかった。私たちが何かの問題について研究をしているとき，彼はよく"こうするのが，そいつをやるすっきりしたやり方だよ。"と私にいったものである。

　数学に関する彼のどの講義を聞く際にも，人々が経験した困難の一つは，まさしくそのまぎれもない美しさと格調の高さに起因していた。そうした講義では，結果の証明などが，往々にしてあまりにも分かりやすく行なわれたために，人々は，フォン・ノイマンが選んだ道筋を，すっかり理解したようなつもりになってしまった。あとで家へ帰ってから，そ

---

* 起こりうる損失の最大値を最小にするという戦略の決定方針を，ミニマックス原理とよぶ．フォン・ノイマンは，任意の有限な零和2人ゲームに対して，常にこのミニマックス原理に従うような最適の戦略（混合戦略）が存在することを証明した．これは，今日のゲーム理論の出発点となっている最も重要な定理の一つである．

第6章 ジョン・フォン・ノイマンと計算機

れを再現しようとしたときに彼らが見いだすのは，その魔法の道筋ではなくて，荒れほうだいの一歩も足を踏み込めないような森だったのである．彼らのために，一言弁じておかなければならないことは，フォン・ノイマンが，いつも広々とした黒板上の2フィート四方ぐらいの部分を選び出して，あたかもその小さな面積の中に，彼の書くことをすべて納めることができるかどうか確かめるゲームでもしているような，黒板の使い方をしていたことである．彼はそれを，黒板ふきを要領よく使って行なったので，受講者たちはそこに書かれたことだけを，かろうじて書き写すことができるといった状態に追い込まれた．

彼の講義ぶりを，その書いたものと対比させてみるのは興味深いことである．彼の話し方はすばらしく明快で，どことなく非常に示唆に富み，人を奮い立たせるところがあった．彼の書いたものはきわめて格調が高く，均衡がとれていて，細部に至るまで完璧なものであったが，往々にして，ほかにも多数ある中から，どうしてそのようなやり方を採用したのかといった点についての説明を欠いていた．彼がその最高の識見を受講者に分かち与えた講義の場で，口頭による解説の中にとり入れたのは，その種の説明であった．彼の文体は決して回りくどいというわけではないが，ときとして理解を妨げるような，一種独特の考え方の複雑さを常にもっていた．そうした複雑さは，おそらく，彼がドイツ語，ラテン語，ギリシア語などに習熟していたことから生じたものであろう．

一方，彼の口頭での言い回しは，明らかに彼が日常的なアメリカ英語を完全に自分のものにしていたことと，アメリカ人のものの考え方ややり方をよく理解していたことによってもたらされたものであった．英語の発音で，彼が困難を感じていたのは，"th"や"r"に関連したものだけであったが，彼の口調には，愉快なハンガリー語風のなまりがあり，また彼自身どうしても改めようとしなかったある種の固定化した発音の誤りがあった．その代表的なものの一つは，彼が"integer（インテジャー）"を"integher（インテガー）"というように発音していたことである．あるとき，著者の聞いている前で，彼はこの言葉を正しく発音したが，その後からすぐに訂正して，再び彼流にそれをいうようになった．

プリンストンでは，彼にまつわる話として，彼は本当は半分神様であるが，人間のことをすみずみまで研究して，完全にそのまねをすることができるようになったのだというようなことが，よくいわれていた．実際，彼はりっぱな社交性のある態度と非常に温かい人間的な個性，すばらしいユーモアの感覚などをもっていた．これらの資質は，彼の信じられないほどの知的能力とともに，彼を最高の教師にした．彼について書かれた文献の一つには，"フォン・ノイマンの貢献に対するどのような評価も……同年代であるか年下であ

るかを問わず，友人や知人のだれにでも彼が惜しみなく与えた指導と援助について触れることなくしては，完全とはいえないであろう．同僚のだれからよりも，フォン・ノイマンとの個人的な会話から，より多くのことを学んだと信じている理論物理学者は少なくない．彼らは，数学の定理の形で彼から学んだことの価値も認めているが，数学的な議論を展開する場合の考え方やすすめ方について彼から教えられたことのほうを，それよりもさらに高く評価している．"[17] と述べられている．ランドーの言葉を借りていえば，彼こそは，まさしく "両手を生命の炎にかざして温めた" 人物だということができるのである．

1930年代の半ばごろまでに，フォン・ノイマンは，流体の超音速乱流の問題に，深くかかわり合うようになった．"彼が非線形偏微分方程式の問題の底辺に横たわる不可解な現象について知るようになったのは，その当時のことであった．……これらの非線形方程式で記述される現象は，解析学の手には負えないもので，現存する方法では，定性的な見通しを得ることさえ不可能である．"[18] その結果，第二次世界大戦の開始時には，フォン・ノイマンは衝撃波および爆発波に関する指導的な専門家の一人となり，必然的に弾道研究所，OSRD（科学研究開発局），海軍兵器局，マンハッタン計画*などの研究活動にも参画することになった．――このことは，そのいずれの場合にも，非常な好結果をもたらした．私たちに課せられた当面の問題は，この偉大な人物の伝記のようなものを書くことではなくて，計算機の分野における彼の役割を説明するのに必要な，その経歴の中のほんの一部を紹介することである．彼の行動のすべてにわたって詳しく書き上げる代わりとして，ここではフォン・ノイマン自身が，上院の原子力特別委員会で述べた彼の戦時中の活動に関する陳述を引用し，併せてボホナー教授の作成したフォン・ノイマンの簡単な年譜を転載しておくことで，お許しをいただきたい．

マクマホン上院議員殿：

私は，あなた方が，私の適格性について知ることを望んでおられるものと思います．私は数学者であり，かつ数理物理学者でもあります．私は，ニュージャージー州のプリンストンにある高級研究所の一員であります．過去10年近くにわたって，私は，軍事問題に関連した政府機関の仕事に携わってまいりました．すなわち，1937年以来，私は顧問の資格で，陸軍兵器局の弾道研究所の仕事をしてきました．1940年以来，科学諮問

---

* 原子爆弾の製造計画を遂行するために，1942年8月，陸軍技術本部内に設けられた大規模な開発機関の通称で，正式にはマンハッタン管区（Manhattan District）という暗号名でよばれていた．

委員会の委員を兼ねています。さらに 1941 年以来，私は，国防研究委員会のいろいろな部会の委員をしてきました。1942 年からは，海軍兵器局の顧問もしています。1943 年以来，私はロスアラモス研究所の顧問として，マンハッタン管区に関係しており，1943-45 年のかなりの部分をそこで過ごしました。[19]

ジョン・フォン・ノイマンの年譜[20]

1903 年	12 月 28 日，ハンガリーのブダペストで生まれた。
1930-33 年	プリンストン大学客員教授。
1933-57 年*	高級研究所（ニュージャージー州プリンストン），数学科教授。
1937 年	アメリカ数学会において，ギブズ講演，コロキアム講演の講演者に選ばれ，ボーシェ賞を受賞した。
1940-57 年	科学諮問委員会委員，弾道研究所（メリーランド州，アバディーン試射場内）顧問。
1941-55 年	海軍兵器局（ワシントン D. C.）顧問。
1943-55 年	合衆国原子力委員会ロスアラモス科学研究所（ニューメキシコ州ロスアラモス）顧問。
1945-57 年	高級研究所（ニュージャージー州プリンストン）電子計算機開発室長。
1947 年	プリンストン大学より名誉学位（理学博士）を贈られ，特別功労章および民間人特別貢献者賞を，それぞれ大統領および合衆国海軍より受賞した。
1947-55 年	海軍兵器研究所（メリーランド州シルヴァー・スプリング）顧問。
1949-53 年	研究開発審議会（ワシントン D. C.）委員。
1949-54 年	オークリッジ国立研究所（テネシー州オークリッジ）顧問。
1950 年	ペンシルヴァニア大学およびハーヴァード大学より名誉学位（理学博士）を贈られた。
1950-55 年	軍用特殊兵器開発本部（ワシントン D. C.）顧問，武器体系評価専門委員会（ワシントン D. C.）委員。
1950-57 年	アンデス大学（南アメリカ，コロンビア）評議員。
1951-53 年	アメリカ数学会会長。

---

* J. von Neumann, The Computer and the Brain (New Haven, 1958) の冒頭にあるクララ夫人のまえがきには，"1955 年春，私どもはプリンストンからワシントンに移り，ジョニーは，1933 年以来数学科の教授をしていた高級研究所を退職しました。" と書かれている。

1951-57年	合衆国空軍科学諮問委員会（ワシントン D. C.）委員。
1952年	イスタンブール大学，ケース工科大学，およびメリーランド大学より名誉学位（理学博士）を贈られた。
1952-54年	大統領の任命により，合衆国原子力委員会（ワシントン D. C.）の総括諮問委員会の委員に就任した。
1953年	ミュンヘン工科大学より名誉学位（理学博士）を贈られ，プリンストン大学のヴァナクセム講座の講演者に選ばれた。
1953-57年	原子力技術諮問委員会（ワシントン D. C.）委員。
1955-57年	大統領の任命により，合衆国原子力委員に就任した。
1956年	大統領より自由功労章を受け，アルバート・アインシュタイン記念賞およびエンリコ・フェルミ賞を受賞した。
1957年	2月8日，ワシントン D. C. において死亡。

会員に選出された内外の学術団体：
   国立精密科学学士院（ペルー，リマ）
   リンチェイ国立学士院（イタリア，ローマ）
   アメリカ芸術科学協会
   アメリカ哲学会
   ロンバルディア科学文学協会（イタリア，ミラノ）
   合衆国科学学士院
   王立オランダ科学文学学士院（オランダ，アムステルダム）

　計算機や計算法の問題に，フォン・ノイマンはどのような経緯で関係することになったのであろうか。この質問に対する解答は，上に要約したような彼の経歴と，私たちがまだ触れていない彼の性格のある一面の中に見いだされる。他のいろいろな特質に加えて，彼には新しい着想に，時折ほとんど飽くことを知らないほどの興味を抱くといったようなところがみられた。それ以外のとき——たとえば，彼が何か頭を使う仕事に深く没頭しているようなとき——には，彼はそうした新しい思いつきなどを全く受け付けなかった。このような場合，彼はその話し手のいうことを，ほとんど気を入れて聞こうとはしなかった。しかしながら，概して新しい知的挑戦に対しては，彼は非常に理解のある態度で接してお

り，これといった着想が見当たらないときの彼は，何かあせりにも似たような気持ちを，いつもおもてに表わしているように思われた。彼は征服しなければならない新しい分野を，ほとんど常に探し求めているようにみえたし，たぶん，実際にそのとおりであったと思われる。当然のことながら，彼の気持ちを最も強く引き付けたのは，応用数学に対する彼の関心にかかわりのある分野の問題であった。

したがって，彼が流体力学への進出をみせたことは，格別驚くほどのことではない。この課題は，彼にとって疑いもなく非常に重要であったに違いない，いくつかの特徴を備えていた。すなわち，その分野には，きわめて重大な数学的な性質の問題点が無数にあったし，現在でも，実質的にその状況はあまり変わっていないこと；この分野における確実な前進は，数学および理論物理学の双方に決定的な影響をもたらすことが想定されること；最後に，流体力学は，過去も現在も政府機関のために大いに役だっていること等々がそれである。

これら三つの理由のそれぞれについて，ここで若干の説明を加えておくことは，無意味ではないと思われる。1940年代の半ばごろ，フォン・ノイマンと私は次のようなことを書いている。

　現在知られている解析的な手法は，非線形の偏微分方程式や，事実上は，純粋数学のほとんどすべての非線形問題に関連して生じる重要な問題を解決するためには，適さないように思われる。こうした実状は，流体力学の分野では特に顕著である。この分野で解析的に解かれているのは，最も初歩的な問題にしかすぎない。さらに解析的な手法で部分的な成功を収めたような場合でも，ほとんど例外なしに，それらの成功は全く偶然のものであって，決して方法それ自身の，そうした問題に対する本質的な適合性によるものではなかったように見受けられるのである。[21]

二番めの理由についての補足的な説明は，同じ論文のもう少し後のところに出ている：" ……私たちが，重大な概念上の困難に直面していることは，流体力学における数学的な問題点の主要なものが，リーマン，レイノールズの時代から知られており，しかもレイリーほどのすぐれた数理物理学者が，その生涯の大半を費やしてそれらとたたかう努力をしたにもかかわらず，今なおそれらに対しては，なんら決定的な進歩がなされていないという事実から明らかである。……"[22]

三番めの理由の裏付けとしては，次のようなウラムの記述を引用しておくだけで十分であろう：" 彼は，政治的な緊張に満ちた雰囲気のために，個人的な経験では，そこ（ヨーロッパ）で科学的な研究を行なうことは，ほとんど不可能であるとよくいっていた。戦後彼は，全く不承不承，海外旅行を引き受けた。"[23]

フォン・ノイマンの流体力学に関する知識は，1943年末に彼が顧問として加わったロスアラモス研究所の人々にとっては，計りしれないほど貴重なものになった。彼が初期にそこで行なった最も重要な貢献の一つは，包爆法（インプロージョン）についての研究であった。このことを理解するためには，いったいそれがどのような内容の仕事であったかについて，少し説明を加えておくことが望ましいと思われる。

ロスアラモスの物理学者たちを阻んでいた大問題は，少量のウラン同位元素 U^{235} やプルトニウム Pu^{239} に，きわめて速い反応を起こさせ，大量のエネルギーが爆発的に放出されるようにするためには，どのようにすればよいかという問題であった。この問題は，1942年12月2日にようやく成功した原子炉での，比較的緩慢な中性子の生成とは全く別種のものであった。したがって，多数の第一級の物理学者たちが，そうした速い反応を実現するための種々の異なった方式を提案し，検討をすすめていた。

原理的には，非臨界状態の物質から出発して，なんらかの方法により，それをきわめて迅速に臨界状態にもっていくというのがその考え方であった。非常に小さな爆発が臨界状態に達する前に起こって，爆弾そのものを破壊することを防止するためには，この速さがどうしても必要だったのである。一つの方式は，核物質から成る二つの半球をこしらえて，それぞれの半球単独では臨界量を下回っているが，それらを結合して一つの球にしたときには，臨界量に達するようにするというものであった。この場合，二つの部分は互いに接近して並ぶように組み立てられ，必要な瞬間に通常の高性能爆薬の爆発力によって双方から押し付けられた。*

さらに一段とすすんだ手法としては，臨界量をやや下回る核物質の球をこしらえ，その球の周りを囲む通常の爆薬により，非常に大きな力で急速に圧縮して，それが臨界状態になるようにするというやり方があった。セス・ネッダーマイヤーの手で実験が続けられていたのは，この手法であった。** フォン・ノイマンは，ネッダーマイヤー，エドワード・テ

---

  * 広島に投下された原爆はこの型のものであった．
 ** アラモゴルドウ沙漠で実験された人類最初の核爆発および長崎に投下された原爆はこの型であった．

ラー,ジェームズ・タックなどと協力して,この手法について詳細に研究した。大きな問題点の一つは,その核物質の塊のすべての部分を同時に圧迫するような球面衝撃波を,つくり出さなければならなかったことである。かりに同時性が満たされなかったとすれば,核物質は圧力の低い部分から追い出され,結果的に爆発エネルギーの損失を招くことになる。タックとフォン・ノイマンは,球面波をつくり出すのに使用することができるような,独創的な方式の高性能爆薬レンズを発明した。この着想が成功をもたらしたのである。

　これは決して小さな業績ではないが,ロスアラモスでの研究計画に対するフォン・ノイマンの主要な貢献は,疑いもなく,それに参加していた理論物理学者たちに,彼らが研究している現象をどのように数学的にモデル化し,その結果得られる方程式の数値解をどのようにして求めるかを示したことにあった。パンチ・カード機械を備えた機械計算室が,包爆法の問題を処理するためにつくられた。これは後に,世界中で最も進歩した大規模な設備をもつ計算センターの一つへと発展した。*

　フォン・ノイマンには,非常に複雑な計算問題を暗算で解くという,超人的な能力があった。このことは,数学者や物理学者の間で,等しく驚異の的になっていた。彼の能力がどれほどのものであったかは,次のようなおもしろい逸話からもうかがい知ることができる。あるとき,一人の有能な数学者が,彼の悩みの種になっていた問題について討議するために,私の部屋に立ち寄った。延々と続いた結論の出ない議論のあとで,彼はその晩,卓上計算機を家へ持ち帰って,いくつかの特別な場合についての計算をしてみるといい出した。それぞれの場合は,式の値を数値的に計算することによって解決することができたからである。次の日,彼はげっそりと疲れ果てた顔をして部屋へやってきた。その理由を尋ねられた彼は,後になるほどこみ入ってくる五つの特別な場合について徹夜で計算をして,終わったのが明け方の四時半だと勝ち誇ったように説明した。

　その日の午前中遅く,顧問としての出張できていたフォン・ノイマンが,不意にはいってきて,物事がうまくすすんでいるかどうか尋ねた。そこで私は,この問題をフォン・ノイマンを交えて検討するために,私の友人を紹介した。私たちはいろいろな可能性について考えてみたが,それでもやはりうまくいかなかった。そのあとでフォン・ノイマンは,"いくつかの特別な場合について計算してみよう。"といい出した。私たち二人は,その朝早く行なった計算のことを彼にいわないように注意しながら,その案に賛成した。それか

---

* 現在ロスアラモスの計算センターでは CDC 7600 4台, CDC 6600 2台, Cyber 2台から成るシステムが稼動している。

ら彼は天井に目をやって、おそらく5分ぐらいのうちに、前もってさんざん苦労をして計算してあった中の四つの場合の結果を暗算で出してしまった。いちばん込み入った五つめの場合に彼がとりかかって1分ほどたったとき、私の友人は突然大きな声でその最終的な結果を発表した。フォン・ノイマンはひどくろうばいしたが、すぐに自分の暗算にもどってそのテンポを一段と速めた。たぶんそれから1分ほどして、彼は"そのとおりだ。それで合っているよ。"といった。私の友人はそこで逃げ出してしまい、フォン・ノイマンはさらに30分もの間、その問題を取り扱うためのよりすぐれた方法を、何者かがどのようにして見いだすことができたのかを理解しようとして、かなり考え込んでいた。最後に事の真相を知らされて、ようやく彼は平静さを取りもどした。

　どのような場合でも、フォン・ノイマンは、数値計算に深い関心と能力をもっていたが、彼の流体力学に関する仕事は、計算機とそれによる計算なしには考えられないものであった。彼がアバディーンとロスアラモスの双方に関係をもつようになったのは、もちろん、ふとしたきっかけからのことである。私たちすべては、まさしくこの偶然のめぐり合わせにたいへんな恩恵を被っているのである。

　1944年夏、私の病院生活*が終わってからしばらくたったある日、私がアバディーンの駅のプラットホームでフィラデルフィア行きの列車を待っていると、向こうからフォン・ノイマンがやってきた。そのときまで、私はこの偉大な数学者に面識はなかったが、もちろん彼のことはよく知っていたし、なんどか彼の講義を聞いたこともあった。そこで私は、かなりの無鉄砲さでこの世界的に有名な人物に近づき、自己紹介をして話しかけた。幸いにもフォン・ノイマンは、人々が彼の前でくつろいだ気分になれるように最善の努力をする、心の温かい、親しみやすい人であった。話題はすぐに私の仕事のことに移った。私が毎秒333回の乗算を行なうことができるような、電子計算機の開発に関係していることをフォン・ノイマンが知るに及んで、私たちの会話全体の雰囲気は、くつろいだ、気のきいたユーモアに満ちたものから、数学の学位審査のための口頭試問を思わせるようなものに、がらりと変わってしまった。

　その後しばらくして、ENIACをフォン・ノイマンに見せるために、私たち二人はフィラデルフィアへ行った。その時点では、2台の累算器に対する試験が順調にすすめられていた。間近に迫ったこの訪問に対してエッカートが示した反応は、私の愉快な思い出にな

---

　　* 前章に述べられているように、この時期著者のゴールドスタインは、伝染性の肝炎にかかって入院していた。

っている．エッカートは，フォン・ノイマンが本当に天才であるかどうかは，彼の最初の質問によって判断することができると宣言した．もしその質問が，機械の論理構造に関するものであれば，彼はフォン・ノイマンが天才であると信じるし，そうでなければ信じないというのである．もちろん，フォン・ノイマンの最初の質問は，この論理構造に関するものであった．

1944年の11月2日に，私は妻とともにフィラデルフィアへ帰って，そこに再び住居を構えた．私たち夫婦とフォン・ノイマン一家との長年にわたる非常に実り多い友情と仕事のうえでの付き合いが始まったのはこの時代のことで，そうした関係は，彼の不慮の死に至るまで続いた．

原著者脚注

[1] フォン・ノイマンの家族は早々と，ベラ・クンが権力を握ってから1箇月後にはハンガリーを離れた．共産主義体制は130日で終わりを告げ，ベラ・クンが追放されてからおよそ2箇月後に彼らは帰国した．オッペンハイマーの審問会における証言の中で，フォン・ノイマンはこういっている．"一般にハンガリー人の間には，ロシアに対する感情的な恐怖心と嫌悪感があることを，あなた方は見いだされると思います．"

[2] 1950年代のはじめから，フェラーは，計算機にかなりの興味をもつようになり，長年にわたってIBM社における私，および私の後任者の相談相手になった．同社に，高度な内容をもった数理科学部門をつくるのに，彼は計りしれないほど重要な貢献をしている．

[3] 興味のある読者は，これらの人たちのうちの何人かについて書かれた次の興味深い本を参照されたい．
Laura Fermi, *Illustrious Immigrants, The Intellectual Migration from Europe, 1930–1941* (Chicago, 1968).

[4] 伝記的な事項については，S. Ulam, "John von Neumann, 1903–1957," *Bull. Amer. Math. Society*, vol. 64 (1958), pp. 1–49; S. Bochner, "John von Neumann," National Academy of Sciences, *Biographical Memoirs*, vol. 32 (1958), pp. 438–457; H. H. Goldstine and E. P. Wigner, "Scientific Work of J. von Neumann," *Science*, vol. 125 (1957), pp. 683–684. などを参照されたい．

[5] C. Reid, *Hilbert* (New York, 1970).

[6] *Principia Mathematica* (London, 1903).

[7] *Vorlesungen Über die Algebra der Logik*, 4 vols. (Leipzig, 1890, 1891, 1895, 1905).

[8] B. Russell, *Principles of Mathematics* (New York, 1950). 初版が出版されたのは1903年で，"その大部分は1900年に書かれた．"

[9] E. T. Bell, *Development of Mathematics* (New York, 1945), p. 557.

[10] Russell, *Principles*, p. vi.

[11] C. Reid, *Hilbert*, p. 157 に引用されている．

[12] K. Gödel, Über formal unentscheidbare Sätze der *Principia Mathematica* und verwandter Systeme," I, *Monatschefte für Mathematik und Physik*, vol. 38 (1931), pp. 173-198.

[13] Bell, *Development of Mathematics*, p. 576.

[14] Post, "Finite Combinatory Processes-Formulation 1," *Journal of Symbolic Logic*, vol. 1 (1936), pp. 103-105 ; Turing, "On Computable Numbers," *Proc. London Math. Soc.*, ser. 2, vol. 42 (1936), pp. 230-265.

[15] "Zur Theorie der Gesellschaftspiele," *Math. Ann.*, vol. 100 (1928), pp. 295-320.

[16] *Theory of Games and Economic Behavior* (Princeton, 1944), p. 1.

[17] Goldstine and Wigner, "Scientific Work of J. von Neumann," p. 684.

[18] Ulam, 前出, pp. 7-8.

[19] Statement of John von Neumann before the Special Senate Committee on Atomic Energy, Collected Works, vol. VI, pp. 499-502. 彼は原子力委員会の設置に関する審議中の法案について，1946年1月31日に証言した．

[20] Salomon Bochner, "John von Neumann," National Academy of Sciences, *Biographical Memoirs*, vol. 32 (1958), p. 447.

[21] Goldstine and von Neumann, "On the Principles of Large-Scale Computing Machines," フォン・ノイマンの Collected Works, vol. V, p. 2 にある．

[22] 同上, pp. 2-3.

[23] Ulam, 前出, pp. 6-7.

第 7 章

ENIACを超えて

　ENIAC に次いでどのような開発が行なわれたかについて説明するためには，前にさかのぼって，バベッジの解析機関，スティビッツのリレー式計算機，ハーヴァード大学-IBM 社の自動逐次制御計算機，あるいはポストやチューリングが紙の上で考え出した計算機などを引き合いに出してくるのが好都合である。すでに述べたように（前出，p. 23），バベッジの機械はそこで行なわれる一連の演算を示すために，順序よく並べられた一組のいわゆる演算カードによって，その作業内容が指示されるように考案されていた。同様に，ここにあげたそれ以外の機械は，いずれも実行すべき命令に対応する数字符号を穿孔した紙テープを備えていた。いちはやく 1943 年の 11 月にスティビッツは，3次式による補間法の計算に使われたリレー式補間計算機（RI）とよぶ非常に小さな機械の場合に，命令がどのように取り扱われているかについて次のように書いている：“与えられた計算をRI に実行させるためには，その計算を，数字の記憶，読み取りまたは書き込み，加算等々といったこの機械に対する命令を連ねた形に書きおろす。これらの命令は，通常のタイプライタによく似た装置を使って制御テープに打ち込まれる。”[1]

　こうして 1944 年ごろまでにムーア・スクールの人たちは，計数型計算機に対する命令は，数字符号の形で紙テープ上に貯えておくことができるという共通の理解をもつようになっていた。この点は，次に起こったことに決定的な影響を与えているので，きわめて重要である。1944 年の 8 月から 10 月にかけて私がやりとりした文書を見れば，明らかに 2 台の累算器の組み立てが軌道に乗ったことで，ムーア・スクールの人たちや私は，ENIAC 全体を安定して稼動するシステムにつくり上げることが，私たちの手で，あまり大きな遅れを出さないでできるという確信をもちはじめたことがわかる。事実，1944 年 8 月 11 日

に私は，ENIAC は 1945 年 1 月 1 日ごろ完成する見込みになっており，間口 20 フィート，奥行き 40 フィートくらいの部屋を用意しなければならないといったような，楽観的な報告書を書いている。[2]

同じ時期にムーア・スクールでは，ENIAC の機能上の特性に関する全般的な再評価に手がつけられた。その結果，科学計算のための汎用の計算機としてみた場合，この機械には，いくつかの重大な問題点や欠陥があることが明らかになった。特に私は（そしておそらくはカニンガムも同様に），ENIAC におけるプログラミング機構の使いづらさと，電子的に内容を変更することができる記憶用置数器の 20 個という少なさになやまされていた。私たちはすでに，弾道方程式の処理よりもはるかに込み入った計算を行なうことを頭に描いていたのである。

そこで私は，1944 年 8 月 11 日に，そうした見解をサイモンに具申した：

2. しかしながら，ENIAC は 1 年半以内に提供する必要があったために，とりわけ与えられた手順を実行するための装置間の接続を確立する方法や，高速記憶装置の不足などにみられるような設計上の問題点については，ある種の間に合わせの解決法を受け入れざるをえなかった。新しい計算問題を取り扱う場合，これらの欠陥はかなりの不便さと時間の損失とを研究所にもたらすであろう。

3. 改良された設計のもとに，新しい ENIAC をつくることをその最終目標として，ムーア・スクールで引き続き研究開発を行なうことができるようにするために，新たな研究開発契約を同研究室と結ぶことは，非常に望ましいことであると考えられる。……[3]

この報告書は，ENIAC の操作上の欠点を改善するための話し合いが，ムーア・スクールで行なわれていたことを，きわめて明白に物語っている。疑いもなくそうした話し合いは，8 月中旬ごろまでに新しい技術的な着想があらわれるところまで前進した。事実，機械の記憶容量を増すための遅延線とよばれている装置について述べた，エッカートとモークリーによる日付のない報告書が書かれたのは，それがブレイナードから私に送られてきたその夏の 8 月 31 日よりも以前のことである。[4] 後ほど詳しくとり上げるこの装置は，次の発展段階のために，決定的な役割を果たすことになった。

8 月 11 日付の報告書を受けて，弾道研究所では広範囲にわたる話し合いが行なわれ，その結果，射撃表検討委員会として知られている委員会の会合が 1944 年 8 月 29 日に開かれ

て，私の要請を支持するサイモンあての勧告が出された。[5] その議事録を見れば，この会議にはフォン・ノイマンも出席していたことがわかる。フォン・ノイマンが，すでにそれ以前にムーア・スクールを訪れていることは，このことからも明らかである。私の記録によれば，病後私が職場に復帰したのは，1944年7月24日前後のことで，フォン・ノイマンをはじめて ENIAC を見につれていったのは，たぶん8月の7日またはその前後ということになる。私の記憶では，フォン・ノイマンの最初の訪問が行なわれたのは，2台の累算器による試験が行なわれていた最中のことであった。私の受けた出張命令書は，私がペンシルヴァニア大学の病院を退院して，最初に仕事でフィラデルフィアへ出掛けたのが，1944年8月の第一週であったことを示している。8月末までに私は，次のような要求を満足する新しい電子計算機の開発を，強く主張するようになっていた。

　a．使用する真空管の本数が現行の機械よりもはるかに少なく，したがってより少ない費用で，より能率的に保守しうること。
　b．現在の ENIAC では，容易に適応しえないような型の多くの問題を処理する能力をもっていること。
　c．大量の数値データを，安価に，高速度で貯えることができるようになっていること。
　d．新規の問題を解くための段取りが，きわめて短時間でできるという特色を備えていること。
　e．大きさが現在の ENIAC よりも小さいこと。[6]

ムーア・スクールにおける検討が，1944年8月末までに大きく前進したことは，この資料のいずれの記述を見ても明らかである。しかしながら，命令をどのような方法で貯えるか，それらの命令はどのようなものでなければならないか，などといった点についての理解につながるような，具体的な成果はまだ何もなかった。その時点での方針は，ともかくもスティビッツの機械と同じようなやり方でこれを行なうというものであったが，何ひとつ明確な形にはなっていなかったし，つきつめて考えられてもいなかったのである。そうしたときにエッカートは，遅延線を利用して情報を貯えることができるという思いつきを提示した。この着想は，本質的に最も重要なものである。ちょうどこの着想があらわれたところへフォン・ノイマンが，舞台に登場することになったのは幸運であった。

この生のままの着想をとり上げて，それを完全なものに仕上げたのは彼であった。1944年8月以降フォン・ノイマンは，バークス，エッカート，アデール・ゴールドスタイン，モークリーなどといった人たちや私自身との会合をもつために，定期的にムーア・スクールへくるようになった。エッカートは，彼の新しい着想を取り巻く論理学的な問題に，フォン・ノイマンが非常に強い関心を示したことを歓迎し，これらの会合は最もすばらしい知的活動の場になったのである。こうした会合から，解決を迫られている数学的な問題の型や，それらを処理する新しい機械の論理設計ならびに工学設計に関するきわめて独特な考え方が生まれた。

その年の9月にブレイナードはこう書いている。

> ENIACに関する研究の進展に伴って，ENIACの設計段階では予定していなかったような型の問題を解くための検討が，かなり広範囲にわたって行なわれるようになってきました。特にこうした検討は，フォン・ノイマン博士を加えて行なわれています。……フォン・ノイマン博士が特に関心をもっておられるのは，超音速風洞で行なわれる実験作業の，論理的な裏付けになるような数学的解析です。……
>
> ENIACの記憶容量を……非線形偏微分方程式を実際的に処理するのに必要な大きさまで拡張することは，事実上不可能です。この問題を解くためには，全く新しい手段をとる必要があるのです。現在のところ，原理的には使える可能性のある方法が二つわかっています。その一つはアイコノスコープ管*を転用するというもので，フォン・ノイマン博士は，すでにそのことをRCA研究所のツウォリキン博士に話しています。もう一つの方式は，遅延線のもつ記憶能力を利用するもので，これについては私たちは若干の経験をもっています。そうした回路を使えば，多数の文字を比較的小さな場所に収容することができますので……ほどよい大きさの機械を，現在，弾道研究所のいくつかの研究分野の進歩を妨げている偏微分方程式を解くために，つくることができる可能性があると思われます。[7]

この新しい機械——EDVACとよばれることになった——の詳細については後にとり上げる。ここでは，フォン・ノイマンとムーア・スクールの人たちとの共同研究に話をもどす

---

* 1933年にツウォリキンによって発明されたテレビ用の撮像管で，互いに絶縁された無数の微粒子でできた光電面を陰極線で走査して，光の強弱を電気的な信号に変えるようになっていた。

第7章 ENIAC を超えて　　215

ことにしよう。その討論や会合については，1945年3月に出された新しい機械についての最初の報告書に，次のように要約されている。

　論理制御に関する問題点の分析は，ジョン・フォン・ノイマン博士……，モークリー博士，エッカート氏，バークス博士，ゴールドスタイン大尉，およびその他の人々の間での非公式な討論によって行なわれた。……これらの討論を通じて検討が加えられた点は，EDVAC の使用上の融通性，記憶容量，計算速度，分類速度，問題のコーディング，回路設計等々である。これらの項目に対しては，特別な注意が払われた。……フォン・ノイマン博士は，EDVAC の論理制御に関するこれらの分析の要約を，いくつかの問題がどのようにプログラムされるかを示す実例とともに提出することを計画している。[8]

　7月に出た二度めの報告書は，"ムーア・スクールでは，EDVAC の論理設計をすすめるために，定期的な間隔で検討会が開かれてきた。こうした検討は，引き続き行なわれている。ジョン・フォン・ノイマン博士は……それらの討論の内容を系統的に整理した予備的な原稿を作成した。この資料は謄写印刷をして製本された。それは，フォン・ノイマンによって **EDVAC に関する報告書，第1稿**という表題がつけられた，101ページから成る報告書である。"[9]と述べている。

　新しい計算機の論理設計に関するこの仕事は，フォン・ノイマンにとってはちょうどおあつらえ向きのもので，以前に彼が手掛けた形式論理についての研究が，まさしくそこで物をいうことになった。彼の登場をみるまでは，ムーア・スクールの人たちは，主として非常に重要な技術上の問題に専念していた。彼がきてからは，論理的な問題に関する主導権を彼がにぎるようになった。そのためこの集団は，エッカート，モークリーなどの技術屋と，フォン・ノイマン，バークス，私などといった論理屋の二派に分裂する傾向をみせはじめた。本来，これは全く自然な仕事の分担ではあったが，対立はときとともにますます深刻なものとなり，遂には，この集団を混乱に陥れることになったのである。同じころ，大学およびムーア・スクールの理事者側と，エッカート，モークリーとの関係も，次第に緊張の度を加えていた。これらの争いは，いずれもこの話の中である役割を演じているが，それについては後に改めてとり上げることにしよう。

　EDVAC——Electronic Discrete Variable Calculator——に対するフォン・ノイマンの貢

献について述べる前に,私たちは,遅延線とはどのようなものであり,電子計算機の中でそれがどのように使われているかについて説明しておく必要がある。

そうした装置は,いろいろな方法でつくることができるが,当面,問題になるのはいわゆる超音波遅延線である。一般にこの種の装置は,電気信号を,与えられた一定の時間だけ遅らせるようにするために開発された。特に超音波を利用したものは,数ミリ秒程度の長い遅れをつくり出すのにきわめて好都合である。

こうした超音波遅延線の働きは,遅らせるべき電気信号を,ある種の流体を伝わる超音波信号に変換し,次にもういちどそれを電気信号に変換することによってもたらされる。流体の中での信号の伝達速度が,電気が電線を伝わる速さよりはるかに遅いというところから,その遅れが生じるわけである。たとえば,超音波信号が水銀を伝わる速さは毎秒 1,450 メートルであるが,電気信号が電線を伝わる速さは,毎秒 3×10^8 メートルという光の速さにほぼ匹敵する。したがって,流体を納める容器の長さを適当に定めることによって,あらかじめ指定された時間の遅れが得られることになる。

このような装置の最初のものは,ベル・テレフォン研究所で,トランジスタの共同発明者の一人であるウイリアム B. ショックリーによってつくられた。この装置には流体として,水とエチレングリコールの混合液が用いられた。二番めのものは MIT の放射研究所のために,エッカートと彼の仲間によってムーア・スクールで製作され,その特性についての研究が 1943 年の夏に行なわれた。[10] そのあとで,これらの装置を電波探知機(レーダー)用として開発するための組織が放射研究所に設けられた。

上に述べたように,これらの遅延線では何よりもまず,電気信号の音響信号への変換と,その逆の変換とを行なう必要がある。このことは,何かとてつもないことのように思われるかもしれないが,きわめて普通に行なわれていることでしかない。事実,毎秒 100 キロヘルツ以下の非常に低い周波数の場合には,拡声器がはじめの変換の例を与え,マイクロフォンはあとの変換装置の例になっている。しかしながら,当面の応用には,非常に高い周波数が用いられるので,このような装置では十分ではない。代わりに応用されるのが,いわゆるピエゾ電気効果(圧電効果)である。

この特有の性質——ピエゾという言葉は,ギリシア語の'圧力を加える'という意味の言葉,ピエゼイン(piezein)からきている——は,ジャック・キュリー,ピエール・キュリー兄弟によって 1880 年に発見された。彼らは,適当な方向に切り出された石英の結晶*

---

* キューリー兄弟は,はじめ電気石の結晶でこの現象を発見した.

に力学的な変形を起こさせると，その結晶内に電荷（圧）を生じ，また逆に，このような結晶に電荷（圧）を与えると，その結晶に力学的な変形が生じることを示した。したがってこのような結晶は，電気的な信号を力学的なものに変換したり，その逆のことを行なったりするために利用することができる。そうした信号を適当な搬送波に乗せれば，結晶に毎秒数百万ヘルツというような高い周波数の振動を与えることも可能である。遅延線の場合，これらの結晶は，水銀で満たされた筒の両端に取り付けて用いられた。電気的なパルスが，このような筒の入口にある片方の結晶に加えられると，その結晶が振動し，それによって毎秒 1,450 メートルの速さで水銀中を伝わる音波が送り出される。この音波がもう一方の端に達したとき，それに伴う振動は出口に取り付けられた結晶に圧力を加え，その結果，入力信号とそっくり同じ形をした電気的な振動が，もとの信号よりも $d/1,450$ 秒だけ遅れて発生する。ただし d はメートル単位で測った筒の長さである。したがって，筒の長さを 1.45 メートル（＝4フィート9インチ）にすれば，ちょうど 1 ミリ秒の遅れが生じることになる。

このような装置が，どうして情報を貯えるのに使えるのであろうか。第13図に示されたような遅延線を考えよう。さらにこの場合，入力用の導線と出力用の導線は，1 本につな

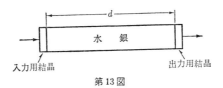

第13図

がっているものと仮定する。そうすれば，原理的には，この水銀中を伝わるどのような音響振動のパターンも，周期的に繰り返してあらわれることになる。出力側の結晶に到達した音響信号のパターンが，それに対応する電気的な信号のパターンに変換されて入力側の結晶にもどされ，そこで再びもとの音響信号のパターンに変換されるからである。こうした現象の周期が，前に述べたように，水銀柱の長さによって決まることはいうまでもない。

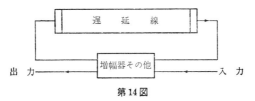

第14図

しかしながら、ここで考えたような理想化は、導線の抵抗や水銀の粘性などによって作用の永続性が損なわれるので、そのままでは実現性はない。こうしたエネルギーの損失を補償するためには、第14図に示されたように、信号のレベルを回復し、その波形をととのえるための、10本内外の真空管を内蔵した装置が必要になる。以上述べたことを数量的に見るために、仮に0.5マイクロ秒の幅をもったパルスで2進法の1が表わされ、そうしたパルスがないことで0が表わされるものとしよう。この場合、長さ1.45メートルの水銀槽は、2進数で1,000桁分のパターンを収容することができ、かつ電源がはいった状態にある間は、そうしたパターンを保存することが可能になる。

このことの意義を、ENIACの場合のやり方に対比させて考えてみることにしよう。ENIACの場合には、2進数の各桁はフリップ・フロップ、すなわち1対の真空管を使って貯えられるようになっていた。しかしながら、そうした1対は、1本のガラス管に納められていたので、ここでは2進数の一桁を、1本の真空管を使って貯えることができたといっておくことにしよう。遅延線の場合には、10本またはそれ以下の真空管を使うだけで、2進数の1,000桁分を貯えることができた。したがって、2進数の一桁を貯えるのに必要な真空管の本数は、この新しい技術によって、1本から1/100本に下がったことになる。そのうえ、ゲートとよばれている適当な真空管回路を利用すれば、任意に情報を読み出したり、新しい情報を送り込んだりすることができるようにするために、この信号の循環を中断させることが可能になる。したがって、信号のパターンは思いのままに変更することができる。これがエッカートの偉大な新しい技術的発明であった。

ENIACの場合には、2進数の各桁——ジョン・テューキーの用語を使えばビット——を真空管に貯えるというようなまずい方法をとっていたために、わずか20語しか貯えることができなかった。水銀遅延線を使用した計画中の新しい機械では、記憶装置の原価が1/100に下がるというその利点を生かして、試験的に記憶容量を約2,000語まで増やすこと、すなわち約100倍にすることが決定された。

幾分わき道にそれるが、ここで前に出てきた論理学者、アラン・テューリングにまつわるおもしろい話に一言ふれておくことにしよう。1946年の終わりか1947年のはじめごろ、数週間テューリングはフォン・ノイマンと私のところへ訪ねてきていた。その滞在中に彼は、水銀遅延線は記憶装置として使いものにならないと主張した。彼の議論は、信号と雑音の比に関する様々な考察に基づいたもので、十分な確信をもっているように思われた。事実、彼は私たちを説得しようとしたが、幸運にも実験と経験の結果は、彼が間違ってい

たことを証明した。

　さて今や私たちは，EDVACに対するフォン・ノイマンの貢献についての，予備的な話をすることができる段階に達した。それらの貢献は，1945年7月30日にムーア・スクールから出された前述の101ページに及ぶ報告書の原稿[11]に盛り込まれている。この報告書は，1944年秋から1945年春にかけてEDVACに投入されたあらゆる考察についての，彼によるみごとな分析と総合の成果を示すものである。そこに書かれているすべてのことが彼の仕事というわけではないが，重要な部分はそうであった。彼は，"高速計算機を製作するための技術の開発と，この問題に関する科学的かつ工学的な考察とを，可能なかぎり幅広く，しかも早急に前進させるために"この報告書を書いたと述べている。[12] ある意味では，この報告書は，計算および計算機に関して今までに書かれた最も重要な文書である。

　エッカートとモークリーは，EDVACに関する業務報告書の中でこのことをとり上げて，次のように書いている："幸いにも，1944年後半から現在まで，弾道研究所顧問ジョン・フォン・ノイマン博士の継続的な協力が得られた。……彼はEDVACの論理制御に関する多数の討議に参加して，ある種の命令コード体系を提案し，特定の問題を処理するめたのコード化された命令を書き上げることにより，その提案された体系を試験した。……彼の報告書では……議論の主題になっている論理的な考察から注意をそらすおそれのあるような，工学的な問題が表面に出てくるのを避けるために，物理的な構造や装置は理想化した素子で置き換えられている。"[13]*

　私の関知する限りでは，フォン・ノイマンは，電子計算機が本質的には論理的な機能を遂行するものであり，その電気的な側面は付随的なものであることを明確に理解した最初の人物であった。彼はこのことをそのように理解していたばかりではなく，計算機の様々な部分の機能やそれら相互間の作用についても，厳密な細部にわたる検討を行なった。今日このことは，ほとんどいうまでもない，きわめてありふれたことのように思われている。しかしながら，1944年当時にあっては，それは考え方の一大進歩であった。フォン・ノイマンにあてた手紙の中に私はこう書いている："だれもが……非常な興味をもって丹

---

*　理想化した素子を採用することにより，計算機の論理設計を，回路設計に付随して起こる工学的な問題とは切り離してすすめることができるようになった．フォン・ノイマン自身は，電子回路や物理的な素子そのものもきわめて重要視しており，それに関連した研究もいくつか行なっている．なお，この報告書の，ここに引用された部分よりも前のところには，ムーア・スクールの人たちが，フォン・ノイマンが参加する以前から，プログラム内蔵方式という概念をもっていたことを示す重要な記述がある．

念にあなたの報告書を読んでいましたし，私はそれが機械の論理的な骨格を完全に与えているという点で，何よりも最高の価値があると考えています。"[14]

　ちょうどこの時期には，論理的な機構としてみた場合，計算機がどのように作動するかについて，徹底的な分析をしておくことが必要不可欠であった。そうした必要性が，電子回路の高速性，および記憶装置としての遅延線の発明といった二つの新しい要因によってもたらされたのである。

　たとえばハーヴァード大学-IBM社の電気機械的な計算機の場合には，数値情報を貯える記憶用置数器は72個あって，プログラムは紙テープに貯えられた。この紙テープの動作速度は，置数器を構成している計数輪の速さにほぼ見合っていた。すなわち，数を記憶する器官と命令を貯える器官との間には，不均衡な点はみられなかった。電子計算機の場合，全体的な不均衡を生じさせないようにするためには，命令を，数と同程度の電子的な速さで処理する必要がある。したがって，数および命令のいずれの場合についても，それらの記憶装置が具備すべき必要条件について考え直してみることは必要不可欠であった。特にこのことを，フォン・ノイマンは成し遂げたのである。

　フォン・ノイマン以前にも，各種の演算制御機能を実行しうるように回路を組み立てなければならないことは，だれもが十分承知していたが，彼らの関心は，主として，その電気技術的な側面に集中していた。そうした側面は，もちろんきわめて重要なものではあったが，問題を，あたかも通常の論理学または数学の一分野であるかのように，はじめて論理的な側面から取り扱ったのはフォン・ノイマンであった。彼の報告書は，彼の特質を，この分野で彼がどのように発揮したかを示している：

　1.1　以下の考察は，**超高速計数型自動計算機**の構造，特にその論理制御の問題を取り扱う。……

　1.2　**自動計算機**とは，高度に複雑な計算——たとえば2ないし3個の独立変数をもつ非線形偏微分方程式の数値解を求める計算——を，行なうための命令を実行することができるような（通常はきわめて多数の要素から構成されている）装置である。

　計算操作をつかさどるこれらの命令は，文字どおり徹底的な詳しさでこの装置に与えてやらなければならない。問題を解くために必要なすべての数値情報をそれらは含んでいる。これらの命令は，パンチ・カードまたはテレタイプ用紙テープへの穿孔，鋼テープや鋼線への磁気的記録，映画用フィルムへの写真記録，1台ないし数台の固定また

は可変配線盤への配線など，この装置で読み取ることができるようななんらかの形で与えられなければならない。……考察の対象となっている問題の論理的かつ代数的な定義を表現するためには，これらすべての手順を一定の方式でコード化する必要がある。……

ひとたびこうした命令の列が与えられれば，装置はそれらの命令を，もはやそれ以上人間の判断力などをわずらわせることなく，実行しうるようになっていなければならない。また必要な演算が終わったとき，装置はその結果を再び上記のいずれかの形で記録しなければならない。結果は，数値データで与えられる。……[15]

これに引き続いて，彼は機械の各器官を列挙している。

2.2　一番めの構成要素：この装置はもともと計算をするためのものであるから，最も頻繁に行なわなければならないのは，算術の基本演算であろう。それらは加減乗除，すなわち＋，－，×，÷の演算である。したがって，装置がこれらの演算だけのための専用の器官を備えていなければならないというのは，決して不当な要求ではない。

しかしながら，この原則それ自体はほぼ妥当なものであるにしても，それを実現する具体的な方法については，十分な検討を加える必要があることを見逃してはならない。……いずれにしても**中央演算部**は，おそらくこの装置に欠かせないものであって，それが**一番めの構成要素：CA** になる。

2.3　二番めの構成要素：装置の論理制御，すなわち演算の正しい順序づけは，中央制御器官によって最も効率よく行なうことができる。装置を**弾力性**のあるもの，すなわち可能な限り**汎用性**の高いものにするためには，特定の問題のために与えられ，その問題を定義する特定の命令の列と，それらの命令——たとえそれらがどのようなものであろうとも——の実行を監視する一般的な制御器官とは区別して考えなければならない。前者はなんらかの方法で貯えられ——現存する装置では 1.2 に示したような方法で行なわれている——後者の機能は，この装置のある定まった作業部分が受け持つことになる。**中央制御**という言葉を，ここではこの後者の機能だけを意味するものとして用いる。それを遂行する器官によってつくられているのが，**二番めの構成要素：CC** である。

2.4　三番めの構成要素：長くて複雑な一連の演算（個々の計算問題に応じた）を実行するための装置は，どのようなものでもかなりの記憶能力を備えていなければならない。……

(b) 複雑な問題を処理する命令の列は，相当な長さのものになる可能性があるし，特にそれをコード化したものが各演算の内容を，逐一記述するようになっている場合（大多数の場合のやり方ではそうなっている）にはそうである。それだけの長さのものを記憶しておく必要があるわけである。……

いずれにしても，**記憶機構全体**は，この装置の**三番めの構成要素：M**を構成する。

2.6 これら三つの構成要素 CA, CC（両者をひとまとめにしてCで表わす）およびMは，人間の神経系における**連合領*** の神経組織に対応する。残された問題は，知覚をつかさどる**求心性神経**と運動をつかさどる**遠心性神経**に該当するものについて論じることである。それがこの装置の**入出力器官**である。……

装置は，入出力器官（知覚，運動器官）と，上にあげたような（1.2 参照）ある特定の媒体との情報のやりとりを，保持する能力を備えていなければならない。そうした媒体を，この装置の**外部記録媒体：R**とよぶことにする。……

2.7 四番めの構成要素：装置は……その構成要素CおよびMに，Rから情報を転送するための器官を備えていなければならない。これらの器官が**その入力部，すなわち四番めの構成要素：I**になる。後にみられるように，すべての転送は（Iによって）RからMに向けて行なわれ，直接的にCには行なわれないようにするのが最も得策である。……

2.8 五番めの構成要素：装置は……その構成要素CおよびMからRへの転送を行なう器官を備えていなければならない。これらの器官が**その出力部，すなわち五番めの構成要素：O**になる。この場合にもすべての転送は（Oによって），MからRに向けて行なわれ，直接的にCからは行なわれないようにするのが最も得策であることがわかる。……[16]

この報告書の中で，EDVAC の構造について論理的にどれほど完全な分析をフォン・ノイマンが行なったかは，以上のわずかな引用からも知ることができる。これは，彼の最初の重要な貢献であった。他の人々が，彼を抜きにしてこれだけのことがやれたかとか，あるいは，やったかもしれないなどといったようなことを，ここでは議論をする必要はない。事実は，彼がそれを成し遂げたということである。形式論理に関して彼が身につけたことのすべては，それを行なうのに必要な資質を彼に与え，彼の天才ぶりがそこにはまぎれもなく如実に示されている。

---

* 知覚領，運動領を除いた大脳皮質の約2/3を占める部分．記憶，判断，意志などといった高度な精神活動を受け持っており，たとえば言語中枢などはこの部分にある．

EDVAC に関連した様々な着想に対する功績がだれに帰属するかについては，多くのきわめて激しい論争があった。したがって，ここでその当時私が見たままの事実についてふれておくことは，決して不当ではないと思われる。

　この機械の論理構造についての検討は，非常に広範囲に及んでおり，無数の問題点に鋭い注意力を集めるのに役だった。そこでフォン・ノイマンは，そうした一切の事柄を彼の**報告書第1稿**にまとめ上げた。エッカートとモークリーは，そのときのことを次のように書いている："こうした方法で貢献したのはムーア・スクールの一員であるアーサー・バークス博士，陸軍兵器局の H. H. ゴールドスタイン大尉，そして特に弾道研究所顧問のジョン・フォン・ノイマン博士である。"[17] 後に述べるように，これらの会合では，実際には多数の技術的な問題も検討された。

　討議がどのようにすすめられたかを示す一例として，──フォン・ノイマンは，ロスアラモスに出かけていた間も郵便で討議に加わった──フォン・ノイマンからきた私あての手紙の一部を引用することにしよう。

　　ここで私は，あなたにお伝えしたいと思っていた若干のこまごまとした追加事項についてふれておくことにします。すなわち：

　　私はデータを機械に送り込んだり，結果を機械から取り出したりする方法についての私たちの議論に，いくつかのことを付け加えたいと考えます。あなたも覚えておられるように，データを送り込む際には，その記憶場所を示す2進整数 x, y, および一般の2進数 ξ ……といった二つの型の数が出てきます。印書の場合に表われるのは ξ だけです。

　　明らかに ξ は，10進法で（操作員が）タイプして機械に読み込まなければなりませんし，印書の場合も同様です。したがって，私たちは10進法→2進法，および2進法→10進法といった変換を行なう装置を，ここで必要とすることになります。

　　x, y に関しては，私たちは疑問をもっていました。それらは，論理制御機能をもっていますから，それを変換しなければならないというのはあまりうまくありません。私は，x, y を常に2進法のままで取り扱うように主張しましたが，最終的には2進数を処理したり記憶したりするのは，人間には困難だということで合意しました。……

　　私は，私たちが明白な解決法を見落としていたと思います。それは機械の外部では，x, y を（8を基数とした）8進法で表示するという方法です。……

　　この私の提案を，あなたやあなた以外の人々は妥当だと思われますか。

最近（1944年）できた極小型五極管の中に，私たちの興味をひきそうなものが二つあります。6 AK 5 と 6 AS 6 です。……

どちらの真空管も，制御格子での鋭いカットオフ特性をもっています。6 AK 5 の場合，抑制格子と陰極は内部で結ばれていますが，6 AS 6 では，抑制格子を独立に外部に取り出しており，遮蔽格子の電圧が 150 V のとき -15 V という鋭いカットオフ特性が，この抑制格子でも得られるようになっています。……

私は，EDVAC の制御体系についての仕事を続けており，そちらへ帰るまでには，間違いなく完全に書き上げたものにしておくつもりです。私はまた，2次元の非定常流体力学の問題を，ENIAC で処理し得るように定式化するという問題にも取り組んでいます。……[18]

その当時，物事がどのように行なわれていたかをより明確にするために，私の返事からの抜粋をここに掲げておくことにする。

あなたが興味をおもちになると思われる，いくつかの真空管の特性に関する新しい情報を同封いたします。お気付きのように，その一つは……あなたのお手紙にありました 6 AS 6 のものです。……私たちはまた，6 AK 5 も注文いたしました。……

x, y の組を扱うのに，8 進法を使用するのが……非常に合理的な解決法であるというご意見に，私たちは全員賛成です。……[19]

あるいはまた，次のようなフォン・ノイマンからの手紙もある。

この手紙の内容は，もちろん例の原稿の一部となるものです。私は引き続きこの原稿と取り組み，ここに書いたような事柄もあなたからそれを取りもどしてから——できればそれぞれの事項に対するあなたのご意見も添えて——組み入れる積もりです。……[20]

これら二，三の引用は，真相を明らかにするのに役だつものと思われる。この検討グループの全員は，各人の着想を相互になんらの制限もなく共有しており，したがって，だれもがその名誉を受ける資格をもっていたのである。技術的な面に関しての指導者は，まぎれもなくエッカートとモークリーであり，論理の面についての指導者は，フォン・ノイ

マンであった．彼の報告書第1稿の中で，フォン・ノイマンが他の共同研究者に対する謝辞を述べていないという点を，一部の人々は問題にしたことがある．この文書は，グループ全体の考えを明確にし，調整するために使う中間報告のつもりでフォン・ノイマンが作成したもので，彼にはそれを公表する意図はなかったというのがその理由である．（実際にこの文書の写しは，1945年6月25日に，この計画に密接に関係していた24人に配布された．）しかしながら，その重要性は，全く疑問の余地のないものであったので，後にそれが有名になり，多数の外部の人々がムーア・スクールや私のところへその写しをくれるように依頼してきた．フォン・ノイマンには全く責任のない理由で，その原稿は，彼が考えていたような一般に公表する報告書の形には，遂に改訂されることはなかった．実に数年後になるまで，彼はその原稿が広範囲に配布されていたことを知らなかったのである．

そのことはひとまずこれで片付いたものとして，話題をフォン・ノイマンの貢献にもどすことにしよう．まず第一に，彼の最も重要な貢献は，彼が全体を一つのまとまった形に要約したことで，その成果はEDVACに著しい影響を与えたばかりでなく，事実上，その後に行なわれたすべての論理設計に関する研究のお手本としての役割をも果たした．第二に，彼はその報告書の中で，マカロックとピッツが神経系の研究をする際に使用した記法[21]に改良を加えた論理記法を導入した．この記法は広く使用されるようになり，現在でもそれを修正した形のものが，計算機回路が，論理的な観点からみればどのような動きをするものであるかを図式的に記述するための，重要な，文字どおり欠かすことのできない方法になっている．[22]

第三に，その有名な報告書の中で，彼はEDVACのための命令の一覧表を提示し，その後の手紙で分類および併合ルーチンの詳細なプログラムを作成した．これは，現在よく知られているプログラム内蔵方式についての，完全な実例を付した最初の解説であるという点で，一つの画期的な成果である．

四番めに，彼は最近の計算機に採用されている直列処理方式，すなわちいちどに一つずつ命令をよび出して逐次実行するといった方式について明確に述べた．これは多数の物事が同時に実行されるENIACの並列処理方式とは，著しく異なっている．

五番めに，彼はいわゆるアイコノスコープ，すなわちテレビジョン・カメラの撮像管に若干手を加えれば，有用な記憶装置になるというはっきりとした示唆を与えた．これは過去および現在の計算機の原型となり，おそらくは将来の計算機の原型にもなると思われる高級研究所での計画の前ぶれとなるものであった．

以上がフォン・ノイマンの成し遂げたことである。これらの業績は，計算機に関するすべての分野にその痕跡をとどめている。その結果，たとえばプログラム内蔵方式を採用した世界最初の計算機 EDSAC の設計者たちはこういっている："EDSAC と同じ原理で仕事をする何台かの計算機が，現在，合衆国およびイギリスの両国において稼動中である。それらの原理は，1946 年〔原文のまま〕に，J. フォン・ノイマンが起草した報告書にその源を発している。……この報告書に書かれている方針に沿って設計された機械は，ENIAC よりもはるかに小さく，かつ単純になるばかりでなく，同時により強力なものになることが知られている。この型の機械に対するプログラムの作成法は，ある程度予想されるように，使用する命令コードの違いから生じる細部の相違点を除いては，いずれもよく似たものである。一つの機械の使用法に通じている人であれば，だれでも他の機械が，格別の困難なく使えるようになるであろう。"[23]

要約すれば，この報告書を書いたことによって，計算機の分野における前人未踏の考えをフォン・ノイマンが明確なものにしたことは明らかである。ムーア・スクールのグループにいたすべての人々の中で，彼こそはまさしく欠くべからざる人物であった。そこにいたどの人も，計画のどれかの部分に関してはなくてはならない人であった――たとえば，記憶装置としての遅延線の発明は，エッカート独自のものであった――が，計画全体に対して本質的な役割を果たしたのは，フォン・ノイマンだけであった。

ほとんどすべての着想は，共同研究から生まれたので，個々の着想の正確な発案者がだれかというやっかいな問いに対して，満足な解答をすることは不可能である。実際，フォン・ノイマンはあるとき次のようにいって，このことに関してのそうした状況をきわめて適切に要約した。

　一人の人間のものであることがはっきりしている事項がいくつかはある……音響遅延線をこの問題に応用するという着想は，私たちがプレス・エッカートから教えられたものであった。他方，状況の非常にあいまいな着想がある。そのあいまいさは，発案者本人が自らその着想を放棄し，考えを二度も三度も変えるというほどのものであった。最初に着想をもった人が，その提案者ではなかったような場合も少なくない。こうした場合，実際にはその主唱者をだれと決めることは不可能であろう。[24]

さて，私たちはここで年代をもとにもどして，話を先へすすめることにしよう。1944 年

の9月はじめには，事実上，ENIAC のすべての部分の組み立ては予定どおり進行するようになり，問題が決定的に開発段階から製作段階に移ったことは，だれの目にも感じられるようになった。事実，ちょうどこの時点で，非常に大きな努力が EDVAC に傾注されるようになったのはそのためである。この時期になると，設計技術者たちが ENIAC に対してすることはほとんどなくなり，一方，現場の製作に携わっていた人たちは，完全に付きっきりになった。

ここで ENIAC の短所が，その当時どのように認識されていたかをみておくのは，興味深いことであろう。当時，太平洋作戦地区にいたジロンあての手紙の中に，私は次のようなことを書いている。

　私が実現したいと考えている改良についてご説明するために，たとえば，フォン・ノイマンが提示したきわめて複雑な偏微分方程式を解く場合のことをお話ししましょう。……新しいハーヴァード–IBM 機では，約 80 時間必要とするのに対して，ENIAC は 1/2 時間ですみ，そのうちの約 28 分はカードの作成のためだけに使われ，残りの 2 分が正味の計算時間ということになります。カードの作成が必要になるのは，ただ単に偏微分方程式の解法が，多量のデータの一時的な記憶を必要とするからです。私たちは，安価な高速記憶装置をこうした目的のためにつくりたいと考えています。……第二の改良点についても，再びハーヴァードの機械で説明することが可能です。ハーヴァードの装置では，冪級数のはじめの 7 項を求めるのに 15 分かかり，そのうちの 3 分が，段取りのための時間でしたが，ENIAC では，段取りのためだけに少なくとも 15 分必要で，計算そのものは約 1 秒でできるという結果になります。この不均衡を是正するために，私たちはプログラムの手順を，上に提示したのと同じ型の記憶装置に，コード化した形で貯えておく集中プログラミング装置を提案しています。この集中プログラミング装置のもう一つの利点は，現在の ENIAC では限界をこえているような，どれほど複雑な手順でも実行することができるという点にあります。[25]

この手紙は，こうしたごく初期の段階で，考えがどこまですすんでいたかを示している点で興味深いものである。その前の 2 箇月間には，2 台の累算器による試験が，このグループの全関心事であったことを思い出していただきたい。そのうえ，フォン・ノイマンは，その時期にはまだようやくこの計画について知るようになったばかりであった。これ

は，彼の物を考える速さを示すすばらしい一例である。同じ手紙の中に私はこう書いている：" 今や ENIAC の開発に関する限り，軌道に乗る見通しがつきましたので，この最初の機械に組み込むのは難しすぎるとみられた非常に重要な機能を二台めの機械で実現するために，これから先の改良計画を作成することが，私には何よりも重要であると思われます。フォン・ノイマン，エッカートおよび私は，この方針に沿ったほぼ決定的な案をつくり上げました。……"

8月後半の間にさえ，EDVAC に通じる物の考え方には，著しい前進がみられた。この手紙の前に私がジロンあてに出した手紙には，こう書かれている。

フォン・ノイマンは，ENIAC に対してたいへんな興味を示しており，毎週その機械の使用について私と協議しています。彼は爆発の空気力学的な問題について研究しているのです。……私のみるところでは，ENIAC の将来の進路に関連して，今後私たちが研究をすすめていかなければならない方向が二つあります。ベル・テレフォンの S. B. ウィリアムズと話し合った結果，私は，現在手で操作するようになっている ENIAC のスイッチ類と制御装置は，テレタイプ用の紙テープの指示で働く機械的なリレーと電磁式の電話交換装置で，容易に置き換えられると考えるようになりました。……この方法によれば，多くの与えられた問題に対してテープを作成しておいて，必要に応じてそれらを再使用することが可能です。その結果，問題が一つの段階から次の段階に移る際にも，貴重な時間を費やしてスイッチ類を切り替える必要がなくなります。研究しなければならない二番めの方向は，累算器よりも経済的にデータを記憶しうるような装置を提供することです。累算器は非常に強力な装置でありますから，ただ単に，数を一時的に貯えるためだけにそのような道具を用いるのは，ばかげていると思うのです。エッカートは，こうした目的のためにきわめて安く使えるような装置について，いくつかのすばらしい案をもっています。

新しいトルク増幅器〔以下はもちろん微分解析機に関する記述である〕が，フィラデルフィアのほうの積分器と入力表装置に取り付けられました。……この解析機は……これまで使用したときの最高速度の3倍から4倍の速さで運転されており，満足すべき結果をもたらしています。……[26]

これら二つの手紙の中間にある2週間のうちに，プログラム内蔵方式の考え方が進化し

たと思われる点に注意していただきたい。事実，9月の手紙には，すでにそうした考え方が全く現代的な姿であらわれているのに対して，8月の手紙では，著者はENIACの分散している制御装置を，もう少し使いやすくするための改良を推しすすめようとしていた。

1944年の秋が計算機の開発史上最も波乱に富んだ時期であったことは，以上述べたことからも明らかであろう。その当時の手紙のやりとりなどにみられる事実は，すべてこのことを如実に示している。それらはまた，いろいろな着想の発案者を割り出すことが一般的には不可能であり，非現実的であるという上記の説明を補強する裏付けにもなっている。

次の章の主題であるEDVACの論理構造とプログラム内蔵方式について詳しく述べる前に，私たちはたぶんそのほかの二，三の事柄についてふれておくべきであろう。

ブレイナードは，ENIAC計画に関連した管理上のこまごまとした問題に完全に手をとられていたので，EDVAC計画の主任には，S. リード・ウォーレン2世教授が任命された。その前後に起こっている様々な出来事の特色を示すものは，当時の三つの通達である。1945年4月にブレイナードは，ENIACに関する報告書を作成する責任者にバークスを任命し，アデール・ゴールドスタインとハリー・ハスキー教授をその部下として配属した。彼らに与えられた任務は，操作手引き書，完全な技術報告書，および保守用の手引き書を作成することであった。[27] ブレイナードの通達の調子をみれば，それらが非常に急がれていたことは明らかである。その通達には，"さらにバークス博士は，この報告書作成作業の進捗状況について，少なくとも週に一度は私と協議していただきたい。"と書かれている。

その年の5月にブレイナードは，イギリス連邦科学省からきていたジョンR. ワマーズリーに，ENIACに関する報告書の発送が遅れていることを，わびる手紙を書いている。[28] ワマーズリーの訪問は，最新の計算機技術が海外に出て行く門戸を開いたという点で，重要な意味をもつものである。後に述べるように，ワマーズリーは，次々にやってきた多数の訪問者の中の最初の人であった。はじめのうち，そうした訪問者はイギリスからきたが，後にはフランスやスウェーデンからも訪ねてくるようになった。

9月には，"ENIACそれ自身に関する作業を，土曜の一部と日曜日終日を除いて，毎日朝の8時30分から夜半の0時30分まで継続しうる"[29] ような体制を確立するために，新しい就業規則をブレイナードは制定した。

ENIACをアバディーンのどの建物に入れるかという問題が表立って議論されるように

なったのは，1945年春のことであった。機器の組織立った移設を保証するために，ペンシルヴァニア大学とアバディーン試射場の間では，ENIAC の弾道研究所内への移設に関する契約 W‐18‐001‐ORD335 (816) が1945年5月に結ばれた。

1944年の夏，私はサイモンに手紙を書いて ENIAC を収容するためには，20フィート×40フィートぐらいの大きさの部屋が必要になることを注意した。最初にサイモンが提案したのは，その当時，完成したばかりの風洞の建物の中の空部屋であった。その場所が不適当であることがわかったのでサイモンは，弾道研究所のすべての計算施設を収容するために，それに合った建物を建設するという申請を起こした。そうした計算施設としては，約100名の要員，IBM 機械一式，微分解析機，2台のベル製リレー式計算機，および完成を待たれていた ENIAC，EDVAC などが含まれていた。

1945年春までに，兵器局長官室は，弾道研究所にこの計算施設用別館を建設することを承認し，ペンダー学部長は，その新しい場所に ENIAC を設置するための計画と仕様を作成するよう彼の部下に命じた。後に述べるように，この移設は——ENIAC が使えるようになるのが遅れたからではなく，合衆国の存亡にかかわる重大な時期に，たった1台しかない稼動中の電子計算機を解体することは，国益に反するという理由で——はじめの計画よりもずっと後になってから行なわれた。この点については，この歴史のしかるべきところでとり上げることにする。

同じころムーア・スクールは，ENIAC 用に外注先で製作されていた電源変圧器とチョーク・コイルを受け取った。これらの機器は，必要な電力を適正な電圧で供給するためには欠かせないものであったので，前もって注文されていた。それらは，1945年春に納入されたとき，いずれも全く使いものにならないことが判明して，まるごと返品になった。[30]

ENIAC が完成に近づくに従って，ほかにも多数の問題点が表面に押し出されてきた。たとえばその一つとして，私自身が気が付いたところでは，この機械のための恒久的な操作要員の組織をつくることが差し迫って必要であった。このため私は，ジョン V. ホルバートンを選んで ENIAC の完成時にはその操作の責任者に任命されるように手配した： "1945年6月1日付で……〔彼は〕H. H. ゴールドスタイン大尉の指揮下にはいること。"[31] 私はまた，アーウィン・ゴールドスティン伍長，ホーマー・スペンス一等兵という二人の軍籍をもった人間を部下に入れた。どちらも電子工学に関する技術者としての訓練を多少受けており，ENIAC の技術陣にはいって働くように命じられた。この配属は，彼らを機械が政府側に引き渡されてから後の，点検保守要員にすることを意図したものであった。

あいにくゴールドスタインはやめてしまったが，スペンスのほうはそのまま残留し，後に弾道研究所で計算部門の重要な一員になった．

プログラムの面でホルバートンを助けるために，私は最も優秀な計算作業員の中から6人を選んでENIACのプログラムの作成法を学ばせ，彼女らをホルバートンの部下につけた．後にモークリーと結婚したキャスリーン・マクナルティ，スペンスと結婚したフランシス・バイラス，ムーア・スクールのある技術者と結婚したエリザベス・ジェニングズ，ホルバートンと結婚したエリザベス・スナイダー，それにルース・リクターマンとマリリン・ウェスコフを加えた6人がそのプログラマたちであった．

ENIACのための多数のテスト用機器を提供し，かつこの機械とIBM機器との接続を保証する45,000ドルの契約も，陸軍とムーア・スクールの間で結ばれた．[32]

完成時におけるENIACの収容場所と要員の問題は，このようにして処理されていったのである．これらの準備は，きわめて満足すべきものであって，ENIACの移設後は，保守および操作のためにフィラデルフィアとアバディーンの両方に適切な要員が配置されるようになった．戦争の終結は，強い遠心効果を要員に及ぼしたので，このことは特に重要であった．

最後に残された一つの問題は，弾道研究所の副所長の一人であったL. S. ディデリックを委員長とする委員会を設けることによって解決された．この委員会には，ヒルベルトの最後の学位取得学生であったハスキル・カリーや，計算家および数表の編集者としてよく知られており，妻エンマと共同して数論の問題を調べるのに，はじめて計算機を使ったデリック・ヘンリー・レーマーなどが参画している．委員会は，ムーア・スクールからENIACを引き継いで，弾道研究所によるその使い方を監督した．

原著者脚注

[1] G. R. Stibitz, Applied Mathematics Panel, NDRC, "A Statement Concerning the Future Availability of a New Computing Device," 12 November 1943.

[2] ゴールドスタインからサイモンにあてた1944年8月11日付の報告書．

[3] "Further Research and Development on ENIAC" という表題のゴールドスタインからサイモンにあてた1944年8月11日付の報告書．

[4] ブレイナードからゴールドスタインにあてた1944年8月31日付の手紙．

[5] C. B. モーリーからL. E. サイモンにあてた1944年8月30日付の報告書．

[6] 1944年の8月に作成したどこへも送られていない報告書の原稿．これは，1944年8月30日にモーリーからサイモンあてに送られた報告書の下書きとして私がまとめたも

のである.

⁷ ブレイナードからジロンにあてた1944年9月13日付の手紙. この手紙は, 関連する研究開発活動に必要な費用と期間の見積もりに関してふれていた. 提示されていた費用の総額は, 105,600ドルで, 開発期間としては, "1944年10月1日に小規模なものに関する"予備研究を開始することを前提として, 1945年1月1日から向こう1年間を予定していた. 1944年9月18日, 兵器局長官室のジロンは, "Electronic Discrete Variable Calculator の開発に関連した研究および実験"に対する研究開発指図書を, フィラデルフィア管区調達事務所に向けて発行した. 契約は, 1945年1月1日に始まる9箇月に対して結ばれることになっており, 金額の総計は, 上に示したとおりの数字になっていた.

⁸ J. P. Eckert, Jr., J. W. Mauchly, and S. R. Warren, Jr., PY Summary Report No. 1, 31 March 1945. PX というのは, ENIAC のための支出に対してムーア・スクールが用いていた会計上の記号で, EDVAC に対しては PY が用いられた.

⁹ Eckert, Mauchly, Warren, PY Summary Report No. 2, 10 July 1945.

¹⁰ A. G. Emslie, H. B. Huntington, H. Shapiro, and A. E. Benfield, "Ultrasonic Delay Lines II," *Journal of the Franklin Institute*, vol. 245 (1948), pp. 101–115 ; pp. 1–23 も併せて参照されたい.

¹¹ J. von Neumann, *First Draft of a Report on the* EDVAC (Philadelphia, 1945).

¹² 1947年5月8日付の証明のあるフォン・ノイマンの宣誓供述書.

¹³ Eckert and Mauchly, "Automatic High-Speed Computing, A Progress Report on the EDVAC," 30 September 1945.

¹⁴ ゴールドスタインからフォン・ノイマンにあてた1945年5月15日付の手紙.

¹⁵ Von Neumann, *First Draft*, pp. 1–2.

¹⁶ *First Draft*, pp. 3–7.

¹⁷ Eckert and Mauchly, "Automatic High-Speed Computing……," Acknowledgements.

¹⁸ フォン・ノイマンからゴールドスタインにあてた1944年2月12日付の手紙. フォン・ノイマンによるこの手紙の日付は誤りで, 1945年というように訂正しなければならない. このことは, 手紙の内容からもそれに対して書かれた返事の日付からも明らかである.

¹⁹ ゴールドスタインからフォン・ノイマンにあてた1945年2月24日付の手紙.

²⁰ フォン・ノイマンからゴールドスタインにあてた1945年5月8日付の手紙.

²¹ W. S. McCulloch and W. Pitts, "A Logical Calculus of the Ideas Immanent in Nervous Activity," *Bull. Math. Biophysics*, vol. 5 (1943), pp. 115–133.

²² たとえば Hartree, *Calculating Instruments and Machines* (Urbana, 1949), pp. 97–110 を見よ.

²³ M. V. Wilkes, D. J. Wheeler, and S. Gill, *The Preparation of Programs for an Electronic Digital Computer* (Cambridge, Mass., 1951). この機械は, ENIAC 以後稼動にはいった最初の電子計算機で, イギリスのケンブリッジ大学キャヴェンディッシュ研究所のためにつくられた.

²⁴ 特別問題を討議するために, 1947年4月8日, ムーア電気工学科で開かれた会議の議事録に記載されている意見.

²⁵ ゴールドスタインからジロンにあてた1944年9月2日付の手紙.

²⁶ ゴールドスタインからジロンにあてた1944年8月21日付の手紙.

²⁷ バークス博士, エッカート氏, ゴールドスタイン夫人, ゴールドスタイン大尉, お

よびハスキー博士の各人あてにブレイナードが配布した1945年4月27日付の通達.

[28] ブレイナードからワマズリーにあてた1945年5月9日付の手紙

[29] ゴールドスタイン大尉，およびバークス，チュー，エッカート，シャープレス，ショウの各氏あてにブレイナードが配布した1945年9月8日付の通達.

[30] C. H. グリーノール中佐からゴールドスタインにあてた1945年4月20日付の手紙. この手紙には，試験の詳細について説明した報告書が添付されていた．問題の機器がどれほどの規模のものであったかは，それにかかった費用が10,000ドルをはるかに上回っていたという事実からもうかがうことができる．幸いにもムーア・スクールは，その"予備装置"あるいは，補助装置として別に同じものをある非常に小さな会社に発注していた．この注文は満足すべき結果をもたらし，出来上がった機器は，事実上ほとんど遅れが出ないように設置された．装置全体の物理的な大きさに対する感触をつかむためには，2トン以上の鋼材が変圧器の鉄芯をつくるのに必要であったことをいえば十分であろう．（ゴールドスタインから V. W. スミスにあてた1945年2月20日付の手紙を見よ．）

[31] 計算部門の組織に関する J. M. シャッケルフォード中佐の1945年5月31日付の通達.

[32] T. E. ボガートから R. クレイマーにあてた1945年6月18日付の手紙.

第8章

EDVACの構造

　私たちは，今や EDVAC の論理構造について，若干詳細な説明をすることができる段階になった。この機械は，今日のシステムの原型となった高級研究所の計算機の直前に位置するもので，それ故に，歴史的には重要な計算機である。1945年当時には，それでもまだこれらのことは，将来の夢以上の何者でもなかった。しかしながら，フォン・ノイマンの第1稿は，イギリスのキャヴェンディッシュ研究所の EDSAC に始まって，他の何台かの遅延線を用いた機械へと続く，一連の計算機全体の青写真になるべきものであった。

　前にあげた第1稿からの引用をみればわかるように，この機械は五つの主要な器官をもっていた。算術の基本的な演算を遂行する能力をもっている**演算器官**，与えられた命令を実行する**中央制御器官**，与えられた問題の処理に必要な数値情報と命令情報を貯える**記憶器官**，機械と人間との橋渡しをする**入力器官**，**出力器官**などがそれである。これらの器官に関連して思い出していただきたいことは，すでにバベッジがその中の二つ，すなわち彼の言葉でいえば貯蔵部（store）と作業部（mill）をはっきりと認識していたことである。貯蔵部は私たちの言葉でいう記憶器官にほかならないし，作業部は演算器官であった。制御器官や入出力器官の必要性は，彼もラヴレース夫人も，明確にはしていないように思われる。

　フォン・ノイマンの報告書にある五つの器官からは，構成および方式の異なったいろいろな型の機械をつくることが可能で，後にみるように，EDVAC と高級研究所の機械との間には，著しい差異があった。したがって，ここではその当時 EDVAC の顕著な特徴と考えられていたことを，あまり細部には立ち入らない範囲であげておくことにしよう。

第8章　EDVAC の構造　　235

　ENIACには，真空管の本数――17,000本以上――が異常なまでに多すぎたこと，数の記憶容量が小さすぎること，非常に扱いにくい分散制御方式を採用し，かつ次の問題に移るための段取りが不便な方法で行なわれていたことなど，特にやっかいな問題点がいくつかあった。

　前の章で私たちは，遅延線が ENIAC の回路のほぼ 1/100 しか真空管を使わずに，どのようにして数を貯える手段を提供するかについて述べた。これは，真空管の使用本数を少なくするための，最初の大きな前進であった。もう一つの改善は，いくつかの加算と一つの乗算を全く並列的に処理するといった，ENIAC の極端な並列処理方式を放棄したことであった。すなわち，20個の累算器（それらはいうまでもなく加算器であった），乗算器，およびそれらとは別になっていた除算開平器を備える代わりとして，フォン・ノイマンの報告書は，いちどに一つの演算だけしか行なわないような，演算器官を1台おくだけですますことを考えている。この場合の基本的な発想は，電子的な技法によれば，非常な高速を達成しうる可能性があるので，並列方式を完全に放棄しても，なおかつ十分な速さが得られるというものであった。この前提は，それ以来，ほとんどすべての計算機の開発がよりどころとしてきたもので，それに疑問がもたれるようになったのは，まだ最近二，三年のことでしかない。

　EDVAC の設計では，この直列処理の考え方が，ぎりぎりいっぱいの限界まで推しすすめられた。すなわち，演算の実行が完全な直列方式で行なわれるようになっていたばかりではなく，各演算それ自身も，できる限りその基本的な要素に分解され，それらの一つ一つがまた直列的に実行されるようになっていた。その結果，たとえば二つの n 桁の数を加える場合，その演算は，全部の桁を並列的に取り扱うといったやり方ではなく，私たち人間がするように，いちどに一桁ずつ加えるというやり方で行なわれた。こうした直列的な処理は，もちろん並列的な処理よりもおそくなるが，必要な部品の数は，はるかに少なくてすむ。しかも，その速度の低下は，電子技術によって達成されるきわめて高い基本動作速度を考慮すれば，許容しうる範囲のものであった。

　さらに，この点に関連して明らかなことは，遅延線が高度に直列的な処理方式に非常にうまく適合するということである。かりにひとつの数を構成する各桁の数が，順番に並んで遅延線にはいっているものとすれば，遅延線の出力側には，それらは自然にいちどに一桁ずつあらわれ，そのままで，上に示したような直列的な処理をすることができるようになる。このことをより明白にするために，それぞれが別々の数を収容している二つの遅

延線Ⅰ,Ⅱがあるとき,それらの数の和をつくり出して,それを第三の遅延線Ⅲに入れる場合のことを考えてみることにしよう。

第15図は,これを図式化したものである。この場合,加算器は,Ⅰ,Ⅱにはいっている数の対応する桁の数字,およびその前の加算から生じた桁上げ という三つの数字の和を,いちどに算出することができるようになっている。したがって,たとえば14と58の加算を行なう場合には,まずはじめに4と8の加算が行なわれて,1位の数字2と桁上げ1が得られ,次に隣の桁の数字1と5が,この桁上げ1とともに加えられることになる。

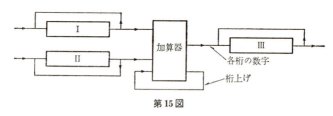

第15図

このような加算器の規模は,どれぐらいのものになるのであろうか。この問いは,私たちを次の単純化へ導く。数の2進表現を強力に推進するという,フォン・ノイマンの決定がそれである。この記法には,数字は0と1だけしかなく,すべての数は0と1を組み合わせた列になる。たとえば10進法で

$$141 = 1 \times 10^2 + 4 \times 10^1 + 1$$

と表わされる数は,2進法では

$$128 + 8 + 4 + 1 = 1 \times 2^7 + 0 \times 2^6 + 0 \times 2^5 + 0 \times 2^4 + 1 \times 2^3 + 1 \times 2^2 + 0 \times 2^1 + 1$$

$$= 10001101$$

と表わされる。この表現は,それに対応する10進表現よりもかなり長くなるが,10進法における10種類の数字の代わりに2種類の数字——0と1——だけしかないという意味ではずっと単純である。2進数の加算はきわめて簡単になる:0+0=0, 0+1=1, 1+0=1, 1+1=10. この最後の式は,"1たす1は2"という記述以外の何者でもなく,その2が,2進法では $1 \times 2^1 + 0$,あるいは手短に10(イチゼロ)と表わされるだけのことである。以上に示したような単純な加算を行なう装置は,おそらく20本以下の真空管でつくることができる。

乗算についてはどうであろうか。直列処理方式と2進法の採用を前提とした場合,それはどの程度の複雑さになるのであろうか。これらの問いに答えるためには,まず最初に,

第 8 章　EDVAC の構造　　237

2進法の場合の乗算表を書き下しておく必要がある：$0×0=0$, $0×1=0$, $1×0=0$, $1×1=1$。これが，その表のすべてである。すなわち10進法の場合の，子供のころに覚えた100個の記入欄をもっている表の代わりに，この場合は，記入欄がたった4個しかない表になる。この著しい情報の圧縮は，そのまま電子回路に反映される。10進法で10桁の数同志の乗算を行なうためには，いうまでもなく，個別の掛け算を100回と，それに付随した足し算とを行なう必要がある。同じ数を2進法で表わすと，それぞれ約32桁になり，したがって，この場合に行なわなければならない個別の演算ステップ数は約1,000回になる。このことから分かることは，数の表現法を10進法から2進法に変えることによって，演算回路の複雑さは著しく軽減するが，その単純化を達成するためには，演算ステップ数の大幅な増加という代償を支払わなければならないということである。しかしながら，この代償は，電気機械的な方式のもとでは途方もなく高価なものにつくが，電子回路方式の場合にはきわめて安価なものになる。1945年には，真空管回路はすでにマイクロ秒——100万分の1秒——台の時間で作動することができたので，そうした時間単位の仕事を1,000回行なうのは，格別問題にするほどのことではなかったのである。事実，1,000マイクロ秒は，わずか1ミリ秒——1秒の1,000分の1——にしかすぎない。この結果，2進法演算は，その極端な単純さのゆえに，EDVAC およびそれ以後のすべての機械のための"特効薬"になった。その利点は，演算ステップ数の増加を償って余りがある。

　彼の報告書の中でフォン・ノイマンは，EDVAC に必要な記憶装置の大きさを，流体力学の計算についてのある種の発見的な評価に基づいて見積もり，2進法で32桁の数が2,000個から8,000個程度はいる記憶装置を提案した。前に述べたように，長さ約5フィートの遅延線は，10本前後の真空管を使ってこのような数を30個貯えることができる。したがって，2,000ないし8,000語の記憶装置に使われる真空管は，700本から2,800本ということになる。機械の他の部分が必要とする真空管の本数は，1,000本をかなり下回るものと考えられる。こうしたおおまかな論拠から，フォン・ノイマンは，"装置の実現可能性，規模，製作費用などを，他のどの部分よりも大きく左右する決定的な部分は，記憶装置である。"[1] という——正しい——確信を得た。

　さて私たちは，今やこの機械の制御方式と，そこで実行することができる命令について，二，三のことを述べる段階にきた。一般に汎用の計算機は，それ本来の機能として，非常に多くのことを行なう能力をもっているが，ある与えられた時点にそれが行なわなければならない特定の仕事が，そのいずれであるかについては，なんらかの方法で指示する必要

がある。したがって，たとえば卓上計算機はそのような機械の一つであるが，演算の順序を決定したり制御したりする人間がいなければ，何もすることはできない。スティビッツの機械のような電気機械式の計算機では，命令を数字コードにして打ち込んだ紙テープで，指示を与えるようになっていた。これらの機械は，その紙テープ上の命令を順番に読み取って，それを実行するような器官を備えていた。こうした機械の記憶装置を構成していたリレー式の置数器と，紙テープとの速さのつりあいは比較的に良好で，どちらもほぼ同程度の速さで作動した。

　電子式の記憶装置を備えた計算機の場合，紙テープが使いものにならないことは明らかである。電子回路と電気機械的な回路とでは，速さの不均衡があまりにも著しいので，このような型の機械は完全にちぐはぐなものとなり，テープの進行を待つ間，電子回路の部分はほとんど何もしないという結果になる。すなわち，このような機械の速さは，テープの速さによって決定され，電子技術の採用によるすべての利点は失われてしまう。

　こうした難点を克服するために，ENIAC は，旧式の IBM 機械にならって，すべての命令が，事前の配線によって与えられるような設計になっていた。前に述べたように，これはかろうじて実用にはなったが，きわめて取り扱いの不便なものであった。この問題点を除去するための，よりすぐれた方法を探索する過程で，エッカートとモークリーが最初に考えついたのは，"数を構成する各桁の数字が，順次に一定の時間間隔で，磁気的な記憶装置から電子スイッチを経て中央電子計算回路へ送り出され，また，同じようなやり方で磁気的な記憶装置にもどされる仕組みになっていた"[2] 回転型の磁気ディスクであった。この装置は，もちろんアタナソフの回転式キャパシター・ドラムの磁気的な方式による代替品で，疑いもなくその着想を受け継いだものであった。しかしながら，超音波遅延線はそのいずれにもまさっており，それらに取って代わった。それは，数と命令の両方を内部の記憶装置の中に貯えることを可能にし，その結果，速さの均衡が再び保たれるようになったのである。もう一つ別の型の記憶装置が，フォン・ノイマンによってかなり詳細に検討され，RCA 社のウラディーミル・ツウォリキンと相談しながら，彼自身の手で研究がすすめられた。アイコノスコープ，すなわちテレビジョン・カメラ用の撮像管がそれである。この装置については，後に高級研究所の話をする段階になったところで，詳しくとり上げることにする。

　命令とはどのようなものであろうか。また，それらはどのようにして，数字コードに変えられるのであろうか。これらの点について説明するために，私たちは二つのことを仮定

する必要がある。その一つは，記憶装置の中の各記憶場所には，一連の通し番号が付けられていることであり，二番めは，この機械には一つの制御器官があって，通常はそれがこの番号順に記憶装置を探査して，次々に命令を見付け出し，それを解読し，実行するということである。演算器官は遅延線を三つ備えていて，その各々が数を一つずつ貯える能力をもっているものとしよう。加減乗除の演算は，すべて $x\mathrm{O}y=z$ の形になっている。ただし O は ＋，－，×，÷ のいずれかである。したがって，この $x,\ y,\ z$ のそれぞれに対して，遅延線が一つずつ用意されていることになる。代表的な命令としては，記憶装置の指定された場所から演算器官への数を転送せよ；演算器官の遅延線にはいっている数同志の加算を行なえ；演算器官から記憶装置の指定された場所へ数を転送せよ；演算器官にはいっている数の正負に応じて，二つあるうちのいずれか一つの進路をとれ；等々のようなものがある。ここでは，指令または命令が，記憶装置または演算器官の中の場所の指定，および実行すべき演算の指示といった二つの部分から成り立っていることを注意しておけば十分で，それ以上詳しく命令について説明をする必要はない。記憶装置内の場所は，0, 1, 2, ……といった一連番号で指定することができるし，演算についても同様のことが可能である。すなわち，各命令は数によって表現しうることになり，したがって，他の数値的な情報と全く同じように，記憶装置の中に貯えておくことが可能になる。

フォン・ノイマンの第 1 稿では，各数値データの前には 0 を，各命令の前には 1 をそれぞれ付けることになっていた。この場合，中央制御部は次のように設計されていた："通常の手順としては……〔それは〕次々と，自然な順序であらわれる命令に従って働くことになっている。……しかしながら，例外的な場合に備えて……その命令の接続先を，他の任意の点に切り替えるのに使えるような命令が，なければならない。……"[3] 1945 年の 5 月までに，彼は EDVAC の命令表にいくつかの修正と改良を加えており，彼が取り組んでいたデータの組み合わせと分類を行なうためのプログラムについて言及した。[4] その手紙の中で，彼は分類手法の実情を次のように要約している。

いずれにしても EDVAC が，"数学的" な問題のために考案された論理制御機構のまま，"分類" 問題のためのどのような修正も加えないで，IBM 機械よりも確実に速く分類作業を行なうのは，間違いのないところであろうと思われます。この速さの倍率は，問題によって 1 倍から 3 倍といった程度のものです——これには若干改善の余地がありますが，6 倍をこえるようなことはほとんどありえないでしょう。IBM 機械が，非常

に分類作業にすぐれていることは事実ですし，また，上記の手法によれば，人手の介在や機器などの追加を必要とせずに，分類を EDVAC の他の作業と組み合わせて行なうことができますから，この結果は，私には満足してしかるべきものだと思われるのです。非常に大規模な分類問題の場合には，もちろん，EDVAC と，それによって作成され，その入力としてもどすことができるようになっている磁気テープとの，データのやりとりを考える必要があります。……しかしながら私は，ここで明らかになった証拠に基づいて，もはや EDVAC がほぼ "汎用の" 機械であり，論理制御に対する現在の考え方が健全なものであるという結論を出しても，不当ではないと考えます。

この前後のある時点で，フォン・ノイマンは，EDVAC の論理構造に関する彼の考えに重要な変更を加えた。こうした変更は，私が入手した手稿の中にそれとなくあらわれている。この手稿は，私の知る限りでは，内蔵式のプログラムで最初に書かれたものである。それは，組み合わせと分類の手順に関するプログラムであった。EDVAC のそうした変更とこのプログラムの両方については，クヌースの論文の中にすぐれた分析がある。[5]

最後にもう一言，次のような注意をここでしておくことはむだではない。EDVAC の設計は，すでにこの時期までに，きわめて複雑なものになっていたので，入出力媒体として磁気テープを使用するという考え方は，その計画の担当者たちの頭の中にしっかりと定着していた。この計算機は，その設計面では，1945 年の半ばごろまでに，もちろん当時まだ完成していなかった ENIAC のそれよりも，はるかに進歩したものになった。事実，EDVAC の設計は，今日の目からみても全く現代的なものである。それ以後の進歩は，いくつかの例外を除けば，重要な新発見というよりも，むしろ部分的な改善といったものでしかない。この点については，後でもう少し述べる。

原著者脚注

[1] *First Draft*, p. 67.
[2] Eckert and Mauchly, "Automatic High-Speed Computing," p. 2.
[3] *First Draft*, p. 86.
[4] フォン・ノイマンからゴールドスタインにあてた 1945 年 5 月 8 日付の手紙.
[5] D. E. Knuth, "Von Neumann's First Computer Program," *Computing Surveys*, vol. 2 (1970), pp. 247–260.

第9章

考え方の普及

　計算機の新天地に関する情報をひろめるために，この時代には，非常に多くの訪問者がムーア・スクールに出入りした。これらの人々は，もちろん皆，戦争遂行のための諸活動に関係していたが，事実上，そうした関係はいずれも戦時中だけのものであった。彼らは大学に席をもっていたし，このころまでに，もはや戦争が終結に近づいているという事実に気づいていた。彼らが中心になって，初期の計算機技術者の育成が行なわれたのである。

　最も重要な国内からの訪問者は，おそらく，高級研究所，NDRC の応用数学部会，MIT の自動制御機構研究所，プリンストンにある RCA 研究所，ロスアラモス研究所の理論物理学部門などからきたいろいろな人たちであった。

　高究研究所からは，ジェームズ W. アレクサンダー，オズワルド・ヴェブレン，フォン・ノイマンなどがきた。このうち後の二人は，私たちがすでにかなり詳しくとり上げた人たちである。アレクサンダーは非常に著名な位相幾何学者で，第一次世界大戦中は兵器局勤務の陸軍中尉として，ヴェブレンやケントといっしょに仕事をし，第二次世界大戦中は文官として，大いに空軍のためにつくした。彼らはマーストン・モースと協力して，高級研究所を計算機に関する次期の世界的な中心とするために，しかるべき時に著しい貢献をした。これが 1946 年には，ムーア・スクールの地位の変化を引き起こすことになったのである。それについては，また後に述べる。

　NDRC からやってきたのは，何人かの非常に重要な数学者たちで，ENIAC および EDVAC 計画に対する彼らの関心は，計算機の分野にはかり知れないほどの重要な影響をもたらすことになった。それらの人たちの中で，おそらく最も主要な役割を果たしたのは，ニューヨーク市立大学大学院の学長で，シカゴ大学から数学で学位を受けたミナ・リ

ースであろう。その当時の彼女は，応用数学部会委員長ウォーレン・ウィーヴァー[1] の補佐役をしていた。彼女の思慮深い進取的な努力によって，海軍研究局 (ONR) は，戦後の計算機界で非常に重要な役割を演じることになった。ONR での彼女の上司であったエマニュエル R. パイオア博士をこの分野へ引き込んだのは，たぶん間違いなく彼女である。彼はその機関を，その後の展開にみられたようなものにするために，すなわち長年にわたっての，合衆国における最も知的でかつ安定した科学研究資金の提供者とするために，主要な役割を果たした。ONR の主任科学者として，彼は，国内および海外における科学政策の枠組みをつくり上げるのにも貢献した。彼がいちはやく計算機の科学に対する重要性を認識して，リース博士に全面的な支援を与えたことは，疑う余地がない。その後 1956 年に，彼は IBM 社へ研究部長として入社した。それ以来，彼は，個々の問題に関連した多数の業績に加えて，彼にしてはじめてなしえたと思われるその会社の"科学的良心"としての役割を，ものの見事に果たしてきた。ワトソン父子が初期に示した科学計算に対する関心を引き継いで，それを具体的な形で表わすのに貢献したのは彼であった。パイオアとウィーヴァーが，1930 年代の初期にはじめてウイスコンシン大学で知り合ったことは，おそらく特筆に値することであろう。その当時，パイオアは新進の物理学の講師であり，ウィーヴァーは数学科の主任であった。

　MIT からは，ゴードン・ブラウンと協力して，1940 年に自動制御機構研究所を MIT に設立したジェイ W. フォレスターがきた。フォレスターは今日，電流一致方式の磁心記憶装置——これについてはまた後でふれる——というきわめて重要な装置の発明者として最もよく知られている。これは，計算機の全分野を通じての，基本的な技術的発見の一つであった。MIT の研究所は，射撃管制用や船舶塔載用の電波探知機の問題について，非常に重要な研究を行なった。その後 1944 年にフォレスターは，海軍研究発明局との契約のもとに，操縦士をその体系の構成要素として組み入れた，航空機の行動をシミュレートするような計算機システムをつくるという，きわめて困難でかつ挑戦的な仕事に，開拓者精神をもってとりかかった。当初の計画では，この装置は，操縦士が利用しうるすべての制御機能を備えることになっており，また航空機が示すあらゆる反応は，操縦士の目的に合うように"実時間"で与えられることになっていた。フォレスターはこの計算機を，費用の負担，時間の損失，さらには航空機の改造につきものの危険性などを一切伴わずに，航空機に対する技術的な変更の模擬実験を行なう手段として考えていた。はじめ彼はアナログ計算機でやることを考えていたが，この分野について調査し，ムーア・スクールの集団

第9章 考え方の普及　243

にいたいろいろな人たちとも話し合った結果，その考え方を変更した。[2] 1945 年の秋に書いた手紙の中で，彼は，彼自身の計画が"航空機の研究の際に生じる設計上の問題を解決するような計算機"を設計することである旨を述べて，次のような依頼をしている。

　……航空機の研究の際に生じる計算上の問題を解く計算機。この問題が必要としているのは，多数の微分方程式を同時に満足するような解を求めることですが，EDVAC 計算機に関連して，ペンシルヴァニア大学の人たちの手で具体化された技法は，そのための非常に有力な手段となる見込みがあります。

　貴官には，私たちが情報を得るために，先週……その大学を訪問する御許可をいただきましたが，さらに，最近刊行されました EDVAC システムに関する報告書を私たちが入手することができれば，その有用性はきわめて大きいと思われます。同報告書を，なにとぞ大至急お送り下さいますよう，お願い申し上げます。……[3]

　計算機の分野にとって興味深い多数の事柄と，決定的に重要な一つの成果が，フォレスターの仕事の中から生まれた。多方面にわたる彼の業績は，MIT の基盤となるものであった。フォレスターの指導によって，この大学は，計算の分野における指導的な地位を再びとりもどしたのである。彼は MIT に計数型計算機研究所を設立し，1951 年から 1956 年までその所長をつとめた。

　RCA 集団からは，前にもことのついでにふれた V. K. ツウォリキンとジャン・ラジチマンがきた。ツウォリキンは電子工業をつくり出した偉大な発明家の一人であって，彼の最も重要な発明の中の二つが，テレビジョン撮像管アイコノスコープと電子顕微鏡である。ラジチマンは，フォレスターと同様に，計算機の分野での先駆者であった。事実，彼はフォレスターと独立に，情報を貯えるための磁心記憶装置を考案し，他の記憶装置についても多数の発明を行なった。その一つは，後の高級研究所に関する記述の中にも出てくる。最初からこの二人は，同僚のリチャード L. スナイダーとともに，計数型計算機の分野の技術的な問題と可能性に，非常に興味をもっていた。前に述べたように，彼らはフランクフォード兵器廠向けの計数型射撃管制装置の設計を，ENIAC 計画よりもまだ前に行なっているのである。サイモンに提出する週間業務報告書の中に，私は次のようなことを書いている："RCA 社は計数型計算機に対して興味をもつようになっており，EDVAC に使用する記憶装置のための，特別な真空管の開発に力をかすことに同意した。"[4] しかしな

がら，EDVAC は音響遅延線方式を採用することになったので，この結び付きは，高級研究所の計算機の開発がはじまるまで実効をあらわさなかった．

　最後に，ロスアラモスの理論物理学部門からは，スタンリー P. フランケル，およびニコラス・メトロポリスという二人の若い理論物理学者がきた．彼らは，ENIAC にかけられた最初の問題を走らせるという名誉を担うことになった．非常に早くからフォン・ノイマンは，この機械がロスアラモスのために，特にその研究所で生まれる様々な着想の実現可能性を検討するために，きわめて重要な役割を果たしうるという認識をもっていた．そこで彼は研究所にいた理論家たちに，彼らの計算に使用するという意図をもって ENIAC のことを調査するようにすすめた．彼らはフォン・ノイマンに賛成し，その結果，当時ロスアラモスにとってきわめて重要であると思われていた，ある過程の実現可能性を確かめる手段として，非常に大規模な計算を実行する計画に着手した．

　私は，この目的のために ENIAC を使用することについてフォン・ノイマンに同意し，かなり長々と議論をした末に，ENIAC で処理される最初の問題としては，ロスアラモスの問題を採用すべきであるということをブレイナードに納得させた．当初ブレイナードは，ごく簡単なものから非常に複雑なものまで並んでいる一連の問題を，ENIAC の"試験運転"のためにやらせたいと考えていた．しかしながら，ロスアラモスの問題の緊急度を理解するに及んで，彼は快くそれを受け入れ，彼に同調するように，ペンダー学部長を説得することにも成功した．このことは，終始まったく骨の折れる仕事であった．私は，ロスアラモスからは"部外者"として扱われていたので，問題の重要性に関しては，フォン・ノイマンの基本的な主張を信用するよりほかに仕方がなかったからである．問題の数学的な性格を私が理解することだけはできるように，方程式は機密事項の指定からはずされていた．こうしたわけで，私はブレイナードに対しても，陸軍の仕事をしている数人の科学者がやってきて，ある問題を ENIAC にかけること，その問題や関係者の詳細については議論することができないことなどといったこと以外には，彼や学部長に何も話さないで私の考え方を伝えなければならなかった．

　いずれにしてもフランケルとメトロポリスは，1945年の夏に ENIAC の勉強をするためにやってきた．私の妻と私は，かなりの時間をさいてこの機械のプログラムの仕方を彼らに教え，彼らはその関係で，ロスアラモスとフィラデルフィアの間をなんどか往復した．[5] それ以降11月の終わりまで，フランケルとメトロポリスは，彼らの問題を ENIAC にかけるための準備の仕事をすることになった．この問題は，きわめて重要な意味をもっ

ていた。ロスアラモスにとっては，それは劇的な新しい着想をためすことであり，ムーア・スクール，すなわち ENIAC にとっても，それは同じく劇的なものであったからである。

　計算は，非常に大規模なものであったが，首尾よく行なわれ，オッペンハイマーの後を継いでロスアラモス科学研究所——初期のよび方でいえばニューメキシコ州サンタフェ，私書箱1663号——の所長になった有名な物理学者ノリス・ブラッドベリー博士は，ENIAC がうまく使用できたことに対して，1946年の春早くグレイドン M. バーンズ少将とジロンあてに礼状を書いた。彼は次のように感謝の言葉を述べている。

　　ENIAC で今までに遂行された計算は，現在実行中のものと同様に，私たちにとって非常に大きな価値をもっています。……これらの問題の複雑さはあまりにも大きいので，仮に ENIAC の助けがなかったとすれば，おそらくどのような解に到達することも不可能であったと思われます。私たちが，こうした困難な計算のために ENIAC を使用することができましたことは，なによりもの幸運です。

　　私はまた，これほど有用な機械の開発が成功を収めたことを，お祝い申し上げたいと思います。今回の計画から得られた私たちの経験は，純粋および応用物理学が高度な計算技術に依存しているという事実についての，多くのすばらしい実例を提供しました。物理学も他の科学も，ENIAC のような機械の発達から，大きな利益を受けるようになることは明らかです。

　　さらに私は，ゴールドスタイン大尉，エッカート，モークリーの両氏と，他の技術者ならびに操作員の諸氏が，直接的な努力と終始変わらない関心とを寄せられたことに対しても，お礼を申し述べたいと思います。[6]

　話が時間的に先へ跳んでしまったが，1945年の夏から秋にかけて，ENIAC が完成に近づくとともに高まってきたその周辺の興奮と緊張とを，読者がいくらかでも味わえるようにするためにそうなるのは，やむを得ないことであると思われる。私たちはこの問題に，もういちど適当なところでもどることにしよう。

　1945年の春から夏という重要な時期に，NDRC は電子計算機に強い関心を示すようになり，ウォーレン・ウィーヴァーは，ENIAC および EDVAC の両者を含む計算機械についての報告書を書くように，フォン・ノイマンに要請した。[7] ウィーヴァーは，さらに

その報告書が，"部外秘"という秘密区分*で出されるよう提案した。ENIAC および EDVAC の両計画とともに，秘密区分は"秘"となっていたので，このことは秘密区分の変更を必要とした。サイモンは，兵器局長官室の特許課が同意するならばという条件付きで，これに賛成した。[8] 多くのやりとりのあとで，最終的には，フォン・ノイマンによる応用数学部会報告書を，"部外秘"という秘密区分にすることを承認する旨の手紙が，兵器局長官室の弾道課からウィーヴァーに出された。[9] フォン・ノイマンによる報告書は，下書きの形ではずいぶん先のところまですすんでいたにもかかわらず，完成されないままで終わった。私の知らないなんらかの理由で，彼は，決して彼自身が満足しうるような段階にまで，それをもっていこうとはしなかったのである。[10]

計算機に関する報告書に対して，兵器局からウィーヴァーあてに出された1945年5月8日付の許可通達には，"ムーア・スクールが，本報告書の作成に協力することを承認する。……"という一項がはいっていた。そこでウィーヴァーは，ブレイナードにも報告書をまとめるように依頼した。この文書の作成者名をだれにするかをめぐって，ENIAC の関係者の間では，ある種の論争が行なわれた末に妥協が成立し，作成者はその報告書にみられるように，エッカート，モークリー，ゴールドスタイン，ブレイナードということになった。[11]

ジロンも私も，これらの機械がもつ重要な意味を認識していたので，それらに関する情報ができるだけ早く科学界に伝わることを待ち望んでいた。そのため私たちは，これらの計画の秘密区分を下げること，問題の報告書を書くようにフォン・ノイマンを励ますことなどに，全力を傾けて努力した。実際には，ENIAC および EDVAC 計画に関することは，科学界にかなりのところまで"もれてしまった"ので，多数の訪問者が国の内外からやってきて，その数は，そうした訪問のために生じる日程の遅れについて心配しなければならないほどまでになった。[12]

様々な営利企業が，ENIAC に対する彼らの貢献について宣伝したいという願望をもっていたことも事実であった。そこで，たとえばペンダー学部長が設立者の一人になっていたインターナショナル・レジスタンス社は，その会社案内の中に，"陸軍は，真空管を15,000本以上も使った電子式の計算機械をもっている。"と書くことを願い出て，その許

---

* アメリカの政府機関で扱われる機密情報，文書には，Top Secret（極秘），Secret（厳秘），Confidential（秘），Restricted（部外秘）などの秘密区分が設けられており，"部外秘"は取り扱い制限の最もゆるい秘密区分である。

可をとりつけた。[13]

　1945年の秋に弾道研究所では，"その戦後の研究計画にてらしあわせて"研究所がどれだけの計算を必要としているかを検討するための会合が開かれた。この会合の議事録を見れば，そのとき出席していた指導的な立場の人たちは，彼らの成果を広く利用することができるようにしたいという，非常に強い希望をもっていたことがわかる。"その結果，ENIAC が順調に稼動するようになり次第，……それに関心のある人々が，……すべての点について詳細に知ることができるようにするために，……その論理や機能上の特性を完全に機密事項の指定から解除し，機械についての十分な広報活動を行なうことが提案された。"[14]

　同じ年の波乱に富んだ春から夏にかけて，イギリスからの訪問者が何人かムーア・スクールへやってきた。イギリスにおける計算機開発の機運は，これらの訪問から生じたのである。特にその成果として開発され，製作された機械としては，テディントンにある国立物理学研究所の ACE (Automatic Computing Engine)，ケンブリッジ大学の EDSAC (Electronic Delay Storage Automatic Calculator)，およびマンチェスター大学の MADM (Manchester Automatic Digital Machine) などがあげられる。主要な訪問者は，テディントン研究所の数学部門の主任に就任したジョン R. ワマーズリーのほか，ダグラス R. ハートリー，L. J. コムリーなど，いずれも前に出てきたことのある人たちであった。ワマーズリーには，イギリス郵政省研究本部の関係者が，ほかに2名同行してきた。[15]

　テディントンにおける開発は，当初，1945年から，アラン・テューリングがケンブリッジ大学へもどるために辞任した1947年7月までの間，彼の指揮の下で行なわれた。その後間もなく，テューリングはケンブリッジからマンチェスターへ移って，後からまた述べるように，そこでの大きな計画に参加した。

　ワマーズリーは，イギリス人としては最初の訪問者であった。1945年の2月から4月まで，彼は合衆国に滞在し，それから国立物理学研究所（NPL）の数学部門の主任となり，彼が合衆国で学んだことを土台にしてそこで電子計算機をつくるために帰国した。彼は，1945年の3月12日から14日までの間，ムーア・スクールの私のところへきた。彼が最新の開発に関する知識を手に入れたのは，そのときのことである。[16] イギリスで，非常に素早く計算機の開発が開始されたのは，彼の活躍と，彼の上司であったチャールズ G. ダーウィン卿の先見の明に負うところが少なくない。計算機開発の仕事をすすめるために，ワマーズリーは，テューリングに加えて，ハリー D. ハスキーを1946年に仲間に引き入

れることに成功した。ENIAC の技術解説書を書いたのは、このハスキーであった。ワマーズリーはまた、今日、数値解析の分野での世界的な指導者の一人に数えられる J. H. ウィルキンソンも、彼の仲間にさそい込んだ。

ACE はテューリングによって設計され、いかにも彼のものらしい特色を備えていた。ハスキーが書いているように、"単純な機械をつくることに重点がおかれた結果、プログラムのコーディングについては、この国で設計されているどのような機械で用いられていたものよりも、複雑な方式がとられることになった"のである。[17]* 文献のうえでは、この機械には数種類の型があった。その最初のものについての資料は、ハートリーが携えてきて、1946 年に、三番めの型のものとともにコールドウェルと私にくれた。[18] ACE の論理面での複雑さは、テューリングが、そうした型の仕事を工学的なものよりも好んでいたことから考えれば、驚くほどのことではない。テューリングが提案したような型の複雑さは、いくつかの点で魅力的なものではあったが、長期的にみて発展性のあるものではなかったので、選択の結果淘汰されてしまった。

テューリングがフォン・ノイマンと私をプリンストンに訪ねたのは、彼がテディントンに籍をおいていたときのことであった。その当時やりとりした手紙を見れば、彼が私たちのところにいたのは、1947 年 1 月後半の約 2 週間であったことがわかる。テューリングは、最初に試験的な機械として、ACE 実験機をつくるという計画をもっていた。彼はこれを実現することに成功し、彼がテディントンを離れてから後の 1950 年秋には、その公開実演が行なわれた。この計画は、ワマーズリーを直接の監督責任者として、チャールズ・ダーウィン卿が研究所長の時代に開始され、エドワード・ブラード卿が所長のときに終了した。

ワマーズリーの後を継いだ E. T. グッドウィン博士は、テューリングの母親にあてた手紙にこう書いている："……アランがケンブリッジ大学で彼の休暇年度をとったのとほぼ同じころに、ACE 実験機と名付けられることになったより小さな型のものを製作することが決まりました。その基本的な考え方は……大部分アランのものでしたが、細部の仕様が他の人々によって決定されたものであったことは、あなたもお分かりいただけるでしょう。この機械は、4, 5 年にわたって、まことに見事な働きをしました。…… ACE 実験機の現物は、最終的には展示品として使用するために、科学博物館に寄贈されました。"[19]

---

* こうした設計思想は、明らかに彼の"万能テューリング機械"(後出)からきたもので、論理演算に関しては種々の配慮がなされていたにもかかわらず、通常の計算のための回路などは極端に単純化されていた。命令は、実行時間に合わせて遅延線上に分散配置されるようになっており、そのため、各命令語は 3+1 アドレスという特殊なアドレス形式をもっていた。

ACE の完全な規模のものは,最終的には国立物理学研究所の制御機構ならびに電子工学部門によって,1958年に完成され,当時その部門の主任をしていた A. M. アトリー博士は,"今日,テューリングの夢は現実のものになった。"と述べたのである。[20]

しかしながら,こうした事柄を全体的にとり上げるとなると,話は大分先へすすんでしまうことになる。したがって私たちは,1945年夏のフィラデルフィアに話をもどすことにしよう。ダグラス・ハートリーは,独立記念日(7月4日)の少し前に,イギリス連邦科学局から派遣された訪問者として,はじめてそこを訪れ,たちまち ENIAC と EDVAC の計画に深く興味をもつようになり,それにとりつかれてしまった。事実,彼は帰国するやいなや,彼の地位を最大限に利用して,イギリスを電子計算機の分野に進出させるよう努力した。これに関しては,彼は非常に成功を収めた。後に私たちは,この国での開発について,もう少し詳しくとり上げることにする。

以上のような活動のほかに,合衆国学術研究評議会の "数表,その他計算のための補助手段" に関する委員会は,その委員長をしていた R. G. アーチボルド教授の提唱に基づいて,計算機械に関する討論会を,1945年10月29日から31日にかけて,マサチューセッツ工科大学およびハーヴァード大学で開催するというよびかけをした。この討論会の組織委員会は,委員長 L. C. コムリー,副委員長 S. H. コールドウェルのほか,ハワード・エイケン,デリック・レーマー,リヴァプール大学の J. C. ミラー,G. R. スティビッツ,ムーア・スクールの I. A. トラヴィス,およびジョン・ワマーズリーなどによって構成されていた。[21] この会合は,新しい MIT の微分解析機の発表記念を兼ねて行なわれるものであった。ブレイナードは,ENIAC および EDVAC の両計画について,この会合で討論をする許可をジロンに求め,次のような彼の了承を得た:"私は,これらの開発についてのまとまった話をすることは,あなた方にとって有益であろうと思います。"[22] ENIAC がうまく稼動するようになってから,はじめてそれにふさわしい発表をするようにというジロンの心配を和らげるために,ブレイナードはコールドウェルと話し合いをし,コールドウェルは,"その討論会は……完全に非公開なもので,それへの出席者は招待された人たちだけに限る"ことを重ねて彼に約束した。[23] ブレイナード,エッカート,およびモークリーがムーア・スクール側の代表者として出かけ,フォン・ノイマンと私は,政府側の代表者として出席した。会合の席上では,ENIAC および EDVAC に関するムーア・スクールの仕事についての説明が,ブレイナード,エッカート,モークリーおよび私から,四つの部分に分けて行なわれた。

同じころ私は，計算機の開発を，戦後の世の中で続けていくための手段を探し求めていた。そうした目的のために，私はいろいろな所へ頼んで回ったが成功しなかった。最終的にまとめられた解決案は，フォン・ノイマンと私の間で交わされた，多くの自己反省的な会話からもたらされたものであった。そこにはいくつかの大きな問題点があった：計算機は，平和時の科学界にとって欠かせないものであろうか。どうすれば，計算機の研究に必要な資金が得られるだろうか。この仕事を引き受けるのに適した環境をもっているようなところが，どこかにあるだろうか。

一番めの問いに対しては，ほぼ確信をもって，私たちは二人とも肯定的な答えを出した。また私たちは，どちらも，政府当局との友好的な関係をたどって，なんらかの方法で，私たちの仕事を継続するのに必要な資金を入手することができるという自信をもっていた。より重要な問題は，その仕事にふさわしい場所を選ぶことであった。高級研究所は，元来，理論的な研究をする場所として考えられていたので，実験的な研究をする伝統も施設ももち合わせていなかった。したがって，先天的には，それは決してこの仕事に向いた場所ではなかった。しかしながら，これらの障害は，少なくとも当面の計画に関しては，克服しえないものではないことが最終的には明らかになったので，この計画はそこで行なわれることになった。このことについては，後に詳しく述べる。

話を先へすすめる前に，ここでわき道へそれて，前にも言及した様々な緊張と，人々の離散を引き起こした原因についてふれておく必要があると思われる。結果的にみれば，それらは，新しく誕生した計算機の分野におけるムーア・スクールの貢献度を，著しく減退させることになった。

ペンシルヴァニア大学と政府との契約は，その時代の研究開発契約の典型的なものであった。特許に関する限り，契約者は，自分で特許を取得して，政府には，一般とは異なった使用料不要の特許使用権を与えるか，あるいは，政府が契約者に代わって特許の申請手続きをするかといった，二つのうちのどちらかの道を選ぶことができるようになっていた。いずれの場合にも，"発明に対する権利は，そのまま発明者のものとして存続し，政府に対しては適当な使用承諾書が作成される"[24] ことになっていた。

この時代には，大多数の大学は，実務的な事柄については全く無関心で，ペンシルヴァニア大学もその例外ではなかった。大学当局は，しかるべき使用承諾書の作成を，契約に定められたとおり彼らの技術者に実行させるために，彼らがどのように事を運んでいるか

を真剣に考えてみたことがなかった。今日では，こうした事柄はよく理解されており，それに関する明確な方針も確立されていて，将来発生する特許権を雇用者に譲渡する旨を記した法的文書を作成することが，科学者および工学者を雇い入れる場合の雇用条件になっている。当時のペンシルヴァニア大学では，こうしたことがまだ行なわれていなかったのである。

多くの大学は，特許権を，その使用料を徴収し，それを大学全体の利益のために使用するような財団に引き渡している。たとえば，ウイスコンシン大学卒業生財団はその一例で，そこではこのような資金を，大学の研究計画に必要な費用を肩替りするために使用している。この資金は，大部分，牛乳にビタミンDを添加する処理法と，殺鼠剤の改良から得られたものである。

ペンシルヴァニア大学は，その当時，各職員が行なった発明に対するすべての権利を，要求があればその職員のものとして認めるという，ばく然とした方針をもっていた。この承認は，自動的に行なわれるものではなくて，職員から評議員会へ申請することを義務づけていた。ムーア・スクールでは，発明者とみなされるような資格をもっているのがだれかという点について，いろいろと混乱があった。すべての人々は，合衆国の敵を撃破するのに役立つために働いていた。特許に対する考慮などを，彼らはほとんど問題にもしていなかったのである。またその時代には，当時のムーア・スクールの文書に述べられているとおり"通常，ある着想の発見者は，彼の下で働いている人たちの中から生まれたすべての特許に値するような着想に対しても，所有権を保有するというのが慣例になっているので，この計画に参加して，エッカートとモークーリのために仕事をした人たちは，たとえ彼らが全般的にこの計画のために貢献があったとしても，おそらく特許に対する権利は与えられないであろう。"[25]というような見方もあった。これは法律的な問題であるし，私には明らかにそれについて論じる資格はないから，こうした見解の正当性について意見を述べることは差し控えたい。そのうえ，ENIACが特許になりうるかどうかといった全体的な疑問や，だれがその発明者であるかといったような点については，目下法廷で審理中であり，したがって経過をありのまま記録する以上のことを現時点ですることは妥当ではないし，事実上不可能である。この問題についての最終的な結論は，まだ当分の間書けないであろう。

さて，ENIACに関する特許の問題と，その少し後から出てきたEDVACに関する同様の問題は，ペンシルヴァニア大学に爆発的な衝撃を与えることになった。時間的にさか

のぼると，1944 年 11 月にペンダー学部長は，当時この大学の学長をしていたジョージ W. マクレランド博士に手紙を書いて，特許に関する大学の方針を明確にするよう求めている。これに対するマクレランド博士の返事は，理事会はこの問題に関してなんらの動きも示していないというものであった。[26] しかしながら，ブレイナードおよびペンダーと，エッカート，モークリーの間でさんざん議論が行なわれた末に，エッカートとモークリーは，契約 W-670-ORD-4926 に関する一連の仕事の途上で彼らが行なった発明に対しての，権利の承認を求める手紙をマクレランド学長あてに書いた。1945 年 3 月にマクレランドは，この権利を彼らに与え，一つの約定を取り決めたうえで，特許権の譲渡に対する大学側の権利を放棄することを彼らに通知した。彼が持ち出した約定というのは，彼らが合衆国政府の非独占的な使用料不要の特許使用権を認め，かつ"任意の公的に認められた非営利団体が，このような装置を，非商業的な利益を伴わない目的のために製作し，使用すること"[27] を認可する副次的な権利を追加した使用権を大学側に与えるというものであった。

しかしながら，すでにその 1 箇月前に，マクレランド学長が彼らの要望に有利な方向で動いてくれるという確証を，エッカートとモークリーはつかんでいた。そこで，特許申請の準備をするうえで，兵器局の法律家を助けるために，彼らは弁理士を雇った。想像されるように，この特許にまつわる問題点のすべてにわたって，非常に激しい論争がまき起こった。それはエッカート，モークリーと大学およびムーア・スクール当局との関係を悪化させ，ペンダーとブレイナードの間に，そして遂にはエッカート，モークリーとジロンおよび私との間に，緊張状態を生むという結果をもたらした。このいちばんあとの仲たがいの原因は，公表の問題に関係があった。ジロンと私は，ENIAC ならびに EDVAC に対する機密事項の指定を解除して，それらを広く科学界に公開することを強く望んでいた。しかしながら私たちは，そうした過程でエッカートやモークリーを傷つけたくはなかった。そこで 1945 年の 11 月に，ジロンと私はこの問題についての意見を交換した。ジロンはそのときの手紙にこう書いている："エッカートとモークリーの権利保護に関して，彼らはその申請書類を提出するのに，いったいどれぐらいの時間を必要としているのでしょうか。また今の私たちの公表計画は，それによってどのように変更されるのでしょうか。"[28] エッカートは，彼とモークリーが特許申請書類の提出をすます以前には，どのような発表をすることも好まなかった。事実，エッカートは"私たちは何もいうべきではないし……単なる聞きてとして控えているべきだと考えて"[29] いた。

事態をさらに悪化させたのは，報告書の作成者名に関連した問題であった。エッカート

もモークリーも，ブレイナードがウィーヴァーから NDRC 報告書を書くよう求められたことで，ひどく感情を害しており，さらにモークリーは，当初ブレイナードとエッカートだけが MIT での会議に招待され，彼が招待されなかったことに腹を立てていた。これらのいざこざは，それぞれ最終的には円満に解決されたが，そのいずれもが，エッカート，モークリーとブレイナード，ペンダーの間に急速に成長しつつあった亀裂を，いっそう深くする役割を果たした。以上述べたような不満に関連してふれておかなければならないことは，エッカートとモークリーが，ENIAC についての深い技術的な知識をいささかでももっている人が，ムーア・スクールの管理当局には一人もいないと感じたのは，ある程度やむを得なかったということである。この点については，事実の裏付けがあった。学部長が設定したやり方に従って，ブレイナードは，ムーア・スクールの研究業務にまつわるこまごましたすべての管理上の問題に，あまりにも深く没頭していたので，ENIAC 計画を詳細に追跡していくだけの時間も気力ももち合わせていなかった。このことは，S. リード・ウォーレン教授が EDVAC 計画の責任者に任命された理由の一部にもなっていた。ウォーレンの参画もまた，自分がそうしたいと考えていたほどには，技術的に深いものではなかった。それにもかかわらず，彼は技術的な仕事からは遠ざかって，事務的な仕事に専心するようになった。

　これは，私の十分考えたうえでの結論であるが，ムーア・スクールの幹部による技術的な参画が欠けていたこと——当時の大学の体制ではたぶん避けられなかった——は事実であって，このことが，遂にはこの大学が，自ら開拓した分野におけるその指導的な地位を失うという結果を招いたのである。これもまた私見であるが，仮にムーア・スクールの教職員による技術的な参画が活発に行なわれていたとすれば，フォン・ノイマンとエッカート，モークリーとの関係からもわかるように，なおいっそう深い亀裂を生じていたことであろう。

　EDVAC に関するフォン・ノイマンの熱心な参画と，その論理設計の仕事に対する指導力は，彼および私と，エッカート，モークリーとの間での，本質的な対立の原因になった。これらの事柄が頂点に達したのは，後になってからのことであるが，ここでその問題を片付けておくほうがよいと思われる。

　前に述べたように，フォン・ノイマンの**第1稿**の土台になった様々な検討が行なわれた際には，完全な相互協力と，最善の着想を生み出そうという願望がその背景にあった。後になって，エッカートとモークリーは，彼ら自身を EDVAC の基礎になっているすべて

の着想や概念の発明者,または発見者とみなしていることが明らかになった。こうした見解には,フォン・ノイマンと私は強く反対した。1946年の3月に,この問題に関する会合がワシントンで行なわれ,私たちとジロン大佐,それに特許課の代表者も二人それに出席した。この会合の結果フォン・ノイマンは,EDVAC に対して彼が三つの寄与をしたことをはっきりと述べた資料を提出した。法律家が作成した文書では,彼の主張は次のように述べられている：

1. EDVAC の演算処理を可能にするための新しい命令コード。
2. 問題全体を解くのに必要な一連の様々な算術演算を,次々と直列的に遂行または進行させること。
3. 記憶装置として"アイコノスコープ"〔実質的にはテレビ画像装置で使われている電子線オシロスコープと同じもの〕を利用すること。[30]

かなりの激しい対立があった後,最後に1947年4月8日に,EDVAC に関連する問題を解決するための会合が開かれた。これには,ペンダー学部長と数人の彼の同僚,エッカートとモークリー,フォン・ノイマンと私,ディデリックとその同僚などが,兵器局法務部の代表者とともに出席した。[31] その会合の結果,フォン・ノイマンの**第1稿**は,兵器局の法律家によって,厳密な法律的解釈に基づく出版物として取り扱われることになった。このことは,当該報告書が配布されたことによって,その内容はすでに公知の事実になっており,したがって,その中に明示されているどのような事項も,特許の対象とはなりえないということを意味していた。そのため,兵器局の法律家たちは,エッカートとモークリーに代わって EDVAC に関する特許申請の準備をする仕事から手を引いた。この会合の席上で,フォン・ノイマンと私は,特定の人々に帰属させることができるような着想を選別して,それらを総合した共同特許を申請することで合意するという提案をした。しかしながら,手続き面からも実質的な面からも,同意を得ることはできなかった。

EDVAC に関する報告書を公共の財産とすることは,フォン・ノイマンや私にとっては非常に満足すべきことであったが,私たちとエッカート,モークリーとの親密な関係は,それによって終わりを告げた。この論争全体については,おびただしい量の往復文書が残されているが,私はその関係者であったので,今後の歴史家のだれかが,これらの資料を客観的に分析するのが,おそらく最善であろう。

第9章 考え方の普及 255

原著者脚注

¹ ウィーヴァー自身は科学振興政策のためにきわめて重要な貢献をした人物で，ほぼ50年間にわたって，それに大きな影響を与えてきた．興味のある読者は *Scene of Change : A Lifetime in American Science* (New York, 1970) という彼のおもしろい回顧録を一読されたい．

² S. B. Williams, *Digital Computing Systems* (New York, 1959), p. 10 または，B. V. Bowden, *Faster than Thought* (London, 1953), p. 177 を見よ．

³ 航空速達便でフォレスターからジロンあてに出された1945年11月13日付の手紙．私がフォン・ノイマンの報告書を送ることに対する正式の許可は，J. J. パワーからゴールドスタインにあてた1945年11月20日付の手紙の中に含まれている．フォレスターのムーア・スクールへの最初の訪問は，1945年11月7日に行なわれた．フォレスターのほかに，海軍省特殊兵器部のペリー・クロフォードが同行した．フォン・ノイマンと私も同席した．（フォレスターから R. C. モークにあてた1945年10月31日付の手紙を見よ．）この訪問に先立って，1945年10日9日には，海軍の研究発明局のモークおよびシドニー・スタンバーグ両大尉がムーア・スクールを訪問している．（パワーからゴールドスタインあてにテレタイプで送られてきた，1945年10月8日付の立ち入り許可証を見よ．）この研究発明局は海軍研究局の前身である．

⁴ Goldstine, Progress Report on ENIAC and EDVAC Projects for Week ending 17 November 1945．ウォーレンからゴールドスタインにあてた，若干の RCA 真空管のEDVAC 計画への貸し出しに関する1945年10月10日付の手紙も併せて参照されたい．

⁵ ゴールドスタインからメトロポリスおよびフランケルにあてた1945年8月28日付の手紙．この手紙の書き出しが"親愛なるニックおよびスタン"となっているところからみると，私たちが知り合いになったのは，それよりも以前のことである．この手紙から明らかなように，彼らはロスアラモスへ帰るために，その少し前にフィラデルフィアを立っているが，"2週間以内"には再びもどってくることになっていた．

⁶ ブラッドベリーからバーンズおよびジロンにあてた1946年3月18日付の手紙．

⁷ ウィーヴァーからリッチー大佐あての1945年3月8日付の手紙．

⁸ "計算装置に関する提案中の NDRC 報告書の件" と標記した1945年3月13日付の基本的な書状に対する1945年3月23日付の第一回めの確認書．私が書いたこの確認書には，"……基本的な書状に述べられている NDRC 報告書は，現時点では非常に望ましいものであるし，ENIAC および EDVAC が含まれるようにすることが，さらにきわめて望ましい．" と述べている．

⁹ J. H. フライ大佐からウィーヴァーにあてた1945年5月8日付の手紙．

¹⁰ この下書きに基づいて，1946年5月にフォン・ノイマンは，研究発明局の諮問委員に対して講義をした．A. H. タウブは，"大型計算機の原理について" (von Neumann, Collected Works, vol. V, pp. 1-32) というフォン・ノイマンと私の共著の論文の脚注に，この論文は，これらの講義の土台となったもので，それ以外に，同じ著者が書いた他の報告書に出ている題材も含まれていると述べている．実際には，これは正しくない．事実は以下のとおりである．すなわち，この講義は，フォン・ノイマンの未発表の草稿に基づいて行なわれた．彼の Collected Works にのっている論文は，最初，1946年の11月に，私たちが書いたものであって，その最初の草稿の日付は1946年11月5日になっている．

これは，*American Mathematical Monthly* の編集者 L. R. フォード向けの招待論文として作成された．4〜5年後，著者はフォン・ノイマンの同意を得て，共同論文の改訂に着手し，その目的のために，タウブが言っている資料から，いくつかの部分をとって付け加えた．しかしながら，別の仕事に手をとられて，どのような形ででもそれを発表することはできなかった．

[11] *Description of the* ENIAC *and Comment on Electronic Digital Computing Machines*, AMP Report 171.2 R, Moore School of Electrical Engineering, University of Pennsylvania, distributed by the Applied Mathematics Panel, National Defense Research Committee, 30 November 1945.

[12] 1945年6月26日に私は，ENIAC を訪問する許可を新たに出さないよう，ペンダ一学部長に通知した．Memorandum, Goldstine to Pender, Clearance to visit ENIAC. この方針は非常に積極的に実行されたわけではなかったが，ある程度訪問者の数をおさえるのに役だった．

[13] ゴールドスタインからペンダーにあてた 1945 年 7 月 16 日付の通告．

[14] 1945 年 10 月 15 日に弾道研究所で行なわれた計算法ならびに計算機械に関する会議の議事録．

[15] ハートリーからゴールドスタインにあてた 1945 年 8 月 23 日付の手紙．

[16] ガーバーからフィラデルフィア管区調達事務所にあてた 1945 年 3 月 10 日付のテレタイプ．この電報は，ワマーズリーがゴールドスタインを訪問することに対して許可を与えている．彼には，フォン・ノイマンの **第1稿** が出来上がるとすぐに送られた．

[17] H. D. Huskey, "Electronic Digital Computing in England," *Math. Tables and Other Aids to Computation*, vol. 3 (1948–49), pp. 213–225.

[18] A. M. Turing, "Proposals for the Development in the Mathematics Design of an Automatic Computing Engine (ACE)" (最初の型に関するもの)，および "Circuits for the ACE" (三番めの型に関するもの)．この資料のことは，ゴールドスタインから G. F. パウエル大佐にあてた 1947 年 2 月 27 日付の手紙の中に出ている．

[19] Sara Turing, *Alan M. Turing* (Cambridge, 1959), p. 84.

[20] 同上，p. 89. アトリーはモールヴァーンにあった軍需省の電気通信研究施設に所属していたが，電子計算機についてもかなりの研究成果をあげている傑出した技術者である．彼の機械は，1948 年にフォン・ノイマンと私をプリンストンに訪問してから後で設計された．この機械は TRE 高速計数型計算機として知られている．

[21] 合衆国学術研究評議会から発表された Conference on Advanced Computation Techniques, Massachusetts Institute of Technology and Harvard University, 29–31 October 1945 のプログラム．

[22] ブレイナードからジロンにあてた 1945 年 9 月 29 日付の手紙，およびジロンからブレイナードにあてた 1945 年 10 月 4 日付の手紙．

[23] コールドウェルからブレイナードにあてた 1945 年 10 月 8 日付の手紙．

[24] E. H. ヘルストローム大佐からペンダーにあてた，ENIAC の特許申請に関する 1944 年 12 月 23 日付の手紙．大学は後のほうの道を選んだ．（ヘルストロームは兵器局長官室特許課の課長をしていた．）

[25] J. Warshaw, Report on trip to Patent Branch, Legal Division, Office of the Chief of Ordnance, 3 April 1947.

[26] J. Warshaw, Chronological Résumé of Available Correspondence and Memoranda Pertaining to General University Patent Policy and to ENIAC and EDVAC

Patent Proceedings, Compiled 14 March 1947.

[27] マクレランドからモークリーにあてた1945年3月15日付の手紙.この手紙は,エッカートとモークリーからペンダー学部長に出された1945年3月9日付の申請に対する大学側の正式の回答である.ペンダーは彼らの手紙を好意的な意見書をそえて,マクレランドに送った.マクレランドによって出されることになっていたもともとの手紙では,他の教育施設に無償で副次的な使用権を与えるという権限を大学に付与していなかった.私は,従前から非営利団体に対して適用されてきたような方式を提案し,それがこの最終的な手紙の中にとり入れられた.

[28] ゴールドスタインからジロンにあてた1945年11月2日付の手紙に対する1945年11月6日付のジロンからゴールドスタインへの返事.この前のほうの手紙には,ENIACおよびEDVACに関する一般の人々への発表が,種々の重大な影響を特許に及ぼすことを指摘したエッカート,モークリーの弁理士からの手紙が同封されていた.

[29] ウォーレンからブレイナードにあてた1945年10月9日付の手紙.

[30] 1946年4月2日より少し後に書かれたフォン・ノイマンの **EDVACに関する報告書第1稿** の公表に関する非公式報告書.

[31] 特許問題について討議するために,1947年4月8日にムーア電気工学科で開かれた会議の議事録.

第10章

ENIACで行なわれた最初の計算

　1945年秋までに，ENIACは急速に完成に近づいていた。太平洋方面の任務についていたジロンが復帰し，サイモンは次のような手紙をペンダーに書き送った：“新しい計算機に関して，ジロンから大いに刺激を受けたことをあなたも覚えておられるに違いありません。ジロン大佐の新方針のお蔭で，契約の監督をする仕事が私にまわってきました。……事実私も，兵器局の研究部へさしもどされてきた契約の全体的な監督を引き受けて，ジロンがその指揮をとり，弾道研究所は，その必要性と要望事項についてのみ相談を受けるというようにしてみたいと，心から思っているのですが，……実際には，ディデリック博士にも私にもその時間がありません。”[1]

　ENIACに関する契約は，1945年9月30日をもって満了することになっていたが，その期日までにそれが完成しないことは明らかであった。そこで大学の副理事長は，1945年12月31日までの契約期限の延長を要請した。[2] こうしたあらゆる管理上の問題にかかわりなく，ENIACには最終的な仕上げが施され，その"処女航海"のための準備がととのえられていった。10月の終わりには，私はフランケルとメトロポリスにあてて次のような通知をした：“あなた方の問題に対するENIACの準備態勢が，予定どおり11月7日までにととのう可能性はありません。しかしながら，11月の半ばごろには，ほぼあなた方の問題を処理しうるようになる見込みです。”[3]

　11月15日に，私はディデリックにこう書いている：“現時点では，次の月曜日またはその前後に，ENIACは試運転ができる状態になるものと思われます。その際に，機械の使用可能性の試験として，ロスアラモスの問題を走らせてみようというのが私たちの考えです。”[4] この手紙は明らかに，最初の問題は“射撃表の計算にすべきだ”[5]という意見を述べ

たディデリックの手紙に対して答えたものであった。

　サイモンにあてた業務報告書の中にも，私は，"除算器と ENIAC の試験用機器を完成させるのに必要な製作作業が，あと約3週間分残っている。……ロスアラモスの問題は，こうした目的のために利用される予定になっており，それに使用する 1,000,000 枚の IBM カードが，該研究計画からムーア・スクールに送られてきた。"[6] と述べている。

　この時期は，しなければならないことが無数にあったし，あちこちに気も配らなければならなかったという，全く頭がおかしくなってしまうような時期であった。向こう数箇月間，終日，そしてほとんど終夜にまでわたって行なわれる仕事の種類を，私はいつも覚えておくようにしたものである。私の妻も，私に協力してこの難局に当たった。ふりかえってみると，それは全くすばらしい，けれどもきわめて苦しい体験であったように思われる。

　正確にいつロスアラモスの問題が ENIAC にかけられたかは，当時の往復文書などを見ても定かではない。しかしながら，11月23日に私がエドワード・テラーに出した手紙には，"フェルミ博士は，ENIAC や EDVAC を見ることに興味をもっておられたが，先週土曜日にはこちらへおいでになれなかったと，ニックは私に話しています。"[7] と書かれている。このことから，フランケルとメトロポリスがフィラデルフィアにいて，問題を機械にかける前に，私の妻や私とその問題の詳細な見直しを行なっていたことは明らかであると思われる。[8]

　ロスアラモスの問題は，その背後にある物理学的な事象に関する限り，機密の取り扱いを受けていたが，解かなければならない方程式の数値的，ないしは数学的な形に関しては，そうした扱いを受けていなかった。この数式を機密扱いにはしないという方針は，その後もずっと保たれた賢明な方針であった。それは，どのような関係者についても特別な許可をとらないで，かつ ENIAC の部屋そのものにも厳重な機密保護基準を適用することなく，ロスアラモスのための計算を行なうことを可能にした。

　ENIAC に関してつけられていた作業日誌を見れば，1945年12月10日には，問題Aの処理がある段階まですすんだ状態になっていたことがわかる。これはきわめて試験的なものであったに違いないが，12月18日になると，その作業日誌は，"E の点検。そのあとの処理の結果，Eの数にははなはだしい誤りを生じた。"[9] と述べている。この処理は，ロスアラモスの問題の一部であった。その後毎日，この問題は ENIAC にかけられたが，その処理は，ロスアラモスの問題の解を求めるためだけではなく，機械内部の"虫"を見つけ出すためにも役に立った。

作業日誌の種々雑多な記入事項に目を通してみるのは、なかなか楽しいものである。たとえば1945年12月23日の午後3時のところには、"窓の換気口を通っている蒸気管が破損した。ライアン大尉とブレイナードに通報。"というような、私自身が記入したわびしい記録がある。また1945年12月25日のところにも、午後9時30分には"激しい雨が降って、解けた雪が2階にもれてきた。"；午前3時には"まだ5人ばかりの人が、床の水をふき取ったり、雨もりを受けて一杯になったバケツをあけたりして働いている。"などといったような記載がある。[10]

12月のはじめに、ジロン、フェルトマン、および私は、"今や最終的な検査の段階にあるENIACに関して、しかるべき発表"[11]を行なう方策を練り上げるために、アバディーンで会合した。この討論の結果、各種の提案がまとめられ、速やかに実行に移された。そのとき決定したことは、"特許権を確保するために必要となるような資料のみ、引き続き機密扱いとするほかは、ENIACに対する機密事項の指定をできる限り速やかに解除する"こと；ENIACの公表には、陸軍省の渉外局が関係者として加わること；各種専門雑誌のための記事を作成すること；当面1月中旬ぐらいをめどにして、ペンシルヴァニア大学で完成式を挙行すること；その式典には、計算機に関心のある連合国側の著名な科学者を招待すること；等々であった。

こうした会合の結果は、さらにブレイナードおよびペンダーによって検討され、彼らは熱心に、その計画の中の彼らの担当部分の実行にとりかかった。陸軍は、陸軍の立場から私を手伝って式典の準備をするために、陸軍省渉外局広報課のトマス G. ジエンテル少佐、およびジョン・スロウカム大尉という2人の士官を任命した。関連する仕事の一つに、ENIACに対する機密事項の指定を解除することがあった。このことは、兵器委員会の議決によって行なわれた。その議事録には次のような一項がある："設計の細部および回路は……'秘'という秘密区分にそのまま残される。設計の一般的原理や機器の操作上および機能上の特性を含む計画の他のすべての部分については、以後機密事項の指定を解除する。"[12]

ムーア・スクールには、ブレイナードを委員長とし、ウォーレン、ワイガント、それに私を職責上加えた四人から成る委員会が設置された。[13] 予備的な新聞発表と説明会を2月1日に行ない、正式の完成式を2月15日に実施するという案は、明らかにこの委員会が作成したものである。これらの行事は、以下のように実行された。

新聞発表の際には、兵器局長官室の研究開発部長であったグレードン M. バーンズ少

将のほか,エッカート,モークリー,ブレイナード,私などが記者に話をした。アーサー・バークスは,カイト・シャープレスに手伝ってもらって,機械の速さや処理能力を示す,次のような5種類の簡単な問題から成る ENIAC の正式の実演をしてみせることになった。それらは,

1. 1秒間で5,000回の加算を行なうこと。
2. 1秒間で500回の乗算を行なうこと。
3. 2乗および3乗の計算。
4. 正弦および余弦表の計算と表の作成。
5. 長くて複雑な計算の一例として,ENIAC による E-2 の処理に若干変更を加えたものを行なうこと。[14]

などであった。

　この機械についての学術的な論文に関しても,通俗的な解説記事やラジオの報道に対してと同様に,あらゆる種類の計画が実行に移された。そうした試みの大部分は,たいへんな苦労の末に,ほぼ満足すべき成果を生み出した。[15]

　正式の完成式そのものは,なかなかの盛会であった。大学のヒューストン・ホールで開かれた祝宴には,科学界の著名な人々が顔を見せ,マクレランド学長がその司会役をつとめた。当日式辞を述べたのは,時の合衆国科学学士院長フランク B. ジュウェット博士(1949年没)であった。1901-02年に,マイケルソンの研究助手という地位ではじまった長年にわたる彼の輝やかしい経歴からしても,彼はまさしくその式辞を述べるのにうってつけの人物であった。大学,産業界,政府関係機関などにおいても,彼は多くの重要な職務を歴任した。その中には,マサチューセッツ工科大学財団の終身会員であったこと,ベル・テレフォン研究所の初代所長であり,後に取締役会長になったこと,さらには国防研究委員会の委員をしていたことなどが含まれている。実際の完成式行事そのものは,バーンズ将軍が行なった。彼は簡単な挨拶をしたあとでボタンを押して,ENIAC に電源を入れたのである。そのあと招かれた人たちは,ENIAC の実演を見るためにムーア・スクールへ移動した。

　バーンズ将軍の挨拶の一部は,ここに引用しておく価値があると思われる。当時,すでに何人かの人々が抱いていた未来への構想が,それに示されているからである。

当面 ENIAC は，人類の向上をもたらすすべてのものとともに，知識の限界を広げる手段を提供することになりましょう．それは，地道な研究を通じて基礎的な科学知識を取得することを容易にするための，きわめて強力な手段を提供し，その結果，科学知識の貯えをより豊かなものにすることを可能にします．さらにそれは，現在，工業技術の重要な問題を解こうとしたときに出会う，解析的な方法やアナログ型計算機のきびしい制約を克服する手段を提供し，究極的には，科学的な真理に対する人間のとどまるところを知らない探索の，未来を開発するための確固とした基盤を提供するのです．

終わるにあたって，私は，科学の大道におけるこの重要な一里塚が，ちょうどいいときにうちたてられたという点を指摘しておきたいと思います．……国家の安全を保つ必要性から定められた制限の範囲内で，この偉大な科学のための道具が潜在的にもっている偉大な有用性を，できるだけ広く活用しうるようにするために，あらゆる努力がなされるでありましょう．……

この制御箱に取り付けられたスイッチを押すことによって，私は，ENIAC における記念すべき最初の問題の処理を開始させ，科学のための有用な任務に対して，この機械を正式に献呈したいと思います．[16]

実演の指揮にあたったのはバークスで，彼は見事にその大役を果たした．招待客たちが到着する直前に乗算器に故障が発生したが，バークスはそれを発見して他への波及をおさえ，ほんの数分間で修復させた．実演の際にとり上げられた問題の実際的な準備を行なったのはアデール・ゴールドスタインと私で，簡単な問題に関しては，ジョン・ホルバートンと彼の部下の女性たちがある程度の応援をした．

こうした人たちの教育がどのようにして行なわれたか，だれが実演用のテスト問題を準備したかなどについては，いささか論争もあったので，ここは真相が実際にどうであったかを明らかにする絶好の場であろうと思われる．ホルバートンと彼の部下の人たちは，私の指示によって，ENIAC がムーア・スクールから政府に引き渡されたあかつきには，そのプログラム要員になるという責任を与えられていた．彼らがこの任務についたのは，前に述べたように，1945年7月のことであった．彼らは主として私の妻から教育を受け，私が若干それを手伝った．この点については異論を唱えてきた人もあるが，事実はきわめて明白である．ENIAC のプログラム作成法を，ほんとうに細部にまでわたって知りつくしていた人物は，私の妻と私以外にはいなかった．事実，この機械の操作に関する唯一の手

引き書を書いたのは，アデール・ゴールドスタインであった。[17] この本は，ENIAC のプログラム作成法を理解するのに必要なすべての事項を記載した，入手することができる唯一の資料であったし，また実際に，それがこの手引き書の目的でもあった。ENIAC のプログラムが，少なくともこの段階では，非常に困難な，秘伝ともいえるような技法によっていたという点も見逃してはならないであろう。この本の書評を書いた人たちは，次のような点を強調している："しかしながら，こまごまとしたことがあまりにも多く説明されているために，実際に ENIAC による計算処理の遂行に携わっている人たちを除けば，この報告書を1行もとばさないで読むような読者は，あまり多くないと思われる。……本報告書をざっと読めば，この機械を使って各自の目的を達するためには，使用者は，全くうんざりとするような準備作業をしなければならないことがわかるであろう。"[18]

実演の際の，比較的単純な問題のプログラムは，ホルバートンと彼の部下の人たちによって作成されたが，主要な計算と種々の問題間の橋渡しをする準備は，私の妻と私だけで行なった。それは，2月15日の完成式当日と，翌日のペンシルヴァニア大学学生および教職員を対象とした公開日に行なわれた，詳細な弾道計算の問題であった。作業日誌の1月30日午前12時05分のところには，開始装置や主プログラム装置関係の実演のためのプログラム配線などに，彼女と私がどのような修正を加えたかを示すプログラムのページがあって，アデール・ゴールドスタインが署名をしている。バークスがどのような手順で事を運べばいいかをしるした，詳細な指示書もそこに記入されていた。さらに2月1日午前12時30分のところには，"すべての問題は O. K.。 スイッチ類の位置やプログラム配線などには，一切手をふれないこと。"と私は書いている。そこには，私の妻からホルバートンにあてた詳細な指示も書き加えられていた。[19]

2月13日午前2時のところに，再び私は"弾道計算を除くすべての問題は O. K."と記入しており，次いで同じ日の午後12時30分とみなされるべき箇所に，私は喜びに満ちあふれて"実演問題 O. K.！！"と書き入れた。[20] 実際私は，その晩のペンダー学部長の思いやりとユーモアを，今もはっきりと覚えている。その夜非常におそく，彼は何の前ぶれもなく1本のバーボンを手にしてあらわれ，それを私の妻に差し出して奮闘中の私たちを元気づけようとした。

最後に，ムーア・スクールが実演に関しての"すべての面にわたる"全責任を私に与え"バークス，シャープレス，その他実演に関係している技術者を，ゴールドスタインの指揮下に入れる"という措置をとってくれたことは，ここに指摘しておかなければならない

であろう。[21]

　この話のしめくくりとして、ENIAC についてここでふれておかなければならないことは、もはやほんの少ししか残っていない。正確に ENIAC がいつ使用できるようになったかという点は、法律的にかなり興味のある問題であった。私は、歴史上の法律的な問題に答えを出そうとは思わないが、事実がどうであったかについては、明らかにすることができる。

　少なくとも私の妻と私が、ENIAC の稼動状態が満足すべきものであるという見解をはっきりともつようになったのは、完成式よりも前のことであった。もしそこにいささかでも疑念があったとすれば、2月の1日、15日および16日に行なわれたその実演には、私たちや大学、陸軍の幹部連中は、だれも参加しなかったであろう。12月の末に私は、真空管の故障率は1日1本より少なく、その前4日間には、そうした事故の発生は1件もなかったと報告している。[22] さらに1月はじめには、私はワマーズリーにあてて次のような手紙を書き送った：" ENIAC は現在までに約1,000時間稼動しており、きわめて順調な成果をあげてきました。私たちは……ほとんどすべての装置が関係する問題を機械にかけ……機械の試験用に……それを用いています。こうした方法で、私たちは少数のはんだづけの不良箇所や、その他の小さな欠陥を摘発しました。しかしながら、全般的にみて、この機械の主要な問題点は真空管の故障です。1日あたり約1本というのがここでの平均故障率で、それによる障害を取り除くのに、1日あたり約1時間を費やしている勘定になります。最も長く、真空管の故障なしに稼動したのは120時間でした。"[23]

　1月はじめ、大学の会計監査人補佐あてに出した報告書の中で、ペンダー学部長はこう述べている：" ENIAC の試験運転は、ほぼ全面的に、初期の本番作業と結び付いたものになりました。……比較的複雑な実地の問題をこの試験期間にとり入れたことによって、試験と本番とを区別する境界線がすっかり取り除かれてしまったのです。まだ正式には、ENIAC は納入手続きをすませていない状況であるにもかかわらず……ゴールドスタイン大尉は、1945年12月1日以降の ENIAC の運用経費に関しては請求に応じる旨、私に確約しています。"[24]

　実演の期間中は、フィラデルフィアに滞在していたロスアラモスのフランケルやメトロポリスも、あまり仕事をすすめることはできなかったが、1946年の2月中、メトロポリスと現在シカゴ大学にいる著名な物理学者アンソニー・ターケヴィッチ教授はムーア・

スクールにとどまって，ロスアラモスの問題のプログラムの作成に取り組んでいた。[25] 前に述べたように，この問題の処理は申し分なく行なわれ，1946年3月18日には，この機械がうまく使えたことに対する礼状が，ロスアラモスの所長ノリス・ブラッドベリー博士からバーンズとジロンにあてて書かれた。[26]

さらにフランケルとメトロポリスの二人は，2月4日に正式の書状を私あてに書いて，彼らがシカゴ大学に勤務することになったことを公式に通告し，その大学が政府からENIACの機械時間を借用することができるかどうかについて問い合わせてきた。[27] この申し出は，前に引用した"この偉大な科学のための道具が潜在的にもっている偉大な有用性を，できるだけ広く活用しうるようにするために，あらゆる努力がなされるでありましょう"という，バーンズ将軍が完成式の挨拶の中で述べている声明の趣旨に沿ったものであった。ジロンも私も，この考え方には大賛成であったので，私は彼らに手紙を書いて激励した。[28] すでにこの段階で，フェルミやテラーが，ともに電子回路を使って計算をするという着想に大きな関心を示していたことは，注目に値する。この少しあとでフェルミは私をシカゴへ招き，彼やサミュエル・アリソン教授に会って，電子計算機の詳細について討論をする機会を設けた。私にとって，これはきわめて魅惑的な会談であって，フェルミがいかにすばらしい集中力を一つの問題にふりむけることができたかは，その話の運びにもよく表われていた。

いずれにしても陸軍は，ENIACを大学の科学者たちに無償で使用させることに同意し，その取り決めに従って多数の問題が処理された。たとえばハンス・ラーデマッハーとハリー・ハスキーは，数値計算の際に発生する丸め誤差の出方について研究するために，正弦および余弦表の計算をした（1946年4月15日-18日）。フランケルとメトロポリスは，1939年にニールス・ボーアとジョン・ホイーラーによって展開された，いわゆる核分裂の液滴模型についての広範な計算を行なった（1946年7月15日-31日）。[29] ハートリーは，圧縮性流体の流れにおける境界層の動きについての，非常に大規模な計算を行なった。（この計算の日付についてはいろいろな説があるが，ハートリーは，"この仕事の第一段階は，この夏，私がフィラデルフィアにいた間に機械にかけた。"[30] と述べている。）当時プリンストン大学にいた A. H. タウブ教授とアデール・ゴールドスタインは，衝撃波の反射と屈折に関する計算をした（1946年9月3日-24日）。[31] 気体の熱力学的特性に関する計算が，ペンシルヴァニア大学の J. A. ゴフ学部長のために行なわれた（1946年10月7日-18日）。[32] その当時アバディーンにいた数学者の一人で，その妻とともに，計算機の数論への

応用に関する偉大な先駆者となった D. H. レーマー教授は，ある種の素数についてのきわめて興味深い研究を行ない，[33] 気象に関する最初の数値計算が，フォン・ノイマンと彼の仲間の手で，ENIAC を使って開始された。[34] 以上は，決して大学の人たちのために処理されたすべての問題を網羅したものではないが，その代表例にはなっており，ENIACをすぐれた科学者たちが利用できるようにするという，ジロンとサイモンにはじまって，彼らの後継者たちに受け継がれた理解のある方針を示すのに役だっている。

もちろん，他に多数の問題が，アバディーン自身のために ENIAC で処理され，原子力委員会のための多くの大規模な計算や，合衆国鉱山局のためのいくつかの計算なども行なわれた。ここでは，それらを列挙することは差し控えるが，その完全な一覧表がアバディーンには残っている。[35]

1947年になって，フォン・ノイマンは，ENIAC の制御器官が集中化されていないことは，救済しえないほどの欠陥ではないことに気がついた。彼は，機械全体がいくらか不完全なプログラム内蔵方式の計算機として働くように，プログラムを作成することができることを示唆した。* 彼はこの仕事をアデール・ゴールドスタインにゆだね，彼女はそのようなシステムをつくり上げて，当時の弾道研究所の計算センター所長で，すぐれた数学者でもあったリチャード・クリッピンジャーにそれを引き渡した。彼とその部下にいた人たちは，このやり方にある種の修正を加えて仕上げをほどこし，1948年9月16日には，その新しいシステムが ENIAC で走り出した。それは，機械の処理速度を低下させはしたが，プログラマーの仕事を著しく速めた。事実，その変化はあまりにも大きかったので，以前からのようなプログラム作成法は，二度と用いられないようになってしまった。

アデール・ゴールドスタインによって作成されたシステムでは，ENIAC のプログラマーが使用することができる命令語は 51 種類であった。この命令語の数は，クリッピンジャーによって 60 種類に変更され，さらにその後，92 種類にまで改良された。[36]

1946年6月30日に，政府は正式に ENIAC を受け入れた。ENIAC そのものはすでに完成していたし，最終的な報告書も 1946年6月1日付になっていたので，この6月30日という日取りはきわめて妥当なものであった。大多数の報告書が発送された実際の日付は，6月6日であった。これらの報告書を書き上げるのが遅れた理由は，主として，作成

---

* N. Metropolis and J. Worton, A Trilogy on Errors in the History of Computing, *First USA-Japan Computer Conference Proceedings* (Tokyo, 1972), pp. 683-691 によれば，このような提案をしたのはフォン・ノイマンではなくて，クリッピンジャーだということである．

しなければならなかった資料が非常に大量にあった点にある。報告書は全体で5分冊から成っており，そのはじめの2冊は，それぞれ ENIAC の操作および保守のための手引き書であった。残りの3冊には，"ENIAC に関する技術説明書，第Ⅰ部および第Ⅱ部"という表題がつけられていた。第3および第4分冊がその第Ⅰ部になっており，執筆者は私の妻であった。それらは，301ページの本文と，122枚の図から成り立っていた。第5分冊は第Ⅱ部で，ハスキーがその執筆を担当した。それは，163ページの本文と，12枚の図から成り立っていた。作成しなければならないものが，このように多量にあったのである。

6月30日という日付は，フィラデルフィア管区調達事務所から兵器局長あてに出された次の手紙の中にもはいっている：" この機械は，現在すでに完成しており，当事務所は1946年6月30日付で，その受け入れを行なうことになっています。"[87]

ENIAC のアバディーンへの移設をおくらせた要因としては，次の二つをあげることができる。その一つは，ENIAC を運び込むことになっていた建物の建設工事が，1945年秋の終わりごろ，一時中断されたことである。1946年5月にサイモンからきた手紙には，その建物は完成に近づいていて，秋には ENIAC がその中へ移されるだろうと書かれている。[88] したがって，弾道研究所自身が何箇月かの間は，機械を受け取れるような態勢になっていなかったのである。さらにもう一つの要因は，ハートリーやフォン・ノイマン，私などが，"国家的な科学の問題を解くための，主要な計算の担い手"[39] を，働けないような状態にすべきではないという点を，非常に重要視したことである。1946年のはじめには，原子力エネルギー関係の人たちが答えを必要としている，非常に緊急な計算上の問題があったので，この点は特に重要であった。そのため，私たちはサイモンに働きかけて，機械の移設をおくらせるようすすめた。

実際に，アバディーンへの移設準備のためにENIACの"電源が落とされ"たのは，1946年11月9日であった。それが再び働くようになったのは1947年7月29日で，結局，それまでの9箇月の間，機械は使用することができなかった。以後それは，再びきわめて有用な道具となって，1955年10月2日午後11時45分まで稼動し続けた。ENIAC はそこで解体され，その一部分は，ワシントン D. C. にあるスミソニアン研究所に収められて，最も興味深い展示品の一つになっている。

268 第2部 第二次世界大戦中の発達：ENIAC と EDVAC

原著者脚注

1　サイモンからペンダーにあてた1945年9月20日付の手紙.
2　W. H. デュバリーからフィラデルフィア管区調達事務所あてに出された1945年9月26日付の要請. この要請に対するいささか不承不承の承認が，1945年10月15日付の回答には含まれていた. 様々な手紙のやりとりが行なわれた結果，1945年10月26日までに，より満足すべき延長計画が作成された.
3　ゴールドスタインからフランケルとメトロポリスにあてた日付のないテレックス.
4　ゴールドスタインからディデリックにあてた1945年11月15日付の手紙.
5　ディデリックからゴールドスタインにあてた1945年11月15日付の手紙.
6　ENIAC および EDVAC 計画に関する1945年11月3日で終了する週の業務報告書.
7　ゴールドスタインからテラーにあてた1945年11月23日付の手紙.
8　1947年6月28日にジョン P. エッカートおよびジョン W. モークリーから提出された受付番号757,158の特許申請書に関しての，合衆国特許庁，アデール K. ゴールドスタイン夫人による宣誓供述書. 公共的な利用のための手続きの制定を求めた申し立て書.
9　作業日誌 p.50；Eは表の左側の欄の数であった. 作業日誌の1946年1月8日から1月9日にかけてのところには，"最初の1箇月の終わり" という簡潔な記載がある.
10　作業日誌 p. 56 および p. 60.
11　1945年12月7日に弾道研究所で行なわれた ENIAC および EDVAC に関する会議の議事録.
12　S. B. リッチー大佐から兵器技術委員会事務局に出された1945年12月17日付の Electronic Numerical Integrator and Computer (ENIAC) 開発計画に関する秘密区分改正案. それが議案29,904号で，記録にとどめるために，1945年12月20日の兵器委員会にかけられた.
13　ブレイナードからウォーレン，ワイガンド，およびゴールドスタイン大尉あてに出された1946年1月18日付の覚書，ならびにペンダーからゴールドスタインにあてた1946年2月15日付の準備委員会に関する覚書.
14　1946年2月1日の新聞発表日（予行演習は1月30日に実施）のための ENIAC 実演要領. ここで E-2 の処理とよばれているものは，ロスアラモスの問題の一部であった.
15　たとえば Burks, "Electronic Computing Circuits of the ENIAC," 前出 ; Goldstine and Goldstine, " The Electronic Numerical Integrator and Computer (ENIAC)," 前出 ; Brainerd, " Project PX——The ENIAC," *The Pennsylvania Gazette*, vol. 44 (1946), pp. 16-32 などを見よ.
16　Barnes, Dedication Address, 15 February 1946.
17　Adele K. Goldstine, *Report on the* ENIAC, *Technical Report I*, 2 vols., Philadelphia, 1 June 1946.
18　*Mathematical Tables and Other Aids to Computation*, vol. 4 (1948-49), pp. 323-326 に掲載された J. T. ペンダーグラスと A. L. ライナーによる書評.
19　作業日誌, pp. 101-105.
20　作業日誌, p. 109.
21　1946年2月15日の ENIAC 献呈式のための業務分担に関する1946年2月11日付

のムーア・スクール通達.

[22] ゴールドスタインからサイモンにあてた 1945 年 12 月 26 日付の手紙.

[23] ゴールドスタインからワマーズリーにあてた 1946 年 1 月 8 日付の手紙.

[24] ペンダーからマレーにあてたムーア・スクール特別会計に関する 1946 年 1 月 9 日付の報告.

[25] ゴールドスタインからフランケルにあてた 1946 年 2 月 19 日付の手紙.

[26] ブラッドベリーからバーンズおよびジロンにあてた 1946 年 3 月 18 日付の手紙.

[27] フランケルおよびメトロポリスからゴールドスタインにあてた 1946 年 2 月 4 日付の手紙.

[28] ゴールドスタインからフランケルにあてた 1946 年 2 月 19 日付の手紙.

[29] Frankel and Metropolis, "Calculations in the Liquid-Drop Model of Fission," *Physical Review*, vol. 72 (1947), pp. 914–925.

[30] Hartree, *Calculating Machines, Recent and Prospective Development and Their Impact on Mathematical Physics* (Cambridge, 1947). これは,彼が 1946 年に,故ラルフ・ファウラー卿のあとを継いで,数理物理学のプラマー教授職についたときに行なった講義であった. ファウラー卿は,偉大な数理物理学者の一人であったと同時に,弾道学においても基本的な仕事をした人物であった. ハートリーがフィラデルフィアにいた時期は,容易に示すことができる. 7 月 30 日に彼がイギリスから"親愛なるハーマンとアデールへ"ではじまる手紙を書いて,"私は 20 日の土曜日に無事そちらを立ちました."と言っているからである.(ハートリーから H. H. および A. K. ゴールドスタインにあてた 1946 年 7 月 30 日付の手紙.)

[31] A. H. Taub, "Reflection of Plane Shock Waves," *Physical Review*, vol. 72 (1947), pp. 51–60.

[32] 詳細については,アーヴェン・トラヴィスから G. J. ケセニックにあてた 1946 年 11 月 18 日付の手紙を見よ.

[33] D. H. Lehmer, "On the Factors of $2^n \pm 1$," *Bull. Amer. Math. Soc.*, vol. 53 (1947), pp. 164–167.

[34] J. G. Charney, R. Fjörtoft, and J. von Neumann, "Numerical Integration of the Barotropic Vorticity Equation," *Tellus*, vol. 2 (1950), pp. 237–254.

[35] W. Barkley Fritz, A Survey of ENIAC Operations and Problems: 1946–1952, Ballistic Research Laboratories, Memorandum Report No. 617, August 1952. これは,当該期間に ENIAC で行なわれた,すべての機密に属さない仕事についての説明と文献目録から成っている.

[36] Description and Use of the ENIAC Converter Code, Ballistic Research Laboratories, Technical Note No. 141, November 1949.

[37] ウェルチからリッチーにあてた 1946 年 6 月 25 日付の手紙. 私は,6 月 30 日にフィラデルフィア調達事務所が機械の受け入れ手続きをすませ,その後,責任をアバディーンに移したものと信じている. この手紙は"機械の物理的な移動は行なわないで,その管理上の責任をアバディーン試射場に移すことを確認する積み出し命令書"を出すよう求めたものである. 7 月 26 日が正式の受け入れ日だと主張する人もあるが,この日付は何年も後になってから書かれた文書に出ているもので,誤っている可能性が少なくない.

[38] サイモンからゴールドスタインにあてた 1946 年 5 月 9 日付の手紙.

[39] M. H. Weik, "The ENIAC Story," *Ordnance* (1961).

第3部

第二次世界大戦後:
フォン・ノイマン型計算機と高級研究所

第1章　EDVAC後日談
第2章　高級研究所の計算機
第3章　オートマトン理論と論理機械
第4章　数値計算のための数学
第5章　数値気象学
第6章　工学的活動とその成果
第7章　計算機とUNESCO
第8章　初期の産業界の状況
第9章　プログラム言語
第10章　結び

第1章

EDVAC後日談

　前に述べたように，計算機の開発が継続的に，もっと正常な平時の体制で行なわれなければならないことは，1945年の夏*までに私にははっきりとわかっていた。そこで私は，どのようなことが可能でかつ望ましいかについて，なんらかの感触をつかむために，友人たちとなんども意見を交換した。ペンシルヴァニア大学の数学科の主任で，アメリカ数学会の幹事をしていたジョン・クラインも，私が相談をもちかけた中の一人であった。クラインは学識豊かでしかも親切な紳士で，私は彼から多くの有益な助言を得た。

　もちろんだれがみても，こうした研究を行なうのに最も都合のよい場所はペンシルヴァニア大学であったが，あいにくその時代は，この大学にとって，新しい研究体制をつくり出すのに適当な時期ではなかった。おそらく，研究機関も人間と同様に疲労することがありうる，というよりはむしろ，研究機関の指導者たちの疲労が，その場所自体にそうした気分をもたらすというべきかもしれない。いずれにしてもペンシルヴァニア大学は，新しい学長ゲイロード・ハーンウェルが登場して学内に活気をとりもどすまで，7年間，苦難の道を歩まなければならなかった。そのうえ，ENIAC および EDVAC 計画から生じたムーア・スクール内の緊張状態も，すでに感知されていたのである。

　ムーア・スクールがこの種の計画に適さないようになった原因を正確に分析することは，今日でも決して容易ではない。しかしながら，その要因のいくつかは，はっきりと見分けることが可能である。まず第一にあげられるのは，計算機が一つの分野として，電気工学の中で占めるようになった圧倒的に重要な地位を，ムーア・スクールの幹部職員側の人たち——ブレイナードは別として——が評価し誤まったことであろう。私の推測では，こ

---
* 第二次世界大戦の終結時。

れらの教授連中は，その教室が戦時研究ですばらしい成果をあげたという理解はもっていたが，それらの装置が未来に対してどのような意味をもっているかについては理解していなかった。すでに述べたように，彼らはだれも技術的に詳しく状況を知らないで，ただひたすら，知的な功績や特許権をめぐって生じた激しい感情のやりとりだけを，見たり聞いたりしていたのである。結局は，おそらくそうした分裂寸前の場面を目のあたりにして，彼らはたぶん"やる気をなくして"しまったのであろう。

学部長が，青年を教育するという使命をもった規則正しい大学の日常活動にとって，計算機の分野における大半の開発計画は，あまりにも大きすぎて混乱をまねきかねないという考えを直観的にもっていたことも，要因の一つにあげることができる。もっとも，彼はあからさまにそうした考えを表明したことはいちどもなく，むしろムーア・スクールが，最後まで EDVAC を完成することができるよう取り計らった。こうした努力は，決してなんの軋轢もなしに行なわれたわけではなかった。おそらく，機械が最終的に 1950 年に弾道研究所に引き渡され，アバディーンへ移されてうまく稼動するようになったことで，だれもがほっと胸をなでおろしたに相違ない。[1]

私の知る限りでは，エッカートもモークリーも，その大学での教授の席は提供されなかったし，ENIAC-EDVAC 計画の要員として活躍した他の人たちについても同様であった。ムーア・スクールは，電子計算機とそれに付随する物心両面での過度の緊張にうんざりとしていたというのが，たぶん，公正なものの見方であろう。しかしながら，ウォーレンをはじめとした何人かの大学の教職員が，ムーア・スクールの再編成と近代化のために，非常に実際的な努力をしたことも，指摘しておかなければ公正さを欠くことになる。こうした努力はペンダー学部長によって手をつけられ，終戦後間もなく行なわれたムーア・スクールの著しい復興，拡張，および刷新という形で実を結んだ。[2] この大学のある建物の別館には，その業績にふさわしくペンダーの名前が付けられている。

この分野におけるムーア・スクールの主導権に終止符をつけるのに，他のいかなる理由よりも大きな役割を果たしたのは，高級研究所の強大な推進力であろう。フォン・ノイマンの高級研究所への復帰は，疑いもなく，計算機と計算に関する現代の最大の思索家を，ムーア・スクールが失ったことを意味していた。計算機の分野におけるムーア・スクールの大きな貢献は，大別して二つあった。ENIAC に関する見事な着想とその実現，およびそれにおとらず輝やかしい EDVAC に関する着想の二つである。前者はフォン・ノイマンとは独立のものであったが，後者は前に述べたように，すでに大きく彼に依存していたの

第1章 EDVAC 後日談

で，彼が去ったことはきわめて大きな損失であった。次いで，エッカートとモークリーが彼ら自身の会社をつくるために1946年に大学を離れ，バークスや私の妻，私なども，フォン・ノイマンとともにプリンストンへ行くためにいなくなったので，人材はなおいっそう底をついてしまった。

1946年の夏に，ムーア・スクールは一時期よみがえった。7月8日から8月31日まで，カール C. チャンバーズの指導のもとに，この教室が "電子計算機設計の理論と技法" という表題の特別講座を開設したのである。この講座は，陸軍の兵器局および海軍研究局の後援によって行なわれた。ウィルクスとその仲間たちが書いた本のまえがきには，この講座の有用性を高く評価し，併せて高級研究所における次の段階との結び付きを示唆した次のような謝辞が述べられている*: "私たちは，他の開発計画に携わっている友人たち，特に私たちの一人が出席した，ペンシルヴァニア大学ムーア電気工学科で1946年に行なわれた講座の講師の方々，および，特定の人々に限って配布されていた報告書に私たちが目を通す機会を与えて下さった，プリンストンの高級研究所の J. フォン・ノイマン博士と H. H. ゴールドスタイン博士に，深く謝意を表したい。"[3]

理由はともかくとして，ムーア・スクールが指導的な役割を果たしていた時代は，ほとんど終わりを告げようとしていた。クラインは，私がこの大学のために，海のものとも山のものともわからないような働きかけを，アメリカ哲学会に対して試みるのを手伝ってくれたが，その努力は実を結ばなかった。フォン・ノイマンと私の間で行なわれた，だれが計算機の開発を続行するかという問題についての，なんどかの長時間にわたる話合いの結果，もし仮にそれが続けられるものであれば，私たちこそがそれを行なうべき人間だという考え方を，二人はだんだんと明確にもつようになってきた。前に述べたように，高級研究所はその規模が小さいこと，理論的な研究に対比して実験的な研究を好まなかったことなどの理由で，この種の仕事を行なうのにふさわしい場所だとは思われなかった。さらにほぼ同じころ，当時のシカゴ大学のロバート M. ハッチンズ学長は，その大学に新しい生命を吹き込むための努力をして，大いにその成果をあげていた。教授陣の中の，多数の傑出した人々はきわめて老齢で，その大半がすでに引退したり転出したりしていた。そこでハッチンズは，一連の著名な科学者たちを雇い入れようとして，物理科学部長のウォルター・バートキーに "白紙委任状" を与えた。全般的にみて，バートキーはこの仕事に非常な成功を収めたが，フォン・ノイマンの場合には，彼の働きかけは成功しなかった。

---

*　ここに引用されているような謝辞が述べられているのは，この本の第1版（1951）だけである．

1945年11月に，フォン・ノイマンはハッチンズにことわりを言うために，シカゴへ出かけている。このころすでに，彼は高級研究所が計算機の開発計画に乗り出すよう，研究所長のフランク・エイドロットを説得していたのである。この説得にあたっては，ジェームズ・アレクサンダー，マーストン・モース，そして特にオズワルド，ヴェブレンが大いに力になった。

当初考えられた計画では，高級研究所，プリンストン大学，およびレイディオ・コーポレーション・オブ・アメリカ（RCA社）の三者が合同でその計画に協力することになっており，いちはやく1945年11月にフォン・ノイマンは，その計画の目的の大要を述べた覚書を，エイドロット，およびプリンストン大学大学院のヒュー S. テイラー学部長，RCA社の研究担当副社長エルマー W. エングストロームにあてて書いている。[4] フォン・ノイマンが作成した案は，彼の報告書第1稿を，かなりのところまでそのまま引き写したものであって，若干の重要な点に関しては，そのとおりには行なわれなかった。しかしながらその中には，視覚的表示装置に関しての非常に先見性のある一節が含まれていた。そのような装置は，1950年代に実際に高級研究所でつくられ，以後その考え方は，多くの機械で基本的なものになった。したがって，彼の次のような言葉は，ここで思い出しておくだけの価値がある："多くの場合，実際に要求されている出力の形は，計数的な（おそらくは印書された）ものではなくて，画像的な（図表化された）ものである。そうした目的のためには，機械はその出力を直接的に図表化すべきであるし，特に図表化が電子回路によって行ないうるという点を考慮すれば，当然，通常の印書よりもさらに迅速にそれは行なわれなければならない。オシロスコープ，すなわちその螢光板上の画像は，これに適した出力である。場合によっては，こうした画像を永久に保存しておくこと（すなわち写真にとっておくこと）が必要になる。その他の場合は，目で調べるだけで目的が達せられる。どちらの要求にも応じられるような仕組みになっていなければならない。"[5]

当初，陸軍から資金援助が得られる可能性については，ムーア・スクールに対する委託契約があったので，フォン・ノイマンも私もきわめて強い疑問をもっていた。事実，私が書いた ENIAC の公表に関する会議の議事録には，兵器局長官室は，高級研究所と名目的な金額の契約を結んで，同研究所がすべての報告書や図面その他の写しを入手することができるようにすべきだ，と述べられている。[6] 陸軍に代わるものとして，私たちは RCA 社とロックフェラー財団に援助を求め，最初はすべてのことが，そうした方向でうまく運ぶように思われた。RCA 社の援助は，静電記憶管の開発（これについては後にふれる）とい

第1章　EDVAC 後日談　277

う形で，惜しみなく完全に実行されることになったが，ロックフェラーの援助は具体化されなかった。そこで私たちは海軍に働きかけたが，出来上がった機械に対する所有権がだれに帰属することになるかという問題で，壁に突き当たってしまった。次いで陸軍の兵器局，海軍研究発明局，RCA 社，およびプリンストン大学の四者と共同資金援助協定を結ぶことが検討された。[7] この計画は，一部では成功し，また一部では思いどおりにいかなかった。最終的には，数学および気象学上の研究のための資金が海軍研究局から得られ，工学設計，論理設計，およびプログラミングに関しては，当初は兵器局から，そして後には暫定的に原子力委員会を加えた三者間契約に基づいて，資金援助が得られることになった。名前をあげておかなければならない主要な政府機関の人物は，ONR のミナ・リース，ヨアヒム・ワイル，チャールズ V. L. スミス；兵器局のポール・ジロン，サム・フェルトマン，および後になって関係するようになったジョージ・ステットソン；空軍研究局のマール・アンドルー；原子力委員会のジョゼフ・プラット，ホルブルック・マクニールなどである。

　こうした様々な紆余曲折の間，高級研究所の理事であったヴェブレンは，終始フォン・ノイマンの強力な後ろ盾となり，エイドロットも決して迷うことなくその計画を支援した。ここでもまたヴェブレンは，科学に対する彼の重要な貢献の一つを，ちょうどそれが最も必要とされたときに行なったのである。もし仮に，ヴェブレンの勇気と先見の明と絶大な忍耐強さとがなかったとすれば，この計画をとり上げることを高級研究所に納得させるという試みを，フォン・ノイマンが最後までやりおおせたかどうか疑わしいと私には思われる。結局はそうした努力が勝利を収め，計算機を開発し製作するという計画は，フォン・ノイマンの指導の下に高級研究所で開始された。

　エイドロットは，この計画の推進に決定的な影響を及ぼした。彼はその理事会でこう述べている："200インチの望遠鏡が，現時点では現存するどのような機器の視野も全く及ばない世界を，その観測下におくことを約束しているのと同じような注目すべきやり方で，このような計算機の存在が，数学，物理学，あるいはその他の分野の学者のために，新しい知識の分野を切り開くことは疑う余地のない真実であると考えます。"[8] 彼は，理事会がこの計画に対して，100,000 ドル程度までの費用の負担を保証するよう提案した。彼はさらに続けてこう言っている。

　このような電子計算機は，総額およそ300,000 ドルの費用で製作することができるも

のと思われます。それは空前の能力を備えた，研究のための新しい道具となるでしょう。注目すべきことは，このような機械の設計が，部分的には，人間の中枢神経系の作用について私たちが知っている事実を基礎として行なわれていることです。もちろんこのことは，それがこの世に存在する，最も複雑な研究用の機器であることを意味しています。全世界から訪れる科学者によって，それが研究され，使用されることは，疑う余地がありません。すでに各方面の学者は，このような機器の可能性に非常な関心を示しておりますし，その完成は，現在の人が夢みることしかできないような問題の解決を可能にすることでしょう。こうした能力をもった計算機には，実用を目的とした多数の類似品があらわれる可能性はありますが，その最初のものが，純粋な研究を使命とする研究機関でつくられることが，私には何よりも重要だと思われるのです。

　エイドロットが招集した理事会は彼の提案を承認し，彼は引き続きその計画を開始するための研究所の活動に，実際的な指針を与えた。電子計算機に関する委員会は，彼を委員長とし，エングストローム，テイラー，ヴェブレン，およびフォン・ノイマンを委員にして構成された。この委員会は，その唯一の会合を1945年11月6日に開いた。その席でエイドロットは，研究所の理事会による経済的支援，およびそれと同程度の額を援助するというRCA社の約束について報告した。テイラーは，プリンストン大学が"その教職員の協力という形で貢献する"ことを誓約した。[9] さらに委員会は，次のようなきわめて重要な取り決めをした："すでに確保されている資金に基づいて，私たちは直ちにこの計画に関する作業を開始して差し支えはない，というのが委員会の判断であった。その結果，エングストローム博士の提案に従って，フォン・ノイマン教授に助言をするための委員会を設けること，その委員会は，まず最初は，フォン・ノイマン博士を委員長とし，J. W. テューキー教授と V. K. ツウォリキン博士を委員にして構成することなどの点で合意が得られた。この委員会は，問題のいろいろな面についての討議に寄与してくれそうな人々を，あとから自由に委員に追加することができるという了解が成立した。"最後に，この計画の目標について述べた報告書を，フォン・ノイマンが作成するということで意見が一致した。それがまぎれもなく，前に引用した11月8日付の覚書である。

　11月12日にフォン・ノイマンの委員会は，その最初の会合をRCA社のツウォリキンの部屋で開いた。委員会はすでに拡大されていて，テューキーとツウォリキンのほかに，RCA社のG. W. ブラウン，J. A. ラジチマン，A. W. ヴァンスと私が委員に加わってい

た。委員会の仕事ぶりはきわめて熱心で，11月29日には早くも四回めの会合が開かれた。

委員の中で，これまでのページに出てこなかった人たちは，プリンストン大学にいる著名な統計学者で，ベル・テレフォン研究所とも密接な関係があったジョン W. テューキー，同じく有名な統計学者で，当時はラジチマンの同僚であり，現在はロスアンジェルスのカリフォルニア大学で経営学部長をしているジョージ W. ブラウン，RCA 社におけるラジチマンの同僚の電気工学者 A. W. ヴァンスなどである。ヴァンスは，この計画に参加するだけの，時間的なゆとりをもち合わせていなかった。第一回めの会合の議事録には，彼は"顧問の資格で加わり，今後の契約上の責任に応じて，それ以上の努力をする。"と述べられている。[10] 実際には，彼は大規模なアナログ計算機の計画に深く関係するようになって，私たちの計画に関しては，それ以上にはほとんど何もしなかった。

11月12日に開かれた最初の会合では，"H. H. G.* はあまり遠くない将来に，陸軍から除隊になる可能性があるが，そうなったあかつきには，H. H. G. が高級研究所に勤務するようになることが望まれる。"というような意見が述べられている。"J. A. R.* と G. W. B.* は，1946年1月1日以降，E. C.* に専従またはほとんど専従することができるようになるであろう。"というようなことも，その会合の席で示された。

1945年11月27日に，フォン・ノイマンは次のような正式の申し入れを私あてにしてきた："あなたの職務上の担当分野としては，高級研究所，RCA 社，およびプリンストン大学が共同で着手した，高速度自動計算機計画に関連する仕事を予定しています。具体的な仕事の内容としては，機械そのものの設計に参加していただくこと，その数学的理論について研究すること，私に協力して，いくつかの異なったグループが関係しているこの計画の，様々な局面のとりまとめにあたっていただくことなどがあります。"[11] 当時，私はこの申し入れを，計算機が存続し，高度な完成に向かってさらに発展していくことを保証するものとして受けとめた。ムーア・スクールでの ENIAC の試運転や，完成式のごたごたがおさまった後，1946年2月25日に私は正式にこの申し入れを受諾した。[12]

11月のはじめには，すでに私は，理事会が全体にかかる費用——その当時としては決して小さくない金額で，EDVAC の場合は，総額 467,000 ドルという結果になった——の足しにするために，100,000 ドル出すことを保証した上述の高級研究所の約束のことを知っていた。その結果，私は技術陣をつくり出すために，ムーア・スクールでもその他のとこ

---

* H. H. G., J. A. R., G. W. B. は，それぞれゴールドスタイン，ラジチマン，ブラウンの頭文字で，E. C. というのは，この電子計算機計画のことである．

ろでも，この計画について友人たちと話合いをすることに忙殺されるようになった。特に私は，高級研究所がおかれている状態について，バークス，エッカート，および EDVAC 計画での優秀な技術者であった C. ブラッドフォード・シェパードと話合いをした。バークスは大いに興味をもち，雇用条件の提示を受けて 1946 年 3 月 8 日にそれを受諾した。エッカートは，学者の道を歩むか，彼自身の事業を起こすかで長い間なやんでいたし，シェパードは，エッカートと運命をともにする決心をしていた。すでに述べたように，最終的にはエッカートはモークリーとともに，今日，何十億ドルという産業に成長した分野での，最初の営利企業の共同経営者として身を投じる決心をした。

1946 年 10 月，エッカートとモークリーはエレクトロニック・コントロール社という合名会社をフィラデルフィアに設立し，ほとんどすぐに，ノースロップ・エアクラフト社向けの水銀遅延線を使った計算機 BINAC (Binary Automatic Computer) の設計と開発にとりかかった。この機械は，その設計思想において，EDVAC とほとんど同じであった。[13] それは，ENIAC 以後アメリカでつくられた最初の電子計算機であった。この機械は，1950 年の 8 月に稼動を開始した。

エッカートとモークリーは，彼らの合名会社の設立後間もなくそれを改組して，エッカート・モークリー・コンピュータ・コーポレーションをつくった。この新会社は，EDVAC の基準に従って設計された統計調査局向けの計算機を製作する契約を，合衆国標準局から獲得することに成功した。この計算機 UNIVAC (Universal Automatic Computer) は，1947 年の 8 月ごろに製作が開始され，1951 年 3 月に使用しうるようになった。*

ENIAC の完成とともに，計算機革命は急速なテンポで，合衆国および西ヨーロッパ各国の全域に広がっていった。——事実，その速さは，計算機に対する全世界の需要が，たとえ表面化していないにしてもきわめて大きいものであることを，だれもがはっきりと認めるほどすさまじいものであった。第 3 部の記述は，主として高級研究所における開発に焦点をおいているが，そこで働いていた私たちは，もちろん，他の場所ですすめられていた計算機に関する活動や，その重要性について十分承知していた。それらについても，ここで若干の説明を加えておくのが至当であると思われる。

---

* UNIVAC (後には，同じ会社で開発された他の機種と区別するために，UNIVAC I とよぶようになった。) は 10 進法を採用しており，自動検算回路や入出力バッファーを備えるなど，水銀遅延線を使用していたことを除いては，EDVAC と異なる点が少なくなかった．

第1章 EDVAC 後日談　281

　イギリスに関していえば，ダグラス・ハートリーが，官界および学界における彼の名声を生かして，この国における計算機計画の推進に，当初大きな貢献をしたことは疑う余地がない。前に述べたように，最初，彼はまず短期間合衆国を訪問した。彼の与えた印象があまりにもすばらしかったので，1946年の春から夏にかけて，彼がしばらく滞在することができるようにするために，私は再度彼を招待するようジロンを説得した。[14] 彼は 1946 年の 4 月 20 日にやってきて，7 月 20 日に帰国した。[15] 彼は，そのころ編成の途上にあった ENIAC 運用グループのためにも大いに貢献をした。当時，ディディリックを長とし，その部下にホルバートンを配した ENIAC の操作担当部門の，士気や知的な雰囲気を維持するのに彼が役だったからである。それは，ちょうど彼らがその種の支えを最も必要としていたときのことであった。"戦時"中，弾道研究所にいた科学者たちが，今度はもといた大学へ逆流し，その結果，残った人たちの気分は沈みがちになっていた。この沈滞した気分が，ハートリーの刺激のお蔭で，ある程度まで解消されたのである。

　イギリスにおける計算機の開発に，著しく貢献したもう一人の人物は，フォン・ノイマンと一緒に ENIAC の完成式に出席したジェフリー・テイラー卿であった。G. I. テイラーは，イギリスの最もすぐれた数理物理学者の一人で，同時に，計算機がどれほど重要なものになっていくかを，すでにその当時から見通していた人物である。数年前，かつての同僚で，私が高級研究所へはいって間もなくのころからの友人であるブルース・ギルクリスト博士夫妻は，年輩のイギリスの紳士の隣に座って，ロンドンからニューヨークへ向かう空の旅をした。その人と雑談を交しているうちに，どうしたきっかけからか私の名前が出て，そこでこの年輩の紳士——まぎれもなくジェフリー卿その人であった——は，ENIAC の完成式の際に私と会って話していることを思い出した。

　ハートリーは，**ネイチャー**をはじめとしたイギリスの雑誌に，電子工学に関する多数の啓蒙的な記事を書いており，また，この科目についての講義を幅広く行なった。前にもふれたように，彼はケンブリッジ大学のウイルクスに大きな影響を与えた。事実，すでに 1946 年 1 月に，彼は次のようなことを書いている："それで思い出したことですが，合衆国における電子計算機の開発に関する情報を教えてもらえるかどうかという問い合わせが，ケンブリッジ大学数学研究所の M. V. ウィルクス所長代行から私のところへきています。"[16] 彼はまた，マンチェスターにあるヴィクトリア大学で純粋数学の教授をしていた王立協会の会員マクスウェル H. A. ニューマンを，計算機に興味をもつように仕向けた。ニューマンは，"算術的な面よりもむしろ論理的な面を基本とした……非数値解析的な数学のた

めの電子計算機の開発に興味をもつように"なった。[17] このニューマンの興味は，非常にまじめなものであった。彼は，1946年のムーア・スクールの講座に，彼の教室の若い講師であったデヴィッド・リース博士を派遣し，同じ年の後半には，彼自身高級研究所へやってきた。ハートリーの手紙には，"ニューマンは，10月21日以後できるだけ早く出かけたいと私に話しています。"と書かれている。[18] ニューマンはまた，まぎれもなく第一級の技術者であった王立協会の会員，フレデリック C. ウィリアムズの協力を確保した。ウィリアムズは，アトリーと一緒に仕事をしていたモールヴァーンの電気通信研究所からマンチェスター大学へやってきて，1947年にその電気工学の教授に就任した。ニューマンはさらに1948年に，テューリングをこの計画の副主任として起用した。

モールヴァーンにいた時代にウィリアムズは，陰極線管の表面にパルス信号を貯える方法——その詳細については後に述べる——についての研究を開始した。この研究は，計算機の分野を大きく左右するような成果を生み出すことになった。それ以前に，こうした方向の実験は，マサチューセッツ州のケンブリッジにある放射研究所で行なわれたことがあった。電波探知機に使われていた遅延線に代わるものとして，その種の装置が試されたのである。（それは，P. R. ベルとH. B. ハンチントンの協力を得て，E. F. マクニコルが開発したものであった。彼らは，後にペンシルヴァニア大学病院のジョンソン財団へ行ったブリットン・チャンスの総指揮の下で研究をした。水銀遅延線に関する仕事は，D. アレンバーグとハンティントンによって行なわれた。[19]) ウィリアムズと彼の協同研究者 T. キルバーンは，1952年に発表した論文の中でこう述べている："他のアメリカの文献には，観察された現象は，計算機の記憶素子として用いるには全くふさわしくないものであったと報告されている。その理由にあげられているのは，記憶の持続時間があまりにも短く，そのため，記録が消失してしまうまでに，ほんの数回しかそれを読み取ることができないということであった。"[20] ウィリアムズの最大の業績の一つは，たとえ非常に短時間の間でも情報を貯えることが可能であれば，それをいつまでも貯えておくことができるという考えに到達したことであった。彼は，その基本的な着想の重要さに気づき，その利用法を理解して，この技術を開発するために，1946年にモールヴァーンで研究計画を開始した。後に若干詳しく述べるような理由で，彼の計画は成功し，いわゆるウィリアムズ管は，磁心記憶装置の発明以前に利用することができた記憶装置としては，おそらく最もすぐれたものになった。磁心記憶装置がそれらにとって代わったので，今ではウィリアムズ管は単なる骨董品でしかなくなっている。しかしながら，それ以後のすべての計算機の存在を可能に

したのはこの記憶装置であった.ウィリアムズの計画とは独立であるが,それと同じ方向を目指したいくつかの開発が,1950年に合衆国で行なわれている.[21]

おそらく,ニューマンの計算機の分野における最も重要な業績は,——ウィリアムズに対する後援を別とすれば——代数的な計算の負担が人間にとっては大きすぎるような,純粋数学の領域における発見的な探索のための基本的な道具として,計算機を利用することができるという見通しを示したことであろう."高速度計算機技術の発展に伴って,通常は技術者や計算の専門家の領分にはいっていなかった,記号論理学やその他の話題にもたらされる発展とは別に,数学的な解析それ自身も新しい進路をとる可能性が出てきました.これまで機械が取り組んできた問題とは全く種類の異なった数学の問題,たとえば4色問題* や束,群などに関する様々な定理などを,最初のいくつかの n の値に対して調べ上げるというようなことが試みられるかもしれないのです."[22] と彼は書いている.** 私の知っている限りでは,この手紙は,発見的な洞察を得るための計算機の利用について示唆した最初のものである.テューリングは,はじめのころ,この問題に非常に興味をもっていたが,おそらくそうした興味は,彼とニューマンとの会話から導き出されたものであろう.いずれにしても,1947年に,当時国立物理学研究所にいた彼は,いちはやく"知能をもつ機械"に関する論文を書き,さらに1950年にも,それに関連するもう一つの論文を書いた.[23]

スウェーデンの科学者たちと政府は,シュウツ,ウィベリの時代から,計数型計算機にはたいへんな関心を示してきた.しばらく前に,現在は高級研究所の一員になっているが,以前はウプサラ大学で教えていたアルネ・ビュウリン教授は,1945年当時,スウェーデンのある代表的な企業に,計算機の製作に目を向けさせようとしたときのことを私に話してくれた.この提案は,結果的にみて少しばかり時期尚早であった.しかしながら,1946年7月,ENIACの内容が公表されて,その大要がスウェーデンに紹介されるやいなや,当時イエーテボリのチャマーズ工科大学にいたスティグ・エケレーフは,早速プリン

---

* 隣接する二つの領域は異なった色で塗り分ける(有限個の点だけで接している二つの領域は同じ色で塗ってよい)という前提の下に,任意の球面上の地図が4色で塗り分けられるかどうかという問題で,1878年にイギリスの数学者 A. ケーリーが提起して以来,約100年間,未解決のまま残されていた.
** 数学の問題に対するこの種の計算機の利用は,最近は各国の大学で盛んに行なわれており,たとえば 位数の大きい特殊な単純群の構成などは,全く計算機の仕事になってしまった. 4色問題は,イリノイ大学の K. アッペルと W. ハーケンが,高速度の電子計算機を約 1,500 時間使用して,1976年に肯定的に解決している.

ストンに私を訪ねてきた。私たちは ENIAC を見るために一緒にフィラデルフィアへ行き，エケレーフは，おそらくムーア・スクールの講座にも出席した。

彼は，電子計算機の着想にすっかり興奮して，次のような手紙を私あてに書いてきた。

　しかしながら私は，電燈がはじめてできた時代の老人，それも一つのこと——石油がどのようにしてあの細い電線の中を通り抜けることができるのかということ——を除いては，何でも非常によくわかっていた老人と，いまだに私が同じ水準にいるのではないかと心配しています。……

　目下スウェーデンでは，これらの機械は絶大な関心を集めています。もし仮に ENIAC が売りに出され，それを買い取るのが名案だ（私はそうは思いませんが）ということであれば，私たちは疑いもなく，そのためのお金を用意するにちがいありません。たぶん何人かの若い人たちが，この新分野の知識を修得するために，近く派遣されることになるでしょう。[24]

数年のうちに，スウェーデンではこれらのことが実行された。それらについては，後に順序を追って述べることにしよう。事実，この国では計算機に対する非常に根強い関心が高まり，その結果，何台かの機械が大学や産業界でつくられることになった。

フランス人もまた，早くからこの分野に興味をもっていた。1946年の9月に，ブレーズ・パスカル研究所機械計算研究室のルイ・クフィニヤルが私をプリンストンに訪ね，ENIAC を見るためにフィラデルフィアへ行った。[25] クフィニヤルと彼の仲間たちは，電子計算機を設計し，1951年に発表した論文の中でそれについて述べている。[26]

終戦後スイスは，きわめて注目すべきドイツのリレー式計算機の設計者で，戦時中に，その種の計算機を何台か設計し，製作しているコンラッド・ツーゼの影響をドイツと同じように，受けるようになった。1943年に，ツーゼともう一人の技術者ゲルハルト・オーヴァホフは，協同で仕事をはじめた。オーヴァホフは，ベルリンのヘンシェル航空機製造会社で，遠隔操縦ロケットの試験部門の主任をしていた。したがって彼は，自動計算機があれば，この試験のために大いに役にたつだろうという認識をもっていた。たまたまツーゼが，すでにその仕事をはじめていたので，彼らは協力し合うことになったのである。

二人はともにヘンシェル社で働いていた人たちで，1941年にそこで親しくつき合うようになった。そのかたわら，ツーゼは彼の余暇を，リレー式計算機に関する彼の着想を発

第1章　EDVAC後日談　285

展させるのに費やした。何年もの間,困難な研究を続けた結果,彼は最初の試作機を完成し,彼がその研究と開発を,その後も続けていくことができるだけの資金的な援助を獲得した。

　ツーゼが製作した二台めの機械は,明らかにナチの注目するところとなり,ドイツ空気力学研究所は,この装置に少なからぬ興味を示した。次いで1943年はじめには,ドイツ空軍省は,汎用のリレー式計算機をヘンシェル社に発注した。ヘンシェル社では,ツーゼをその担当責任者とし,オーヴァホフを技術,経理面の調整役に任命した。同社はまた,自社の空気力学的な計算のために,2台の特殊な計算機をつくるようツーゼに注文した。すべてのことが——彼らの立場からみて——うまくいったので,ツーゼは彼自身の会社を,1943年の終わりに設立した。この会社はツーゼ機器製作所とよばれ,従業員数約15人という,きわめて小規模なものであった。技術陣は——ツーゼとオーヴァホフのほかに——数学者1名,技術者2名から成り立っていた。空軍省とヘンシェル社は,どちらも彼を援助した。彼が手掛けた3台の機械は,戦争が終わる前に完成して,首尾よく稼働した。[27] 戦後も彼はこの仕事を続けて,非常な成功を収めた。いろいろな面からみて,彼は,電気機械的な計算機の製作に関しての第一人者であった。

　それからしばらくして,西ヨーロッパのほとんどすべての国が,この分野で積極的な活動をするようになった。本書の付録には,そうした発展についての概観を手短に与えておいた。ここは,それらのことをとり上げるのにふさわしい場所ではないので,私たちは,再びもとの話を続けるために,プリンストンにおける初期の時代に立ちもどることにしよう。

　計算機の歴史を書くにあたっての大きな困難は,1950年前後に活躍していた高度な文明国のほとんどすべての科学者たちが,こうした機器に対する大きな必要性をはっきりと認めていたことである。このことは,計算機の科学的な重要性を学界や政府関係者に強く認識させ,最も初期の,かつ最も大胆な開発が,一般的には,産業界よりもむしろ大学で行なわれるという結果をもたらした。事実,計算機の分野におけるこうした初期の発展段階では,大多数の企業家は,計算機を,主として大学や政府機関の少数の科学者のための道具とみなしており,そのおもな適用分野は,本質的に高度な科学の問題に限られると考えられていた。計算機と経済活動との関連性が認められるようになったのは,もっと後になってからのことである。

286   第3部　第二次世界大戦後：フォン・ノイマン型計算機と高級研究所

その結果，発展性のある着想の大部分は，先見の明をもった政府機関の援助のもとに，大学やその周辺の研究機関で育てられていった．コンピュータ革命の発端となった基本的な考え方を，私たちはここに探し求めなければならないのである．それらの考え方は，多数の科学者の大きな会合や，政府向けに作成され，様々な政府機関の手で広く配布された報告書などを通して，世界中にひろめられた．そうした会合の中で特に注目すべきものは，ハーヴァード大学のエイケンによって組織され，広範囲の人々の参加をみたいくつかの会合であった．[28] おそらく最も注目に値する報告書は，高級研究所から出された，1946年の中ごろにはじまっている一連の論文であろう．——これらについては，後にもっと詳しく述べる．

原著者脚注

[1]　世界ではじめて運転に成功した2進法，直列演算方式の，超音波遅延線を使用した機械は EDSAC (Electronic Delay Storage Automatic Calculator) であって EDVAC ではない．これは，イギリスのケンブリッジ大学数学研究所で，M. V. ウィルクスとその仲間たちが設計，製作したものである．その計画の完了を記念して，この機械は，1949年の6月22-25日にそこで開かれた学会の席上で一般に公開された．M. V. Wilkes, "Progress in High-Speed Calculating Machine Design," *Nature*, vol. 164 (1949), pp. 341–343 を見よ．

[2]　ウォーレンの建設的な提案は，1945年12月15日より少し前に書かれた "Outline of a Research Program for the Moore School of Electrical Engineering" という覚書の中に述べられている．彼が特に力説しているのは，"ムーア・スクールは，過去11年間にわたって，この分野で非常な活躍をしてきたので，……(計算機に関する全般的な研究活動に) 必要な資金を獲得するために……格別強力な運動を展開する" という点についてであった．彼は二つの計算機グループを頭に描いていた．その一つは，機械そのものを開発し，製作するグループで，他の一つは，そのような機械を利用して問題を解くグループである．最も重要な彼の提案の一つは，計画の指揮にあたる人間が，技術的な指導者としての仕事に専念することができるようにするために，ムーア・スクールは，財務的な問題を取り扱う事務担当の管理職者を雇い入れるべきである，というものであった．

[3]　M. V. Wilkes, D. J. Wheeler, and S. Gill, *The Preparation of Programs for an Electronic Digital Computer, With Special Reference to the* EDSAC *and the Use of Library Subroutines* (Cambridge Mass., 1951) のまえがき．

[4]　Von Neumann, Memorandum on the Program of the High-Speed Computer Project, 8 November 1945.

[5]　同上，p. 3.

[6]　1945年12月7日に弾道研究所で行なわれた会議の議事録．

[7]　Von Neumann, Report on Computer Project, 16 March 1946.

[8]　1945年10月19日に行なわれた高級研究所の定例理事会の議事録．

[9]　1945年11月6日，火曜日に，高級研究所所長室で開かれた電子計算機委員会の会

第1章　EDVAC 後日談　287

合の議事録.
¹⁰　1945年11月の12日，19日，21日，および29日に開かれた電子計算機委員会の議事録．これらの会合は，全般的に教育的な性格のものであって，ENIAC および EDVAC の要点を RCA の人たちにのみ込ませることを，主要な目的としていた．これら4回の会合が終わってからは，委員会の人たちはもっと非公式な形で会合をもつようになったが，はじめのうちは，互いに他の人たちにおくれをとらないようにするために，たぶん，毎週1回ぐらい集まっていた.
¹¹　フォン・ノイマンからゴールドスタインにあてた1945年11月27日付の手紙.
¹²　Von Neumann, Report on Computer Project, 16 March 1946.
¹³　A. A. Auerbach, J. P. Eckert, Jr., R. F. Shaw, J. R. Weiner, and L. D. Wilson, "The BINAC," *Proceedings of the IRE*, vol. 40 (1952), pp. 12-29 を見よ.
¹⁴　ゴールドスタインからハートリーにあてた1946年2月19日付の手紙.
¹⁵　D. R. ハートリー教授を臨時に任用する件について，ジロンからアバディーン試射場の総司令官あてに出された1946年4月17日付の手紙；ゴールドスタインからジロンにあてた1946年4月13日付の手紙；ゴールドスタインからハートリーにあてた1946年4月11日付の手紙；およびハートリーからゴールドスタインにあてた1946年4月6日付の手紙.
¹⁶　ハートリーからゴールドスタインにあてた1946年1月19日付の手紙.
¹⁷　ハートリーからゴールドスタインにあてた1946年3月2日付の手紙.
¹⁸　ハートリーからゴールドスタインにあてた1946年7月30日付の手紙．ニューマンの高級研究所における滞在期間は，1946年の10月24日から12月27日までであった.
¹⁹　フォン・ノイマンから H. P. ルーンにあてた1953年3月20日付の手紙．B. Chance, F. C. Williams, V. H. Hughes, D. Sayre, and E. F. MacNichol Jr.. *Waveforms*, chap. 9 (New York, 1949) も併せて参照されたい.
²⁰　F. C. Williams and T. Kilburn, "The University of Manchester Computing Machine," *Review of Electronic Digital Computers*, Joint AIEE-IRE Computer Conference (1953), pp. 57-61. F. C. Williams and T. Kilburn, "A Storage System for Use with Binary Digital Computers," *Proc. IEEE*, vol. 96, pt. 2, no. 81 (1949), pp. 183-200 も併せて参照のこと.
²¹　J. P. Eckert, H. Lukoff, and G. Smoliar, "A Dynamically Regenerated Electrostatic Memory System," *Proc. IRE*, vol. 38 (1950), pp. 498-510; *Proceedings of a Symposium on Large-Scale Digital Calculating Machinery* (Cambridge, Mass., 1948; 後出，原注28を見よ) の中の J. W. Forrester, "High-Speed Electrostatic Storage" など.
²²　M. H. A. ニューマンからフォン・ノイマンにあてた1946年2月8日付の手紙.
²³　Sara Turing, *Alan M. Turing*, bibliography.
²⁴　エケレーフからゴールドスタインにあてた1946年11月9日付の手紙.
²⁵　ゴールドスタインからフォン・ノイマンにあてた1946年9月20日付の手紙.
²⁶　Couffignal, "Report on the Machine of the Institut Blaise Pascal," *Math. Tables and Other Aids to Computation*, vol. 5 (1951), pp. 225-229.
²⁷　ここに述べたことは，オーストリア駐留合衆国軍総司令部，空軍部調査班のロバート E. ワーク大尉が作成した，1946年11月8日付の"自動計算機械"という表題のついている調査報告書からの抜粋である．W. de Beauclair, *Rechnen mit Maschinen* (Braunschweig, 1968) も併せて参照のこと．この本は，写真などを完備した，多くの初期の

機械に関する全般的によくできた解説書である.読者はまた, *Der Computer - mein Lebenswerk* (München, 1970) というツーゼの自叙伝も併せて参照されたい.

[28] たとえば *Proceedings of a Symposium on Large-Scale Digital Calculating Machinery, Jointly Sponsored by the Navy Department Bureau of Ordnance and Harvard University at the Computation Laboratory, 7 - 10 January 1947* (Cambridge, Mass., 1948) を見よ.この会合には,大学から157名,政府機関から103名,民間企業から75名の出席者があり,一つの民間企業で最も多数出席したのはIBM社の9名であった.提出された論文は,大学関係者から24編,政府機関から11編,民間企業の人々からは7編に上った.ベルギー,イギリス,スウェーデンの科学者も何人か出席していた.

第2章

高級研究所の計算機

　高級研究所における計算機計画のための要員の手当が，実際にはじまったのは，私が常時プリンストンで仕事をするようになった，1946年3月からのことであった。何年かの間，その主任技術者として働くことになったジュリアン・ビゲロウは，彼の仕事にけりがつき次第，専任の職員としてプリンストンへくる意志をかため，3月7日に研究所の申し出を受諾した。その仕事というのは，NDRCの射撃管制部門および応用数学分科会から委託されたものであった。"彼は，計算および制御の自動化に深い関心をもっているが，そのことは，明らかにこの仕事を行なううえでの非常に重要な資産である。彼の戦時研究の一部は，この分野に関しての，きわめて注目すべき着想の持ち主であるM.I.T.からきたノーバート・ウィーナーと同じグループで行なわれた。"[1]

　アーサー・バークスは，5月か6月には専任でこの計画に加わる決心をして，3月8日にフォン・ノイマンの申し出を受諾し，それまでの間，非常勤の顧問として働くことになった。彼の着任がおくれた理由は，彼がフィラデルフィアで講義をもたされていたからであった。彼が高級研究所にいたのは短期間で，1946年の秋にはミシガン大学から，その哲学科で教えてほしいという招きを受けて，プリンストンを離れた。しかしながら，1947年および1948年の夏の間，彼はもどってきて，最も重要な貢献をした。彼は，数学，哲学，および工学と，それらの相互関係を真に理解していた，数少ない人々の中の一人である。

　当時，ニューヨークのヘーゼルタイン社で技術者として働いていたジェームズ・ポマリーンは，4月からきてほしいという申し出を3月9日に受諾した。彼は卓越した技術者で，グッゲンハイム特別研究員に選ばれたビゲロウのあとを継いで，この高級研究研究所の計画の主任技術者になった。彼は，この計画がほとんど終了するまでその任にとどまり，そ

れから IBM 社へ移った。そこでは彼は計算機の設計者として，抜群の業績を残している。

　ラルフ J. スラッツは NDRC の第 2 部門からやってきて，6 月にこの計画に加わった。彼は物理学だけではなく，電子工学についても非常によく理解していた物理学者である。彼は，コロラド州のボールダーにあった合衆国標準局のグループに加わるために 1948 年にやめるまで，この計画の仕事をしていた。

　次いで，ヘーゼルタイン社から来たポマリーンの友人で，それ以来，ランド・コーポレーションで計算機科学関係の仕事の主任をしているウイリス H. ウェアが，この計画に加わった。今日，彼はこの分野における指導者であると同時に，ソビエトの計算機産業に関するアメリカでの権威者の一人でもある。

　以上が出発時点での技術陣，および論理設計陣であった。計画の当初数箇月の間，これら二つのグループは，非常に異なってはいるが同程度の重要さをもっている二つの課題に取り組んだ。その一つは，機械の論理設計を明確にすることで，バークスと私はフォン・ノイマンと協力し，さらにジョン・テューキーの助力を得てこれを行なった。もう一つの課題は，実験設備や作業場といったようなものを，何ひとつもっていなかった研究所の中に，実験研究施設をこしらえて，その体制をととのえることであった。どちらの仕事も，たいへんな速さで行なわれた。しかしながら，今は設計上の問題に焦点をしぼることにしよう。なぜならば，その研究の成果が，実質的には現代のあらゆる計算機の根底にある，基本的な考え方となったからである。今日，一般に"フォン・ノイマン型計算機"というそれにふさわしい名で知られている概念は，この中から生まれた。

　この計画が，工学，形式論理学，論理設計，プログラミング，数学，およびある種の重要な，革命的ともいえる応用技術を包含した多面的なものになることは，非常に早くから予想されていた。この革命的な応用技術は，1948 年に数値気象学を生み出した。こうしたすべてのことは，きわめて首尾よく行なわれたが，それはまた，高級研究所のこの計画が，基本的な役割を果たしたとみなされる理由にもなった。それはまさしく，当時理解されていた限りでのこの分野の問題を，すべて包含していた。事実，この高級研究所の計画が，計算機科学諸分野の方向を定めたのである。

　1945 年 11 月 8 日付の覚書の中に，フォン・ノイマンはこう書いている。

　（1）この計画の目的は，完全に自動化された計数型の汎用電子計算機を開発し，製

作することである。……さらに機械そのものは，明確に計数的な性格をもったものになるとしても，本質的には入力または出力として，ある種の連続的な変数を取り扱う機構を備えておくことが重要である。……

(2) 機械全体の論理制御は，記憶装置から……2進符号の形で表わされた命令によって遂行される。これらの命令は，非常に大きな柔軟性を機械にもたせるような体系をつくっている。この体系は，きわめて広範囲の問題を，効率的に，かつ非常な高速度で取り扱いうるようになることが見込まれる。……その意味で，この機械は，汎用の装置となることが意図されている。……

(3) 上述のような機械は……非線形微分方程式論に対する純粋に数学的な研究の方法に，疑いもなく大きな変革をもたらすであろう。それはまた……圧縮流体の力学や空気力学を……もっと複雑な衝撃波の問題に対しても同様に……拡張することを，(実際にははじめて!)可能にするであろう。そうした機械は，量子論を，これまでに取り扱うことができたものよりも，もっと多くの素粒子と，もっと大きな自由度とをもっている系にまで拡張する可能性がある。……それは，(非圧縮性の)粘性流体力学の決定的な局面，すなわち乱流の現象やより複雑な形をした境界層の理論などの，計算による取り扱いを可能にするかもしれない。それは弾性および塑性の理論を，今までよりもずっと利用しやすいものにすることであろう。おそらく3次元の電気力学の問題でも，この機械は大いに役だつものと思われる。それは，通常の光学および電子光学の問題の，計算による解法に伴う多くの非常に重大な障害を，確実に取り除くであろう。恒星天文学の分野でも，それは役だつ可能性がある。この機械は，統計的な実験を計算機で行なうという，数理統計学の新しい道を開くに違いない。……

こうしたことは別にしても，このような機械は，頭を働かせて使えば，私たちの計算技術，あるいはもっと広くいえば近似数学全体に，完全に革命的な変化をもたらすであろう。事実，どのような客観的な基準でみても，この機械は，現在の人手と卓上乗算器による方法よりも，非常に控えめにみて10,000倍（実際にはたぶんそれ以上）は速くなるものと思われる。しかるに私たちの現在の計算法は，こうした従前からのやり方，あるいはそれよりもさらにおそい（全く人手だけによる）計算手順のために開発されたものでしかない。計画中の機械は，計算の可能性，困難さ，強調点，および内部的な仕組み全体に全く根本的な変化をもたらし，あらゆる手順上の選択と平衡状態を完全に変えてしまうので，従前からの方法は，今後開発されなければならない新しい手法より

も，ずっと効率の悪いものになるであろう。そうした新しい手法は，数学的にみて，何が単純であり何が複雑であるか，すなわち何がすっきりとしていて何がごたごたしているかといった点についての，全く新しい規準を土台としたものでなければならない。

　このような新しい手法の開発は，数学および数理論理学の重要な課題である。そのある程度までの段階は，今直ちに具体化することが可能で，計画中の機械の構造や制御の方式などに，必然的に影響を及ぼすことになる。さらにすすんだ研究は，機械の開発，製作と並行してすすめられなければならない。しかしながら，最も重要な仕事は，機械が完成して使用しうる状態になった時点で，その機械そのものを実験の道具に使って行なわなければならないであろう。高速計算の将来の発展は，計画のその段階で得られる経験と，そこで展開されるものの考え方や理論から，決定的な影響を受けることが期待されるのである。[2]

　いくらもたたないうちに，この開発の規模は，当時フォン・ノイマンが想定していたものよりもさらに広がった。

　高級研究所のいわゆる電子計算機計画は，単独の計画としては，疑いもなくこの時代の計算機の歴史の中で，最も大きな影響力をもつものであった。未知の分野を切り開く推進力が，この高級研究所の計画からもたらされたことは明らかで，当時から今に至るまで，計算機全体の基本となっている着想の多くは，それによって生み出されたものと考えることができる。この計画は，(1) 工学，(2) 論理設計とプログラミング，(3) 数学，(4) 気象学といった四つのグループから成り立っていた。これら各分野のそれぞれに対して，この計画はその基本となるような貢献をしたのである。一番めのグループは，当初ビゲロウの指揮下におかれ，後にポマリーンが彼のあとを継いだ。第二，第三の両グループは私が指揮をとり，四番めのグループは，第一級の気象学者であったジュール G. チャーニー博士がその指揮にあたった。計画全体の総括主任はフォン・ノイマンで，私が副主任として彼を助けた。1952年7月には，ビゲロウと私は研究所の終身所員に任用され，少し後で，チャーニーもまた長期研究員の待遇を受けることになった。

　1946年の6月後半に，"電子計算機に関連して生じる全般的な論理的考察のいくつかの面を取り扱った，二つの論文のうちのはじめのほう"[3] に当たる報告書が，バークス，フォン・ノイマン，および私によって出された。二番めのほうの論文は，実際には3編に分け

て発表され，第4編も計画されていたが，他の仕事に手をとられたために完成しなかった。各部は1947年4月から出はじめた。[4] それらは出るとすぐに，そこに書かれている事柄を公知の事実とみなすよう依頼した著者の宣誓供述書を添えて，合衆国特許局および国会図書館へ送られた。[5]

この一連の報告書は，多くの面で，現代の電子計算機に対する青写真の役割を果たした。そこには電子計算機の設計，製作のすすめ方や，プログラムの作成法についての非常に詳細な議論が含まれていた。これらの論文は，いわゆるフォン・ノイマン型計算機について記述したもので，その方式は，若干小さな変更はあるものの，いまだに現代のほとんどすべての電子計算機に用いられている。この分野にとって，それらの論文は決定的な重要性をもっているので，ここでは当面の話を一時中断して，それらの内容に若干ふれておくことにしよう。

計算機科学の分野の指導者の一人であるポール・アーマーの，この論文に関する解説を読んでおくことは，たぶんなにがしかの役にたつものと思われる。彼はこう書いている。

プログラム内蔵方式は，だれが発明したものであろうか。その名誉の帰属に直接かかわりのあるおもだった人々を除けば，おそらくそのことは，他の何人にとってもさして重要な問題ではない——私たちは，その考え方がどのようなものであるかを知っているし，それは疑いもなく，人類の発展途上における偉大な一里塚の一つになっているからである。……先陣を争った主要な人物は，ここに再録した論文の執筆者たちと，J. プレスパー・エッカートおよびジョン・モークリーをかしらとするペンシルヴァニア大学の人々である。ほかにもそれに貢献した人々がいたことは明らかであるし，バベッジも，決して少なからぬ貢献をしたその中の一人であった。……

そうした背景はあるにしても，ここに再録された論文は，決定的な役割を計算機の分野で果たしたものである。そこには，プログラム内蔵式計算機の設計についての詳細な記述があるばかりではなく，多くの困難な問題が前もってとり上げられ，その巧妙な解決策が提示されている。この論文に述べられている機械（IAS型，プリンストン型，あるいはフォン・ノイマン型などといった，様々な名前で知られている）は実際に製作され，その複製（そっくりそのままではないが）がつくられ，さらにその複製の複製がつくられた。……

この論文が書かれた時点では，自動計算の原理そのものは（ハーヴァード大学のMark

Ⅰによって) 十分確立されており, 電子技術の採用によって, 著しい進歩 (ENIAC にみられるような) が得られるところまでになっていた。こうした当時の技術水準から, 彼らの論文の細目に至るまでの飛躍がどれほどのものであったかを, 今日, 客観的に正しく評価することは困難である。……[6]

どのような方式の機械でも, それが汎用の計算機であるといえるためには, 明らかに, ある一定の装置を備えていなければならない。算術演算を行なう能力をもった装置; 数を貯えることができるような装置; 処理の対象となっている特定の問題に即した指令または命令の集まりを貯える装置; これらの命令を正しい順序で自動的に実行する能力をもった装置; 操作にあたっている人間との連絡をとるための装置などがそれである。概念的には, 私たちは, 計算の途中で使用される数やつくり出される数を貯える装置と, 命令を貯える装置という, 2種類の異なった記憶装置または貯蔵装置を, 区別して取り扱っている。

EDVAC の場合に指摘したように, もし仮に命令が数字符号で表わされ, 制御装置が数と命令とをなんらかの方法で識別することができるものとするならば, これら両者に対して, 記憶器官は一つあれば十分であろう。以下のところで私たちは, 数字化された命令コードがどのような組み立てになっていたか, また機械がどのようにして数と命令とを区別することができたかについて論じることにする。

要約していえば, この機械のための主要な器官としては, 演算装置, 記憶装置, 制御装置, および入出力装置という四つの器官が考えられていた。次にそれらの特性について, 少し考えてみることにしよう。

演算器官——最近の用語でいえば中央処理装置*——は, この機械が基本的とみなしている算術演算を実行するような, システムの構成要素であった。それらの演算をどのようなものにするかという点に関しては, 定まった規則はなかった——事実, それはありうべからざるものである。しかしながら, 基本的な演算として, たとえどのようなものが選ばれるにしても, 演算回路にはそれらが組み込まれることになる。その他の演算は, しかるべき順序に並べられた一連の命令によって, これらの基本演算からつくり出すことができる。極端な例で説明すれば, 原理的には私たちは, and, or, not (実際には二つあれば十分) などの基本的な論理演算を行なう機能だけしか備えていないような演算器官をこし

---

* 中央処理装置といった場合には, 通常は演算装置のほかに, 制御装置, 主記憶装置などがそれに含まれる。

らえ，通常の算術演算は，ブールや彼の後継者たちが示したようなやり方で，これらの基本論理演算を適当な順序で組み合わせてつくり出すことにしても差し支えはない。実際問題としては，このようなやり方は，おそくて実用にならないであろう。これほど極端でない例としては，乗算または除算あるいはその両方の機能を省略して，加算および減算だけを基本演算としてもっているものがある。この場合，乗算は適当な順序で加算を繰り返すことによって行なえるし，除算に関しても同様である。

　一般に演算装置の内部構成は，演算速度をより速くしたいという要求——基本演算以外の演算は，制御装置から与えられる一連の命令によって構成されるので，概して実行時間が長くかかる——と，機械をより単純に，より安くつくろうという要求との妥協によって決定される。(実際には，このような説明は，いささか簡単すぎる。事実，演算機能が特殊な記憶装置にプログラムの形で組み込まれていて，なおかつ相当な演算速度を出すことができるような機械をつくることも可能である。しかしながら，私たちの目的のためには，そうした可能性は無視しても差し支えはない。)

　記憶器官は，いずれの場合にも複雑なものになった。他の何者にもましてこの装置は，ENIAC の時代以来，最も大きな技術上の課題を提供してきたのである。使用者側は，いつでも際限なく大きな容量をもった記憶装置を要求するし，技術者は，双方が魅力を感じるようなすっきりとしたやり方で，この要求を満たし得たことはいまだかつてなかった。こうした問題点は，初期のころから認識されていたもので，ある種の妥協案を採用することに意見が一致した。その案では，"2進法で40桁の数を約4,000個"収容する能力をもった電子的な速度のものを中核にし，"磁気ワイヤーや磁気テープのような媒体を使ったそれよりもはるかに大容量の"もの，および紙テープまたはパンチ・カードを，それぞれ二次的，三次的な記憶装置にして構成される，記憶装置の階層ができることになっていた。実際につくられた計算機の内部記憶装置は，1,000個の数を収容するものになったし，長い間，二次的な記憶装置はなかった。しかしながら，最終的には磁気ドラムの記憶装置が，磁気ワイヤーや磁気テープの代わりに取り付けられた。

　この記憶装置の階層という概念は，今日なお基本的なものであって，今後もその地位は変わらないであろう。基本的には機械の使用者は，最高の速さで作動する能力をもった際限なく大きな容量の記憶装置を要求するし，数学的な観点からみれば，実際にそれだけのものが必要になる。もちろん，これは現実の世界で実現しうることではないから，使用者は，記憶装置の階層という妥協案を受け入れざるをえない。この場合，二次的な段階以下

のものは，より大きな容量をもってはいるが，速度はよりおそくなる。各段階の記憶装置の大きさと速さとをうまく選定すれば，大多数の問題に対しては，その全体的なつり合いをきわめて妥当なものにすることが可能である。

　制御器官は，1940年代の半ばには，おそらく最も見当のつきにくいものであったと思われる。ポストとチューリングの研究は，形式論理学の立場からみれば，"たとえどのような演算の列であっても，その一つ一つの演算機能が機械に組み込まれており，それらを組み合わせた形で問題の立案者が考え出せるようなものであれば，理論上，その処理を制御し，実行するのに適した"命令コードを考案することは，何の問題もなしにできることをきわめて明確にした。問題は，実用上どうすればいいかといった性質のもので，演算器官における基本演算の選択の際の問題と密接なつながりがある。一つの計算機に対する命令コードの体系は，実態的にみればその機械の語彙，すなわちその機械が"理解"し，それに"従って行動する"ことができるような単語または命令語の全体である。その設計者は，命令コードを取り扱うのに必要な装置を簡単なものにしたいという彼の希望と，真に重要な問題を解くことができるような適応性および処理速度との妥協点を見いださなければならない。

　これらのことは，依然として今日でもいえることである。設計者は，いまだに機械の語彙の大きさ，その語彙を取り扱うのに必要な機器の総数（より正しくいえばその金額），および重要な問題を処理するときの速さなどを考慮して，同じような妥協をする必要がある。

　命令コードとしては，最少限どれだけのものが必要であろうか。まず第一にあげなければならないのは，もちろん，各基本算術演算のための命令である。仮にそうした命令がなかったとすれば，これらの演算を利用する方法がなくなるので，このことはほとんど何も言わなくても明らかであろう。二番めに必要なものは，記憶器官と演算器官との相互連絡を可能にするための命令である。さらにいえば，記憶装置には数および命令といった2種類の情報がはいっているので，演算装置から記憶装置への転送には，全体または一部分の置き換えといった2種類のものが必要になることが考えられる。前者はいうまでもなく，数を記憶装置に転送するものである。後者はそれよりもとらえにくい命令であるが，これが計算機に，大きな能力と非常な単純さとを与えるのに役だっているのである。この命令は，計算機自身が，その記憶装置にはいっている命令を変更することを可能にするものであって，この能力は，きわめて重要なものであることが明らかにされている。この点については，また後にふれることにしよう。

転送命令には、もう一つ、型の異なった非常に重要なものがある。いわゆる制御の転送命令がそれである。この命令の場合にも、無条件飛び越し、および条件付き飛び越しといった2種類のものがある。それらの命令がどのような意味をもっているかを理解するために、私たちは、記憶装置の各記憶場所には一連番号がつけられることを、頭に入れて考えることにしよう。それらの番号を、記憶場所の番地とよぶことにする。そこで、次に私たちがいっておかなければならないことは、数の場合には、記憶装置のどの場所からでもとってくることが必要になるが、命令に関しては、もっと系統的な取り扱い方ができるということである。制御器官は、通常の場合には、記憶装置を番地順にすすんでいくようにつくられている。すなわち、n番地の命令の実行が終わると、次に、通常は$n+1$番地へ移動する。無条件飛び越しの場合には、その命令がどの番地にはいっているかにかかわりなく、制御はあらかじめ指定された番地に移される。条件付き飛び越しの場合には、こうした行き先の変更が、ある与えられた数の正負に応じて行なわれる。つまり制御の転送命令は、通常とは異なった動作を制御装置に行なわせるための手段になっているわけである。

これは非常に複雑なことのように思われるかもしれないが、決してそうではない。自動計算機の真の重要性は、バベッジやラヴレース夫人も認めていたように、"与えられた一連の命令を、あらかじめ指定された回数、または計算の結果によって定まる回数だけ、繰り返して使用することができるという点にある。"[7] こうした繰り返しが終わると、次に、全く異なった一連の命令が実行されなければならない。したがって、このような命令の列の最後——または最初——には、繰り返しが完了したかどうかを判定し、もし完了しているならば、次の一連の命令が実行されるようにする、という機能をもった命令をおく必要がある。

最後に、入出力器官を計算機本体に統合するための命令が必要である。

以上は、高級研究所の機械がもっていた命令コードの、概略の説明である。(これについては、後でもう少し述べる。)しかしながら、根本的には、ここに述べたことはそれ以上のもので、現代のすべての計算機に欠かせない、基本的な語彙について説明したことにもなっているのである。その後の機械の命令コードの体系は、高級研究所の機械で用いられたものよりも、はるかに内容の豊富なものになっている。研究所の機械の語彙には、約2ダースほどの命令語しかはいっていなかったが、最新の機械には、200種類またはそれ以上もの命令語をもっているものがある。以前には、たとえどれだけ多くの命令語が機械の語彙にはいっていたとしても、それらによる特定の問題の記述は、本質的には機械によ

って理解される片言の英語の文章でしかなかった。今日ではこのことは，もはやこの文字どおりの意味では正しくない。そうした計算機言語の役割については，私たちは後に論ずることにする。ここでは，高級研究所の計算機についての概略の説明を続けることにしよう。

この機械の数の体系はどうなっていたのであろうか。"計数型計算機を10進法でつくるという長年の伝統があるにもかかわらず，私たちの計算機には2進法が好ましいと確信する。"[8] この選択にはいくつかの理由があるが，主要なものとしては，基本演算を著しく簡単に，かつ高速度で遂行しうること；電子回路やその技術が性格的に2進法に向いているという事実；計算機の制御部の働きは，本質的に算術的なものではなくて，むしろ論理的なものである――論理は2進体系である――という事実；などがあげられる。2進法の乗算の場合には，乗数のある桁と被乗数との積は，その桁が1であるか0であるかに従って，被乗数または0に等しくなることを思い出していただきたい。この手順は，10個の値をとりうる10進法の場合の手順に比べれば，はるかに容易に構成することができる。

1940年代の半ばには，計算機に10進法を採用する理由は，2進法から10進法への変換，およびその逆の変換がたいへんな問題になるからだといわれていた。**予備的討論*** の中で，私たちはそれが誤りであることを指摘した。このような変換を行なう方法としては，非常に簡単な算術演算を含むだけの，単純明快な方法がある。事実，一連の報告書の第Ⅱ部にあたる**計画とコーディング**** の第1編に，フォン・ノイマンと私はこれらの変換のためのプログラムを与え，次のことを示した："2進法→10進法，および10進法→2進法といった変換は，47語の命令から成るプログラムで実行することができる。……これらの変換は，それぞれ5 msecおよび5.9 msecで完了する。"[9] (1 msec＝1ミリ秒＝1/1000秒)

ここでは，こまごまとした数学的な計算技法について述べる積もりはないが，一つの数体系から別の数体系への変換手順が，実際に簡単なものであることを手短に説明しておくことは，むだではないと思われる。(私たちの立場からみて，あまり重要でないような細部のいろいろな点は無視することにする。) さて，a を与えられた0と1の間にある正の2進数とし ($0 \leq a < 1$)，さらにその数が10進法で

---

* Preliminary Discussion of the Logical Design of an Electronic Computing Instrument (June 1946).
** Planning and Coding Problems for an Electronic Computing Instrument, vol. 1 (April 1947).

$$z_1\cdots\cdots z_n = z_1/10 + z_2/10^2 + z_3/10^3 + \cdots\cdots + z_n/10^n$$

と表わされるものとしよう。そうすれば，$10\,a$ は整数部分と小数部分とから成る数となり，その整数部分は明らかに z_1 に等しい。これは，次のような変換の計算手順を提示するものである。

$a_0 = a,$

$a_{i+1} + z_{i+1} = 10\,a_i\,; \; 0 \leqq a_{i+1} < 1,\; z_{i+1} = 0, 1, \cdots\cdots, 9\,;\, i = 0, \cdots\cdots, n-1.$

これを言葉で説明すれば，次のようになる。まずはじめに $a = a_0$ とし，それを 10 倍して，その結果を整数部分と小数部分の和の形で表わす。その整数部分，すなわち a を 10 進法で表わしたときの頭の桁が z_1 である。この小数部分を a_1 とする。これは a_0 を 10 進法で表わしたときの残りの部分である。次にこの a_1 をもういちど 10 倍し，その結果を再び整数部分 z_2 と小数部分 a_2 の和の形で表わす。以下同様に，こうした手順を必要な回数だけ繰り返すわけである。一例として，2 進数 $0.1011 = 1/2 + 1/8 + 1/16 = 11/16$ の変換について説明することにしよう。まず右辺を 10 倍すれば，$110/16 = 6 + 14/16$ が得られる。したがって小数第 1 位までをとれば $11/16 = 6/10$ となる。次に $14/16$ を 10 倍すれば $140/16 = 8 + 12/16$ となり，したがって小数第 2 位までをとれば $11/16 = 6/10 + 8/100$ となることがわかる。同様に $120/16 = 7 + 8/16$ であることから小数第 3 位の数は 7 である。もういちどこの計算を行なえば $80/16 = 5 + 0$ となり，したがって小数第 4 位でかつ末尾の位にあたる数は 5 である。以上のことから，$11/16 = 0.6875$ となることがわかる。

2 進法から 10 進法への変換を，2 進法の計算機で行なう場合には，ここではふれなかったいくつかの問題点があるが，いずれもとり立てていうほどのものではない。たとえば，2 進法の機械で 10 進数をどのように表わすかという問題も，その一つである。これは，10 個の数（0 から 9 まで）を，それぞれ次のように表わすことによって解決される：

0000	0	0100	4	1000	8
0001	1	0101	5	1001	9
0010	2	0110	6		
0011	3	0111	7		

次に考えられるのは，10倍を行なう簡単な方法があるかどうかという問題である。これは10=8+2 であること，および，2を掛けるのは左へ1桁だけ桁移動を行なうのと同等であり，8を掛けるのは左へ3桁だけ桁移動をするのと同等であることに注意すればできる。10進法から2進法への変換も，同じく簡単である。[10]

前に述べたように，EDVAC の開発は，超音波遅延線という記憶装置の方式をもとにして行なわれ，それがこの計算機を直列的な性格のものにした。各桁の数は，遅延線の一端から順次に一つずつ出てくるが，そのことが，基本的にほぼこの計算機全体の方式を決定してしまったのである。高級研究所の開発計画では，当初から直列方式と並列方式とがまじり合ったような方式が考えられていた。フォン・ノイマンと私は，少なくとも概念的には，直列方式で演算を行なう必要性を回避することができるような，重要な装置があることに気付いた。予備的討論の中で，その著者たちは次のようなことを述べている。

　したがって私たちは，上に示唆したものよりももっと基本的な，電気的情報を貯えるなんらかの方法を探し出さなければならない。そのような記憶媒体に対する一つの基準は，それぞれが2進法で1桁分の収容能力しかない個々の記憶器官は，肉眼で見えるような大きさの構成要素ではなくて，むしろ適当な何かの器官の，顕微鏡でしか見えないような素子であるべきだ，というものである。したがって，当然それらを識別したり，切り替えたりするのは，目に見える大きさの配線ではなくて，その器官を操作するある種の機能的な手続きになる。
　こうした特性を顕著に示す装置の一つは，アイコノスコープ管である。在来型のもので，それは直線方向に，約1/500 という分解能をもっている。これは（2次元で考えれば），$500\times500=2.5\times10^5$ の記憶容量に相当する。そこで，この陰極線管の内部にある誘電体の板面に，電荷を貯えることができないかという考えが生まれてくる。実質的には，このような管は，電子線を使って回路に接続することができるようになっている，おびただしい数のキャパシター以上の何ものでもない。
　実際には，上に述べたような高い分解能や，それによって得られる大きな記憶容量は，個々の走査点の信頼性に関しては，計算機の記憶装置の場合に受け入れることができる規準よりもはるかにゆるやかな，テレビ画像の記憶装置としての条件のもとでのみ実現しうるものである。計算機の場合，本質的に通常と変わらない製造工程でつくられ

たものを使用するものとすれば，分解能は各走査線上で 1/20 ないし 1/100，すなわち記憶容量にして，400 ないし 10,000 とみるのが妥当であると思われる。[11]

予備的討論の著者たちは，記憶装置に関しては，EDVAC で用いられたような方式は採用しないことに決定した。振幅感応式偏向装置をもった記憶管では，そうした方式をとる必要性がなかったからである。EDVAC と違ってこの場合は，記憶管の表面にあるどの場所へでも，他のどれかの場所へ切り替えるのと同じ速さで，自由に切り替えることができた。したがって，そうした記憶管を 40 個並列的に並べ，それぞれの対応する場所に 40 桁*の数の各桁がおかれるようにすることは，それに合ったやり方――最近のほとんどすべての計算機は，今日こうしたやり方を採用している――であると思われた。(この計算機の中では，それぞれの数は，正負の符号と 39 桁の 2 進数から成るものと定められた。) "こうした切り替え方式のほうが，直列方式の場合に必要とされる技術よりも簡単であると私たちには思われたし，当然のことながら，速さは 40 倍になる。したがって，私たちは並列的な処理法を採用し，その結果，EDVAC の場合に考えられた直列方式の考え方とは対照的に，いわゆる並列機械**を考えるようになった。……これら二つの方式の根本的な相違点は，加算を遂行する方法にある。並列機械では，二つの数の対応する桁同志の加算が，すべて同時に行なわれるのに対して，直列機械の場合には，これらの加算は，時間的に順次一桁ずつ行なわれる。"[12]

たぶん，兵器局が高級研究所の計画に対する援助を引き受けることができた主要な理由は，少なくともその初期の段階では，この計画とムーア・スクールの計画***とが，相補的な考え方をもったそれぞれの学派を代表するものであったからである。したがって，二つの計画がどちらも進行するように助成することによって"賭金を分散させる"ことは，ジロンやフェルトマンにとっては，勇気のいることであると同時に，適切な危険の分散策でもあった。事実，歴史上のこの時点では，どちらの計画が成功するかは，皆目見当がつかなかったのである。結果的にみれば，どちらの計画も成功はしたが，高級研究所の機械のほうが，並列方式であったために，はるかに高速であった。研究所の機械では乗算は，

---

* 2 進法の 40 桁，つまり 40 ビット．
** 今日，並列機械といえば，通常は複数台の処理装置を同時に作動させるようなシステム (たとえば SOLOMON, ILLIAC IV など) のことで，ここでいう並列機械は，これとは全く別のものである．
*** EDVAC の開発計画のこと．

約600マイクロ秒でできたのに対して，EDVAC のほうは約3ミリ秒かかったし，記憶場所を探しあてて1語読み取るのに，前者は約25マイクロ秒かかったのに対して，後者は平均約200マイクロ秒を必要とした．さらに，前者は約2,000本の真空管でできていたのに対して，後者は約3,000本の真空管と8,000個の結晶ダイオードを使用していた．

並列方式は，このように計算機に必要な部品の数を少なくし，そのうえ，少なくとも5倍，そしておそらくはそれよりももっと速い演算処理を可能にするという結果をもたらした．結局は，この並列方式の利点が勝利を収め，直列方式は事実上その姿を消してしまった．同様にして，2進法の単純さも，数年後には大勢を支配し，今日では，新しい計算機は，2進数を並列方式で処理するようにつくられている．

指令または命令は，どのようになっていたのであろうか．前にも述べたように，それらは計算機が要素とみなしているような，基本的な演算である．ここではそれらの一つ——加算——について考えてみることにしよう．少なくとも原理的には，これは二つの異なった数に作用して，第三の数をつくり出す演算である．一般に，それに関係する可能性のある記憶場所は三箇所あって，これら三つの数が，一つずつそれぞれの場所に割り当てられることになる．何人かの設計者は，制御装置がその次の命令を求めて移っていく場所として，さらに第四の記憶場所を考慮した．

高級研究所の計算機は，記憶場所の番地，あるいは広く使われるようになった言葉でいえばアドレスを，各命令が一つだけしか含まないような設計になっていた．したがって，加算は，最高三つの別々の命令を使って行なわれた．すなわち，まず一番めは，一つの数をあるアドレスからとってきて演算器官へ入れる命令；二番めは，もう一つの数を別のアドレスからもってきて，それをすでに演算器官にはいっている数に加える命令；そして三番めは，演算の結果を記憶装置の第三のアドレスのところに貯える命令である．一つの命令に一つのアドレスというこの方針のもとに，高級研究所の計算機は，2進法の10桁をアドレスの指定のために，同じく2進法の10桁を演算の表示のために使用することができるように設計されていた．したがって1,024個，すなわち 2^{10} 個のアドレスと演算が可能であった．（実際に使われた命令の数は，2^5 種類よりも少なかった．）

各命令に含まれるアドレスの数をどれだけにするか，どのような数体系を採用すればいいのか，仮に2進法を用いるとした場合，2進法から10進法への変換およびその逆の変換をどうするか，といったような問題に関しては，弾道研究所やムーア・スクールの研究陣の人たちとの，活発な討論がなんども行なわれた．EDVAC は，フォン・ノイマンや私

などの助言を入れないで，4-アドレス方式を採用した。私たちには，次の命令がはいっている場所を示すその四番めのアドレスは，ほとんどの場合，不要であると思われた。記憶装置の中に，命令がでたらめな順序ではいっているような状態を考える必要性は，ほとんどなかったからである。ごく少数の例外的な場合を除けば，ある命令の次には，その次の番地にはいっている命令がくるといったように，命令は，記憶装置の中に，順序よく並べて入れておくことができる。制御器官は，飛び越し命令が与えられて，次の命令をとり出すためにどこか他の場所へ飛ばない限り，n 番地にある命令が実行されると，次に $(n+1)$ 番地へすすむように設計することが可能である。今日では，こうした方式は，広く一般に標準的なものとして採用されるようになった。

　3-アドレス方式の命令に反対した論拠は，記憶装置にはいっている二つの数の加算——他のどのような演算でもよい——を行ない，その結果を記憶装置にかえすというような操作が必要になることは，実際にはあまり起こらないというものであった。通常の状態では，機械がつくり出したばかりの数は演算装置にはいっており，その数に対して次の演算を施すことが望ましいからである。また，この演算の結果は，さらにそれから後の演算で用いるために，そのまま演算装置の中に残しておかれることも少なくない。[13]

　2-アドレス方式の命令についての考察は，それがむだの多いものであることを明らかにした。*そして結局は，高級研究所の1-アドレス方式が，むだがなく，かつ単純であるという理由で，大勢を制することになった。初期の時代でも，EDSAC, Ferranti Mark I, Whirlwind I, UNIVAC I, IBM 701 および 704 などといったような，以後の計算機の原型となった機械は，この高級研究所の方式を採用していた。実際，UNIVAC I や IBM 701 などは，1語の中に2個の命令を収容するといったところまで，高級研究所の機械の方式を踏襲していた。[14] この方式は，次の命令を制御器官へもってくるのに必要な時間を若干節減したし，今日，最も速く，かつ最も大きい計算機の何台かがもっている，"先回り制御" とよばれている機構の前ぶれにもなった。この先回り制御方式では，何個かの命令を一括して，いちどに制御器官に送り込んで，記憶装置を何回もよび出す時間を節約している。**

---

　* この方式を，一概にむだが多いということで退けてしまうのは，いささか問題である．たとえば磁気ドラムを主記憶装置に用いていた初期の中型計算機では，よび出し時間を最小にするために2-アドレス（1+1 アドレス）方式がとられていたし，可変語長で演算を行なう計算機では，最近でもこの方式のものが少なくない．
　** 先回り制御というのは，複数個の制御演算装置を使って，次々に命令の実行を重複させて行なうような制御方式で，必ずしも複数個の命令がいちどに制御器官へ送られるとは限らないし，記憶装置のよび出し回数を減らすことを目的としたものでもない．

記憶装置に命令を貯える最も重要な理由は，それらの命令に変更を加える必要性が起こるという事実である。このような変更の中で，最もわかりやすいものは，命令のアドレス部分を変えることである。一つの問題の中の多数の異なった部分，あるいは多くの異なった問題に，同じサブルーチンを用いる方法はこれ以外にない。そのことを具体的に説明するために，たとえば平方根を求める演算が，高級研究所の計算機と同じように基本演算にはなくて，短い基本演算の列を実行することによって行なわれるような場合のことを，考えてみることにしよう。さらに私たちは，記憶装置の非常にいろいろな場所にはいっている，多くの数の平方根を求める必要があるものとする。この場合，私たちは，ある一つの数の平方根をつくり出す小さなプログラムを書いて，その数を指定するアドレスの部分を，空白のまま残しておけばよい。そうすれば，このアドレス部分を含む命令に適当な算術演算を施すことによって，私たちは，そのプログラムを，私たちが選んだ任意の数の平方根を求めるのに使えるようにすることができる。これが，高級研究所の機械で行なわれたやり方である。命令の中のアドレス部分を変更するもっと便利な方法が，マンチェスター大学の計算機のために発明された。それは，当初 "Bボックス" または "Bレジスター" とよばれていたが，現在では "指標レジスター" とよばれている。[15]

この命令のアドレス部分を変更しうるという能力は，単に美的な感覚でみて洗練されたものであるばかりではなく，絶対に必要不可欠なものである。それは，バベッジの解析機関，ハーヴァード大学–IBM社の機械，あるいはベル・テレフォン研究所のリレー式計算機といった類の機械と，高級研究所型の計算機との根本的な相違点になっているので，それについて少し説明を加えておくことにしよう。紙テープを命令の記憶に使っていた前のほうの機械では，記憶場所，すなわちアドレスを変更することができなかったのに対して，後者ではそれが可能であった。1964年にエルゴットとロビンソンは，著者とフォン・ノイマンが1947年に発見的な推測に基づいて主張した事柄に，厳密な証明を与えた。彼らは "自己修正をするプログラムは，自己修正をしないプログラムよりも強力である（より広い範囲の系列関数*を計算することができる）……"[16] ことを示した。彼らの論文には，"有限個の要素で決定されるどのような機械も，固定プログラム，すなわち命令の変更または '修正' が全くできないプログラムでは，すべての帰納的な系列関数を計算することはでき

---

* 集合Xの元から成る有限列全体の集合を X^* とするとき，X^* の部分集合から X^* の中への写像を，X の上の系列関数とよぶ．これは計算機の働きを，記号列の変換とみなしてモデル化したものである．

ない"ことが示されている。[17] 彼らはさらに，命令を変更することができるような機械は，そうした計算をすべて行なうことができることを証明した。したがって，命令を変更する能力をもたない計算機では，たとえば $x_1 \cdot x_2 \cdots x_n$ といったような簡単な計算式でも，任意の $n=1, 2, \cdots$ の値に対しては構成できないのに反して，高級研究所型の機械では，プログラムの中にアドレスとしてはいっている定数 n を，要求されたとおりに変えるだけで，ごく簡単なプログラムによってこれを行なうことができる。

フォン・ノイマンの論理設計に関する**報告書第 1 稿**には，プログラミングやコーディングに関することは，本質的には何も書かれていなかった。前にふれたように，彼は1945年に分類手順のプログラムを作成しているが，コーディングやプログラミングの問題についての注意深い分析は，まだ何もなされていなかった。こうした分析は，基本的には1946年の**予備的討論**の作成と同時に手がつけられるようになったものである。

その年の春，フォン・ノイマンと私は，帰納法の回帰的な性質を大づかみに示すために，非常に不完全な図面をこしらえた。最初これは，私たちがプログラムを作成する場合の，一時的な補助手段の一つとして考えられていた。その夏には，私は，私たちが**流れ図**と名づけたこの種の図面が，数学的な問題を表現するための，論理的に完全でしかも正確な表記法として使用しうるものであり，実際にプログラムの作成作業に欠かせないものであるという確信をもつようになった。そこで私は，最初の不完全な形のものを発展させて，**計画**と**コーディング**とよばれている論文（前に引用した原注4の論文）の仕事にとりかかった。フォン・ノイマンと私は，バークスと私の妻の有益な助力を得て，この問題に取り組んだ。その結果は，プログラムの図式的な記法を確立しただけにとどまらず，プログラミングに対する綿密な考察を加えた分析を，一つの研究分野として発達させることにもなった。こうした成果は，部分的には，物事全体を論理的に考えることによってもたらされたが，それに加えて，たぶんより重要な役割を果たしたのは，非常に多くの問題のコーディングをしたことであった。そうした作業を通じて，何がほんとうに難しいかが明らかにされ，それが，そのときに解決された一般的な問題を具体的に例示するのに役だった。

流れ図の目的は，記憶装置を走査し，そこで見いだした命令をとり出して実行するといった，制御器官の動作を図示することである。流れ図はまた，計算の途中にあるいろいろな重要地点での，変数の状態を明らかにする。さらにそれは，どのような計算式の値が求められているのかを示す。私が以前に行なったこの問題に関する講演の中で指摘したように，流れ図の実態は，そこに登場する様々な帰納法の過程に対応した，多くの分岐面をも

っているリーマン面のようなものである。この考え方は、たぶん詳しく追究していくだけの価値があると思われるが、そうした方向の研究はまだなされていない。

　フォン・ノイマンはたびたびロスアラモスへ出掛けていったが、そうした時代の手紙が何通か残っていて、この流れ図が、未完成ななぐり書きの状態から、今日なお使われているような、高度に洗練された表記法になるまでの発生の過程を示している。[18] 最終的に、**計画とコーディング**に関する論文が完成して出版されたのは、1947年の4月であった。しかしながら、プログラミングおよびコーディングに関する大部分の概念は、1947年のはじめまでに、フォン・ノイマンや私の手で解明されていて、大規模な計数型計算機に関する1947年度のハーヴァード・シンポジウムで、その問題について公開講演をすることができる状態になっていた。[19] 何が起こっているかについての分析結果が得られ、論理的に完全で、しかも実用的にも役にたつような記法をつくりあげていく過程は、行きつもどりつの繰り返しそのものであった。こうして私は、計画とコーディングの問題に関する論文の下書きを、1946年の秋にフォン・ノイマンに送ったが、彼はその中に欠陥があるのを発見した："あなたが書かれた私たちの報告書第2部の原稿には、偶発的に起こりうる一つの事象が述べられていないことに、私は今気が付きました。"[20] 1947年の春になっても、記法に見落としがあったために、原稿はまだ完成しなかった。しかしながら、この問題は、最後に手紙のやりとりをするだけで満足に解決をすることができた。フォン・ノイマンの手紙には、彼の人柄の良さと、形式張らないときの彼の物の言い方が非常によく出ていて、興味深く読まれるので、ここにその一部を引用しておくことにしよう。

　　私は、昨日あなたに差し上げた手紙の中の一項を、訂正しなければなりません。――あなたはすでに気付いておられるでしょうから、たぶん、これは手おくれだと思いますが。
　　それは帰納法の取り扱いに関する部分です。……あなたは＊印をつけた部分が混乱していると指摘しました。……私は＊印のところをこんなふうに書き改めるよう提案しました。……私はこれを書いたときには頭がどうかしていたにちがいありません。……
　　新しい箱型の記号を導入して、これを"表示箱"＊とよぶことにいたしましょう。……
　　私は、あなたや私が必要だと考えたすべての訂正を、新しい節を設けることを含めて

　＊　繰り返しの指標の値を示す流れ図記号.

やってしまいました。……[21]

どのようなことが行なわれていたかを説明するために，私にできる最良の方法は，おそらくもとの論文の一部を引用しておくことであろう。その時代の意気込みと，知識の一般的な水準とを等しく伝える役割を，それが果たしてくれるからである。それはまた，"プログラミング"とか"コーディング"とかといった用語が，どのような意味で使われていたかを明確にするのにも役だっている。(引用文の中に出てくる記号Cは制御器官を表わす。)

　このような問題の実際のプログラミングにすすむ前に，コーディングそのものの本質について議論し，それを通じて特定の問題を取り扱う場合の仕事のやり方を固めておくのが望ましいと考えられる。したがってこの章では，問題のコーディングについて詳細な分析を行ない，困難の所在，およびその最良の解決法を示すことを試みる。
　実際に問題を処理するプログラムは，コード化された命令記号の列であって……要求され計画された一連の演算を機械に遂行させるためには，記憶装置……の中に入れておかなければならない。これが考えられている問題の解を導き出すわけである。もっと正確にいえば，この命令コードの列は，要求された一連の動作を，次のような機構によってCに行なわせる：Cは一連の命令コードを順次に読み取って，各命令コードに含まれている命令を一つずつ実行する。もしもこれが，命令コードの列の直線的な走査だけですみ，そうした処理の間，終始この命令の列が形を変えないままでいるとすれば，ことはきわめて簡単である。機械のための問題のコーディングは，その名が示すように，なんらかの意味をもった文書を……一つの言語(数学の言葉。その言葉を使って計画者は，その問題，というよりはむしろその問題を解くために彼が採用することを決心した，数値計算の手順を表現する。)から他の言語(機械の命令コードで構成される言葉)へ翻訳することでしかなくなってしまうであろう。
　しかしながら，実状はそうではない。一般的な理由でも，特定の数値計算問題のコーディングをした私たちの実際の経験からも，私たちは，主要な困難がまさしくこの点にあると確信している。……
　要約すれば，Cは一般に，コード化された命令の列を直線的に走査していくとは限らない。ときとして，それは列のある部分を省略(一時的にそうするということで，いつでもというわけではない)したり，他の部分を繰り返して行なったりして，前後に飛ぶ

ことがある．それはまた，列のある部分を，列の他の部分にある命令を実行している間に変更することもある．したがって，それが列のある部分をなんどか繰り返して走査する場合，実際には，そこを通過するたびごとに，違った命令の組み合わせに出会うこともありうるわけである．こうしたすべての変更，修正は，その処理の過程で，機械自身によって得られた中間的な結果の性質を条件にして行なうことができる．それゆえに，Cが実際にたどる過程とその特徴，および命令の列のどの部分が省略されるか，どの部分をなんども繰り返して通るかといったようなことを，この過程に沿ってCが実際に出会うのはどのような命令か，またもし同じ場所を，Cがその過程の中でなんども通る場合には，それらの命令は，そこを次々と通るたびにどのように変化するかといったようなこととともに，前もって完全に予測することは，一般には不可能である．これらの環境は，処理（計算）そのものの実行時，すなわち 徐々に繰り広げられるその過程をCが実際に通っていくときに，はじめてそれらの実際に装った姿をあらわす．

したがって，コード化された命令の列と，数学的に表現された（数値的）解法の手順との関係は，翻訳のそれのような静的なものではなくて，非常に動的なものになる．すなわち，一つのコード化された命令は，単純にその現在の記憶場所にある現時点での内容を意味するだけのものではなくて，Cが続けてなんどかそこを通る際にも，Cによってそこで見いだされる次々に変更された内容と結びついて，全面的にその役割を果すものである．こうしたすべてのことは，命令コードの列に含まれる他のすべての命令によって（今考えている命令との関連で）決定される．これらの絶えず変化し続けている命令によって制御され，指示される演算をCが実行している間に，この全体的な，非常に入り組んだものになる可能性をもった相互作用の交錯が，次々と展開されるのである．……

そこで，私たちが考えなければならない問題は，単純な，段階的に物事をすすめていけるような方法を見付け出し，それによって，これらの困難を克服することである．コーディングは，翻訳のような静的な作業ではなくて，むしろ意図していることの自動的な展開を制御するための，動的な背景を提供する技術であるから，それは，形式論理学の新しい分野を代表するような論理的な問題とみなされなければならない．この報告書を通じて，私たちは，この課題がどのようにして克服されるかを示したいと考えている．

この章の残りの部分では，私たちのコーディングの方法と，その方法を展開するうえ

で，導入しておくと好都合であることが判明した補助的な概念の，厳密かつ完全な説明を与える。……[22]

計画とコーディングに関する最初の論文の，おおまかなあらすじを考え終わってから少し後で，フォン・ノイマンは，ENIAC を一種のプログラム内蔵式計算機に変えることが可能かどうかについての検討を，私とともに開始した。彼は，関数表装置を一つか二つ使って問題を記述する命令を貯え，これらの命令を解読するのに必要な配線を，はじめにいちどだけ ENIAC に組み込むという方法を提案した。ほかにも二，三別の技巧を使って，ENIAC の様々な装置を，命令の実行を制御するために利用することが可能であった。

この ENIAC の転換には，何箇月もかかる大きなプログラミング作業が必要であった。フォン・ノイマンはロスアラモスのために，ENIAC をこの新しい方式で利用することを強く望んでいたので，彼は，1947年6月7日付で私の妻をその研究所の顧問にした。[23] 1947年7月に，フォン・ノイマンは次のような手紙を私あてに書いている："私はアデールから手紙をいただいたことで，彼女にたいへん感謝しています。ニックと私は，彼女の新しい命令コードを使って仕事をしていますが，それは非常によくできていると思われます。"[24] このことについては，すでに前にもとり上げた (p.266) ので，ここではそれについて，これ以上何もいう必要はない。

原著者脚注

[1] Von Neumann, Report of Computer Project, 16 March 1946. これは明らかに，計画の進展状況に関する最新の情報を知らせておくために，エイドロットあてに出された報告書であった.

[2] Von Neumann, Memorandum on the Program of the High-Speed Computer, 8 November 1945.

[3] Burks, Goldstine, and von Neumann, *Preliminary Discussion of the Logical Design of an Electronic Computing Instrument*, Princeton, 28 June 1946. この報告書は非常に広範囲に配布され，1947年9月2日には，もとの内容にかなりの増補を加えた第2版が刊行された．それはなんども再版され，最も新しいところでは，C. G. Bell and A. Newell, *Computer Structures: Readings and Examples* (New York, 1971) の一章としても収録されている．

[4] Goldstine and von Neumann, *Planning and Coding Problems for an Electronic Computing Instrument*, Part II, vol. 1, 1 April 1947; vol. 2, 15 April 1948; vol. 3, 16 August 1948. これらの論文もまたいろいろなところで復刻された．

310　第3部　第二次世界大戦後：フォン・ノイマン型計算機と高級研究所

⁵　たとえば，1947年6月付のバークス，ゴールドスタイン，フォン・ノイマンによる供述書を見よ．それには，1946年6月28日付の "*Preliminary Discussion*" は，合衆国内および海外に広く——約175部——配布され，その著者たちは"そこに含まれている特許となりうるような事項が，すべて公共の利用に供せられ，報告書そのものは，他の学術出版物と全く同じ取り扱いを受けるようになることを要望している．"と述べられている．

⁶　*Datamation* 誌は，その vol. 8 (1962) に，バークス，ゴールドスタイン，フォン・ノイマンの共同論文の一部を，アーマーによる紹介記事をそえて収録した．ここに引用したのは，その紹介記事の一部である．

⁷　*Preliminary Discussion*, p. 3.

⁸　同上，p. 7.

⁹　同上，p. 133 以下．

¹⁰　数の表現についての，もっと詳しい議論に興味のある読者は D. E. Knuth, *The Art of Computer Programming*, vol. 2: *Seminumerical Algorithms* (Reading, Mass., 1969), pp. 161 - 180, 280 - 290 を参照されたい．

¹¹　*Preliminary Discussion*, pp. 4 - 5. 肉眼で見える大きさの記憶素子よりも，顕微鏡的な大きさの記憶素子を採用するほうが望ましいという議論は，おもしろいことに，磁心記憶装置の発明と同時に捨て去られてしまった．極端に小さな集積回路を使用している新しい機械で，この議論はある程度見直されている．

¹²　同上，p. 5.

¹³　C. V. L. Smith, *Electronic Digital Computing* (New York, 1959), p. 35 以下．これは，この問題に関するすぐれた明快な議論である．

¹⁴　1961年現在で，合衆国内に実在していた電子計算機の過半数は，1 - アドレスの命令コードを採用していた．M. H. Weik, *A Third Survey of Domestic Electronic Digital Computing Systems* (Aberdeen, Md., 1961), pp. 1028 - 1029.

¹⁵　F. C. Williams, T. Kilburn, and G. C. Tootill, "Universal High-Speed Computers: A Small-Scale Experimental Machine," *Proc. IEE*, vol. 96 (1951), part 2, p. 13.

¹⁶　C. Elgot and A. Robinson, "Random-Access Stored-Program Machines, An Approach to Programming Languages," *Journal of the Association for Computing Machinery*, vol. 11 (1964), pp. 365 - 399.

¹⁷　同上，p. 397.

¹⁸　フォン・ノイマンからゴールドスタインにあてた 1946年9月16日，1947年3月2日，1947年7月9日，および 1947年7月19日付の各手紙．

¹⁹　H. H. Goldstine, "Coding for Large-Scale Calculating Machinery," このシンポジウムの論文集に掲載．

²⁰　1946年9月16日付の手紙．

²¹　1947年3月2日付の手紙．

²²　Goldstine and von Neumann, *Planning and Coding*, Part II, volume I, pp. 1 - 2.

²³　A. E. ダイアからエイドロットにあてた 1947年3月16日付の手紙；A. K. ゴールドスタインからダイアにあてた 1947年3月28日付の手紙；およびカリフォルニア大学理事と A. K. ゴールドスタインの間で結ばれた顧問契約．

²⁴　フォン・ノイマンからゴールドスタインにあてた 1947年7月19日付の手紙．

第3章

オートマトン理論と論理機械

　計算機の論理設計，計画とコーディング，そしてロスアラモスのための流体力学の問題の解法などに興味を示していたころとほぼ同じ時期に，フォン・ノイマンは，オートマトンに対しても深い関心をもっていた。特にテューリングの仕事に対して，彼は常々深い興味をもっており，実際に 1938 年には，彼はテューリングに彼の助手の地位につくようすすめた。[1] しかしながらテューリングは，彼が特別研究員をしていたケンブリッジ大学のキングズ・カレッジへもどることに決めてしまった。

　オートマトンに関連したいろいろな研究成果について述べる前に，たぶん，私たちは，論理機械について少しばかりふれておくべきであろうと思われる。それらは計算機の歴史に，少なくとも表面にふれる程度には関係しているからである。この方面のすぐれた解説書を見たいと思われる読者は，その問題を取り扱ったガードナーの本[2] を参照されたい。ここでは私たちは，二，三の人の名前と，若干の事実だけを紹介する程度にとどめることにする。

　意外なことに，そうした形式論理の問題を解くための最初の機械は，イギリスの非常に著名な紳士であったスタナップ伯爵，チャールズ (1753-1816) によってつくられた。彼は，はじめは下院で，後には上院で (1786-1816) 議員として活躍し，政治家としても科学者としても，充実した多彩な生涯を送った。論理機械に関する仕事に加えて，彼は，ライプニッツの流れをくむ簡単な卓上計算機を設計し，製作した。彼はまた，蒸気船，手動印刷機，両面の曲率が等しくないような円筒状の両凸面レンズ等々を考案した。彼は，尖端をもつ高伝導体の特長についての分析を付記した，機器，新理論，ならびに実験を含む電気学の原理について (1779 年刊) という本の著者でもあった。スタナップ伯がすぐれた

才能の持ち主であったことは，彼が19歳のときに王立協会の会員に選ばれたという事実からもうかがわれる。しかしながら，彼は全く風変わりな人物であったので，議会では大きな勢力をもつには至らなかった。特に，彼はフランス革命の熱烈な支持者であったが，この問題でバークと論争をして敗れた。（ついでながら，バークが"騎士道の時代は去って，そのあとに倹約家と打算家の時代がきた。"といったのは，この時代のことであった。）スタナップ伯を有名にしたもう一つの理由は，彼が最初の妻を介して，ウィリアム・ピットとは義理の兄弟であったという事実である。彼の長女は，ピットが亡くなるまで，ピット家の家事一切の監督役をつとめ，その後レバノンへ移住して，その地域の政治的な支配者になった。[3]

ルイス・キャロルの貢献を語ることなしに，論理機械についての論議を終わったりしたら，私は怠慢のそしりを免れないであろう。彼の貢献は，この問題について書かれた彼の二つの著書*の中に示されている。[4] キャロルは，"少なくとも一人の競技者は必要"[5]という興味をそそるようないい方で，彼のゲームをいい表わしている。私たちの目的のためには，彼のいわゆる論証機械**についての説明は，次のようなガードナーの記述を引用しておくだけで十分であろう："それは，ヴェン図***と密接に結び付いた方法によって，伝統的な推論の問題を解くことができたばかりではなく，限定条件が数値で与えられているような論理式を（ド・モルガンによるその種の分析に先行して），初等的な確率の問題とともに取り扱うことができた。そのうえそれは，否定名辞と限定述語を使って，論理式を等価性の表明に帰着させるハミルトンの手法の，明らかな前ぶれとなった論理記法の体系に基づいていた。"[6]

次の大きな進歩は，もう一人のイギリス人，ウィリアム・スタンリー・ジェヴォンズ（1835-1882）によって成し遂げられた。彼は，本来は政治経済学者であったが，論理学の分野でも重要な人物であった。事実，彼は"複雑な問題を，機械の手をかりないでその問題を解くよりも，もっと速く解くことができるような能力をもつ"[7]機械を製作した最初

---

* これらは，いずれもチャールズ・ラトウィッジ・ドッジソン（Charles Lutwidge Dodgson）という彼の本名で書かれている．
** この機械はスタナップ伯によってつくられたもので，ルイス・キャロルとは全く何の関係もない．
*** 二つ以上の命題の相互関係を，各命題の成り立つ範囲を円で表わして示すような図形で，イギリスの論理学者ジョン・ヴェン（1834-1923）の名に因んでヴェン図またはヴェンの円とよばれている．このような図示法を最初に考え出したのは，18世紀の有名な数学者レオンハルト・オイラー（1707-1783）である．

第3章 オートマトン理論と論理機械　313

の人物であった。

　注目に値する次の装置は，アラン・マーカンド（1853-1924）によって設計された。彼は，はじめ論理学および倫理学を専攻していたが，後にはこれらを捨てて，プリンストン大学の美術および考古学の教授になった。彼は，実際には何種類かの装置を設計しているが，私たちにとって最も興味があるのは，その大学の数学の教授をしていた友人，チャールズ R. ロックウッド2世が彼のために製作した装置である。この機械について，哲学者チャールズ・サンダース・パースは次のように述べている："マーカンド氏の機械は，ジェヴォンズのものよりも，はるかにさえた頭脳をもっている装置である。問題の本質は，より巧妙な方法でとらえられているし，それを解くためには，可能な範囲で最も直接的な方法が選ばれている。……簡単な推論を実行させるためには，キーを2回押すだけで十分で，押されるキーの数は，毎回二つである。"[8]

　ガードナーは幾分もの珍しそうに，大掛かりな捜索の結果，マーカンドの機械は大学の図書館の書庫の中で発見された，と述べている。彼はまた，その機械を電気的なものにするために，マーカンド自身の手で作成された回路図の写しを手に入れた。[9]

　論理機械をこのように手短に列挙していくことは，あまりにも脇道へそれすぎるので，これ以上続ける必要はない。しかしながら，デリック・ヘンリー・レーマーが考案した，もう一つの全く種類の異なった特殊な目的のための機械については，ふれておかなければならない。彼は，前にも私たちの話の中に登場したことがある（p.231 および p.266）。彼の父デリック・ノーマン・レーマーは，いわゆる平方剰余を比較的容易に見いだすのに利用することができるような，多数のカード形式の型紙を1929年に公表した。数論において，この平方剰余が演じる役割は基本的なものである。これらの型紙を使用すれば，与えられた数が素数であるか，合成数であるかを見分けることが可能になる。1939年にジョン・エルダーは，このレーマーの型紙を改良し，拡張して，それを IBM 式のパンチ・カードでこしらえた。[10] それらのカードを使って，約33億以下のどのような数に対しても，それが素数であるかどうかを検定することができた。

　1933年に息子の D. H. レーマーは，数論の問題を解くために彼が製作した，非常に速い光電管式の数の篩について発表した。彼がしたことは，事実上，彼の父親が型紙を使って行なったことを，なおいっそう機械化することであった。彼らは，その最初の考案者の名に因んで，"エラトステネスの篩"とよばれているものをつくり出したのである。エラトステネスは，西暦紀元前約275年から195年ぐらいまで生きていた，多くの偉大な発見を

している人物である。レーマーの機械は，共通の回転軸に取り付けられた一連の歯車からできており，各歯車は，その周辺に近いところに穴があいていて，かなりの高速で回転させられるようになっていた。彼は，すべての歯車の穴が一致したときに，求められていた結果が得られるように，この仕組みをこしらえた。その一致点は，光電管によって検出され，毎分約300,000個の数をこの方法で処理することができた。この機械は数論にとって非常に重要なものであった。ムーア・スクールでEDVACの開発が行なわれていたころ，レーマーは大いにそれに刺激されて，歯車の代わりに音響遅延線を用いるという，新しい機械のための構想の骨組みをつくり上げた。彼は，彼の機械的な篩を，電子的なもので置き換えることに成功した。遅延線篩（DLS-127）とよばれている，小じんまりとした固体回路の装置がそれである。その製作は，カリフォルニア大学バークレー分校における数学科および電気工学科の教育計画の一環として，どこからの援助も受けないで行なわれた。[11] この機械が稼動を開始したのは1965年で，毎秒100万個の数を処理する能力をもっている。[12]

　さて私たちは，ここでもういちど，論理機械という全く形式の異なった機械に話をもどして，ポストやテューリングのそれについてふれておかなければならない。彼らは，現実に動く装置は製作しなかったが，紙の上の構造物をその代わりにこしらえた。彼らが目的としたことは，形式論理学の非常に深遠な問題を探求することであって，彼らのオートマトン（自動機械）は，その基本的な問題をどのように処理するかを記述するための，一つの手段であった。

　ポストやテューリングの意味でのオートマトンとは，いったいどのようなものであろうか。それは，$1, 2, \ldots, n$ というような番号で示すことができる有限個の状態をもった，俗にいう"ブラック・ボックス"の一つである。私たちにとって重要な点は，どうすればその状態を，たとえば i から j $(i, j=1, 2, \ldots, n)$ といったように変えることができるかについて記述することである。この状態の変化は，1本のテープで与えられるものと仮定された，そのオートマトンの外部の世界との相互作用によって起こる。私たちは，正方形の区画に分割された，オートマトンと連動する長い紙テープを考え，さらに，その区画に1を書き込んだり，0を書き込んでその区画を空欄にしたり*（あるいは何も書かなかったり）することができるものと考えることにしよう。話を簡単にするために，オートマトンはいちどに1区画ずつテープを点検するものとし，また，いちどに1区画分だけテープを

　＊　テープの空いている区画には，すべて記号0が書き込まれているものと仮定する。

第3章　オートマトン理論と論理機械　　315

前後に動かすことができるものとする。その間に，それは点検されている区画の内容を読み取ることができるし，その区画の内容を書いたり消したりすることもできるわけである。このようにして，仮にオートマトンが i の状態にあって，ある一つの区画に書かれている記号 $e=0$ または 1 を読み取るものとすれば，それはテープを p 区画だけ前または後に動かして——$p=0$ または $+1$（1 区画分前へ）または -1（1 区画分後へ）——新しい区画に記号 $f=0$ または 1 を書き込むことができる。その結果，オートマトンは j の状態に移行する。各 i, e の組み合わせに対して j, p, f が与えられたとき，そのオートマトンの働きは完全に記述されたことになる。[13]

　チューリングによる分析の基本的な点は，2 進数の無限列に関連したものである。彼はどのようなオートマトンが，与えられた前もって形の決まっている数列を構成することができるか，という点を問題にした。彼の方式に従えば，もしテープのある限られた一部分，すなわち有限な区画数をもつテープが，そのオートマトンに対する入力または一組の命令として与えられ，オートマトンを際限なく動かすことによって無限列を書くことができるものとすれば，このオートマトンは，そうした数列を構成することが可能である。いいかえれば，もしこのオートマトンがいつまででも動き続けることができるものとすれば，それは，無限数列の要求されたどのような——有限の——部分列でも，十分長い時間をかけることによってつくり出すことができる。

　チューリングは，予想もされなかったような，きわめて注目すべき結果を証明した。それは，次のような意味で，万能のオートマトンが存在するというものである。すなわち，そのオートマトンは，任意の特別なオートマトンによってつくり出されるどのような数列でも，適当な一組の入力命令を与えさえすれば計算することができる。原理的には，私たちは，規模や複雑さの異なったいろいろなオートマトンを考えることができるので，このことは，一見理屈に合わないことのようにも思われる。しかしながら，彼は，それが間違いのない事実であることを示した。実際に彼が明らかにしたことは，任意の特殊なオートマトンは有限個の命令の組み合わせによって記述され，その一組の命令が彼の万能オートマトンに与えられると，それは順次にこの特別なオートマトンの働きを模倣するという事実である。

　フォン・ノイマンは，これらの着想に大いに興味をもち，1947 年には二つの幅広い最前線の問題に手をつけた。その一番めとして，彼は，自己増殖機能をもつためには，どれぐらい複雑な装置または機構が必要になるかを明らかにしようと考えた。二番めに彼が解明

したいと考えたのは,誤動作をする可能性のある部品から,どのようにすれば信頼性の高い装置を構成することができるかという問題である。

テューリングらの着想は,数理論理学をある種の計算理論に帰着させたゲーデルの美しい結果と,いずれも密接な関連をもっている(前出,p. 199)。事実,彼は,論理学の基本的な概念が帰納的であることを示した。このことは,それらの概念がテューリング機械で計算しうるということと等価である。[14] したがって,フォン・ノイマンのオートマトン理論に対する関心について聞き及ぶのは,決して意外なことではない。それは,彼が非常に若いころからもっていた論理学に対する興味と,後年もつようになった計算機ならびに神経生理学に対する興味とを結び付けたものであった。この神経生理学に対する興味は,おそらく,神経網に関するマカロックとピッツの非常に重要な論文[15]を,彼が読んでいたときに起こったものであろう。疑いもなく,その論文があらわれたころ,彼は神経生理学に非常な関心を示していた。1944年12月に,エイケン,ウィーナー,およびフォン・ノイマンの三人は,"通信工学,計算機工学,制御工学,統計学における時系列の数学的な取り扱い,および神経系における情報伝達と制御の問題"などについて討議するための,目的論学会とでもよぶべき小さな集団を結成することを提案した。[16] この集団は,これらの発起人と,プリンストン大学のS. S. ウィルクス,ケレックス社のピッツ,カーネギー研究所のE. H. ヴェスティン,合衆国統計調査局のE. W. デミング,イリノイ大学医学部のW. S. マカロック,ロックフェラー研究所のローレンテ・デ・ノウ,弾道研究所のL. E. カニンガム,および私などで構成されることになった。

おもしろいことに,マカロックとピッツの仕事は,もともとは人間の神経系の数学的なモデルとして考えられたものであった。しかしながら,その研究成果は,実際にはそれ以上のものになった。彼らのモデルは,形式論理と等価であった。彼らが得た結論は,"徹底的に,あいまいな点を残さないで記述しうるもの,いいかえれば,完全に,かつ明確に言葉で表現しうるようなものは,事実上,ある適当な有限神経網によって認識することが可能であり,……その逆もまた明らかに成り立つ。……"[17] というものである。

生命のない装置について思索する人たちは,そうした装置の出力は,必然的にそれら自身よりも簡単なものになると考えるのが常であったし,事実,その考え方は,至極妥当なもののように思われる。疑いもなく,過去においては,私たちが考えることができるすべての機械は,こうした性質をもっていた。したがって,自己増殖オートマトンが果たして存在するかどうかというフォン・ノイマンの設問に,肯定的な答えが出せるということ

第3章 オートマトン理論と論理機械　317

は，決して自明ではなかった。実際には，その答えは肯定的であった。

　1948年6月に，フォン・ノイマンは私たちの小さな集団に対して，この問題に関する数回の講義を行なった。これらの講義は，ヒクソン・シンポジウムのための彼の論文の前ぶれとなるようなものであったが，内容はきわめて詳細にわたっており，彼の考えがずいぶん先のところまですすんでいることがうかがわれた。実際，その年の春，すでに彼が彼の目的に到達する道筋を本質的に見極めていたことは，疑う余地がなかった。その当時の彼は，後に彼がつくり上げた"細胞モデル"に対比させて，バークスが"運動学的モデル"とよんでいる装置について考えていた。こうしたすべての事柄については，フォン・ノイマンの遺稿に手を入れて完全なものにしたバークスによる，すぐれた解説がその本の中に述べられている。[18]

　ヒクソン・シンポジウムでは，フォン・ノイマンは彼の運動学的モデルについて紹介し，それが"実現可能なものであり，その基礎となりうる原理は，テューリングの原理と密接な関連をもっている。……"と述べた。さらに彼は，"複雑化"という基本的な概念について論じ，複雑さがある水準以下のオートマトンは，それよりも簡単な子孫しかつくり出せないのに対して，ある水準以上の複雑さをもったオートマトンは，それら自身を再生することができるばかりではなく，"場合によっては，より高度な複雑さをもつようなものでも"つくり出すことができるという推測をした。もし仮にDNAやRNAのことをフォン・ノイマンが知っていたならば，どのような影響を彼の仕事にもたらしたかという想定をしてみるのは，興味深いことである。オートマトンに関する書きものや談話の中で，複製をつくる機構は，"増殖の基本となる行為，すなわち遺伝物質の複製"を遂行するものであることを，彼は明確に述べているからである。

　ヒクソン講演のしばらく後で，フォン・ノイマンは細胞モデルに移った。バークスによれば，そのきっかけとなったのは，彼に細胞モデルのほうがすぐれていることを説いたウラムとの会話であった。[19] フォン・ノイマンが完成したのは，このモデルのほんの一部分で，1952年にその写しが私あてに送られてきた。それに添えた手紙の中で，彼はこういっている。

　　ここにお送りするのは，あなたにお約束した序論——あるいは第1章——です。それは，特に次のような点で，まだ試案の域を出ない不完全なものでしかありません：
　　（1）　そのおもな内容は，各細胞が約30の状態をもつようなモデルを取り扱うこと

になっている"第2章"のための序論です。刺激-閾-疲労機構をもつようなモデルだけが論じられる第3章と,"結晶型"のモデルというよりはむしろ"連続的"なモデルについて,なにがしかのことを述べたいと考えている"第4章"については,そこではきわめて不十分にしか言及されていないのです。私が今考えられる範囲では,この連続モデルでは,本質的には拡散型の,非線形偏微分方程式系が使われることになるでしょう。[20]

1953年にフォン・ノイマンは,"機械と生体"と題した4回にわたる連続講演の形で,プリンストン大学で——3月2日から5日にかけて——ヴァナクセム講義を行なった。最初彼は,これらの講義をプリンストン大学出版局から刊行する意図をもっていたが,後には,彼の多方面にわたる活動と,おそらくは健康状態の悪化に妨げられて,やむを得ずその計画を断念した。ダートマス大学のジョン・ケメニーが,彼に代わって,これらの講義の内容をほぼ包含する論説をサイエンティフィック・アメリカン誌に書き,[21] また,はじめの三つの講義のかなりの部分が,フォン・ノイマン自身によるもう一つの本の中にとり入れられた。[22] 1955年のはじめに彼は,その翌年の春,エール大学でシリマン講義を担当してほしいという招きを受けた。しかしながらフォン・ノイマンは,1955年3月に原子力委員の一人として任命され,5月に彼ら夫妻はジョージタウンへ移った。そしてその3箇月後——8月に——破局が訪れた:"ジョニーは彼の左肩に激痛を覚え,手術の結果,骨髄癌と診断された"のである。[23]

彼は,彼の原稿を仕上げることはできなかった。しかしながら,プリンストン大学出版局長のハーバート S. ベイリー2世には,ヴァナクセム講義の内容を書き物にするという当座の義務を解除してほしいという要請が,それ以前に彼から出されていた。この要請は,もちろん了承され,その結果遺された未完の原稿は,"不安な状態で成り行きを見守っていた日々"に,彼がどのようなことを書いたかを物語るものになった。[24]

前に述べたように,1950年代初期のある期間,フォン・ノイマンは熱心に彼の細胞モデルの研究に取り組んでいた。[25] 最初彼は,その装置を3次元で考え,入手しうる最も大きな"工作玩具"の箱を買ってきた。彼がその中の部品を寄せ集めて,彼の細胞を組み立てようとしていたことが,私にはほほ笑ましく思い出されてくる。彼はこの研究についてビゲロウや私と討論し,私たちは,そのモデルがどのようにすれば2次元で実現しうるかを,彼に示すことができた。そのあとすぐに彼は,その玩具をオスカー・モルゲンシュテ

ルンの幼い息子カールに与えた。

　フォン・ノイマンはその少し後で――私はそれがいつごろであったかを正確にいうことはできないが，とにかく彼が病気になる前のことであった――自己増殖オートマトンに関する彼の研究に幾分自信を失い，その重要性について非常に長々と私に話した。それに対する彼の確信が，話し合っているうちにぐらついてしまったので，珍しいことに，彼はそれを確かめ直さなければならなかった。こうしたことは，彼としては全く異例であった。しかしながら，彼はこの問題についてきわめて多くのことを考えてきたので，そのすべての研究成果を，彼は自明であると感じているように見受けられた。

　オートマトン理論の研究に，非線形の偏微分方程式を使用するというフォン・ノイマンの言及については，一言説明を加えておく価値がある。彼は明らかに，自己増殖オートマトンの連続モデルをつくり，微分方程式の理論を用いてそれを研究することをもくろんでいた。もしこれが実行されていたならば，きわめて注目すべき成果になっていたことであろう。問題点の大多数は，数理論理学に関するものだったからである。この点について，フォン・ノイマンはこういっている："その理由は，それが全く融通性のない，すべてか無かというような概念を取り扱い，実数や複素数の連続の概念，すなわち解析学とはほとんど接触がないからである。しかも解析学は，数学の中で最も成功した，最も研究のすすんだ分野である。つまり形式論理学は，その方法の性格からしても，数学の最もよく開拓された部分からは切り離されて，組み合わせ論という，数学の中で地形の最も険しい部分に押し込められているわけである。"[26] この1948年のヒクソン講演の中で，彼はさらに続けてこういっている："オートマトンならびに情報に関する，詳細な，高度に数学的な，そしてもっと解析学寄りの理論が必要である……という結論を，これらすべてのことは改めて強調するものである。"[27]

　もし仮にフォン・ノイマンの手で，解析学の威力が，形式論理学やオートマトン理論に及ぶようにすることができていたとすれば，その結果は，疑いもなく最も興味深いものになっていたに相違ない。特にバークスは，フォン・ノイマンが，彼の刺激－閾－疲労モデルに結び付けて，微分方程式を考えたのであろうという推測をした。この場合，問題は，刺激を受けたときの神経細胞の行動と大いに関係がある。事実それは，1963年のノーベル医学賞を受賞したアラン L. ホジキンとアンドルー F. ハクスリーの輝かしい研究[28]に，きわめて近いところへ私たちを導くものである。彼らは，神経繊維の行動を，非線形の偏微分方程式によって記述した。

信頼性の低い部品で構成されたオートマトンに関するフォン・ノイマンの研究は，一部は，空軍がとり上げたミサイルの信頼性の問題に対する，彼の興味から派生したものであったし，また一部は，人間の神経系が，個々の神経細胞は必ずしも十分な信頼性をもっていないにもかかわらず，どのようにして，きわめて高い信頼度で働くことができるかという点についての，彼の観察の結果から生じたものであった。彼は1951年以降，空軍の科学諮問委員会の委員をしており，たった数分間の活動寿命しかもっていないミサイルを，最も高い信頼度で働かせるという必要性を，強く印象づけられていた。それらが機能を果たす必要があるのは，きわめて短い時間の間だけであるが，それにもかかわらず，それらは入手しうる最も高精度の部品で製作され，精巧なスイスの腕時計のように組み立てられていたし，今でもおそらくそのようにつくられているものと思われる。しかしながら，これは，彼がそうした問題に興味をもつようになった唯一の理由ではなかった。すでに1948年のヒクソン講演で，彼は，オートマトンを構成する部品が故障する確率を，ゼロとみなすべきではないという事実についてふれているからである。この問題に関する彼の考察は，当時はまだほんの形成段階のものでしかなかったが，たぶん，その彼の興味に再び火をつけたのが，この空軍の問題であった。

ヒクソン論文の後の討論で，フォン・ノイマンは，計算の正しさを保証する非常に簡単な方法を，例をあげて説明した。彼が設定した問題は，次のようなものであった：10^{10}回の演算に1回という確率で誤りを起こすような機械があるものとし，この機械を使って，10^{12}回の演算を必要とするような問題を解くことを考える。この場合，その計算の過程では，約100回の誤りを生じることが予想される。今，このような機械を3台連結して，各演算が終わるごとに，それらが互いに結果を比較し合うものと仮定しよう。もし三つの結果が同じであれば，それらはそのまま次の演算へすすみ，どれか二つが同じであれば，残りの一つをその一致した値に置き換えてから次の演算へすすむ。どの二つの結果をとっても一致しない場合は，機械は3台とも停止する。

さて，このようにして得られたシステムは，その計算過程のどこかで，3台の機械のうち2台が同時に誤りを起こさない限り，正しい結果をもたらす。したがって，このシステムが誤った結果を出す確率は，どれか2台が同時に誤りを起こす確率の和によって与えられる。機械の対は，全部で3とおりできるから，これは$3\times 10^{-10}\times 10^{-10}=3\times 10^{-20}$に等しい。したがって，与えられた問題の場合に誤りが起こる確率は，$10^{12}\times 3\times 10^{-20}=3\times 10^{-8}$

で，これは約 3,300 万回に 1 回という割合である。[29]

　中枢神経系の組織に関する彼の考察は，冗長性が，信頼性の低い部品でつくられるオートマトンの，正しい構成法を見いだす手掛かりになっており，上に概略を述べたような多数決の手続きは，少なくとも考慮に値する一つの方法であることを示唆した。1952 年にカリフォルニア工科大学で行なった 5 回にわたる連続講演で，彼は，信頼性の低い部品から，どれだけでも高い信頼性をもったオートマトンを構成することができるような，2 種類のモデルを与えた。[30] その講演の中で，彼は，彼が採用した手続きに内在する不満足な点を指摘し，次のような感想を述べている："誤りは，熱力学的な方法によって取り扱われるべきであるし，L. シラルドや C. E. シャノンの研究によって情報がそうなったように，熱力学的な理論の研究課題になるべきである。……ここに述べた取り扱いは，このことを達成するにはほど遠いものであるが，最終的な構造の一部となるべきいくつかの構成要素が，それによって組み立てられるようになることが期待される。"[31]

　彼の構成法は，今日なおかなりの興味がもたれているので，私たちは，そのいくつかの点について説明するために，若干時間を費やすべきであろう。彼が何を行なったかを明確にするために，私たちは第 16 図に示されたような，基本的な器官について考えることにする。この装置は，神経細胞のようなもので，説明用として，二つの抑制入力と二つの刺激入力を備えている。先端に小さな円のついている線で示されたのが抑制入力で，矢印で

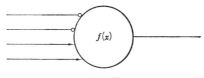

第 16 図

示されたのが刺激入力である。この装置は次のような働きをする：神経細胞の出力は，励起された刺激入力の数 k が関係式 $k \geq f(l)$ を満足するとき，かつそのときに限り励起された状態になる。ただし，l は励起されている抑制入力の数を表わし，

$$f(x) = f_h(x) = x + h$$

とする。したがって，これは，刺激入力の数が抑制入力の数よりも，少なくとも h 以上大きいとき，かつそのときに限り興奮状態になるような神経細胞である。ここでの説明にはあまり重要ではないが，神経細胞の働きには時間遅れがあるということも，いっておかなければならないであろう。このような器官の応答は，それが刺激を受けてから 1 単位時

間おくれて生じる。大きな円の内部には，h の値（閾値）だけを表示しておくほうが都合がよい。そうすれば，第17図の三つの例は，それぞれ二つの刺激入力をもつ閾値2の神経細胞，二つの刺激入力をもつ閾値1の神経細胞，および一つの抑制入力と一つの刺激入

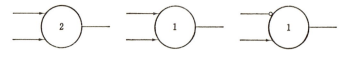

第17図

力をもつ閾値1の神経細胞を示していることがわかる。私たちの定義に従えば，最初のものは，両方の入力がどちらも励起されているとき，かつそのときに限って興奮状態になり，二番めのものは，どちらか一方の入力が励起されていれば興奮状態になる。三番めのものが興奮状態になるのは，抑制入力が励起されていないで，かつ刺激入力が励起されている場合だけである。

さて私たちは，第18図に示したような簡単な回路を考えよう。それは，どちらかの入力が励起されたときに興奮状態になる。したがって，もしそれがある時点 t に，外部から

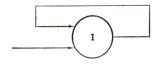

第18図

の刺激をその自由な入力の側で受けるものとすれば，それは $t+1$ 時点に応答を出し，今度はそれがもう一方の入力を $t+1$ 時点に励起させることになる。明らかにこれは，その興奮状態がいつまでも続くことを意味する。このような装置を，フォン・ノイマンは一種の電池とみなして，それを記号 ⊩ で表わした。

次いで彼は二つの器官を導入した：一つはよく知られた"シェファーの縦棒"で，もう一つは彼が多数決器官と名付けたものである。前者は，二つの抑制入力と二つの刺激入力をもつような，閾値1の神経細胞である。第19図にみられるように，この刺激入力は常に励起されており，抑制入力は a, b で表示されている。この装置は，a, b がともに励

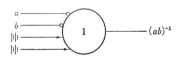

第19図

起されていない限り興奮状態になる。さて，ブール代数では，通常 a and b を ab と書き，not c を c^{-1} で表わす。その記法に従えば，シェファーの縦棒の出力は，図に示したように $(ab)^{-1}$ になる。* この種の神経細胞を使って，ブール代数の三つの基本演算——and, or, および not——を行なうことができることは，いささか興味深い事実であろう。下の第21図は，その方法を示したものである。それらは，神経網やオートマトンを，どのようにしてつくることができるかを示すのに役だっている。図を簡単にするために，シェファーの縦棒を次の図のように書くことにしよう。

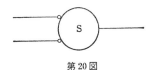

第20図

そうすれば，これら三つの演算は，それぞれ次のような簡単な神経網で表わされる：

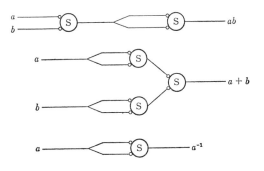

第21図

第21図の最初の図は and を表わしている。そのことを確かめるために，図のはじめのほうのシェファー神経細胞の出力は $(ab)^{-1}$ であり，今度はそれが二番めのものの入力になっていることに着目しよう。そうすれば，結果は

$$[(ab)^{-1}(ab)^{-1}]^{-1}=[(ab)^{-1}]^{-1}=ab$$

となる。ブールの仕事から思い出されるように $x^2=x$ となり，さらに $(x^{-1})^{-1}=x$ が成り立つからである。二番めの図は or を表わす。この場合，上側の神経細胞の出力は a^{-1} であり，下側のものの出力は b^{-1} である。このことは，最終段の神経細胞への入力が a^{-1}

---

* 論理学では $(ab)^{-1}$ を $a|b$ で表わす習慣がある．これがシェファーの"縦棒"とよばれる所以である．なお，通常の教科書などでは，not c は $\bar{c}$ または $\sim c$ で表わされていることが多い．

と b^{-1} であることを意味している。したがって，その出力は $[(a^{-1})(b^{-1})]^{-1}$ になる。少し考えれば——たぶん，真理表をつくってみれば——読者は，これが $a+b$ になることを納得されるにちがいない。(事実，一般に $(xy)^{-1}=x^{-1}+y^{-1}$ が成り立つ。) 第21図の三番めのものが not を表わすことは，明らかである。

　フォン・ノイマンの多数決器官は，三つの入力のうちの，少なくとも二つが一致しているかどうかを判定する装置であった。彼は，彼のオートマトンの中のいろいろな部分で，多数決の結果に従って物事を決定するために，この装置を用いることにした。第22図は，多数決器官を構造的に図示したものである。フォン・ノイマンの念頭にあったのは，中に

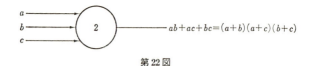

第22図

組み込まれた細胞が，なにがしかの誤動作をする確率をもっているような場合でも，なおかつその最終的な出力として，任意に高い信頼性をもった応答が得られるようにするためには，彼のオートマトンをどのように設計すればいいかという問題であった。すなわち，その最終的な結果が誤りである確率が，あらかじめ与えられた任意の値よりも小さくなるように，彼のオートマトンを設計することができるかという問題である。彼は二とおりの全く異なった構成法によって，この問題に肯定的な解答を与えた。そのどちらの場合にも，彼の解決法は，冗長性の利用を必要としている。この意味では，それらはともに中枢神経系の仕組みを反映したものである。

　彼の構成法の一つは，その回路網Oを三重にし，次にそれらの出力を二つの多数決神経細胞に入れるというものであった。第23図では，話を簡単にするために，回路網Oは三つの入力と二つの出力をもっているものと仮定されている。図の回路網 O_1, O_2, O_3 はOと"全く同じもの"で，中にMと書き込まれた円は多数決器官である。

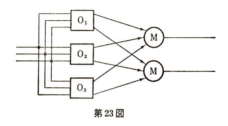

第23図

さて次に，このようにして得られた回路網の信頼性を，発見的に評価してみることにしよう．この三重化された系 $O^\star$ が誤作動をする確率の上限は，O自身が誤りを起こす確率の上限を η とするとき，

$$\zeta \equiv \varepsilon + (1-2\varepsilon)(3\eta^2 - 2\eta^3)$$

となることが示される．*

各多数決器官への入力回路に誤りが生じる確率は，互いに独立であり，かつこの系が正常に働いている場合には，これらの入力はすべて同じ状態――すべてが励起されているか，どれも励起されていないかのいずれか――になることに着目しよう．そうすれば，入力回路の少なくとも二つが間違った情報を運んでくる確率の上限は

$$\xi = 3\eta^2 - 2\eta^3$$

となり，したがって

$$(1-\varepsilon)\xi + \varepsilon(1-\xi) = \varepsilon + (1-2\varepsilon)(3\eta^2 - 2\eta^3)$$

が，出力回路に誤りが発生する確率を，大きめに見積もった評価になるわけである．ところで $\varepsilon < 1/6$ で，かつ $\eta \sim \varepsilon + 3\varepsilon^2$ のとき，上式の ζ が η より小さくなることを示すのは，それほど困難ではない．** このことは，系 $O^\star$ が誤作動をする確率が，O のそれよりも小さいことを意味している．このようにして，系の信頼性は高められ，この手続きを繰り返すことによって，ますます高い信頼性が得られるようになるわけである．

フォン・ノイマンが考えたもう一つの手法は，入，出力いずれの場合についても，1本の回路を，N 本の回路から成る多数の伝送線の束に置き換えることであった．$\varDelta < 1/2$ のとき，彼は，少なくとも $(1-\varDelta)N$ 本の回路が励起されている場合に，その束は励起されているものとみなし，たかだか $\varDelta$ 本しか励起されていない場合には，束は励起されていないものとみなすことにした．そこで彼は，こうした束に対して基本的な演算を行なう器官*** と，それに付随する再生回路とを考え出した．この後者は，各束に含まれる回路の

---

* ε は多数決器官が誤作動をする確率である．
** $(\eta-\zeta)/(2\eta-1) = (1-2\varepsilon)\eta^2 - (1-2\varepsilon)\eta + \varepsilon$．したがって，この右辺 $=0$ のとき，すなわち $\eta = \frac{1}{2}\left(1 \pm \sqrt{\frac{1-6\varepsilon}{1-2\varepsilon}}\right)$ のとき，$\eta = \zeta$ となる．$\eta_0 = \frac{1}{2}\left(1 - \sqrt{\frac{1-6\varepsilon}{1-2\varepsilon}}\right) = \varepsilon + 3\varepsilon^2 + \cdots\cdots$ とおけば，上記のことと，η に関する ζ の単調性および連続性により，$\varepsilon < 1/6$ で $\eta_0 < \eta < 1/2$ のとき，$\eta_0 < \zeta < \eta$ となることがわかる．
*** 原文では多数決器官となっているが，これはフォン・ノイマンが説明のためにあげた一例でしかない．なお再生回路は多数決器官を用いて容易につくることができる．その具体的な構成法や必要性については，フォン・ノイマンの原論文（原注30にあげられたもの）のほか，たとえば野崎昭弘，スイッチング理論（共立出版，1972），pp. 180-182 を参照されたい．

励起状態を再生し,演算器官で生じる情報の劣化を防ぐためのものであった。

　私たちは,フォン・ノイマンが,彼の構成法がどちらもうまくいくことを示すのに成功したことをいえば十分で,それ以上,この問題の細部にまで立ち入る必要はない。少なくとも現在までのところでは,そのどちらの方法も,余分に必要な器官の数があまりにも多すぎて,実用にはなっていない。

　1956年までに,オートマトン理論の内容は広く知られるようになり,この問題に関する多数のすぐれた論文が発表された。[32] エライアスの論文は,情報理論,というよりはむしろ熱力学的な考えを,信頼性の十分でない計算機による計算の分析に応用した,試験的な第一歩であった。彼の研究に続いて,ウィノグラードとコーワンによる掘り下げた分析が行なわれた。仮にフォン・ノイマンが生きていたとすれば,彼は疑いもなくこの仕事を,彼の計画を最後までやり遂げたものとみなしたに相違ない。[33] 事実上,彼らが行なったことは,情報に関するシャノンの着想を,計算に適用することであった。[34] このことを行なうにあたって,彼らは計算容量という概念を,信頼性の十分でない構成要素に対して定義することに成功した。そのうえ,彼らは"これらの回路網を形成する構成要素の計算容量から定まるような,ある最小値よりも大きいことだけが要求される"構成要素の冗長性をもたせることによって,どれだけでも高い信頼性をもった回路網を,そのような構成要素からつくることができることを示した。[35] 彼らの結果は,構成要素の複雑さと,構成要素の誤作動の,その複雑さに対する独立性とに関しての,ある種のあまり無理のない仮定の上に成り立っていた。彼らがそれに支払った代償は,構成要素の複雑さを増大させなければならないというものであった。彼らはまた,彼らの研究成果を拡張して,構成要素間の接続に誤りがあるような場合でも,なおかつ信頼性の高い機械をつくることが可能であることを示した。

　フォン・ノイマンの貢献について考える際に,私がもっている意見は,彼がオートマトンに関する研究を,たぶん,彼の最も重要な仕事,少なくとも彼の晩年における最も重要な仕事とみなしていただろうということである。それは,論理学に対する彼の青年時代の興味と,後年の神経生理学および計算機に関する彼の研究とを結び付けたばかりではなく,これら三つの分野のすべてに対する真に意味深い貢献を,その一つのものを通して彼になさしめる可能性をもっていた。彼が,オートマトン理論における彼の計画を完成しえなかったこと,あるいは少なくとも,たとえば連続モデルについて,彼が何を考えていたかが明らかになるところまでその計画をおしすすめることができなかったことは,今後と

第3章 オートマトン理論と論理機械　327

も，科学にとっての重大な損失になることであろう。彼は，自分がそれに値するだけの仕事をしていないところでは，決して自慢をしたり，功績を主張したりするような人ではなかった。したがって，私は，少なくともそうしたモデルに対する発見的な洞察と，おそらくは，それが論理学や神経生理学にどのような影響を及ぼすかについてのなんらかの見解を，彼がもっていたものと確信している。

最後に，ふれておかなければならない興味深いことは，フォン・ノイマンが，彼のオートマトン理論に関する研究を，一人だけで行なったという事実である。これは，ほとんど常に協同研究者といっしょに実施されていた，彼の晩年の大多数の仕事とは，むしろ明確に区別されたものであった。おそらく彼は，彼のオートマトンの研究を，——それが実際にそうなったように——彼自身のための記念碑としてうちたてたかったのであろう。

原著者脚注

1　Sara Turing, *Alan M. Turing*, p. 55.
2　Martin Gardner, *Logic Machines and Diagrams* (New York, 1958).
3　Gardner, p. 89.
4　C. L. Dodgson, *The Game of Logic* (London, 1886) および *Symbolic Logic, Part I: Elementary*, 4th ed. (London, 1897).
5　Gardner, p. 45.
6　同上, pp. 80-90.
7　同上, p. 91.
8　Peirce, "Logical Machines," *American Journal of Psychology*, vol. 1 (1887), p. 165. 機械に電気を利用することについて書かれている，パースからマーカンドにあてた1886年12月30日付の興味深い手紙も残っている.
9　Gardner, p. 112.
10　D. N. Lehmer, *Factor Stencils*, revised and extended by John D. Elder (Carnegie Institution of Washington, 1939).
11　D. H. Lehmer, "Machines and Pure Mathematics." *Computers in Mathematical Research*, edited by R. F. Churchhouse and J. C. Herz (Amsterdam, 1968) の中にはいっている.
12　D. E. Knuth, *The Art of Computer Programming*, vol. 2: *Seminumerical Algorithms*, p. 347.
13　詳細な説明は, M. Davis, *Computability and Uusolvability* (New York, 1958) にある.
14　J. von Neumann, *Theory of Self-Reproducing Automata*, edited and completed by A. W. Burks (Urbana, 1966). この本でバークスは，この問題に関するフォン・ノイマンのすべての研究業績を，彼が1949年12月にイリノイ大学で行なった5回の講義の録音テープをタイプした原稿を含めて，非常に見事なやり方でとり入れ，それらを一貫性の

ある完成されたものにした．彼はまた，実際にフォン・ノイマンの文体を非常によく保存している．

[15] W. S. McCulloch and W. Pitts, "A Logical Calculus of the Ideas Immanent in Nervous Activity," Bull. Math. Biophys., vol. 5 (1943), pp. 115-133. フォン・ノイマンは，EDVAC に関する報告書"第1稿"や，オートマトンに関する他のいくつかの論文で，彼らの記法を使用しているので，この論文は，彼にとってきわめて重要なものであった．

[16] ウィーナーからゴールドスタインにあてた 1944 年 12 月 22 日付の手紙．

[17] Von Neumann, "The General and Logical Theory of Automata," Collected Works, vol. V, pp. 288-328. この論文は，1948 年 9 月 20 日にパサデナで開かれたヒクソン・シンポジウムでの彼の講演の内容に，若干手を加えたものである．

[18] Von Neumann, Theory of Self-Reproducing Automata, ed. Burks. この本の第I部に運動学的モデルが，そして第II部には細胞型モデルがそれぞれ論じられている．

[19] 同上，p. 94.

[20] フォン・ノイマンからゴールドスタインにあてた 1952 年 10 月 28 日付の手紙．

[21] Kemeny, "Man Viewed as a Machine," Scientific American, vol. 192 (1955), pp. 58-67.

[22] J. von Neumann, The Computer and the Brain (New Haven, 1958).

[23] 同上，クララ・フォン・ノイマン夫人のまえがき．

[24] この情報を私はベイリー氏に負っている．

[25] Theory of Self-Reproducing Automata, p. 94 を見よ．フォン・ノイマン夫人は，この原稿に手がつけられたのは，1952 年 9 月の終わりごろだとしている．私はそれが書きはじめられたのは，それよりも前だったにちがいないと考えている．10 月の終わりまでに，それはタイプされた形になっていたし，1952 年 10 月 28 日付の彼の手紙には，私に約束したその章を私あてに送ったと書かれているからである．

[26] Von Neumann, "General and Logical Theory of Automata," Collected Works, vol. V, p. 303.

[27] 同上，p. 304.

[28] A. L. Hodgkin, The Conduction of the Nerve Impulse, The Shennington Lectures VII (Springfield, Illinois, 1964).

[29] Von Neumann, "General and Logical Theory," p. 323.

[30] "Probabilistic Logics and the Synthesis of Reliable Organisms from Unreliable Components," Collected Works, vol. V, pp. 329-378. そのまえがきの中で，フォン・ノイマンは，1951 年にイリノイ大学で彼と意見を交換した K. A. ブルークナーと M. ゲルーマン，および後に彼が手を入れた彼の講義録の作成者 R. S. ピアースに対して謝辞を述べている．（フォン・ノイマンが，多くの場合，彼の仕事を書き物にすることを嫌って，巧みにそうすることを避けようとしていたことは，読者には明らかであろう．）

[31] 同上，p. 329.

[32] P. Elias, "Computation in the Presence of Noise," IBM Journal of Research and Development, vol. 2 (1958), pp. 346-353 を見よ．特に E. F. ムーアと C. シャノンによる，信頼性の低いリレーからつくられた信頼性のある回路についての論文を含む，その参照文献に注意されたい．Automata Studies, edited by J. McCarthy and C. Shannon, Annals of Math. Studies, No. 34 (Princeton, 1956) も併せて参照のこと．

[33] S. Winograd and J. D. Cowan, Reliable Computation in the Presence of Noise

(Cambridge, Mass., 1963).
[34] C. E. Shannon and W. Weaver, *The Mathematical Theory of Communication* (Urbana, 1949).
[35] Winograd and Cowan, p. 3.

第4章

数値計算のための数学

　数値計算を取り扱う数学の部門は非常に古くからあったもので，その歴史は，少なくともアルキメデスの時代までさかのぼることができる。彼は，小さな数および大きな数の平方根に対する上限と下限を求める方法を，他の非常に多くのこととともに知っていた。[1] ニュートンやオイラーのような著名な数学者の多くは，様々な数値計算を実行する方法にその名を冠している。それらの中で，最も偉大な人物の一人は，数学の王者ともいわれているカール・フリードリッヒ・ガウス（1777-1855）である。ベルは彼についてこういっている："アルキメデス，ニュートン，ガウスの三人は，偉大な数学者の中でも群を抜いており，彼らの功績に優劣をつけるなどということは，普通の人間にできることではない。"[2]

　ガウスの信じられないほどの業績については，たとえその一部について説明するだけでもたいへんなページ数を必要とするので，ここでは，彼が歴史上で最も偉大な計算家の一人であったことを書きとめておくだけにしよう。* ほぼ20年近くもの間，彼は，彼の時間の大半を費やして，天文学の計算に従事した。彼が手をつけた非常に大きな仕事の一つは，小惑星ケレスの軌道を計算して，任意の天体の軌道を，その位置に関する三つの観測データから決定するような一般的な手順をつくり上げたことであった。ケレスは，最初1801年に発見されたが，間もなく行方がわからなくなった。そこで，当時まだ若かったガウスはその問題に興味をもち，彼の方法を考え出して，それをこのケレスの場合に適用した。その結果，見失われた惑星は，彼がそこにあると推定した場所で再び発見された。[3] 一つには，この見事な研究成果が認められて，1807年に彼はゲッティンゲン天文台の台長に任命された。ベルは，いささかおもしろくなさそうに，オイラーなら3日かかったよ

---
　*　ガウスの業績については，高木貞治，近世数学史談（共立全書183）を参照されたい。

うな計算が，ガウスのお蔭で数時間でできるようになった，といっている。

ガウスは数学，電気学——彼は1833年に電信を発明した——，物理学，および天文学で，多くの偉大な発見をした。計算法の分野でも，彼が発見したことは，ある一つの量を独立に測定して得られる一組のデータから，最も確からしい値を求めるための最小2乗法，[4] 連立1次方程式を解くためのガウスの消去法（前出，p.140），積分の近似値を求めるための数値積分法などをはじめとして，おびただしい数にのぼっている。ベルがいっているように，"彼は数学のあらゆる分野で生きている"のである。

数値計算のための数学は，第二次世界大戦まで，一つの基本的な例外を除けば，ガウスが亡くなった当時とほとんど同じ水準にとどまっていた。1928-29年にクーラント，フリードリクス，レヴィによって発表された論文は，前進のためのきわめて重要な一歩であった。[5] 彼らの論文が出る以前には，熱や流体の流れの問題に関係した偏微分方程式は，偶然解けるような場合を除いては，事実上，数値的に解くことができなかった。

微分方程式を"数値的に解く"場合，実際に行なわれることは，関連する近似的な問題の解を求めることである。一般に解析学の大多数の問題は，数値的に厳密な解を求めることは可能ではない。微分演算やその逆にあたる積分演算は，計数型計算機にとっては超越的なものだからである。したがって，このような演算を含むどのような問題が与えられた場合でも，私たちは，計数型計算機が基本的とみなすような演算を使って，それらを置き換えなければならない。

こうしたことは，少なくともニュートンの時代以来よく知られていた。幸い，第二次世界大戦以前の応用数学に出てきた問題の型は，通常，こうした近似のために必要な手続きが，それほど困難にならないような種類のものであった。これは，次のような二つのことに起因していた：すなわちその一つは，大多数の問題が，いわゆる常微分方程式で表わされるようなものであったことで，他の一つは，人手による計算では，多くの乗算を実行することができなかったことである。これら二つの点が，どうしてそれに関係があるかは，以下の数節を読めばわかるであろう。

クーラント，フリードリクス，レヴィの論文を唯一の例外として，第二次世界大戦以前の近似数学に関する文献は，もっぱら近似による誤差，すなわち打ち切り誤差についての議論と解析に終始していた。いいかえれば，それらの文献は，定積分の値を求める様々な近似式，常微分方程式を積分するための段階的な方法等々の精度——誤差の大きさ——を取り扱ったものであった。[6]

常微分方程式や他の多くの型の問題に対しては、これだけのことで十分であるが、ある種の偏微分方程式を数値的に解く場合には、クーラントと彼の共同研究者によって発見された、全く新しい現象があらわれる。今日、私たちの時代に、何よりも重要な方程式は、まさしくそうした型のものである。その代表例として、たとえば天候の数値予報の問題は、流体の超音速流の研究がそうであるように、こうした型の方程式の上に成り立っている。上に引用した1928-29年の有名な論文において、その著者たちは、たとえ与えられた方程式にどれだけ近い（一般によく知られているような意味で）近似式の組で、もとの微分方程式を置きかえたとしても、その結果得られる解は、真の解とは似ても似つかないようなものになることがありうることを示した。

この結論は、数値解法の安定性というような概念が、——物理学的な安定性の概念とは対照的に——全く知られていなかったので、まさに青天の霹靂であった。クーラント、フリードリクス、レヴィの3人は、圧縮性をもった非粘性流体の流れを表わす偏微分方程式において、連続的な時間変数を離散的な時間間隔 Δt のつながったものに置きかえ、空間変数を同じように区間 Δx のつながったものに置きかえた場合の、有限差分法による近似解について分析した。彼らが明らかにしたことは、このようにして離散化された問題の解は、音波が Δt 秒間に Δx よりも長い距離をすすむことができないような場合には、真の解を近似するということであった。

この条件は、"クーラントの条件"として知られるようになったもので、数値解法の安定性をしらべるための重要な手掛かりになっている。それは、近代的な数値解析を可能にした。この分野にとってのそうした概念の重要性を、フォン・ノイマンは直ちに理解し、その着想は、なんらかの形で彼の記憶に刻み込まれた。その後1940年代に、彼がロスアラモスの人たちを数値計算に動員しはじめたとき、彼は、彼が好んでクーラントの"判定基準"とよんでいたものを、実際の計算に非常にうまく使えるような、新しいやり方で定式化した。彼は、1947年2月にロスアラモスで行なった一連の非公開の講義の中で、これをとり上げた。彼の方法は、彼自身も認めていたように発見的なものではあったが、きわめて強力であった。それは、クーラント、フリードリクス、レヴィの仕事を一般化して、状況がもっと入り組んでいるような場合にも使えるようにしたもので、数値解法の安定性を吟味するための、すぐれた機械的な手段を提供した。[7] 後にこの方法には、厳密な裏付けが与えられた。

第二次世界大戦のはじめのころ、フォン・ノイマンは、流体力学の様々な問題を数値的

第4章 数値計算のための数学　　333

な視点から探究するために，小規模な計画を高級研究所ではじめた．この計画に，彼は，現在プリンストン大学にいるヴァレンタイン・バーグマン教授と，高級研究所のディーン・モンゴメリー教授という，二人の最も有能な協力者を得た．この共同研究の結果は，1942年から1945年にかけて，ウォーレン・ウィーヴァーが主催する国防研究委員会の応用数学部会と，合衆国海軍省の兵器局によって刊行された，衝撃波に関するいくつかの研究報告書となってあらわれた．[8] 次いで1946年の秋には，バーグマン，モンゴメリー，およびフォン・ノイマンは非常に重要な論文を書き，その中で彼らは，大規模な連立1次方程式を解く最良の方法はどのようなものかという，数値解析の最も基本的な問題への挑戦を開始した．この問題は，ガウスもそのための方法を考案しており，事実上，数値計算のあらゆる局面で，主要な役割を演じているものである．[9]

　この論文では，おそらくこれが最初であると思われるが，数値解法の安定性についての分析と，若干の議論とがなされている．その著者たちは，"計算の方法が安定であるというのは，そのいかなる段階においても避けられない丸め誤差が，致命的な結果をもたらすような状態に累積していく傾向をもたないことである."と述べている．この誤差の累積に関する重要な点は，次のように説明することができる．

　数値計算では，各乗算または除算は，二つのn桁の数の積が$2n$桁の数になったり，そのような数の商が，一般には無限に長い桁数の数になったりするために，不正確になる．ところで，計算というものは，普通はある一定の桁数nで行なわれ，人間または機械のいずれかが，そうした数の積または商を，桁数がこの長さにそろうように"丸める"．それらは，正しいものとは異なった結果を与えるから，ある意味では，誤動作のようなものとは性質の異なった誤りである．多数の乗算と除算を含む長々とした計算をすれば，多くの"誤差"を生ずることは明らかであって，結果の信頼性が失われるような方向に，それらの誤差が累積したかどうかを確かめるのは当然のことである．

　この現象は，あらゆる方式の数値計算において，たとえ近似式が全く用いられていないような場合にもあらわれる．そのすぐれた実例を与えるのは，大規模な連立1次方程式を解く問題である．この問題には，有限回の加減算と乗除算しか関係していない．すなわち，すべての演算は計数型計算機にとって基本的なものばかりであるが，それにもかかわらず，そのような問題の実用的な解法を見いだすことは，決して容易ではない．事実，一流の統計学者であったホテリングは発見的な分析を行なって，消去法で連立1次方程式を解くガウスの方法が，不安定であることを示していると思われるような結果を得た．方程式

の数を n とするとき，最終的な結果にあらわれる誤差は，1回の"丸め"による誤差の 4^n 倍の大きさになる可能性がある，というのが彼の評価であった。[10] 仮にこの結論が正しいものとすれば，100個の未知数に関する100個の方程式から成る連立1次方程式を解く場合，5桁の精度を確保するためには，すべての計算を，常に $100 \log_{10} 4+5$ 桁，すなわちおよそ65桁で行なわなければならないことになる。

不幸にも，バーグマン，モンゴメリー，フォン・ノイマンの三人は，一時的にこのきわめて悲観的な予想をうのみにし，ガウスの方法を捨てて繰り返し法へ走った。しかしながらフォン・ノイマンは，ガウスの方法に関するこうした状況に，決して満足していたわけではなかった。彼と私は，この問題についてなんども議論をした。ガウスほどの計算の達人が，ホテリングが気づいたと考えているようなわなにはまったということが，私たちにはもっともらしいことだとは思えなかったのである。

1946年秋の終わりか，1947年のごくはじめのころまでに，フォン・ノイマンと私は，遂に事実が実際にどうなっているのかを理解した。ある日フォン・ノイマンは，たとえ計算過程の一部で誤差が大きくなるようなことがあったとしても，問題にしなければならないのは，その数値的に得られた解がどれだけ有効であるかということだけであって，正しい結果に到達する過程で計算される若干の補助的な数が，どれだけ厳密なものであるかということではないということに気が付いた。私たちは，少なくとも正定値行列に対しては，ガウスの方法が十分な安定性をもっていることを，示すことができると考えた。

この安定性を示すことを目標として，私たちは発見的なやり方で，このような行列に対してはそのことが成り立つことを大急ぎで確かめた。その結果，残された問題は，その方法についての十分に厳密な分析と，議論を展開することになった。近代的な数値解析の，出発点を誤らないようにすることは，その当時の私にとっては，きわめて重要なことであると思われたので，私はまず，誤差，数値的な安定性，擬似演算* などについて掘り下げた議論をした論文の下書きをつくり，次にこの主要な問題に手をつけた。1947年の半ばごろ，私はフォン・ノイマンに次のように伝えている："私は，行列の逆転に関する論文の最後の節を書いており，また，先週私が書きました他の部分の書き直しをしています。"[11] フォン・ノイマンは私が書いたものに同意し，なんどかやりとりを繰り返した後，1947年

---

* 計算機が行なう基本演算は，すべて一定の桁数までのところで丸められるから，数学的な意味での演算とは異なった"擬似演算"でしかない．四則演算に関する結合法則や分配法則は，こうした擬似演算では必ずしも成り立たない．

9月に論文が出来上がった。[12] ウイルキンソンはこの論文を評して，それは"消去法による正定値行列の逆転の厳密な取り扱いを通じて，近代的な誤差解析の基礎を確立したものである，ということができる。しかしながら，それは読むのにかなり骨の折れる論文である。……"と述べている。[13]

ほぼ同じころ，テューリングは，フォックス，ハスキー，ウイルキンソンなどといった彼の同僚が，大規模な行列の逆転に実際に成功したことに着目した。[14] このことは，何故にそのような結果になったのかを，彼が研究するきっかけになった。1947年1月に，彼が私たちを訪ねてきたとき，私たちは，私たちの考え方について彼と討議した。彼は自分の考えに固執したが，到達した結論は，私たちのものと同じであった。[15]

テューリングと私たちによって示された重要な事実は，正定値行列Aの逆行列を計算する際に生じる全体の誤差は，最大の固有値の最小の固有値に対する比と，Aの次数nの2乗とに比例するというものであった。それら二つの固有値の比は，事実上，各1次方程式によって表わされる超平面が，どれだけ平行に近いかを量的に示すものにほかならないから，上記の結果は，困難の原因がどこにあったのかを明らかにした。こうしてガウスの方法は，もとの問題が"たちの悪い"ものでない限りは，実際にきわめてすぐれた方法であること，いいかえれば，その方法は安定であることが示された。

しかしながら，私たちが得た誤差の評価は，いずれの場合にも，考えうる限りの最悪の困難な状態が起こると仮定したうえでの上限であった。したがって，その状態が，平均的にはどのようなものになるかを確かめておくことが，必要であると思われた。すなわち，いろいろと異なった状態であらわれる多数の行列を処理しているような，繁昌している計算センターでは，誤差の限界は，果たしてもっと低くくなるだろうか。そこで私は，上に引用した論文の完成後，間もなくそのような分析にとりかかった。けれどもそれは，私たちにとっては非常な難問であることが明らかとなり，フォン・ノイマンも私も，その分析を最後までやり通すのに困難を感じた。1949年の終わりになって，私たちはようやくそれに成功した。[16] 残念ながら，私たちの論文が発表された次の年には，改良された，もっと分かりやすい分析が，マルホランドによって発表された。[17] もっとも，どちらの論文も，その本質的なところは，しかるべき確率論的仮定のもとで，前の論文に示されたn^2に比例するという誤差の評価を，行列の次数nに比例するというところまで，減らすことができた点にあった。（余談であるが，私たちはあまりにも行列の逆転に心を奪われていたために，何箇月もの間，たぶんそれ以外のことは何も話さなかったという愉快な話がある。ち

ょうどこの時期，フォン・ノイマン夫人は，大きな，いささか行儀は悪かったがおとなしいアイリッシュ・セッター犬の子を手に入れたが，彼女は私たちの仕事を記念して，それにインヴァース——逆行列——という名前を付けた。）

　数値解析の分野での多方面にわたる活動は，多くの数学者の間に，著しい関心をよび起こした。その結果，高級研究所計算機計画の数学グループと，継続的または一時的に関係をもった人々の数は，きわめて多数に上ぼっている。その中には，ヴァレンタインならびにソニア・バーグマン，ニルス A. バリセリ，ジェームズ H. バートレット，エデュアルト・バチェレット，サロモン・ボホナー，アンドルーならびにキャスリーン・ブリテン・ブース，アーサー W. バークス，ウォルター・エルサッサー，フォスターならびにセルダ・エヴァンズ，カール-エリック・フレベリ，ウェルナー・ガウチ，ドナルド・ギリーズ，ジョゼフ・ギリス，ギルバート A. ハント，木下東一郎，マンフレッド・コーケン，マーガレット・ラム，リチャード A. リーブラー，エドワード J. マクシェーン，ハンス・マエリー，ブノア・マンデルブロ，ジョン・メイベリー，ニコラス・メトロポリス，ディーン・モンゴメリー，フランシス J. マレー，マクスウェル H. A. ニューマン，レスリー・ペック，チェイム L. ペキリス，ロバート D. リクトマイヤー，J. ポール・ロス，ヘディ・セルバーグ，アーネスト S. セルマー，シーモア・シャーマン，ダニエル・スロトニック，チャールズ V. L. スミス，ジーン・スピッツァ，アブラハム H. タウブ，ジョンならびにオルガ・タウスキー，ジョン・トッド，エリノア・トレフツ，ブライアント・タッカーマン，マックス・ウッドベリー，ウィリアム・ウッドベリー等々が含まれていた。[18] ほかにもたぶん何人かの人がいたと思われるが，私はそれらの人々の名前を忘れてしまった。そうした私の見落としについては深くお詫びを申し上げる。これらすべての人々の努力の結果として，多数の出版物が刊行され，学会，官界，および産業界に，電子計算機の威力を証明するのに役だった。彼らの仕事は，海軍研究局の資金援助によって行なわれ，長年にわたってミナ・リース（前出, p. 241）の，そして後にはヨアヒム・ワイルの監督下におかれた。この人たちの指導の下に，C. V. L. スミスをはじめとする何人かのすぐれた人々が，高級研究所で彼らの休暇年度を過ごして，計算機に関するすばらしい本を著わした。[19]

　高級研究所における，この非常に意欲的な数学的研究計画は，数値解析という分野に，洗練された，生気に満ちあふれる知的な気風を確立するのに，きわめて重要な貢献をした。工学，論理設計，および気象学の各グループも，それぞれの分野で世界を先導する役

割を果たした。高級研究所は，その電子計算機計画において，"古い時代の，幅広い，未分化な意味での科学"の学習を奨励し，助成し，保護するという，その使命を全うしたのである。[20]

そこでとり上げられた研究課題の中の，少なくとも二，三のものについては，もう少し詳しく述べておくべきであろう。フォン・ノイマンは，たぶんウラムとの非常に実り多い討論の結果，数列の統計的な性質に興味をもつようになった。そこで彼は，弾道研究所のジョージ・ライトウィーズナーを説得して，e および π の値を，ずっと先の桁まで計算するという，その当時としては非常に大がかりな計算を ENIAC で行なわせた。[21] そのあとで，彼とメトロポリスおよびライトウィーズナーは，π と e の数字の配列に，無作為性からの大きな偏りがあるかどうかをしらべるために，興味深い統計的解析を行なった。π に関しては，彼らはそうした偏りを何も検出することはできなかったが，e に関しては，著しい偏りがあることを見付け出した。フォン・ノイマンは，さらにタッカーマンと協力して，$2^{1/3}$ の数字の配列についても，同様な調査を高級研究所の計算機で行なった。彼らは，この数の連分数展開を実行して，2,000 個以上の部分商を算出した。[22]

数学グループが努力したことは，——私は非常にうまくいったと思っているが——数値解析の古典的な方法は，新しい計算機には不適当であり，それの内部機構に合うような新しい方法を開発する必要がある，という考え方をひろめることであった。こうした考え方を理解するためには，電子計算機以前の時代には，計算作業の経済性は，記憶装置——計算用紙やパンチカードの束——の安価さと，乗算(および除算)の高価さによって特徴づけられたという事実を，頭に入れておく必要がある。その結果，計算作業員やパンチ・カード機械の使用者たちは，普通，乗算を行なわないですますことを歓迎し，むしろ，大量の中間データを記録するようなやり方のほうを選んだ。そうした理由で，第二次世界大戦より前の時代に書かれた数値解析に関する本の大半は，階差法を使って乗算を置き換えるような，多数の算法をのせていた。これは，バベッジの階差機関にもみられる風潮である。

一方，電子計算機は，全く異なった経済原則に従っていた。記憶装置は高価なもの——ENIAC では 20 語，高級研究所の機械では 1,000 語——であったが，乗算は安価なもの——ENIAC では毎秒 300 回，高級研究所の機械では毎秒 1,300 回前後——であった。この機械計算における経済性の逆転は，乗算を強調し，中間データを大量に記憶することを避けるような，新しい算法の必要性を物語るものであった。

もう一つの点もきわめて重要なものであって，ここで再度繰り返して指摘しておく必要

がある。古い戦前の計算は，乗算を非常にわずかしか含んでいなかったので，数値解の不安定さは，一般に注意されていなかった。戦後の計算機の途方もない速さは，典型的な問題の場合には，何百万回もの乗算が行なわれるようになることを意味した。このことは，結局，丸めの誤差が破滅的な状態で累積されていく可能性があることを意味していたのである。

　こうしたわけで，新しい計算機にうまく適合するような，新しい計算技法を育成することが，数学グループの目標になった。その一例として，たとえば私たちは，行列の逆転に関する論文を完成すると，次に n 次元空間における円錐曲線の，座標軸の回転に対する基本的な不変式を求める安定した方法を発見するために，その当時はコロンビア大学に籍をおいており，現在はデューク大学に移っているフランシス J. マレー教授との共同研究をはじめた。私たちはそのような計算法を発見し，それに関する詳細な誤差解析を行なって，それを1951年8月に開かれた連立1次方程式および固有値の計算に関するシンポジウムで私が発表した。この会合は，ロスアンジェルスのカリフォルニア大学内におかれた合衆国標準局によって後援されたものであった。私の論文の発表がすんだあとで，バーゼルのアレクサンダー M. オストロフスキー教授が立ち上がって，100年前のヤコービの算法を私たちが再発見したという事実を，思いやりのある態度で指摘した。[23]

　この計算法は，1954年にギヴンズがより簡単な方法を発見し，ハウスホールダーがさらにもっとすぐれた方法を1958年に見いだすまでは，対称行列の固有値を求める方法として，広く一般に使われた。[24]

　この全期間を通して，フォン・ノイマンの流体力学に対する関心は，理論の面でも計算の面でも，終始きわめて高い状態に保たれていた。彼は，ロスアラモスの人々が，それまでより以上に多くの計算を，いろいろな計算機を使って行なうように指導することを続けた。そのいくつかは ENIAC で行なわれ，一つは IBM 社の SSEC (Selective Sequence Electronic Calculator, 後出, p. 379) で，さらにいくつかの計算は，高級研究所の計算機でも行なわれた。ロスアラモス研究所の所員が，ほとんどいつも何人かは高級研究所にいて，フォン・ノイマンの配下で仕事をしていた。彼の論文集の第VI巻には，流体力学の問題を取り扱った14編の論文が，250ページ以上にもわたって収められている。数値解析という狭い視点からみて，関係があるのはそのうちの2編である。圧縮流体の流れに関する計算には，一般に衝撃波があらわれる。それらは面をなしており，それを境にして，圧力，密度，温度，速度などといったような量は不連続になる。このことが，その問題の数

値的な取り扱いを，非常に複雑なものにしているわけである。フォン・ノイマンとリクトマイヤーは，人為的な粘性項を流体方程式に導入することによって，このような不連続性を自動的に処理するという独創的な方法を考え出した。[25] もう一つの論文では，フォン・ノイマンと私は，理想気体中の一点から球面状に広がっていく，非常に強力な爆発によって生じた爆発波の行動を，数値的に解析し，計算することを試みた。私たちのねらいは，衝撃波を直接的に取り扱うような方法を開発することであって，その意味では，これは上記の仕事とは対照的なものであった。[26]

　ロスアラモスによって行なわれた計算は，すべてフォン・ノイマンの示唆によって刺激されたもので，いずれの場合にも，彼のあり余るほどの知恵と，細部にわたる助言とが大きな力になっていた。その中のいくつかの計算では，彼の二度めの妻クララ・フォン・ノイマン——私たちは皆，彼女をクラリとよんでいた——は，プログラマーとして，そのコーディングの主要な部分の作成にあたった。この仕事は，彼女によほどの満足感を与えたものとみえて，彼女が彼とともにロスアラモスで過ごした夏は，彼女にとって，非常に満ち足りた実り多いものになった。これらの問題に従事していた物理学者は，メトロポリスと，フォスターならびにセルダ・エヴァンズであった。

　SSEC での計算は，リクトマイヤーと私の妻によって行なわれた。彼女はまた，AEC（原子力委員会）のために ENIAC で行なわれた計算の，少なくとも一つを助けた。SSEC で行なわれた計算は，きわめて大規模なものであった。その計画は，1949 年 10 月に開始され，実際の計算作業は 1951 年 1 月末，あるいはたぶんもっとあとになるまで完了しなかった。[27]

　高級研究所でとり上げられた数値解析が，どれだけ広い範囲に及んでいたかを示すために，二，三これら以外の断片的な仕事についてふれておくことは，無意味ではないと思われる。最も重要な研究計画の一つは，今日，モンテカルロ法の名でよく知られている計算法の開発で，これは明らかに，最初ウラムによってフォン・ノイマンに提案されたものであった。[28] その着想の本質は非常にすっきりとしたもので，電子計算機の出現によって，それがはじめて実行可能になったのである。

　このモンテカルロ法というのは，いったいどのような手法であろうか。非常におおまかにいえば，その考え方は，厳密な数学的手順を，確率過程を含むような手順で代用するというものである。モンテカルロ法の問題には，大きく分けて，確率論的な状態に関するもの，および決定的な状態に関するものといった，2 種類の問題がある。前者の場合，モ

ンテカルロ法による取り扱いは，まず，与えられた問題の確率法則に従うような分布をした乱数の組を求め，次にその乱数の行動から，その問題の解を推定するという手順になる．

プリンストン大学の故サム・ウィルクス教授が，NDRC の応用数学部会のために解決した問題は，これがどのようにして行なわれるかを示す，うまい実例を与えている．彼と彼の仲間たちは，敵軍の地雷原を通り抜ける安全通路を通すためには，爆弾を何個投下しなければならないかを決定する問題に取り組んだ．ウィルクスは，爆撃に対してある種の確率論的な状態を仮定することによって，その問題を解決した．彼はそのために，地雷原を表わす帯状の地域に沿った方向と，それを横切るような方向での爆撃の状態に対応した二組の乱数を，別々の容器に入れたものを用意した．各容器から一つずつ数を取り出して，その対が，仮想上の爆破孔の座標を示していることにするわけである．さらに彼は，すべての爆破孔が，一定の大きさと方向とをもった楕円になるものと仮定した．彼はこのゲームをなんども行ない，もちろん，各回のゲームごとに，地雷原を通り抜けるつながった通路をつくるためには，爆弾を何個投下する必要があったかを追跡した．

もう一つの例は，中性子の拡散と増殖の研究に，フォン・ノイマンが用いたものである．この研究にあたって，彼は中性子の不規則な行動を表わすために乱数を選んだ．（仮に中性子の生成が等方的に行なわれるものとすれば，その発生時における運動の方向は，一様な分布を示すことになる．さらに中性子の寿命は，核分裂，吸収，または散乱などのような現象を考慮に入れた，別の確率過程によって決定されなければならない．）これは，爆撃の例と同様に，非常に込み入った確率論的機構の，より簡単な確率論的模型によるシミュレーションである．こうした模型を使えば，大きな費用をかけて実際の装置を製作し，それを試験するというような必要性なしに，設計者が自由に実験をすることができるようになることは，いうまでもない．

ある種の決定的な過程に対しても，モンテカルロ法は有効である．たとえば，境界が多数の曲面から成る n 次元空間の一部分の体積を求める場合について考えよう．これを行なうための一つの方法は，通常の微積分法のやり方に従ってそれを多重積分の形に書き，次にその値を，解析的または数値的に計算することである．通常は，後者の数値計算による場合は，その立体を系統的に小さな細胞に分割しなければならない．モンテカルロ法による場合は，その代わりとして，一様な分布をしている乱数から，空間全体に含まれる点の座標を選び出す．そうすれば，立体の内部に落ちた点の個数と，全体の点の個数との比は，その体積の大きさを近似的に示すことになる．この確率論的な実験を十分な回数だけ行な

うことによって，私たちはどれだけでも高い確率で，正しい体積の値に近づくことができるわけである。こうしたモンテカルロ法による計算は，各方面に広く使用されて著しい成功を収めており，今日では，この問題に関する多数の論文や本が出されている。[29]

モンテカルロ法に関するウラムとフォン・ノイマンの仕事の，手短な解説のしめくくりとして，私たちは，この問題に関するシンポジウムでの講演の際に，フォン・ノイマンが行なった気のきいた注意を引用しておくことにしよう。そのとき，彼はこういっている："乱数をつくり出すような算術的な方法について考えている人は，だれでも当然のことながら，誤りを犯していることになります。なぜならば，すでになんどか指摘されているように，乱数といえるようなものはどこにもなくて——あるのは，ただ乱数をつくり出す方法だけですし，算術的な手順のみによる方法は，もちろんそのような方法にはなりえないからです。"[30]

どのようにすすむべきかという指針を欠いているために，行き詰まりを生じていたような純粋および応用数学の分野に対しては，計算機が，その発見的な洞察を得るための，重要な役割を果たすに違いないという確信を，私たちは1940年代からすでにもっていた。"私たちは，今やはるかに効率のいい，速くかつ柔軟性のある計算をすることができるので，この新しい計算機を，必要とされている発見的な指針を供給するために使用することが可能であるに違いない。これは，究極的には，重要な解析的洞察を導くものである。"[31]

この種の実例は，リクトマイヤーと私の妻アデールによって行なわれた計算を，フェルミが再検討したときに偶然あらわれた。彼は，その計算の結果が，奇妙なことに，問題に含まれている一つのパラメータの変化には左右されないことに気が付いた。そこで彼は，そのパラメータをゼロに固定し，その結果得られる方程式が，彼が解析的に解くことができるぐらい簡単なものになることを確かめた。このことは，大規模な計算を続行する必要性を取り除き，ロスアラモスの物理学者たちに，実際に起こっている現象に対するいっそう明確な見通しを与えたのである。

同じころ，プリンストン大学の教授陣の中に，非常に偉大な数論学者エミール・アルティンがいた。彼は，エルネスト E. クンマーによって残されたある予想に興味をもつようになった。* クンマーは，イデアル論とよばれている理論の発展に，基本的な役割を演

＊ クンマーは，いわゆるガウスの和を3次の場合に拡張することを考え，すべての素数 $p \equiv 1$ (mod 3) に対して $x_p = 1 + 2 \sum_{\nu=1}^{(p-1)/2} \cos(2\pi\nu^3/p)$ が，常に三つの実根をもつ（次ページへつづく）

じた19世紀の有名な数学者である。もしこの予想が正しいという証明ができたとすれば，ある重要な帰結がそれによって導き出されることになるので，アルティンは，少なくともそれがもっともらしいものかどうかをはっきりとさせたいと考えた。クンマーは，自分でも数値的な検討を行なっているが，それには45個の素数に対して，彼の予想を確かめた結果が含まれていた。アルティンは，彼のために，もっと広範囲の数についてこの問題を吟味してくれるよう，私たちを説得した。私たちは，10,000より小さい素数に対してこの解析を実行し，その予想はおそらく誤りであるという結論に到達した。[32] この結果は，たぶん，疑わしい定理を証明しようという，実を結ばない骨の折れる仕事から，アルティンを解放したことと思われる。残念ながら数論以外の分野では，今日までに，まだこの種のことはあまり多く行なわれていない。すなわち，定理に関連したなんらかの指針を求めている数学者によって，個々の特別な場合の究明が試みられたような例は，まだそれほど多くないのである。私たちがクンマーの予想の計算を行なったのとほぼ同じころ，テューリングはマンチェスター大学の計算機で計算を行なって，有名なリーマンの予想が，ある領域内で成り立つことを証明した。[33] エンマならびにデリック H. レーマーもまた，数論の予想について，いくつかの非常に見事な探究を行なった。[34]

数学グループの各人の仕事を，ここでは事細かに列挙するつもりはないが，どのようなことが行なわれていたのかについて，なんらかの感触をつかむために，そのグループでとり上げられた計算や分析にざっと目を通しておくことは，興味深いことである。そうした目的のために，私は，いささか独断的ではあるが，1954年に海軍研究局あてに出された報告書に盛り込まれている話題をとり上げることにした。[35]

この報告書では，連立微分方程式の数値積分にまつわる特有の困難さについての，大がかりな研究に手がつけられている。この研究は，いくつかの微分方程式系について，集中的に行なわれた。その一つは，マーティン・シュワルツシルド教授とともに行なわれた，赤色巨星を中心とした恒星の内部構造の研究であり，他の一つは，ヤーキス天文台の S. チャンドラセカール教授のために行なった，ある種のベッセル関数と円筒関数の非常に大規模な数表の作成である。三番めは，ウォルター R. ビーム教授とともに行なわれた進行波増幅器に関する研究で，最後は，後にプリンストン・ペンシルヴァニア型加速器とよば

ようなある3次方程式を満足することを示した。彼は x_p がその三つの実根の中の最大のもの，中間のもの，最小のものに一致する頻度の漸近値は，それぞれ 1/2, 1/3, 1/6 になると予想した。これがクンマーの予想とよばれているもので，最初の45個の素数について クンマー自身が計算した結果は，それぞれ 0.5333, 0.3111, 0.1556 となっている。

れるものになった装置の中での,粒子の軌道の安定性に関するミルトン・ホワイト教授のために行なわれた研究であった。

これらの研究のそれぞれの中で,重要な数値解析が試みられた。事実,それらの問題は,重要な数値解析の研究を,重要な物理学の研究に結び付けるために選ばれたものである。その結果,最初の研究では,数値積分のいろいろな方法についての評価が行なわれ,二番めでは,それらの研究成果が,特異点を含むような方程式にまで拡張され,三番めの研究では,全エネルギーの不変性といったような,余分なものを活用する方法が開拓された。

こうしたすべての仕事は,いろいろな科学の分野の多数の人々に,電子計算機の適応性が,きわめて広範囲の問題に及ぶことを示すのに役だった。それは,実験家および理論家のための基本的な新しい道具として,計算機を受け入れ,すすんでそれを使うように科学者たちを仕向けるのに,疑いもなく力があったし,私の信じるところでは,不可欠なものであった。すなわち,高級研究所における数学グループの活動は,非常に実際的な意味で,間もなく起こってきた巨大な計算機産業のための,市場を準備したのである。

原著者脚注

[1] D. C. Gazis and R. Herman, "Square Roots Geometry and Archimedes," *Scripta Mathematica*, vol. 25 (1960), pp. 229–241.

[2] Bell, *Men of Mathematics*, pp. 218–269.

[3] F. R. Moulton, *An Introduction to Celestial Mechanics* (London, 1931), pp. 191–260 を見よ。モールトンはガウスの貢献についてこういっている:"数学の巨匠であると同時に,敏腕な計算家でもあった人物によって書かれたこの論文は,貴重な着想に満ちており,かつすべてのことを言い尽くしているので,今日でも,この問題に関する古典的な論文の地位を保っている."

[4] ルジャンドルもまたこの方法の発見者であったが,彼は,その彼の着想をガウスが横取りしたものと思っていた (Bell, p. 259).

[5] R. Courant, K. Friedrichs, and H. Lewy, "Über die partiellen Differenzengleichungen der Matematischen Physik," *Math. Ann.*, vol. 100 (1928–29), pp. 32–74.

[6] Whittaker and Robinson, *The Calculus of Observations* (London, 1937) には,その戦前の状況がうまく書かれている。

[7] Von Neumann, Collected Works, vol. V, p. 664.

[8] Von Neumann, Collected Works, vol. VI, pp. 178–379.

[9] V. Bargmann, D. Montgomery, and J. von Neumann, "Solution of Linear Systems of High Order," 25 October 1946. これは,海軍省兵器局のために作成された報告書で,von Neumann, Collected Works, vol. V, pp. 421–477 に収められている。

[10] H. Hotelling, "Some New Methods in Matrix Calculation," *Ann. Math. Statist.*, vol. 14 (1943), pp. 1 - 34.

[11] ゴールドスタインからフォン・ノイマンにあてた 1947 年 7 月 19 日付の手紙．この手紙の中で，私は，最終的な誤差の評価と，私たちは使用しなかった他のいくつかの分析結果を与えた．他に私から彼にあてた日付のはいっていない手紙が 1 通あって，その中で私は，統計的な評価および研究のすすめ方についての若干の分析結果について述べている．

[12] J. von Neumann and H. H. Goldstine, "Numerical Inverting of Matrices of High Order," *Bull. Amer. Math. Soc.*, vol. 53 (1947), pp. 1021 - 1099. Von Neumann, Collected Works, vol. V, pp. 479-572 も併せて参照されたい．

[13] J. H. Wilkinson, *Rounding Errors in Algebraic Processes* (Englewood Cliffs, N. J., 1963).

[14] L. Fox, H. D. Huskey, and J. H. Wilkinson, "Notes on the Solution of Algebraic Linear Simultaneous Equations," *Quart. Jour. Mech. and Appl. Math.*, vol. 1 (1948), pp. 149 - 173.

[15] A. M. Turing, "Rounding-Off Errors in Matrix Processes," *Quart. Jour. Mech. and Appl. Math.*, vol. 1 (1948), pp. 287 - 308.

[16] H. H. Goldstine and J. von Neumann, "Numerical Inverting of Matrices of High Order, II," *Proc. Amer. Math. Soc.*, vol. 2 (1951), pp. 188 - 202.

[17] H. P. Mulholland, "On the Distribution of a Convex Even Function of Several Independent Rounding-Off Errors," *Proc. Amer. Math. Soc.*, vol. 3 (1952), pp. 310 - 321.

[18] *The Institute for Advanced Study, Publications of Members, 1930 - 1954* (Princeton, 1955).

[19] C. V. L. Smith, *Electronic Digital Computers* (New York, 1959).

[20] *The Institute for Advanced Study, Publications* のロバート・オッペンハイマーによるまえがき．

[21] G. Reitwiesner, "An ENIAC Determination of π and e to more than 2000 Decimal Places," *Math. Tables and Other Aids to Computation*, vol. 4 (1950), pp. 11 - 15.

[22] J. von Neumann and B. Tuckerman, "Continued Fraction Expansion of $2^{1/3}$," 同上, vol. 9 (1955), pp. 23 - 24.

[23] C. G. J. Jacobi, "Über ein leichtes Verfahren, die in der Theorie der Säcularstorungen vorkommenden Gleichungen numerisch aufzulösen," *J. reine und angewandte Math.*, vol. 30 (1846), pp. 51 - 95.

[24] J. H. Wilkinson, *The Algebraic Eigenvalue Problem* (Oxford, 1965) を見よ．彼はこのすぐれた本の p. 343 にこう書いている：“ヤコービの方法は，1947 年に国立物理学研究所で，卓上計算機による計算に用いられたことがあるが，それが今日のように注目されるようになったのは，ゴールドスタイン，マレー，およびフォン・ノイマンによる 1949 年の再発見以来のことである．” 私たちの論文は，1959 年になってようやく "The Jacobi Method for Real Symmetric Matrices" という表題で，*J. Assoc. Comp. Mach.*, vol. 6 (1959), pp. 59 - 96 に掲載された．それはまたフォン・ノイマンの Collected Works, vol. V, pp. 573 - 610 に収められている．

[25] J. von Neumann and R. D. Richtmyer, "A Method for the Numerical Calcula-

tion of Hydrodynamic Shocks," *Journal of Applied Physics*, vol. 21 (1950), pp. 232 - 237 ; Collected Works, vol. VI, pp. 380 - 385.

[26] H. H. Goldstine and J. von Neumann, "Blast Wave Calculation," *Communications of Pure and Appl. Math.*, vol. 8 (1955), pp. 327-353 ; Collected Works, vol. VI, pp. 386 - 412.

[27] A. K. ゴールドスタインがもっていたロスアラモス関係の請求伝票のファイル.

[28] フォン・ノイマンからリクトマイヤーにあてた1947年3月11日付の手紙 ; Collected Works, vol. V, pp. 751 - 762.

[29] たとえば, J. M. Hammersley and D. C. Handscomb, *Monte Carlo Methods* (London, 1964) を見よ.

[30] J. von Neumann, " Various Techniques Used in Connection with Random Digits," *Journal of Research of the National Bureau of Standards*, Appl. Math. Series, vol. 3 (1951), pp. 36 - 38 ; Collected Works, vol. V, pp. 768 - 770.

[31] Goldstine and von Neumann, " On the Principles of Large Scale Computing Machines," Collected Works, vol. V, p. 5.

[32] J. von Neumann and H. H. Goldstine, " A Numerical Study of a Conjecture of Kummer," *Math. Tables and Other Aids to Computation*, vol. 7 (1953), pp. 133 - 134.

[33] A. M. Turing, " Some Calculations on the Riemann Zeta-function," *Proc. London Math. Soc.*, vol. 3 (1953), pp. 97 - 117.

[34] たとえば D. H. and E. Lehmer and H. S. Vandiver, " An Application of High-Speed Computing to Fermat's Last Theorem," *Proc. Nat. Acad. Science, U. S. A.*, vol. 40 (1954), pp. 25 - 33. この仕事は, カリフォルニア大学ロスアンジェルス分校の数値解析研究所にある, 合衆国標準局が開発した計算機 SWAC で行なわれた. この研究所は, ジョン H. カーティスによって, 標準局につくられたものである. カーティスは, 現在, マイアミ大学の数学の教授であるが, 長年の間, ワシントン界隈における計算機および計算法の指導者であった.

[35] Report on Contract No. N-7-ONR-388, Task Order 1, Institute for Advanced Study, April 1954. もっと詳細について興味のある読者は, 前に引用した *Institute for Advanced Study, Publications of Members, 1930 - 1954* を参照されたい.

第5章

数値気象学

 前に述べたように,高級研究所における計算機計画は,数値計算のための数学,なんらかの重要かつ大規模な応用,工学的な技術といった三つのものを推進することを,そのねらいとしていた。この二番めの活動にあたるものとして,フォン・ノイマンは数値気象学を選んだ。この選択は,おそらく彼の流体力学に関する深遠な知識と,近代的な計算機の基本的な重要性を社会に示したいという彼の願望によって,決定されたものであろう。そのうえ彼は,本章でとりあげるルーイス F. リチャードソンが,第一次世界大戦中にこの分野で行なった,先駆的な仕事のことを知っていた。主として,クーラントの条件がまだ発見されていなかったこと,高速度の計算機がその当時存在しなかったことなどのために,リチャードソンの試みは失敗した。しかしながらフォン・ノイマンは,そのどちらについてもよく知っていたのである。

 この問題には,非常に大きな努力が傾けられ,その結果,一つの重要な分野が出現した。今日では,数値気象学は,気象学科のある大学では,世界中のどこでも通常の教科課程に組み入れられており,事実上,主要各国のすべての気象担当当局は,毎日の天気予報にそのときの成果に基づく技術を用いている。この成果は,フォン・ノイマンの名前が科学にいつまでも残り,高級研究所が世界で最も偉大な知的活動の中心の一つとされるようになったもう一つの理由にもなっている。

 当初フォン・ノイマンは,カール・グスタフ・ロスビー(1957年没)を,長期研究員として高級研究所へ招聘しようと試みたが,結果的には,1950-51年度の第二学期に,彼を客員としてよぶことしかできなかった。ロスビーは,早くから気象学における指導者の一人として活躍した人で,1931年に MIT の気象学科の教授となり,以後,合衆国気象局次

長,シカゴ大学教授などを歴任した。その後彼は,スウェーデンに帰国してストックホルム大学の教授に就任し,死ぬまでのほとんどの期間,その職にあった。戦時中,彼は,陸軍省長官および合衆国空軍総司令官 H. H. アーノルド将軍の気象学に関する顧問をしていた。

　学問的にも,名目的にも,この気象学研究計画の指導者をつとめたのは,現在,MIT の教授をしているジュール G. チャーニーであった。彼は,1948年から1956年まで高級研究所にいて,上記のような成果を達成するのに最も重要な貢献をした。彼は,アーサー・ビディエント,ロイ・ベルイレン,ヤコブ・ブラックバーン,バート R. J. ボーリン,ジェームズ・クーリー,ジョージ・クレスマン,E. T. イーディ,アーント・エリアッセン,ラグナー・フォルトフト,ジョン・フリーマン,岸保勘三郎,ブルース・ギルクリスト,エルンスト・ホフメーラー,グレン・ルーイス,アドルフ・ヌスバウム,ハンス・パノフスキー,ノーマン A. フィリップス,ジョージ W. プラツマン,ポール・キューニー,アーヴィング・ラビノウィッツ,フレデリック G. シューマン,ジョゼフ・スマゴリンスキー,A. L. スティックルズ,フィリップ D. トンプソン,ジョージ・ヴェロニスなどといった,だれ一人として名前を落とせないような,第一級の研究者から成る集団をつくり上げた。この中の何人かは,他の分野に転向して名をなしているが,大多数の人は,合衆国,デンマーク,フランス,イギリス,ノルウェー,スウェーデンなどの各国で,今なお数値気象学の指導者として活躍している。このグループですすめられた研究は,ゴードン・リル配下の海軍研究局地球物理学部門の資金援助によって行なわれた。その研究成果の多くは,多数の定期刊行物やいくつかの本の中に発表されている。[1]

　高級研究所におけるこうした活動の成果を,最初に実用化したのは,合衆国気象局,合衆国空軍の航空気象部,および海軍気象部の三者が協同で要員を拠出し,援助をして,1954年7月にワシントン D. C. に設立した合同数値気象予報部隊であった。1955年5月には,この部隊は,定常的な業務として,毎日の天気予報を数値的な手法を使って出すようになった。ビディエント,ブラックバーン,トンプソンの三人は空軍から,クレスマン,シューマン,およびスマゴリンスキーは気象局から,そしてスティックルズは海軍から,それぞれ援助を受けて高級研究所へきていたのである。私たちはまた,長年の間,気象局の気象学研究主任をしていたハリー・ウェクスラー(1962年没)についてもふれておかなければならない。彼は,この部隊の結成を促進するために,重要な役割を果たした。さらに彼は,高級研究所の気象研究グループの発足時にも,大いにそれを助け,著し

い影響を及ぼした。

　電子計算機計画を構成する三つのグループの間には，密接な協力関係があった。この協力関係はきわめて重要な意味をもっていた。気象学の方程式の根底には，数多くの数学的な問題があったが，そうした問題が，関係するグループ間の密接な協力により，各人ができる限りの"全力投球をする"ことによって処理された。

　トンプソンの本は，ロスビーとフォン・ノイマンに献じられている。この二人について，彼はこう述べている："大気の本質的な力学的作用に対して，たぐいまれな洞察力をもっていたロスビーは，その問題を，実際に使えるような形に定式化し，計算理論についての抜群の知識をもっていたフォン・ノイマンが，それを解く手段を開発した。"[2]

　数値気象学のそもそものはじまりは，全く一直線に，著名なイギリス人，ルーイス・フライ・リチャードソン（1881-1953）にまでさかのぼることができる。彼は，ケンブリッジ大学の J. J. トムソンのもとで学んだクエーカー教徒であった。卒業後の彼は，イギリスの政府，大学，および産業界の研究機関で働いた。その研究生活の初期に，彼は，解析的に解くことが困難な微分方程式にぶつかって，数値解析に取り組まされる羽目になった。そこで彼は有限差分法について学んだ。数値気象学に関する彼の偉業は，この"有限差分法の研究から生まれたもので，1911年にはじめて，この本の＊第11/2章にみられるような，一つの構想として形がまとまった。この問題に対する真面目な検討は，気象局長のナピア・ショウ卿の承認と激励を受けて，1913年にエスクデールミューア測候所ではじめられた。……"[3]

　第一次世界大戦中，リチャードソンはフレンド会の救急部隊に加わったが，フランスで救急車による護送の任についていた間も，彼の研究を続けた。彼は，彼の本のまえがきに次のように書いている："1916年から1918年にかけて，私はフランスで，負傷者の輸送の合間を縫ってこの原稿に手を入れ，第IX章の詳細な実例の計算を行なった。1917年のシャンパーニュの戦いの際に，出来上がった原稿は後方へ送られたが，そこでそれは紛失し，数箇月後になって石炭の山の下から再発見されることになった。"

　彼の死亡記事には，彼が1910年5月20日の天候に関して，6時間後の予報を作成したことが書かれている。[4] この計算をするために，彼は，各辺の長さが約200kmで，鉛直方向に4層から成る水平空間格子を使用した。計算の結果は，"観測された事実から，大幅にかけ離れた"ものになった。リチャードソンは，まだ彼の出る幕ではないことを痛感

＊　ここで引用されているリチャードソンの本（原著者脚注3を見よ）のこと．

第5章 数値気象学 349

した。"たぶん，遠い将来には，いつかは天候の変化よりも速く，しかも得られた情報のおかげで人類が節約しうる金額よりも少ない費用で，この計算をすすめることができるようになる日がくるであろう。けれどもこれは夢でしかない。"と彼は書いている。[5]

もちろんリチャードソンは，当時まだ発見されていなかったクーラントの条件（前出，p.332）については知るよしもなかったので，彼は大幅にその禁を犯していた。チャップマンは，リチャードソンの研究に対する彼の非常に啓蒙的な解説の中に，次のようなチャーニーの言葉を引用している："……気象予報に関する私の研究に，もしなんらかの価値があるとするならば，それは，とりもなおさず本学会の前会長であり，私のすぐれた先輩であったルーイス F. リチャードソンの識見の高さを証明するものである。"[6]

1950年に，チャーニー，フョルトフト，およびフォン・ノイマンは，彼らの研究についての最初の論文を発表した。[7] この歴史的な論文には，使用された方程式の解析とともに，1949年のはじめごろの4日間に対して作成された，24時間予報の結果を要約したものが述べられている。これらの日が選ばれた理由は，いずれもその当日の気象状態が非常に変化に富んだものであったので，通常の線形化の手法では，その実際の動きがどうなっていくかを，時間の進行に合わせて予測することができなかったからである。それらの予報は，ENIAC で，非常に粗い網目を使って計算しなければならなかった——高級研究所の計算機はまだ完成していなかった——という点を考慮すれば，それほど悪い出来ではなかった。使用された格子は，実際に，リチャードソンが使ったものよりもまだだいぶ粗かった。それは，15×18個の区画から成っており，各区画の一辺の長さは 736 km であった——ENIAC の記憶容量が小さいために，このような選択をせざるをえなかったのである。最初は，時間の刻みは1時間に設定されていたが，これも3時間に増やされることになった。その当時の彼らは，高級研究所の機械を使って，格子をもっと細かくすれば，"少なくとも2次元模型に対しては……気象の変化よりも速い速度で計算をすすめる"というリチャードソンの夢を実現することが可能になると考えていた。

数値予報の仕事について詳しくとり上げるのは，本書の範囲外のことになるが，その内容に少しばかりふれておくことは，たぶん，何かのためになるものと思われる。

まず第一に，私たちはいったい何を予測するのであろうか。それは，大気の流れにみられる変化である。どうしてそれが問題になるのであろうか。この動きについて知ることは，雲の厚さ，湿度，降雨量，気温などといったような，日ごろ私たちが関心をもっている現象を予測するのに必要——残念ながら，必ずしも十分であるとはいえないが——だから

である。こうした動きを解明することは，それに関連する物理的な過程があまりよくわかっていないし，また，それらの過程についての知識から導かれる微分方程式が，著しく困難なものになるので，決して容易ではない。

気象予測模型を記述するためには，通常は，いわゆる質量，運動量，エネルギーの保存法則が成り立つことを保証するような方程式が書きおろされる。結果は，一組の高度に複雑な方程式になる。それらの方程式は，複雑なだけではなく，その状況を分析したトンプソンがいっているように，たとえば空間格子の間隔が約 167 km の場合には，クーラントの条件が犯されないようにするために，時間の刻みを 10 分前後にしなければならないことになる。[8]

いうまでもなく，次の 24 時間に対する予測は，短時間——たとえば約 1 時間——で作成することができない限り，あまり役にはたたない。したがって，この場合は，計算の速さが途方もなく価値のあるものになる。

1948 年にチャーニーは非常に重要な貢献をした。彼は，妥当と認められる範囲である種の近似を行なうことによって，運動方程式を大幅に改良し，時間の刻みをはるかに大きくとることができるようになることを発見したのである。[9] そうした仮定に基づいて行なわれた 1950 年の計算は，非常に有望な結果をもたらした。それによって得られた予報は，熟練した気象予報官が，伝統的な総観気象学の予報技術を用いて作成した予報に匹敵するものであった。この古くからの技法は，本質的には，高度に熟練した人間の洞察力と修練によって，気象条件を未来の方向に外挿することから成り立っていた。

最初につくられた模型は，2 次元のものであった。すなわち，この場合には，鉛直方向にただ一つの層だけしか考えられていなかった。（実際に選ばれたのは 500 ミリバールの等圧面であるが，このことは，私たちの議論にとっては重要ではない。）この模型が，高級研究所の計算機にかけられ，ある種の数学的な改良が施された結果，24 時間予報は 6 分間でつくられるようになった。これらの予報は，300 km 間隔の網目に分けられた，およそ 5,400 km 四方の地域を覆う大気の流れを予測するものであった。こうして 1953 年 6 月 30 日までに計算機による 24 時間予報に要する時間は，ENIAC の場合の 24 時間から，6 分間に——1/240 という短縮率で——短縮されたのである。[10]

次いで気象学者たちは，より大きな精度と，より高度な予測能力が得られるようにするために，多層模型の研究に矛先を転じた。このような模型としては，最初に 2 層のものがつくられ，次に 3 層のものがあらわれた。大半の努力は，この後者にふりむけられたので

ある。特に，1950年11月の23日から26日までの4日間に対しては，集中的に大量の計算が行なわれた。11月24日に，大きな嵐がプリンストンとその周辺を襲撃して，かなりの被害を与えているからである。3層の模型は，"その嵐が発達の途上にあった最中の何時間かに対しては，良好な予測を与えた。"[11] 3層模型による予報は，最初はじまったときには計算に48分かかったが，それでも許容範囲には十分はいっていた。これらの予報は，旋風の発生，すなわち旋回運動の発達過程を示すので，それ自身，ときとしてかなりの興奮をまき起こした。

こうした初期の開拓時代以来，毎日の予報の作成は，新しい計算機の開発に歩調を合わせて著しい進歩を遂げ，常により正確な，より長期にわたる予報が行なわれるようにするために，多くの研究が続けられている。合衆国では，この仕事は，ジョージ・クレスマンを長官とする気象局の所管業務の一部になっている。毎日の作業と開発に関する問題は，フレデリック・シューマンを所長とする気象局国立気象センターの仕事であり，もっと思索的な性格をおびた研究業務は，ジョセフ・スマゴリンスキーを所長とする，プリンストンの気象局地球物理学研究所が受け持っている。このほか，世界中のおびただしい数の大学や各国の気象庁では，もちろん多くの研究がすすめられているし，また，フィリップ・トンプソンが副所長をしているボウルダーの国立大気研究センターでも，数々の研究が行なわれている。

計算速度および記憶容量の大幅な増大は，当然のことながら，予測の問題の物理学的，数値的な側面を取り扱う方法を，ますます大きな精度をもたせるような方向に，すっかり変えてしまった。しかしながら，この世界的な活動のすべてを，高級研究所における気象学研究グループにまでさかのぼって考えてみることは，きわめて公正なことであると思われる。

原著者脚注

[1] たとえば，P. D. Thompson, *Numerical Weather Analysis and Prediction* (New York, 1961).
[2] 同上，まえがき.
[3] シドニー・チャップマンによって，新しく序論が書き加えられた L. F. Richardson, *Weather Prediction by Numerical Process* (Dover Edition, 1966). もとの本は，1922年に出版されている.
[4] 同上，序論, p. vii.

⁵ 同上, p. xi.
⁶ 同上, p. ix. これらの見解は, 王立気象学会のサイモンズ金牌がチャーニーに授与されたときに述べられたものである.
⁷ J. G. Charney, R. Fjörtoft and J. von Neumann, "Numerical Integration of the Barotropic Vorticity Equation," *Tellus*, vol. 2 (1950), pp. 237 - 254 ; Collected Works, vol. VI, pp. 413 - 430.
⁸ Thompson, *Numerical Weather Analysis and Frediction*, p. 17.
⁹ J. Charney, "On the Scale of Atmospheric Motions," *Geofysiske Publikasjoner* (Oslo), vol. 17, 2 (1948).
¹⁰ Final Report on Contract No. DA-36-034-ORD-1023, Staff of the Electronic Computer Project, Institute for Advanced Study, April 1954, pp. II-94 through II-137.
¹¹ 同上, p. II-134.

第6章

工学的活動とその成果

　高級研究所における工学的活動は，そこに築かれた記念すべき建造物のかなめの石であった。これなくしては，他のすべての活動は焦点の不明確なものになったであろうし，また，非常に実際的な意味では，不完全なものでしかなかったであろう。この工学的な研究活動によって，高級研究所の関係者による社会への貢献が，全体として非常に大きなものになったのである。

　この計画の組織づくりの段階で，ジュリアン H. ビゲロウを主任技師として迎えたことは，きわめて幸運なことであった。彼は電子回路についての先進的な着想をもっており，しかも，それらの着想をなんとしてでも実現させるだけの，知的な粘り強さを備えていた。彼の指導力がなかったとすれば，高級研究所の計算機がものになっていたかどうかは疑わしいであろう。技術的にも人間的にも，関係者全員が彼に対しては絶大な敬意と賞賛とを感じていたのである。ビゲロウは，全体的な設計概念に対してと同様に，演算および制御器官の細部に対しても責任をもっていた。彼の有能な補佐役をつとめたのは，ジェームズ H. ポマリーンであった。前に述べたように，彼は，のちにビゲロウが，グッゲンハイム特別研究員に選ばれて研究所を去ったときに，そのあとを継いで責任者となり，この計算機を完成させた。ポマリーンは管理上の責任を引き継いだばかりでなく，この計算機のいくつかの重要な部分の開発をも，見事に成功させている。そのほかの技術者もみな優秀で，いずれもその名前をあげておく価値のある人たちばかりであった。彼らのすべてが同じ時期に研究所にいたわけではないし，また，何人かの人々は，他の研究所からきた客員ではあったが，そのだれもが，重要な貢献をした忘れてはならない人々である。それはハインツ・ビリング，エイムズ・ブリス，ヒュウィット・クレイン，ノーマン・エム

スリー，ジェラルド・エストリン，エフレイム・フレイ，レオン・ハーモン，セオドアW. ヒルデブラント，ウィリアム・キーフ，ゴードン・ケント，リチャード W. メルヴィル，ピーター・パナゴス，ジャック・ローゼンバーグ，モーリス・ルビノフ，ロバート・ショウ，ラルフ J. スラッツ，チャールズ V. L. スミス，リチャード L. スナイダー，エリック・ステムメ，ウィリス H. ウェア，S. Y. ウォンなどの人々であった。

これらの人々は，先駆的な，完全に作動する計算機を開発し，製作しただけではなく，その直系，あるいは傍系の後継者にあたる，一連の計算機の基礎をもつくりあげたのである。直系の後継者にあたるものとしては，ORDVAC，および初代の ILLIAC などがあげられる。これらの機械はいずれもイリノイ大学の計数型計算機研究所において，ラルフ・ミーガー教授および，アブラハム H. タウブ教授の共同指導の下に製作されたものであった。(ORDVAC は，アバディーン試射場のために，ILLIAC はイリノイ大学のために開発された。）イリノイ大学における研究活動は，今日なお，それが新しいシステムの開発に関しては最先端を行っているというだけではなく，その研究所——現在の，計算機科学科——が常に果たしてきた教育上の重要な役割のゆえに，計算機の分野では特に重要である。[1] イリノイ大学におけるこの計画は，故ルイス・ライドナーの尽力によって実現したもので，彼は大学院の学部長として，この大学が計算機の分野に進出するよう仕向けるのに貢献した。——事実，イリノイ大学は，アメリカでも最初に電子計算機をもった大学の一つであった。こうした彼の努力に対して，ライドナーは土木工学科のネイサン・ニューマーク教授から強力な支持を得た。彼は1948年にタウブとミーガーをこの大学へ招聘し，当時高級研究所で開発中であった計算機の姉妹機をつくる契約を大学と結ぶよう，弾道研究所を説得した。彼はまた，大学当局に対しても，同型機を学内の使用に供するためにつくるよう説得した。イリノイ大学の研究所は優秀な技術陣を擁しており，ORDVAC の完成試験を 1952年3月10日に，そして ILLIAC の完成試験を 1952年9月1日に終了するという殊勲を樹立した。[2] そのとき以来，この研究所は，いろいろな指導者のもとで，多くのすすんだ計算機をつくり出してきたのである。[3]

高級研究所の計算機が完成する前に，ウィリス・ウェアは研究所をやめて，カリフォルニア州サンタモニカにあるランド・コーポレーションの研究陣の責任者に就任した。彼と彼の同僚たちは JOHNNIAC (Johnny von Neumann に因んで付けられた名前）を製作し，1954年3月にその完成試験をすませた。この間に，ロスアラモス，アルゴンヌおよびオークリッジにある原子力委員会の各研究所も，同型機を製作した。[4]

第6章 工学的活動とその成果　355

　このほか高級研究所の計算機にきわめて近い流れをくんではいるが，むしろその傍系の後継者とみなされるような機械が合衆国，ヨーロッパ，ロシア，イスラエルなどで製作された。[5]

　しかしながらその構成が，少なくとも副次的には高級研究所の仕事から導かれているような計算機のなかで，おそらく最も重要な系列は有名な IBM 社の 700 および 7000 シリーズと，スペリー・ランド社の UNIVAC 1100 シリーズであろう。[6] これらの機種については，後に詳しく述べる。

　計算機の構成に関する高級研究所の考え方が，大多数の近代的な計算機のよりどころになった基本的なものであり，また，本質的には今日でもそうなっていることは，以上述べたことからもうかがわれる。もちろん，これらの考え方はその後発展を遂げ，改良もされてきたが，本質的には，それらは高級研究所で行なわれた先駆的な努力の成果に基礎をおいているのである。私たちはまた，マンチェスター大学のグループにいたキルバーンによって手をつけられた非常に重要な改善についても，ここでもういちどふれておかなければならない。(前出, p.304)

　しかしながら，私たちは本章の主題である高級研究所の工学グループの成果に話をもどすことにしよう。実際的な意味では，これについては，工学的な研究成果に関する C. V. L. スミスのすぐれた記述を読んだほうがはるかに分かりやすいし，おそらくは十分すぎるほどの知識が得られるものと思われる。[7] けれども，本書の記述を完全なものにするために，ここではこの工学グループによってなされた進歩のうちからいくつかのものを選んで，説明を加えておくことにしよう。第一に，彼らは非同期方式の演算回路を開発し，"すべての情報の転送は，今日，確定動作トリガ法として知られているような方式によって行なわれるべきであるという考え方，すなわち，情報は常にフリップ・フロップやトグルといったような素子に貯えるべきであって，たとえどれほど短時間の間でも，キャパシター，あるいはインダクターなどに貯えてはならないという考え方"を確立した。[8] 第二に，彼らは記憶管に関する F. C. ウィリアムズの着想の可能性を掘り起こして (前出, p. 282)，この着想を実際に使えるようなものにするために著しい貢献をした。第三に，彼らは計算機の分野を伝統的なシャーシーの設計技術から切り離すために，多大な努力をした。

　これらの進展は，なにがしかの考察を加えておくだけの価値があるので，ここでもそれらについて，若干ふれておくことにしよう。ビゲロウは，計算機の演算は非同期方式で行なわれるべきものである，いいかえれば，計算機は，各演算に一定の刻時を割り当てるよ

うな刻時装置の制御の下におくべきではない，という強い確信をもっていた。それにかわるものとして，彼は，各演算が，完了した時点で信号が出され，それによって次の演算が開始されるというようにすれば，結果的にはもっと速い計算機ができると考えていた。ところで，このような制御方式においては，時間の経過に伴って情報が失われたりすることがないような装置に，情報を確実に貯えておかないかぎり，情報をあるところから他のところへ転送するのは危険である。そこでビゲロウは，情報の消失を起こさないことが保証された，確定動作トリガ法とよばれている非常に信頼性の高い方式を使って，情報を転送する方式を考案したのである。これが実行された当時，それは全く革命的なものと考えられた。

ジャック・ローゼンバーグは，ビゲロウの指導のもとに，こうした考えを用いて演算装置のための加算回路を設計した。ジェラルド・エストリンは，技術者用の診断プログラムとしては，たぶんはじめてと思われるものを作成した。それは，機械の中のすべてのトグルやゲートが，正常に作動しているかどうかを検査しうるように設計されていた。これは私たちにとっては最も重要なものであったし，たぶん，今日の診断プログラムに至る進路を指し示したものでもあった。[9]

記憶管についての研究は，実際的な意味で，技術者たちによってなされた最も決定的な仕事であったと思われる。計画の初期の段階で，私たちはRCA社の研究グループと密接な関係をもつようになり（前出，p.276），そのグループから記憶装置が提供されるようになることを期待していた。ツウォリキンとラジチマンの配下におかれていたRCA社のグループは，後にセレクトロンという名で知られるようになった記憶管を製作するという道を選んだ。それは実際に，RAND社のJOHNNIACに用いられた。出来上がった記憶管は，1本あたり，2進法で256桁分の容量をもつようなもので，工学的な技巧の粋を集めた作品であった。あいにくこの記憶管は，構造が非常に複雑で，しかも，おそらくその当時の水準を超えているような技術を必要としていた。すなわちRCA社の技術者たちは，互いに直交するように置かれた，等間隔に並んだ棒で出来ている二組の制御格子を，彼らの記憶管の中に組み立てて，多くの"窓"をつくり出すようにした。適当な電圧を非常に巧妙な方法でかけることによって，いちどにちょうど一つだけ窓が開かれ，情報の読み書きが行なわれる螢光面に，電子線がその窓を通って達するようにすることが出来たのである。それ以外の場合は，すべての窓は開かれており，それによって，螢光面上に貯えられたいかなる情報も，そのまま保持されるようになっていた。窓を必要とすることから生

じる複雑さに，ある程度他の困難さも加わって，セレクトロンの開発は大仕事になった。[10]

RCA 社の技術者たちは，記憶管の螢光面上の指定された場所に，電子線を切り替える際の精度を確保するために，たいへんな努力をして，彼らの窓による方法を採用することに決定した。彼らにとって不運なことに，ちょうどそのときウィリアムズがあらわれて，標準的な陰極線管の電子線を切り替えるのに用いられている通常の方法でも，十分な精度が得られることを示した。私たちは，ここではこの問題に深く立ち入る必要はない。ウィリアムズが正しかったことは，事実によって証明されたと述べておくだけで十分であろう。また，MIT のフォレスター以下のグループも，原理的には，ラジチマンとウィリアムズのものの中間に位置するような記憶管を懸命になって開発していたことは，ここでもういちど指摘しておくだけの価値がある。この記憶管は，実際に使われるようになったが，これを含むすべての静電記憶管は，それらよりもはるかにすぐれた性能をもつようになったフォレスターの磁心記憶装置によって，その地位を奪われた。[11]

磁心記憶装置の開発は，計算機に高い信頼性と非常に大きな記憶容量とをもたせるようにするための，最も重要な進歩の一つであった。それらは，今日なお——大幅な改良はされているが——依然として広範囲に用いられている。[12] 磁心記憶装置は，1947 年に，はじめてフォレスターとロンドン大学のアンドルー D. ブースによって，別々に提案された。ブースは彼の大学で，その考え方について講義をした。開発作業の主要な部分を，フォレスターは彼の計数型計算機械研究所で，ラジチマンは RCA 社で——またもや別々に——行なった。私は，ラジチマンの奮闘ぶりを，はっきりと思い出すことができる。彼は，粉末からアスピリンのような錠剤を押し固めるための，手動の圧搾機を購入した。それに少し手を加えて，彼は，フェライトを原料とする小さな"ドーナッツ"を，その圧搾機で押し固めていたのである。

ウィリアムズの方式のすぐれた点は，普通の陰極線管が，内部的な改造なしに，そのまま使えたことであった。もっとも，大多数の陰極線管は，その螢光面に，私たちの目的には使えないが，それでもオシロスコープには十分使える程度の欠陥をもっていた。アレン B. デュモン研究所と RCA 社は，十分な数の試験用の陰極線管を入手しうるようにするために，どちらも私たちにきわめて協力的であった。私たちは，試験をした陰極線管のなかの，19% ほどのものを実際に使用した。[13]

このような不良率であったにもかかわらず，ウィリアムズ管は，他のすべてのものと比べて非常に安価であり，かつ，十分に満足の出来るものであった。この記憶管が文字どお

りの等速呼び出し記憶装置，あるいは，しばしば使われる言葉でいえば，並列記憶装置としてはじめて使用されたのは，1951年，高級研究所とイリノイ大学においてであった。当初，ウィリアムズは，記憶管に対するさしせまった要求が最も少なくてすむという理由で，この記憶管への情報の書き込み，再生を直列方式で行なっていた。ビゲロウは，ウィリアムズの成果を耳にしたとき，ただちに，それが私たちの望みどおりにうまく使えることをさとった。私がウィリアムズあてに書いたビゲロウを紹介する手紙は，1948年6月21日付になっているので，私たちが彼をマンチェスターへ派遣したのは，1948年の6月下旬か7月の上旬であったと思われる。[14] ウィリアムズもまた，1949年9月に私たちを訪問した。

私の記録によれば，1948年6月16日にポマリーンは，ウィリアムズ管についての実験的な研究をはじめ，その結果を彼の研究室のノートに記入したことがわかる。6月21日には，私はウィリアムズあてに，ハートリーが来訪した際にもってきてくれた，彼の報告書に対する礼状をしたためた。さらに1952年にも，私は，彼の研究については，ハートリーがアトリーのところから派遣されてきたときよりももっと前に訪ねてきたときに，聞いていた可能性があると書いている。[15]（こうしたすべてのことは，ウィリアムズにとっては，彼の着想を包含する特許の，合衆国での出願に関連した重要な問題であった。）

たぶん，私たちはここで，ウィリアムズ管がどのようにして用いられたかについて，ふれておくべきであろう。高級研究所の機械やその"複製"，あるいはそれと同系列の機械は，1語に含まれる2進数の桁数と，ちょうど同じ数だけの記憶管を備えていた。各記憶管の偏向回路は，すべての記憶管の電子線が，それぞれ各記憶管の対応する場所を指向するように，並列に接続されていた。このような方法で，1語を構成する各桁は，各記憶管の中の対応する位置に貯えられ，読み出し，書き込み，あるいは再生などのために，すべての電子線を各記憶管の中の同じ場所に切り替えるのは，電気的な指令をたった一つ出すだけで行なうことができるようになった。そうしたやり方は，いったいどのような成果をもたらしたのであろうか。

情報が，電荷のかたちで螢光面に貯えられているときには，何か特別なことをしないかぎり，その電荷は，徐々に——約1/10秒で——漏洩してしまう。もし，その情報をもういちど読み出してもとへもどすという操作が約1/30秒ごとに行なわれるならば，その情報は，本質的には永久にそのまま保存されることになる。ポマリーンとミーガーが考え出した仕組みは，どちらも，読み出し，または書き込みの命令が出されていないときには，いつでもウィリアムズ管記憶装置の内容に対して，系統的に——次々と記憶場所の順序に従

って――このもういちど読み出してもとへもどすという操作が行なわれるようになっていた。この再生の段階は何か"役に立つ"仕事をするために，任意に中断することもできるようになっていた。ある数を読んだり書き込んだりするためには，約25マイクロ秒を必要とした。加算は約30マイクロ秒で行なわれ，乗算を行なうためにはその約20倍，除算には約30倍の時間がかかった。

　ウィリアムズ管を，安心して使用することができるようなものにするためには，乗り越えなければならない非常に大きな技術上の障害がいくつかあった。その一つは，外部からきたあらゆる種類の電磁的な"雑音"に対して，陰極線管が非常に敏感であるということであった。螢光電球が放出するエネルギーなどのような電気的な妨害に対して，なんらかの抜本的な対策がほどこされないかぎり，この装置は，使いものにならなかったであろう。1949年の夏，ポマリーンは一連の試験をして，陰極線管のまわりに設けられたいろいろな金属遮蔽が，こうした外界からの妨害を取り除くために，効果があるかどうかを確かめた。これらの遮蔽は，きわめて有効に働いた。ポマリーンは，次に彼の回路のための非常に微妙な設計を行なわなければならなかったが，ついに1949年の7月28日－29日には，2本の陰極線管を使って，連続34時間の無事故運転を行なった。このことは，そのシステムが，必要な安定性を備えたものになりうることを示していた。[16] このようなわけで，1949年は高級研究所の工学的計画にとっては，いろいろな点からみて分水嶺にあたるような年であった。非常に多くのことを，まだそれから後で行なわなければならなかったが，それが行なわれるであろうとか，出来るにちがいないとかといったことに対しては，もはやほとんどなんの疑いもなかった。それより以前には，いろいろと疑わしい点も少なくなかったのである。この時期に，フォン・ノイマンと私との間で交された文通の多くは，私たちの会話の多くがそうであったように，この間の状況をよく物語っている。

　高級研究所の計算機のウィリアムズ管記憶装置では，1語を約30マイクロ秒でどこへでも移すことが出来たのに対して，EDVAC型の機械では平均約0.5ミリ秒を要したという事実は，前者の記憶装置のよび出し時間のほうが，後者のそれよりも約16倍速いことを意味していた。* このことは，高級研究所型の計算機の，EDVAC型のものにまさる重要な固有の長所となり，結局は前者が優位を占めるようになることを意味した。ジェームズ・ポマーリンは，彼と彼の同僚たちがM. V. ウィルクスと行なった，直列方式と並

---

　　* 実用上は，必ずしもこれほど大きな開きがあったわけではない。たとえばIAS計算機の乗算速度は0.6 msであったのに対して，EDVACは2.8 ms，EDSACは6.0 msであった。

列方式を比較した場合の相対的な長所に関する長い議論のことを,親切に私に話してくれたことがある。もちろん私たちは,当時の工学界の定説に逆らって,私たちが**予備的討論**の中で述べているように,並列方式で"すすむ"という決定をした。[17] 私たちがこのことを決めた理由は,このような方式を選択するだけでも,（1語,40ビットあたり）40倍の速度が得られる可能性があることを知っていたからであった。ウィルクスは,彼のEDSACが直列方式の機械であったこともあって,明らかにその方式を強く主張し,ポマリーンは,私たちの方式を支持した。結局明らかになったように,私たちの方式は,彼のものよりも少ない真空管ですみ,また,それよりもはるかに高速であった。（EDSACには約4,000本の真空管が用いられていたが,高級研究所の機械は約2,300本であった。）

直列方式をやめて,並列方式を採用するという決定がなされたとき（1946年）には,前者の場合よりも後者の場合のほうが,真空管の数が少なくてすむなどということは,予想もされていなかった。事実,直列方式の演算装置は,並列方式のそれよりもずっと少ない部品でつくることができるので,推測的な見通しとしては,その逆のことが考えられていた。実際の節約は,制御装置においてなされた。この装置に関しては,直列方式の場合のほうがはるかに複雑になったからである。この節約は,演算部分における節約よりもまさっていた。ポマリーンが結論としていっているように,余分な部品などは全く使わないで,並列方式であるという事実だけで約40倍もの速さが得られるということから考えれば,私たちの決定は間違っていなかったのである。時の経過は,この決定を正当化する以上のことをしてくれた。

話を記憶装置そのものについての議論にもどすことにしよう。静電記憶管は超音波遅延線よりも速かったが,重大な問題が二つあった。その一つは上に述べた電磁的な雑音で,もう一つは次に述べるようなものである。すなわち,もしある特定の場所が,そのまわりの部分の再生が全く行なわれることなく,非常に頻繁に読み書きされるようなことがあれば,漂遊電子がその近傍に"漏洩"して,それらの場所の状態を,2進数の一方から他方へ誤まって変えてしまうおそれがある。この現象は,今日テレビジョンで,たとえば,真っ黒な洋服に真っ白なシャツを組み合わせた場合などに見ることが出来る。このような条件のもとでは,黒と白の境目は,しばしばでこぼこして,見たところ侵食されたような状態になる。

テレビジョンの番組の場合には,でこぼこに見えるぐらいのことは完全に我慢することが出来るが,計算の場合には,この現象は破局を招くものである。誤った変更は,数を大

きく変えてしまうかもしれないし，たぶんもっと悪いことには，与えられた問題を定義している命令そのものまで根こそぎ変えてしまうかもしれないからである。間もなく，このシステムには，一定の"読み取り"許容頻度があって，その限界をこえるような頻度では読み書きをすることができないことが明らかになった。*そうした限界をこえないようにするために，私たちは負担をプログラマに背負わせた。彼らは，特定の場所に対する読み取り頻度が高くなりすぎるのを避けるために，様々な技巧に頼ることを余儀なくされたのである。後に，この記憶装置の安定性を著しく向上させる方法がわかったので，こうしたプログラマの負担は軽減した。さらに，初期のころは，この読み取り許容頻度が日によって，そしておそらくは時間によってさえも変動した。この点についてもまた，高級研究所のポマーリンと，イリノイ大学のミーガーは，そうした記憶装置の"微調整"が不要になるような回路の設計方法を見いだした。

誤りをどのようにして検出するか，また，誤りが発生したときに，どのようにしてその原因をつきとめるかといったような問題については，多くのことが言われたり，書かれたりしてきた。私たちには，絶えず読み取り許容頻度の問題がつきまとっていたので，これは，私たちが常に真っ先に考えなければならない問題であった。私たちは，機械の各部分を，専用の人為的な計算を行なって試験するような，あらゆる種類の方法を考察した。しかしながら，たとえ私たちが，これらの試験をある朝完全にうまく走らせることができたとしても，次に実際の問題をかけてみると，ほんの数秒もたたないうちに致命的な誤りを生じることがあった。いろいろと苦労をした結果，私たちは，演算を実行するような型の，真の診断試験として私たちが考え出せるものは，非常に大規模な"実際"の問題——すなわち，記憶装置全体を使用し，機械のあらゆる部分を統計的に無作為に働かせるような問題——を，機械に実行させることだけしかないという結論に到達した。このような問題が，なんどでも繰り返して走るような場合には，私たちは，首尾よくその機械を使うことが出来たのである。そこで私たちは，そのような問題をとり上げ，それをばらばらに解体して，各部分には，それぞれ約半ダースほどの算術演算しか含まれないようにした。こうしてできた各部分——典型的な例としては，たとえば $[(ab+c)d+e]/f$ のようなもの——は，

---

* 詳しくいえば，ある場所の内容をいちど再生してから次に再生するまでの間に，その内容に変化を及ぼすことなく，それに近接する場所を読み取ることができる最大回数が，この読み取り許容頻度である．一般には，これが200回程度以上あれば，プログラムに余分な負担をかけなくてもすむといわれているが，そうした性能が得られるようになったときには，すでにウィリアムズ管は旧式のものになっていた．

非常に異なった二とおりの方法でコーディングされた。たとえば、上の式で与えられるような計算過程の別の表わし方としては、$a[(bd)/f]+c(d/f)+e/f$ のような形がある。機械は、こうした1対の計算を別々に行ない、各計算の途中の結果をすべて記憶し、その部分に関する計算の最終結果が一致したときに、はじめて先へすすむようにする。もしそれらが一致しなければ、機械は停止し、さらにどの部分でその不一致が起こったかを表示して、私たちが、その"犯罪"の証拠を調べることが出来るようにした。このような方法により、私たちは、ついに私たちの要求を満たすような診断試験を行なうことに成功したのである。こうした試験を、ジェラルド・エストリンの見事な工学的診断手続き（前出、p.356）と併用することによって、私たちの仕事は、十分やっていけるようなものになった。

私たちの開発したもう一つの小さな、けれども非常に有用な診断用の道具は、少しの費用で計算機の中に組み込まれた記憶装置全体の内容の合計をとる命令であった。私たちはある種のよく知られた試験用の問題を使って、いくつかのあらかじめわかっている時間にこの合計を求めることができ、それによって、その合計の値が正しいかどうかを周期的に確かめることができるようになった。

当初、私たちは、2進法で $4,096(=2^{12})$ 桁の容量をもった記憶装置をつくることを計画していたが、実際につくることができたものは、それとは違っていた。最終的に出来上がったものとしては、セレクトロンは、2進法で $256(=2^8)$ 桁の記憶容量しかなかったし、ウィリアムズ管の場合は $1,024(=2^{10})$ ビットであった。このウィリアムズ管の記憶容量は、5インチの陰極線管の蛍光面上の 32×32 個の走査点を使って、各点に2種類の可能なパターンのうちの一つを貯えることにより、実現されたものであった。同じ陰極線管でも、約 $500\times500=250,000$ 個の点に情報を貯え、しかもそれぞれの点が、黒から白までの連続的な色調を表わすことができるテレビジョン受信装置の場合の効率に比べれば、これはきわめて著しい相違であった。

MIT 放射研究所の電波探知機に関する研究が、計算機の全分野に対してきわめて重要な貢献をしたことは、もういちどここで強調しておくだけの価値がある。この研究所とその大学から、ENIAC 以降の計算機の、すべての記憶装置が生まれた。超音波遅延線や、静電記憶管に関する予備的な実験が、いずれもこの研究所で行なわれていることや、磁心記憶装置がこの大学で開発されたことを思い出していただきたい。これらの成果は、工学の世界で MIT が果たしてきた重要な貢献の中でも、一段と輝いているものである。

ところで、話を高級研究所にもどすことにしよう。前に述べたように、1,024語という

第6章　工学的活動とその成果　363

計算機の記憶容量は，プログラムと，処理の対象となる計数的な情報とを同時に記憶するためには小さすぎた。そこで，磁気ドラムに関する研究がビゲロウによって開始され，さらに海軍研究局との小規模な契約の下に，ピーター・パナゴス，モーリス・ルビノフおよびウィリス・ウェアーと共同でその仕事がな行なわれた。この仕事は 1948 年 6 月 30 日に終了した。[18] ルビノフはその後もこれらの研究を続け，その結果，各々 1,024 語の容量をもつ二つの部分から構成された，2,048 語まで余分に記憶することができるような，小さな――8 インチの――磁気ドラムが完成した。この記憶容量は，ドラム上に 80 本のトラックをとり，各トラックごとに 1,024 個の記憶場所を設けることによって得られた。この磁気ドラムは，高級研究所の計算機に追加され，1953 年の 5 月と 6 月に，試験使用という制限つきで，実際の仕事に使われた。[19] それによって，磁気ドラムが非常に有用なものであることが実証され，1955 年はじめには，さらにもっと大きな記憶装置が必要になったので，私たちは，後にスペリー・ランド社に合併されたエンジニアリング・リサーチ・アソシエイツ（ERA）から 16,384 語のドラムを購入した。[20] このドラムを高級研究所のシステムに組み入れる作業は，ポマリーンの指導の下に，ハーモンによって非常に巧妙な手順で行なわれた。それは，今日では使われていないが，十分使用することができるような手順を含んでいた。この新しいシステムでは，ドラム上の任意の指定された 語 から 出発して，任意の長さのブロックを読み書きすることが可能であった。これは，出発点の番地とブロックの語数を与えることによって行なわれたもので，使用上の大きな融通性が，これによって私たちにもたらされた。

　高級研究所の計算機のための最初の入出力装置は，計算機の分野で，その本来の役割を果たしたいと願っていた合衆国標準局が，私たちに代わって開発した。そのために標準局は，1948 年の末と 1949 年のはじめに，ある種のテレタイプ装置を私たちが使えるように改造した。[21] その後，この機械には，リチャード・メルヴィルによって重要な改造が加えられた。この変更は，機械の動作速度を大幅に向上させた。改造されたテレタイプは，約 8 分間で記憶装置を一杯にすることが出来，16 分間でそれを印書することが出来た。この入力のほうの速さは，まだどうにか我慢することができるものであったが，出力のほうは全く論外であった。私たちが機械の誤動作を診断しようと試みる場合には，いつでもその記憶装置の内容を印書したものを必要とした。このような印書をするだけで，毎回 1/4 時間もかかるというのは我慢することができなかったし，その結果として，私たちの機械は，非常に長時間使えないことになったのである。これは，決して標準局の仕事がまずかった

ということではなくて，むしろ，直列的な紙テープを使った場合に，果たしてどれだけのことができるかを示すものであった．

事実，標準局は，同局の計算機に関する電子工学的な研究の主任であった故サミュエル N. アレクサンダーと，数学部門の主任であったジョン・カーチスの 2 人から影響を受けて，この分野に非常に熱心に取り組むようになった．[22] 彼らは，1950 年 5 月に完成検査に合格し，標準局のワシントンにある施設で使用された SEAC (Standards Electronic Automatic Computer)，UCLA 構内にある標準局の数値解析研究所で使用された SWAC (Standards Western Automatic Computer)，SEAC に次ぐ 2 台めの機械 DYSEAC (Second Standards Electronic Automatic Computer) などといった先駆的な計算機を製作した．SWAC は，当初ライト航空開発センターから，そして後には ONR から資金的な援助を受け，一方 DYSEAC はアメリカ陸軍の通信隊との契約に基づいて製作された．この機械は，1954 年 4 月に運転を開始した．標準局のグループは，このほかにも，重要な工学上の開発を行なった．今日なお，一般の計算機で広く使われている，いわゆる先回り桁上げ加算器などもその一つである．[23]

標準局の手で行なわれたこれらの仕事は，連邦政府のいろいろな機関に対して，計算機の分野で指導的な役割を果たすという，それ本来の任務を全うするための実際的な努力のあらわれであった．しかしながら，この仕事に関しては，産業界の大企業が標準局に取って代わったので，そうした目的は，そのとおりには実現しなかった．それでもなお，標準局の努力は非常に価値のあるものであったし，また，計算機の分野における多くのすぐれた人材を生み出した．[24]

いずれにしても，紙テープを媒体としていたのでは，私たちの目的は達成しえないことがわかったが，幸運にも私たちは，IBM 社を説得して，私たちに協力させることに成功した．[25] 新しい装置——IBM 514 型複写穿孔機——を私たちの計算機に接続するのに必要な電子工学的な作業は，その少し前に IBM 社をやめて，私たちのグループに参加したヒューイット・クレインによって行なわれた．私たちのところに彼のような人がいたことは，何よりも幸運なことであった．彼はその装置の内部的な仕組みを理解しており，それを私たちの目的に合うように改造することが出来たからである．この機械は事態を一変させた．それは入出力作業の速さを分から秒に変えた．この速さの向上は，入力の読み取りに関しては約 10 倍，出力の穿孔に関しては約 20 倍であった．こうした速さの向上により，そこそこの運転が可能になったので，1952 年 11 月には，その入出力装置の切り替えが行なわ

た。高級研究所の計算機は 1952 年 6 月 10 日に公開され，その働きを実際に見せるための例題としては，クンマーの問題（前出，p.341）が用いられた。私は，その問題が，当日はまだ完全なものになっていなかったかもしれないと思うが，それでも私たちは，その日をこの機械の公開日として選んだことには，よほどの自信をもっていたに相違なかった。計算機は，この日より前に間違いなく稼動していた。スミスはこう書いている："この開発*は首尾よく行なわれ，1951 年の暮には，IAS 計算機（高級研究所の計算機）と，イリノイ大学でつくられたその同型機は等速呼び出し記憶装置，すなわち'並列'記憶装置を用いてうまく稼動するようになり，またマンチェスター大学におけるウィリアムズの最初の研究を基にした Ferranti Mark I は，直列型の記憶装置を使用して好結果を得るまでに至っていた。"[26]

以上のほかにポマリーンによって設計された高級研究所の計算機のための装置で，ここに述べておく価値のあるものが，二つある。それらは，どちらも重要なものだったからである。その一つは，40 接点のスイッチによって制御される操作卓に取り付けられたウィリアムズ管であった。これによって私たちは，各記憶管の内容や，どれか二つの記憶管の内容の差違などを目で見ることができた。技術者たちと同時に，プログラマもまた，この装置をしばしば巧妙に利用した。たとえばグレン・ルーイスとノーマン・フィリップスは，気象計算に出てくる繰り返しルーチンに工夫をして，その繰り返しの進行状況を表示管で見ることができるようにした。その結果，私たちは，わざわざ印書をしてみなくても，繰り返しの過程を観察することが可能になり，その処理をより速く行なうためのいろいろな代わりの計算法を，きわめて容易に試してみることができるようになった。

もう一つの装置は，非常に先駆的なものであった。それは，プログラムによってオシロスコープの画面に図形を表示するような装置であって，磁気ドラムに接続されていた。これは，現代のすすんだ図形表示装置が今日そうであるように，その当時にはきわめて有用なものであった。[27]

1947 年以降，高級研究所の所長をしていた J. ロバート・オッペンハイマーとフォン・ノイマンが，ほかの人たちにまじって写っているその当時の写真が今でも残っている。オッペンハイマーは常に計算機計画をしっかりと支援してくれた人で，私は，彼とたびたび交わした個人的な会話からも，彼はその計画の重要性を十分に評価していたと確信している。しかしながら，彼とフォン・ノイマンとの関係は複雑であった。そのため彼は，フォ

---

* ビゲロウが行なったウィリアムズ管による等速呼び出し記憶装置の開発.

ン・ノイマンが原子力委員に就任するために研究所を去るまでは，完全に局外にとどまっていたが，それ以後，私にとって近づきやすい人物になり，また，大いに私に力をかしてくれた。彼とフォン・ノイマンとは，決して親しい友人ではなかったが，互いに相手を高く評価し，尊敬していた。

事実，フォン・ノイマンは，ロスアラモスの全事業は，オッペンハイマーなしには不可能であったにちがいないというような彼の意見を，私に聞かせてくれたことがある。彼はまた，オッペンハイマーが合衆国政府からひどい取り扱いを受けているとも感じていた。仮にオッペンハイマーがイギリスにいたならば，彼は伯爵位を授けられて，非難の及ばないような地位を与えられていたであろうというのが，フォン・ノイマンの実感であった。実際，彼は"出る杭は打ってしまおう"という民主主義の欲望を全くにがにがしく思っていた。(これらは，ほとんど彼がいったとおりに述べたものである。)この二人はもちろん超爆弾，すなわち熱核爆弾の問題については全く反対の見解をもっていたが，それでもフォン・ノイマンは，オッペンハイマーの誠実さや愛国心については，一瞬たりとも疑ったことはなかった。オッペンハイマーの適格性に関する査問会でも，彼はこのような方向の証言をし，彼の愛国心や誠実さについて，"私は……どのような疑いも抱いておりません。"と言い切った。また，彼の"機密事項や機密情報の取り扱いに際しての配慮"に関しても，フォン・ノイマンは，"私個人としては全面的に信頼しています。"と述べている。[28]

高級研究所の計算機の原子力委員会の業務への利用について，フォン・ノイマンがそのときにいっていることを，今日，もういちど読み直してみるのは，決して無意味ではない。

問．計算機の開発に対して，高級研究所の果たした役割について何か話していただけませんか。

答．私たちはその計画を立て，開発し，製作し，それを稼動させるのに成功しました。その結果，私たちは，その開発が行なわれた時代には超高速の部類にはいっていた非常に速い計算機を運用することになったのです。

問．オッペンハイマー博士は，それに何か関係していましたか。

答．していました。それを製作するという決定は，オッペンハイマー博士が着任する1年前に行なわれましたが，それを製作して実際に動くようにするための作業は約6年を要しました。この6年のうちの5年間，オッペンハイマー博士は研究所

の所長でした。
問．その計算機は，最終的にいつ製作されたのですか。
答．1946年から1952年にかけて製作されました。
問．それが完成して，使用することが出来るようになったのはいつですか。
答．それは1951年に完成し，それを使って実際に仕事をすることが出来るような状態になったのは1952年でした。
問．そして，それは水素爆弾計画に使われたのですね。
答．そのとおりです。研究所に関する限りでは……この計算機が稼動にはいったのは1952年ですが，その後にこの機械で行なわれた最初の大きな問題，それも非常に大規模なもので，このような条件のもとでさえ，半年もかかった問題は，熱核爆弾計画のためのものでした。それ以前にも，私は他の計算機を使って，熱核爆弾計画のための計算にたいへんな時間を費やしたことがあります。[29]

　高級研究所で行なわれた仕事の詳細については，ほかにも書くことがいくらでもあるが，それを一々紹介することは，本章の目的ではない。その時代の雰囲気を伝えるためには，私たちがすでに述べたところで十分である。高級研究所は，計算機計画を1958年ごろまで続けた。フォン・ノイマンが去ってからは，私が全計画の責任者となり，チャーニー，ポマリーン，マエリーがそれぞれ気象学，工学，数学の各グループの指導者になって，研究は引き続き活発に行なわれ，すぐれた成果を生み出した。しかしながら，計画そのものの寿命は，もはや終わりに近づきはじめていた。研究所は研究機関として，また私たちは個人として，すでに当初の目的は達成していた。オズワルド・ヴェブレンは特にこのことを痛感した。彼は自分の頭の中で——このときまでに，彼は技術的なことについてはすっかり無知になっていたが，その周辺の問題に対するある種の洞察力はしっかりともっていた——学問的な研究機関が自身のための計算機をつくる時代は，終わりに近づいているという判断をしたのである。不幸にして，彼は，計算機の重要な使用者であり，常に新しい応用分野の開拓者であるというこれらの研究機関の現在の姿を見通してはいなかったし，また，研究機関がその必要性や要求を明確に訴えることによって，計算機産業に与えている著しい影響についても，気が付いていなかった。さらに彼は，計算機が大学の研究者に与えることになった大きな影響や，それが世界中の学生の学習方法をどれだけ変えてしまうかというような点についても正しく評価していなかった。高級研究所は，当初に計画して

いたことをやってしまったので，この分野からは手を引くべきというのが，ヴェブレンの考え方であった。オッペンハイマーは，この意見に強く反対し，高級研究所には，引き続いて計算機のために果たす役割があると信じていた。しかしながら，彼の意見は大勢を制するには至らなかった。たぶんその理由は，私が，この分野における次の推進力は産業界からもたらされるものと考えて，1958年にIBM社にはいるために研究所をやめたからであろうと思われる。

　振り返ってみて私が感じることは，ペンシルヴァニア大学にしても，高級研究所にしても，彼らが当然受けるべき賞賛を受けなかったということである。ペンシルヴァニア大学の業績や，それが正当な評価を受けなかった理由については前に述べた。高級研究所が名声を獲得することができなかったのは，次にあげるようないくつかの理由によるものと私は考えている。まず第一にあげられるのは，高級研究所の立場からみれば，私たちの基本的な着想をすべて公共の利用に供することにして，それらを包括する特許を取得しなかったことは，たぶん，私たちにとって賢明なやり方ではなかったということである。無償で手にはいるものに対しては，世の中は，おそらく非常に名目的な価値だけしか認めないであろう。それらの着想は，全く私たちが望んでいたとおりに，あらゆる人々によってとり上げられ，利用されたが，必ずしも正当な知的評価が与えられていたわけではなかった。私たちの郵便発送先名簿には大企業もはいっていたので，彼らは私たちの報告書を，論理に関するものも，工学的な技術に関するものも，すべてそれらが書かれるたびに，一つ残らず入手することが出来た。

　二番めにあげられるのは，地上に出ているものだけを見てその根を見ない世の中の物の見方からすれば，とかくこうした業績は無視されがちであったときに，高級研究所が計算機の分野から手を引いたという事実である。そのうえ，産業界の各企業は，名誉の帰属を明らかにすることを，学者や，科学技術者が考えているようには，彼らの主要な義務だとは考えていない。したがって彼らは，習慣的に他人の業績を認めようとしないで，自然に，彼ら自身の業績を誇示することになる。

　三番めにあげられるのは，高級研究所における計算機計画で何をなすべきかという問題が，激しい論争を引き起こして，数学の体系の中に起こった，一方は数学のより伝統的な分野，他方は計算機および計算と密接な関係のある分野といったような分裂を，たぶん5年ぐらいは早めたということである。

　これは少し単純化しすぎたかもしれないが，見当としては，あまり大きく違ってはいな

い。この分裂は，事実上，世界中のすべての大きな大学で起こったが，大きな事件が皆そうであるように，この場合も傷あとを残さないというわけにはいかなかった。高級研究所で計算機計画が打ち切られたときには，そのいくつかの点について，反省が加えられたらしく，数学科は，"純粋"数学とよばれている分野での，非常に高度な研究にもどっていった。これは，決して非難をする意味で書いたのではなくて，むしろ高級研究所が，その当然受け取るべき名声を，何故にもっと積極的に要求しなかったかを示すために書いているのである。今日では，研究所は，それ自身の成果がどれほど内容の豊富なものであったかを知る機会があったし，時の経過が，かつてそこに生じた差異を不明確なものにしてしまった。したがって，それは，再び，自らの手で達成したものの重要さを認識するようになり，また，人類の偉大な成果の一つの発祥地になったことを，誇りとするようになってきた。さらに，新しい所長，カール・ケイセンの指導の下で，社会科学科は，計算機を大幅に利用することが明らかになりつつある。ケイセンは，まだ連邦政府の職員であったころ，行政的な決定の基礎になる統計的な数字を提供するために，計算機の利用をよりいっそう大規模なものにするための活動を，きわめて積極的に推進した人物であった。

原著者脚注

[1] 興味のある読者は，*Computers and Their Role in the Physical Sciences*, edited by S. Fernbach and A. H. Taub, Chapter 3 by H. H. Goldstine, pp. 51-102 を参照されたい．

[2] M. H. Weik: *A Survey of Domestic Electronic Digital Computing Systems* (1955)

[3] これらのなかで，ILLIAC II もまた高級研究所の設計から派生したものであった．C. V. L. スミスは彼の著者 *Electronic Digital Computer*, p. 421 に次のように書いている．"この設計はフォン・ノイマン，ゴールドスタインおよび高級研究所におけるその協力者たちによる 1-アドレス非同期論理回路からの自然な発展である．……こうした最近の伸展が示すように，この方法が生き続けていることをみるのは興味深いことである．"

[4] ロスアラモスのグループは，J. リチャードソンを主任技師としてメトロポリスの指揮下におかれた．その計算機は MANIAC とよばれ，1952年3月に首尾よく稼動した．アルゴンヌのグループは，本書では最初 ENIAC の技術者として登場した J. C. チューがその指揮にあたった．彼らは，高級研究所型の計算機を合計3台設計した．最初にアルゴンヌのための AVIDAC，次に（バークスの助言を受けて）オークリッジ国立研究所のための ORACLE，そして最後に，アルゴンヌのための GEORGE がつくられた．

[5] そのいくつかを挙げてみると，ストックホルムでつくられた BESK，ルンド大学の SMIL，ミュンヘン工科大学の PERM，モスクワの BESM，イスラエルの WEIZAC，シドニー大学の SILLIAC そしてミシガン州立大学の MSUDC などがある．

⁶ Smith: *Electronic Digital Computers*, p. 37.
⁷ 彼の *Electronic Digital Computers* に詳しく述べられている.
⁸ *Computers and Their Role in the Physical Sciences*, ed. Fernbach and Taub, p. 95.
⁹ 例えば, *Symposium——Diagnostic Programs and Marginal Checking for Large-Scale Digital Computers, IRE Convention Record* (1953) を見よ. このシンポジュウムでは, この問題に関する多数の興味深い論文が, J. P. エッカート, G. エストリン, L. R. ウォルターズ, M. ウィルクスおよび S. バーティンなどによって発表されている.
¹⁰ Jan A. Rajchman, "The Selectron——A Tube for Selective Electrostatic Storage," *Proceedings of a Symposium on Large-Scale Digital Calculating Machinery* (Cambridge, Mass., 1948), pp. 133 - 135 ; これに続く論文は, ハーヴァード大学で 1949 年 9 月に行なわれた後のシンポジュウムで, ラジチマンによって発表された.
¹¹ J. W. Forrester, "Data Storage in Three Dimensions," Project Whirlwind Report M-70, Massachusetts Institute of Technology, Cambridge, Mass., April 1947; および "Digital Information Storage in Three Dimensions Using Magnetic Cores," *Jour. Appl. Phys.*, vol. 22 (1951), pp. 44 - 48.
¹² フォレスターは 1953 年に, 実際に使用することができるような, 十分な容量をもった磁気記憶装置を Whirlwind に取り付けた.
¹³ Final Report on Contract No. DA-36-034-ORD-1023, April 1954.
¹⁴ ゴールドスタインからウィリアムズにあてた 1948 年 6 月 21 日付の手紙, およびウィリアムズからゴールドスタインにあてた 1949 年 7 月 30 日付の手紙. 後の手紙には, そのときすでにビゲロウは, 帰国の途についていたことが記されている.
¹⁵ ゴールドスタインからウィリアムズにあてた 1952 年 7 月 10 日付の手紙, および同じくゴールドスタインからウィリアムズにあてた 1948 年 11 月 8 日付の手紙.
¹⁶ J. H. Pomerene, Electronic Computer Project, Engineering Notebook 1.
¹⁷ Burks, Goldstine, von Neumann, *Preliminary Discussion*, p. 5.
¹⁸ Bigelow, *et al.*, "Fifth Interim Progress Report on the Physical Realization of an Electronic Computing Instrument," Institute for Advanced Study, Princeton, 1 January 1949.
¹⁹ H. H. Goldstine, J. H. Pomerene, and C. V. L. Smith, "Final Progress Report on the Physical Realization of an Electronic Computing Instrument" (Part I, Text), Institute for Advanced Study, January 1954 および Staff of the Electronic Computer Project, "Final Report on Contract No. DA-35-034-ORD-1023," Institute for Advanced Study, Princeton, April 1954, p. I - 2.
²⁰ エンジニアリング・リサーチ・アソシエイツ (ERA) は, 第二次世界大戦中に非常に有効な役割を果たしたグループによって戦争末期に創立され, 計算用機器, 特に磁気ドラムに関する高度な専門的技術を開発した. その業績の概要は, 彼らが書いた次の本に出ている : Staff of Engineering Research Associates, Inc., *"High-Speed Computing Devices* (New York, 1950). この本の 219 ページには, ONR および合衆国標準局のために彼らが作成した磁気ドラム技術に関する報告書の一部の目録がある. この本には, また, この時代の学生向けのすぐれた文献目録も含まれている. この本は, それ自身, 1950 年現在の時点での, 電子工学の分野の念入りな分析になっており, そのほとんどの部分は, UCLA の故 C. B. トムキンズ教授 (彼は, ガモフの本に出てくるトムキンズその人であった) が, J. H. ウェイクリンおよび, W. W. スティフラー 2 世の協力を得て書いたも

第6章 工学的活動とその成果   371

のであった.
²¹ Bigelow et al., "Third Interim Progress Report on the Physical Realization of an Electronic Computing Instrument," Institute for Advanced Study, 1 January 1949, p. 25.
²² 彼らの部下には,次のような人々を含む,有能な人材がいた: F. アルト, E. W. キャノン, R. エルバーン, A. ライナー, W. ノッツ, R. スラッツ, J. スミス, A. ワインバーガー. たぶん,ほかにもまだいたと思われるが,忘れてしまった.
²³ 興味のある読者は,次の本の人名索引を見れば彼らの論文が参照されていることがわかるであろう. C. V. L. Smith, *Electronic Digital Computers*.
²⁴ 特に, UCLA の研究所はその大学を数値解析の中心にするのに大いに貢献した. 現在でも,ここには,数値解析の研究に関するすぐれた伝統が数学科だけではなく,経営学科,医学科などにも残っており,ジェラルド・エストリンは,計算機の開発に関係した長期計画グループの責任者になっている.(彼はまた,高級研究所に在籍中に休暇をとって,イスラエルのレホヴォトにあるワイツマン研究所へ行き,彼らの最初の計算機の製作を手伝った.)
²⁵ C. C. ハードから J. C. マクファーソンにあてた 1952 年 2 月 8 日付の報告書,および, D. R. パイアットから W. W. マクダゥエルにあてた 1952 年 4 月 9 日付の高級研究所への出張報告書. (この資料は J. C. マクファーソンの好意により利用させてもらったものである.)
²⁶ *Electronic Digital Computers*, p. 278.
²⁷ Burk, Goldstine, and von Neumann, *Preliminary Discussion*, p. 40.
²⁸ *In the Matter of J. Robert Oppenheimer, Transcript of Hearing before Personnel Security Board, Washington, D. C., April 12, 1954 through May 6, 1954*, United States Atomic Energy Commission, Washington, 1954, pp. 643-656.

第7章

計算機とUNESCO

　こうしたすべてのことが進行している間，もちろん，他の世界各国は何もせずに坐っていたわけではなかった。それどころか，計算機革命は合衆国，ヨーロッパ，イスラエル，日本などの全域に，きわめて急速に広がっていった。諸外国におけるこうした活動の大部分は，大学や研究機関で行なわれ，1機種1台限りというような計算機が多数つくられた。いずれの計算機も，それぞれの国に，電子計算機が必要になるような状態をつくり出すのに貢献した以外は，それ自身としてそれほど重要なものではなかった。すなわち，これらすべての活動の総合的な効果は，まず最初は世界の科学界に，それから少しおくれて世界の実業界に電子計算機に対する需要を生み出したことであった。第二次世界大戦後の海外の経済状態は，一般的によくなかったので，諸外国における計算機の開発は，合衆国のそれに比べると，数年の遅れがあった。この遅れは，"ハードウェア"の面できわめて著しく，"ソフトウェア"に関してはごくわずかなものであった。

　戦争によって最もひどい打撃を受けた国々が，計算機の製作に着手する以前に，その動乱の影響から立ち直るためにより多くの時間を必要としたことは，驚くにはあたらない。しかしながら，イギリスが計算機の分野において，十分に練り上げられ，申し分なく実行された非常に多くの計画に，戦後直ちに着手することが出来るほどの活動力をもっていたことは，注目に値することである。そのなかには，ウィルクスによって行なわれたケンブリッジ大学におけるEDSACの製作，ウィリアムズによって行なわれたマンチェスター大学のMADMとその後続機種，テューリング（とその後継者）が手掛けたテディントンでの開発計画，ロンドン大学のバークベック・カレッジで行なわれたブースによる研究などが含まれている。[1] 本質的には，ハートリーとワマーズリーの訪米によってはじまっ

たこれらの開発から，重要な産業がイギリスに起こったのである。同じようにして，スティグ・エケレーフ教授の訪米（前出，p. 283）は，計算および計算機科学に対する幅広い関心をスウェーデンに巻き起こし，その結果，この国は，計算機に関連する多くの分野——代表例として二つだけ挙げるならば，数値解析とプロセス制御——で，指導的な地位を占めるようになった。

世界各国の計算機に関する研究成果を詳細に列挙したとしても，この分野における主要な知的な推進力の概要について述べるという私たちの全般的な目的のためには，ほんの少ししか寄与しないであろう。しかしながら，これらの開発の概要についても，付録で手短に述べておいたので，ここでは全般的な開発状況に関する話題に，もういちど話をもどすことにする。

合衆国の内外で行なわれた多種多様な計算機の急激な製作は，まさしくバベルの塔を建造したときのような結果をもたらした。各計算機はそれぞれに専用の言語をもっており，標準的な言語をつくり出そうというような気運はあまりみられなかったのである。産業界が——特に IBM 社は，その計算機が非常に広く採用されていたので——この分野のために果たした実質的な貢献は，同一の機種，またはほんの数種類の異なった機械の中のどれかを使っている，きわめて大きな使用者の集団をつくりあげたことであった。その結果，こうした集団の構成員にとっても，黎明期の計算機産業にとっても，計算機の使用者間で，有益な情報の交換をすることが出来るようにするために，少数の共通言語を作成するという目標に向かって作業をすることが，当然のこととして考えられるようになった。このようなわけで，次に述べなければならない大きな進歩は，計算機の分野の産業化と，科学計算のための計算機用言語のはじまりである。もちろん，私たちがたどらなければならない道は，決して真っすぐなものではなくて，進化の分野での，それに相当する過程によく似たものになる。すなわち，私たちは，出だしは非常に有望であっても，やがて消えてしまうような道に出合うことを覚悟しなければならないし，同時に，最初はあまり目立たなくても，途中で突然重要なハイウェイになるような道もあることを，考えに入れておかなければならない。

前者のような経過をたどった道の顕著な例は，1948 年後半の，UNESCO の総会に端を発した道であった。その当時，電子計算機は，世界全体にとって，はかりしれないほど重要なものになりそうだという認識がもたれており，また，当分の間，その供給台数はきわめて不十分なものであろうと信じられていた。したがって，ちょうど高エネルギー物理

学界において非常にうまく CERN* が果たしてきたような役割を，各加盟国に対して果たすような国際的な計算センターを，各国が共同で設立する必要があると考えられた。この計画の歴史は興味深いものである。すぐれた理論的根拠をもって開発された計画でも，公開の市場で優秀な計算機が急に入手しうるようになったことによって，その重要性や必要性が予想もされていなかったほど小さなものになるという実例を，それが示しているからである。1949年6月16日に，UNESCO (United Nations Educational, Scientific, and Cultural Organization) の事務局長は，合衆国学術会議の UNESCO 委員会が作成した報告書に対して意見を提出するよう，各加盟国に求めた。この報告書は，UNESCO の第3回総会 (1948年11月から12月にかけて，ベイルートで開催) において，事務局長に対して出された"国際計算センターの可能性とその設立計画について考慮すること……。"という訓令[2]から発展したものであった。合衆国の報告書の発端となったのは，1949年1月14日に，バート・ボック教授を委員長として開かれた合衆国学術研究評議会の UNESCO 委員会の会合であった。ボックはアリゾナ大学の天文学の教授で，国際天文学連合の副会長でもある。この委員会は，コネティカット農業試験場の C. I. ブリス，マサチューセッツ工科大学のジョン・カーティス，W. J. エッカート，フィリップ M. モース，およびハーヴァード・カレッジ天文台のハーロウ・シャプリーといった人たちで構成された小委員会を設けた。[3]

上記のようなよびかけに応じて，イタリア，オランダ，スイス，デンマークなどをはじめとした多くの加盟国からの回答が事務局長あてに送られてきた。デンマーク工学学士院の委員会は，ハラルド・ボーアを含む何人かの長老格の科学者を加えて，デンマーク国内 UNESCO 委員会に発展した。そうした人々を加えたことによって，この委員会は，天文学，生物学，工学，測地学，数学，物理学，統計学などといった諸分野を包括することになった。リカルド・ペテルセン教授（巻末の付録を参照せよ）を委員長とするこの委員会は，そこで UNESCO に対する答申を作成した。それには，次のように述べられている："最初に——いちはやく1946年6月に開かれた UNESCO の準備委員会の会合で——提案された計画は，東アジアのどこかの国，できれば中国に，最新型の計算機の一つを備えた国連計算センターを設立するというものであった。……"[4] この委員会は，極東における科学の振興を助成することが必要であることは認めたものの，それにはかかわりなく，このセンターをヨーロッパに，特にデンマークに設立することを強く主張した。

---

* ヨーロッパ原子核研究委員会 (Commission Européenne pour la Recherche Nucléaire).

第7章 計算機と UNESCO　　375

　1951年の春には，専門委員会が UNESCO に設置され，5月にパリでその会合がもたれた。この会合の結果出された報告書によって，国際計算センターを設立するための会議が，その年の秋に開催されることになったのである。[5]（私がはじめてペテルセンに会い，私の信じるところでは，彼および彼の夫人とのあたたかい友情に発展することになった関係をつくる機会を得たのは，この春の会合のときであった）。専門委員会は，提案されているセンターの候補地になることを求めたイタリア，オランダ，スイスの各政府からの申し入れについて調査をした。（私には，もはやデンマークがどうして前の主張を撤回したのかよくわからない。）いずれにしても，事務局長のハイメ・トレス-ボデト博士*と専門委員会は，各種の提案を評価して，それぞれの利点について事務局長に答申してほしいという依頼を私にしてきた。この依頼を私は引き受けた。[6] このときまでに，スイスがその申し入れを取り下げたので，私はアムステルダムにあるきわめてすぐれた計算施設と，ローマにあるそうした施設のうちの，どちらかを選ばなければならないことになった。内部での討論をなんども重ね，二つのセンターの人たちが書いた論文に詳細に目を通した結果，私はローマを選んだ。この選択は，11月にパリで開かれた会議で支持された。この会議には，合衆国はオブザーバーを送っただけで，代表者を送らなかった。私が，そのオブザーバーであった。[7] 結局は，合衆国やイギリスといったような大国が，協定に署名をしなかったので，このセンターは発足するにあたって，大きな困難に直面した。その後，徐々にそれが活動を開始するに従って，その存在理由はだんだんと失われていった。このような困難があったにもかかわらず，このセンターは，スウェーデンのスティグ・コメット（付録参照）の指導の下に非常にすぐれた業績をあげた。

　このセンターに対して示された全世界の関心については，一言ふれておくだけの価値がある。代表は次の各国から参加した：中央および南アメリカ地区──ブラジル，メキシコ，ペルー；ヨーロッパ地区──ベルギー，デンマーク，フランス，イタリア，オランダ，ノルウェー，スウェーデン；アジア地区──イスラエル，日本，シリア，トルコ；アフリカ地区──エジプト，リベリア。このほかに，次の国から公式のオブザーバーが出席した：オーストリア，イギリス，インド，イラン，ウルグアイ，南アフリカ連邦，アメリカ合衆国。さらに，国際電気通信連合，国際科学連合会議，国際純粋応用物理学連合，国際理論応用力学連合，国際数学連合，国際技術団体連合，フランス国立電気通信講習所 (CNET)，

---

　*　メキシコの現代詩人としてもよく知られている人で，UNESCO の事務局長に就任する前には，
　　同国の文部大臣をしていた．

バッテル記念研究所，ブル計算機株式会社，フランス IBM，フェランティ株式会社，SAMAS, SEA などからは，その代表者が出席した．こうして私たちは，最初の何台かの近代的な電子計算機が稼動を開始した当時，すでに25箇国が，これらの計算機とかかわりをもっていたことがわかるのである．

原著者脚注

[1] ウィルクス，ウィリアムズ，およびテューリングの仕事については，既に前のところでとり上げた (pp. 247-249, および pp. 281-283). アンドルー・ブースについては付録を参照されたい.
[2] 第3回 UNESCO 総会の決議第 3. 81.
[3] *Preliminary Memorandum on the Establishment of an International Computation Center under the General Sponsorship of UNESCO and ECOSOC.* この文書には，小委員会委員長ハーロウ・シャプリーの署名はあるが，日付ははいっていない．しかしながら，小委員会がニューヨーク市内のワトソン科学計算センターで会合をもったのは，1949年3月17日であった.
[4] *Report on the Establishment of an International Computation Centre Submitted to UNESCO by the Danish National Commission for UNESCO,* Paris, 16 December 1949 (UNESCO/NS/ICC/3).
[5] UNESCO/NS/ICC/8, Paris, 21 May 1951 : 6C/PRG/7, Paris, 18 June 1951.
[6] UNESCO/NS/ICC/14, Paris, 26 November 1951, 私の添え状は，1951年11月12日付になっており，6C/PRG/7 の場合と同じように私の権限についてふれ，それが，6月18日から，7月11日まで開催された総合の委員会の承認を得たものであることを述べている.
[7] UNESCO/NS/92, Paris, 8 April 1952.

第 8 章

初期の産業界の状況

 さて，以上で私たちは，1957年前後までの世界中の学界および政府機関における計算機の状況を，少なくともそのおおよそのところは書いたので，次に，これら各界の挑戦に対する産業界の反応について，私たちは検討しなければならない．合衆国，ならびに世界各国の学界や政府機関における活動が，単に科学計算用としてだけではなくて，事務用としても，相当な計算機の市場を開拓したことは，疑う余地がない．しかしながら，学界や政府機関は，どちらもこの分野を発展させていく能力はもっていなかった．両者は，それぞれ，学生，技術者，科学者などに対して，これらの新しい機器を評価し，かつ，使用するための教育を施すことによって，それに貢献したのである．そこで必要になってきたことは，この機械を大量に生産するような機構をつくることであった．
 アメリカ電気工学会と無線工学会は，1951年末に計算機に関する会議を開催した．この会議の組織委員会をみてみると，16人の委員の内訳は，政府機関から2人，大学から2人，技術雑誌から2人，そして産業界からは10人といった構成になっていたことがわかる．どのような会社がそれに関係していたかを知るのも，興味深いことである．委員を出したのは，ベル・システム（3），バローズ・アディング・マシン（2）エンジニアリング・リサーチ・アソシエイツ（1），ジェネラル・エレクトリック（1），IBM（2），テクニトロール・エンジニアリング（1）などの各社であった．このように，強力な代表者が産業界から出されていたにもかかわらず，工業的に生産された計算機に関する論文は，19編のうちのたった6編しかなかった．バローズの研究所用計算機，ERA 1101，IBM の CPC，ベル・テレフォン研究所でつくられた I 型から VI 型までの7機種（V型が2種類あった）の電気機械的な計算機などに関するものが各1編と，エッカート・モークリー・

コンピュータ・コーポレーションでつくられた統計調査局向けの UNIVAC に関するものが2編というのが, その6編の内訳であった。他の論文は, 大学および政府機関で開発されたシステムをとり上げたものであるか, あるいは, もっと哲学的な性格をもった一般的な議論であるかのいずれかであった。[1]

このようにして, 1952年のはじめころまでに, 局面はようやくほんの少し, 政府機関や大学の世界から産業界の側へ傾きはじめた。1956年のはじめには, 形勢はすでに逆転していた。ウェイクは, 合衆国で稼動中の電子計算機44台のうち, 前者が製作したものは17台だけで, 残りの27台は産業界が製作したものであった, と述べている。[2]

エッカートとモークリーは, 1950年8月に BINAC を開発し, 次いで 1951年3月には UNIVAC をつくり上げた。1950年3月にレミントン・ランド社が彼らの会社を買収した (そのときに95%, 1951年に残りの5%) ときには, この会社は電子計算機の分野で, 技術的に他を大きく引き離していた。1952年4月に, エンジニアリング・リサーチ・アソシエイツ (ERA) をレミントン・ランド社が買収したことによって, この他との差は, 更に著しいものになった。その後, 1955年の半ばごろに, レミントン・ランド社はスペリー・ジャイロスコープ社と合併して, スペリー・ランド社となった。

ERA 1101 は, 1950年12月にジョージア工科大学に納入された。これは, 実際につくられた最初の磁気ドラム式電子計算機の一つであった。これは, 2進法, 1-アドレス方式を採用した非同期式の機械で, 乗算時間が260マイクロ秒であった。[3] 1101 の半分の容量の磁気ドラムをもった同期方式の計算機 1102 は, 合衆国空軍用につくられたものである。その中の3台は, テネシー州, タラホマにある合衆国空軍のアーノルド技術開発センターのためにつくられた。ERA はまた, 1953年に完成したジョージ・ワシントン大学の構内にある海軍研究局向けに, 兵站業務用の計算機をこしらえたのをはじめとして, 特殊な目的のための計算機も, 何台か製作している。ERA 1103 と, その改良機, 1103 A はそのあとでつくられた。その最初のものは, 1953年8月に完成試験に合格した。当初 1103 は, 1024語のウィリアムズ管記憶装置と 16,384 語の ERA 製磁気ドラム, それにレイセオン社, またはポッター社製の磁気テープ装置を備えていた。1103 A は 4,096 語の磁心記憶装置と, UNIVAC 型の磁気テープ装置をもっていた。この機種は, 1955年末までは10台生産され, 設置されたとウェイクは報告している。[4]

UNIVAC も売れ行きは好調で, ウェイクの第1回めの調査の時点 (1955年) までに, 15台が設置済みになっていた。さらに UNIVAC II とよばれる磁心記憶装置付きのもの

がすでに製造されていた。それは2,000語から10,000語までの範囲の記憶装置をもっていた。(上に述べた15台の UNIVAC のうちの何台かは,おそらく UNIVAC II であったと思われる。ウェイクは,彼の報告のなかで,次のような矛盾をおかしている。すなわち,あるところでは,彼は,15台が設置済みであると書いているにもかかわらず,別のところでは,22台が現在稼動中であると述べているのである。)

この時代,IBM 社は,無為に過ごしたわけではなかった。ハーヴァード-IBM 計算機が設置された直後に,ワトソン氏は,その"後継機"をつくるよう,同社の技術陣に指示した。これはそのとおり実行され,その結果出来上がった機械 SSEC (Selective Sequence Electronic Calculator) は,1948年1月に,ニューヨークのマディソン街590番地にある IBM 本社に設置された。この機械は,1952年8月に解体されるまで動き続けた。ボーデンは,この機械のことを次のように述べている:"それは,街を歩いている歩行者にも見えるようになっており,彼らはそれに'とうちゃん'という愛称をつけた。それは非常に大きな機械で,23,000個のリレーと,13,000本もの真空管が使われていた。すべての演算は真空管によって行なわれたので,その速さは,ハーヴァード大学の Mark I の100倍以上にも達していた。"[5] SSEC の記憶装置は,真空管でできた小容量の高速記憶装置,リレーでできたもう少し大容量の記憶装置,そして80単位の紙テープによるきわめて大容量のものといった,3段階の装置から成る階層構造をもっていた。命令もまたこの種の紙テープに貯えられた。この機械は,制御の流れを自動的に変えるための機構をもっていた。14桁の数の乗算は,約20ミリ秒で行なわれた。この機械は,すでに述べたように,AEC (原子力委員会)を含む多くの研究集団にとって,きわめて有用であった。事実,SSEC で行なわれた最初の計算は,社会にとっても非常に重要なもので,19世紀にもたれていた計算に対する関心を,私たちに思い出させるようなものであった。

> ブラウンの理論に基づく改良された月の位置の計算が,1948年1月に行なわれた IBM 社の SSEC の完成式の際に,その実演用の問題として準備された。選ばれた特定の何日かに対して,新しく計算された位置とブラウンの表との徹底的な比較が行なわれた。……あらゆる差異についてその原因が究明され,新しく計算された位置の優位性が確立された。……
> 1952年から1971年までの月の経度,緯度,および地平視差が,半日刻みの間隔で,ワトソン科学計算研究所の W. J. エッカートの直接的な監督の下に計算されたのであった。[6]

こうしたことからも私たちは，ウォーレス・エッカート（前出，p. 122）が，ブラウンの表の改良という彼の生涯にわたる仕事のために，最新の道具を活用していることがわかるのである。

SSEC の非常に重要な点は，おそらく，この機械によって IBM 社の経営陣が，同社の計算穿孔機と対比した場合の電子計算機の可能性について，関心をもつようになったことであろう。その計算穿孔機というのは，電子管式のパンチカード・システム用の機械であった。この機械は，アバディーンにある弾道研究所のために IBM 社の手でつくられて，1944 年 12 月に設置された 1 対のリレー計算機から発展したものであったように思われる。これらの 2 台に加えて，IBM 社は，ダールグレンにある海軍試射場のために 1 台，コロンビア大学構内のワトソン科学計算研究所のために 2 台，同じ機種を製作した。[7] これらの機械から，一連の計算穿孔機が生まれたのである。真空管を使ってつくられた最初のものは，1946 年の春にあらわれた 603 型電子式計算穿孔機であった。その 2 年後には，604 が登場した。これはきわめて評判の高かった機械で，ウェイクは，1955 年末までに 2,500 台以上生産されたと報告している。[8] これらの機械は，どのような演算を行なうかに関しては，カード上に穿孔された情報によって制御することができるようになっていた。したがって，それらは，カード・プログラム方式の機械であった。*

こうした一連の計算穿孔機は，1949 年にあらわれた CPC (Card Programmed Calculator) において，その頂点に達した。それは，既存のいくつかの IBM 機械，すなわち 402 または 417 型の会計機と 604，および 941 型補助記憶装置をたくみに結合することによってできたものであった。[9] この機械もまた非常な成功を収め，ウェイクの調査には，200 台以上設置されたと報告されている。[10]

しかしながら，電子計算機の時代は，IBM 社にも急速にやってこようとしていた。**

1953 年 4 月 7 日に，オッペンハイマーが主賓として出席していた昼食会の席で，有名な 701 が正式に公開された。この機械は，静電記憶管，磁気ドラム，磁気テープなどを使用していた。それは，本質的に ERA 1103 と競合するものであった。その開発は，競争者の挑戦に応じられるようなものにするために，2 年間をかけて行なわれた。この計画には，

---

* これらの計算穿孔機の制御は，基本的にはカード・プログラム方式ではなくて，配線盤に対する配線によって行なわれるようになっていた。

** この時代までの IBM 社は，あくまでもパンチカード・システムに主力をおいており，604，CPC などの計算穿孔機も，その中の一環としてしか考えられていなかった。

ジェリア A. ハダドとナサニエル・ロチェスターが共同でその指揮にあたった。前者は，"開発ならびに設計計画に対する技術面と実施面での全責任"を分担し，後者は，"システム全体の構成を立案する作業の，実施面での責任"を分担した。このシステムは，全部で19台製作され，設置された。こうして IBM 社は，新しい電子計算機の世界へ進出したのである。[11]

1954年6月1日かその前後に，統合参謀本部の合同気象委員会が，合同数値気象予報部隊を設置することを決めたとき，まず最初につくったのは，ダニエル F. レックス中佐を責任者とする特別調査グループであった。このグループは，"IBM Type 701 および ERA Model 1103 といった二つの計算機の，どちらがより数値気象予報の問題に適しているかを判定するために，一連の競争試験のための計算を実施する"ことを決定した。[12] 合衆国気象局のジョゼフ・スマゴリンスキーと私は，それらの試験を監督し，助言をしてほしいという依頼を受けた。

この時点——1954年1月——では，1台の1103が使用可能であった。この機械とニューヨークのマディソン街590番地に設置されていた701が気象計算の試験に使われた。私たちが提出した報告書には，次のように記載されている。"二つの機械の計算の速さは，ほぼ同じようなものであったが，1103のための，いわゆる最適プログラム手法のことを考慮に入れると，701のほうがわずかに有利である。"[13] しかしながら，入出力機器に関しては，701のほうがきわだって速かった。フォン・ノイマンを議長とし，レックスが事務局をつとめたこの特別調査グループに対する技術顧問団は，私たちの報告書を検討するための会合を，1954年1月28日に開いた。報告書は採択されて，"合同数値気象予報部隊で使用する計算機としては，IBM Type 701 を選ぶことが，出席者全員の一致した意見として勧告されることになった。"

私の見解では，IBM 社を電子計算機の分野に進出させるのに，最も重要な役割を果たしたのは，トーマス・ワトソン2世であった。彼が1945年に空軍をやめてきたときには，彼は，その操縦士としての経験から，私たちの社会のための新しい，主要な技術として，電子工学が基本的な重要性をもつものであることを，はっきりと確信していた。そこで彼は，電子技術を事務機械の分野に適合させるような方向に向かって IBM 社を動かすために，強い圧力をかけた。彼は，科学計算が，あらゆる分野で重要な役割を受け持つようになることを早くから見抜いていて，1949年には，オークリッジ国立研究所で1947年以来仕事をしていた数学者，カスバート C. ハードを IBM 社に招いた。

オークリッジにいたとき，ハードは，オルストン S. ハウスホールダーによって植え付けられた計算に関する強力な伝統の影響を受けた。彼はまた，フォン・ノイマンを知るようになり，その天才ぶりに深く賞賛の念を抱くようになった。彼はさらに，高級研究所における私たちの仕事についても，詳細な知識をもっていた。したがって，近代的な電子計算機という"すばらしい新世界"への IBM 社の移行を促進するために，彼がフォン・ノイマンの助力を求めたのは，至極当然のことであった。

1951年10月，IBM 社はハードのすすめに従って，同社との顧問契約に応じてくれるようフォン・ノイマンに申し入れた。この関係は，IBM 社にとってきわめて重要なものであった。これによって，その会社の技術者たちは，電子計算機の科学的な応用について知られていることを，ほとんどすべて入手することができるようになったからである。さらにそれは，最も質の高い科学的な助言が得られることを保証し，また，私の信じるところでは，優秀さの最終的な基準を設定するのに，大いに貢献した。

振り返ってみると，大学の研究集団がどれほど深く，かつ直接的な影響を産業界に与えたかは，きわめて明白である。高級研究所で生まれた着想が IBM 社に影響を与えたのと同じように，ムーア・スクールの全盛時代に開発された着想は，きわめて直接的な影響をレミントン・ランド社に与えていた。これらの産業界に対する指導が，どちらも非常に多くのものをフォン・ノイマンに負っていたし，今なお負っていることは，きわめて注目すべきことである。数学のより正統的な分野における彼の輝かしい業績に対しては，当然それ相当の敬意を払うべきであるが，私たちの文化に，おそらく最も大きな影響を及ぼした彼の業績は，彼が計算機の分野に対して果たした貢献であると考えられよう。

さて，話を初期の計算機についての論議にもどすことにしよう。私たちはまず，IBM Type 702 についてふれておかなければならない。これは，2進化10進法と英字記号を採用した機械で，科学計算用というよりもむしろ事務用を意図したものであった。[14] その第1号機は1955年2月1日に納入され，1955年末までには 14 台が生産された。その後，この機械は Type 705 に置き換えられた。この 705 はウェイクが 1955 年に最初の報告書を出したときには，まだ生産にはいったばかりであったが，彼はその時点で，すでに 100 台をこえる受注台数があったことを付記している。701 は 704 によって引き継がれた。これは磁心記憶装置を採用した機械で，ウェイクの報告書の述べるところでは，1955 年末までに 1 台製作され，ほかに 35 台の受注残があった。その第 1 号機は，カリフォルニア大学のリヴァモア放射線研究所に納入されることになっていた。

第8章　初期の産業界の状況　383

　私たちは，また IBM Type 650 についてもふれておかなければならない。この機械は磁気ドラム式の機械で，1,000語，または2,000語の磁気ドラム，60語の磁心記憶装置，磁気テープ装置などを備えた計算機として製作された。その乗算の速さは，701 の場合の 444 マイクロ秒に対して，2ミリ秒であった。しかしながら，この 650 の登場によって，アメリカの大学における電子計算機の状況は一変した。このシステムがあらわれる前は，それが他のどれかの機械の複製であるか，新しく設計されたのであるかはともかくとして，いずれにしても各大学は，彼ら自身の機械を自らの手で製作していた。650以後は，それはもはやそのとおりではなくなった。1955年12月までに，120台が稼動中で，750台が発注済みになっていたとウェイクは報告している。ほとんど同一の計算機を備えた使用者の大きな集団が，このときはじめて生まれたのである。このことは，プログラミングおよびプログラマにきわめて大きな影響を与えた。共通の機械をもった非常に大きな集団ができたことによって，今や共通のプログラム，共通のプログラミング技法等々をもつことが可能となり，また実際にそうすることが望ましいような情勢になった。今日何十万という人々が従事している分野が，ここからどのようにしてはじまったかについては，後に論じることにしよう。

　私たちが次にとり上げる IBM 社の機械は，NORC (Naval Ordnance Research Calculator) とよばれているものである。それは1台だけしかつくられなかった非常に大規模な，非常に速い計算機で，静電記憶管の記憶装置を備え，10進法を採用していた。（乗算は約30マイクロ秒で行なわれた。）1954年12月2日にこの機械がはじめて公開されたときに，フォン・ノイマンは演説を行なって，それを次のように結んだ。

　最後に私がふれておきたいことは，ほんの数語で言い表わすことができますが，それにもかかわらず，非常に重要なことです。それは，次のようなことなのです：新しい計算機械を計画する場合，すなわち実際に，何か新しいものを考案したり，その機械で取り扱うことができるパラメータの数を増やそうとしたりする場合に，その需要はどうか，価格はどうなるか，あるいは，それを大胆に行なうのと慎重に行なうのとでは，どちらがより大きな利益をもたらすか，などといったようなことをいろいろと考えるのは，ごく普通のことですし，またきわめて当然のことでもあります。この種の考察は，確かになくてはならないものです。もし仮に，こうした規準が100回のうち99回まで守られなかったりすれば，物事はたちまち破滅に陥ってしまうことでしょう。

しかしながら，100回のうちに1回ぐらいは，それとは違ったやり方で行なわれ，し ばらく前にヘイヴンズ氏が引用したような条件の設定に従って事がすすめられる場合も なければならないということは，きわめて重要なことです。それは，ときとして合衆国 海軍が今回行なったように，そしてIBM社が今回行なったように物事を行なうこと， すなわち，現在の技術水準で可能な限りの，最もすすんだ機械を必要とするような仕様 書を断固としてつくるということです。私は，こうしたことが，遠からず再び行なわれ ることを，そして，それが忘れ去られるようなことが決してないことを希望するもので あります。[15]

この演説が行なわれてからしばらくして，私が知ることになったように，フォン・ノイ マンは，まさしく本気でこれらの言葉を述べたのであった。彼と私が，産業界をうまく助 成して大胆な，新しい前進がもたらされるようにするための方法を話し合っていたときに， 突然彼は次のような考えはどうだろうと私に尋ねた。それは，IBMとスペリー・ランド の両社に対して，彼らがよろこんで引き受けそうな，最もすすんだ型の計算機を製作する ための契約を与えるというものであった。この会話がもとになって，原子力委員会とこれ らの両社との間で，完全に正式な一連の協定が結ばれることになった。その結果つくられ た計算機が，スペリー・ランド社のLARCと，IBM社のSTRETCHである。どちら の計画も，両社の技術陣を，ほとんど限界に近いところまで苦しめたが，これら両社の諸 製品にすみやかに反映された計算機技術の大幅な進歩が，それによってもたらされた。

原著者脚注

[1] *Review of Electronic Digital Computers,* Joint AIEE–IRE Computer Conference (New York, 1952), pp. 1–114 を見よ。
　この中には，どちらの部類にも入れられるような，特異な論文が一つ，収録されてい る。それはフェランティ社とマンチェスター大学が共同で製作したマンチェスター大学の 計算機について書かれた論文である。
[2] M. H. Weik, *A Survey of Domestic Electronic Digital Computing Systems* (1955), pp. 204–207.
[3] F. C. Mullaney, "Design Features of the ERA 1101 Computer," *Review of Electronic Digital Computers,* Joint AIEE–IRE Computer Conference, pp. 43–49.
[4] Weik, 前出 pp. 189–191.
[5] Bowden, *Faster than Thought,* pp. 174–175.
[6] *Improved Lunar Ephemeris 1952–1959, A Joint Supplement to the American*

第8章 初期の産業界の状況　385

Ephemeris and the (British) Nautical Almanac (United States Government Printing Office, 1954).

[7] J. Lynch and C. E. Johnson, "Programming Principles for the IBM Relay Calculators," Ballistic Research Laboratory Report No. 705, October 1949; W. J. Eckert, "The IBM Pluggable Sequence Relay Calculator," *Math. Tables and Other Aids to Computation*, vol. III (1948), pp. 149-161.

[8] Weik, 前出, pp. 57-58. この機械の詳細については, P. T. Nims, "The IBM Type 604 Electronic Calculating Punch as a Miniature Card-Programmed Electronic Calculator," *Proc Computation Seminar*, August 1951 (IBM, 1951), pp. 37-47. を見よ.

[9] C. C. Hurd, "The IBM Card-Programmed Electronic Calculator," Seminar on Scientific Computation, November 1949 (IBM, 1949), pp. 37-51; J. W. Sheldon and L. Tatum, "The IBM Card-Programmed Electronic Calculator," *Review of Electronic Digital Computers*, 前出, pp. 30-36; W. W. Woodbury, "The 603-405 Computer," *Proc. of a Second Symposium*, pp. 316-320.

[10] Weik,, pp. 55-56.

[11] M. M. Astrahan and N. Rochester, "The Logical Organization of the New IBM Scientific Calculator," (*Proc. ACM* (1952), pp. 79-83; W. W. Buchholz, "The System Design of the IBM 701 Computer," *Proc. IRE*, vol. 41 (1953), pp. 1262-1275; C. E. Frizzell, "Engineering Description of the IBM Type 701 Computer," *Proc. IRE*, vol. 41 (1953), pp. 1275-1287.

[12] レックスよりゴールドスタインにあてた 1953 年 12 月 16 日付の手紙.

[13] Report to the Ad Hoc Group for Establishment of a Joint Numerical Weather Prediction Unit: The ERA 1103 and the IBM 701, 27 January 1954.

[14] C. J. Bashe, P. W. Jackson, H. A. Mussell, W. D. Winger, "The Design of the IBM 702 System," *Trans. AIEE*, vol. 74 (1956), pp. 695-704; C. J. Bashe, W. Buchholz, and N. Rochester, "The IBM Type 702, An Electronic Data Processing Machine for Business," *Jour. ACM*, vol. 1 (1954), pp. 149-169.

[15] Von Neumann, Collected Works, vol. V, pp. 238-247.

第9章

プログラム言語

　前にもふれたように，産業界が計算機の分野に対して行なった大きな貢献の一つは，共通性のある一連の機械を開発して，潜在的には使用者が，相互に情報を交換することができるようにしたことであった。このことが，たとえば FORTRAN といったような科学計算用の言語の開発を，大いに促進したことは疑問の余地がない。以下のところでは，私は 1946 年から 1957 年までの期間に行なわれたプログラム技法の開発について述べることにしよう。そうした発展が，現在行なわれている多数の開発の前ぶれになっているからである。[1]

　電子計算機は，データ処理の速さを信じがたいほど高めることによって革命をもたらしたが，まだ人間がしなければならない大きな仕事を残していた。機械にかけられる問題のプログラムを作成する作業がそれである。したがって，プログラマの負担を軽くするような方法が，当初から大いに重視されたことは，なんら驚くべきことではない。そんなわけで，ここでは自動プログラミングの起源について議論をすることが必要になる。

　1946 年から 1950 年ぐらいまでの時代の電子計算機について，少し詳しく調べておくことは，そうした議論のためにおそらく有用であろう。話を簡単にするために，1-アドレス方式の命令コード体系をもった高級研究所の計算機をとり上げて，命令，または指令が実際にはどのような形をしているか，またプログラムとはいったいどのようなものであるかを調べてみることにしよう。

　機械が理解する**言語**を構成しているのは，その命令の全体である。これは，普通，**機械語**とよばれる。現代ふうにいえば，それは最も原始的な，あるいは最も水準の低い計算機用の言語である。そこで，この言語の構造を少し調べてみることにしよう。1952 年 7 月 1

日には、高級研究所の計算機は29種類の命令から成る基本的な語彙をもっていた。[2] 各命令は、一般に2進法10桁——$2^{10}=1024$——の記憶場所を示すための部分と、同じく2進法10桁の演算を指定する部分とから成り立っていた。その結果、たとえば、累算器の内容を0にして、記憶装置の1000番地に貯えられたなにがしかの数をそれに加えるという演算の命令は、次のようになる。

1111101000　　　　1111001010
記憶場所　　　　　演　算

したがって、各命令はいずれも20桁の2進数で表わされるわけである。それでは、簡単なプログラムは、いったいどのような姿になるのであろうか。ここでは次のような、ごくありふれた問題のプログラムを考えてみることにしよう：変数 a, b が記憶装置の10番地および11番地に貯えられているとき、$c=a+b+ab$ を計算し、その結果を記憶装置の12番地に貯えよ。この場合、さらに命令は、0番地からはじまる記憶装置の連続した場所に入れることにしよう。そうすれば、プログラムは次のようになる。

0. 00000010101111001010,
1. 00000010111111001000,
2. 00000011001110101000,
3. 00000010101111001100,
4. 00000010111111000110,
5. 00000011001111001000,
6. 00000011001110101000.

このような数字の配列は、人間には事実上解読不能であるが、機械が**理解する**のは、まさしくこの数字の配列そのものである。私たちが理解できるような言葉で表わせば、これはいったい何を意味しているのであろうか。それは、以下に述べるようなことになる。

0. 累算器の内容を0にして、10番地に貯えられている数をそれに加える。S(10)→Ac+.

1. 11番地に貯えられている数を累算器の内容に加える。S(11)→Ah+。
2. 累算器にはいっている数を12番地に移す。At→S(12)。
3. 演算レジスタの内容を0にして，10番地に貯えられている数をその中へ移す。S(10)→R。
4. 累算器の内容を0にして11番地に貯えられている数を演算レジスタにはいっている数に乗じ，上位39桁を累算器に置く。S(11)×R→A。
5. 12番地に貯えられている数を累算器の内容に加える。S(12)→Ah+。
6. 累算器にはいっている数を12番地に移す。At→S(12)。

これは機械語による記述を日常語に翻訳したものである。けれどもそれはまことに冗長で，しかも，それほどわかりやすいものではない。そこで私たちは，プログラムを書くために，別の言語を採用した。それは上記のような記述を基本にした記号的な，覚えやすい簡略命令コードであった。これを用いて前の七つの命令を書いてみると，次のようになる。

	命令コード欄	説明欄	
0.	10 c	A	a
1.	11 h	A	$a+b$
2.	12 S	12	$a+b$
3.	10 R	R	a
4.	11 ×	A	ab
5.	12 h	A	$ab+a+b=c$
6.	12 S	12	c

これは，形のうえでは，私たちが通常プログラムとして書いているものに非常に近いものである。この場合，必要なことは，だれかがこの記号言語を機械言語に翻訳することであった。[3] 私たちの場合，この作業は人手で行なわれた。

自動プログラミングの分野における最初の開発の一つは，1949年の秋に，EDSACで行なわれた。そこでは，記号言語から機械言語への変換は，計算機それ自身によって行なわれたのである。"機械自身がこの種の作業を出来るだけ多く処理することは，きわめて望ましいことである。間違いが起こる機会もそれによって少なくなるだろうし，プログラヲ

マは問題のもっと本質的な側面に，彼の注意を集中することができるようになる．"⁴

　私たちが1947年に提案した記号言語は，数学の標準的な記法に近いものではなかったという意味で，あまりいい言語ではなかったが，それそのもの，あるいはその変形が，大多数の計算機で何年もの間使用されていた．その当時私たちは，今日，高級言語とよばれているようなものについてはなんの研究もしなかった．その代わりに，同じプログラムをなんども書く手間を省くために，反復して使用することができるようなプログラム・ライブラリの開発に力を注いだ．私たちの計画とコーディングに関する一連の報告書の第3編は，まさにこのことを目的としたものであった．私たちは，次のように書いている．

　　私たちがここで考えているのは，ある問題がより複雑な問題の一部分としてあらわれた場合に，その問題を単独の存在としてコーディングした列を，そっくりそのまま使えるようにして，それが新しい文脈，すなわち新しい問題の一部分としてあらわれるたびごとに，コーディングをし直さなくてもすむようにする方法を展開することである．
　　こうしたことが可能であることの重要性はきわめて大きい．それは，私たちが計画しているような型の自動計算機で取り扱われる問題と，その作業効率に，おそらく決定的な影響を及ぼすことであろう．この可能性は，他の何ものにもまして，問題の準備をし，処理手順を決め，コーディングをするといった過程での障害を取り除くものであって，もし仮にそれがなかったとすれば，これらの作業はきわめて困難なものになったであろうと思われる．⁵

私たちは，そこでさらに続けてこういっている．"簡単な（部分的な）問題を，単独の存在としてコーディングした列を，より複雑な（より完全な）問題のコーディングの中にまるごと代入することが出来るということは，自動高速計算機構の運転を，私たちが納得のいく方法で，容易にし，かつ効率の高いものにするためには欠かせない，重要な要素である．……私たちは，問題をコーディングした列を**ルーチン**とよび，さらにそれが他のルーチンの中に代入することができるような形でつくられている場合には，**サブルーチン**とよぶことにする．すでに述べたように，私たちは，適切な方法で構成された自動高速計算機構は，この種のサブルーチンの大量の蓄積……すなわち書かれたものの'ライブラリ'を磁気ワイヤー，あるいは磁気テープといったような外部記憶媒体の形で備えることになるものと考えている．"⁶

サブルーチンを使用する場合，それが与えられたルーチンのいろいろな部分で使われる可能性があることは明らかであり，したがって，そのサブルーチンの記憶場所や，その中でよび出される記憶装置の番地などはその都度調整する必要がある．さらに，サブルーチンの中の様々なパラメータや自由変数は，一般に，その使用のたびごとに変化する．これらの点について，私たちは次のように述べている．"しかしながら，私たちが**準備ルーチン**とよんでいる特別なルーチンを使って，機械自身にこれをやらせたほうがはるかに望ましいように思われる．はじめに述べた方法，すなわちサブルーチンの**外部準備**とは反対に，私たちはこの方法を，それにふさわしくサブルーチンの**内部準備**とよぶことにする．非常に単純な場合を除けば，内部準備のほうが外部準備より好ましいことは，全く疑問の余地がない．"[7]

次いで**計画とコーディング**では，私たちはこのような準備ルーチンについて詳しく論じ，そのコーディングを作成しているが，それが，この第3編の主題であった．私たちの努力に続いて1951年には，**計数型電子計算機のためのプログラムの作成**（The Preparation of Programs for an Electronic Digital Computer）というきわめて興味深い本がウィルクスと（イギリスの）ケンブリッジ大学のグループによって出版された．彼らはその中で "この本は，ケンブリッジ大学の数学研究所で用いられているサブルーチンのライブラリと……これを用いてプログラムを作成する方法について，詳しく解説したものである" と述べている．[8]

さて，サブルーチンや，準備ルーチンに関するこうした研究のすべては，歴史上のこの時点では不可欠なものであったが，プログラマの境遇を改善するためには，ほんの少ししか役にたたなかった．彼らは依然として，単純な数式を，当面の問題を記述するのにふさわしいとはお義理にもいえないような言語を使って書かなければならなかったのである．[9] しかしながら，機械語やそれを覚えやすくしたどのような簡略な命令語よりも，高級言語，すなわち科学技術計算，あるいは事務処理の分野で使われている言語に近い言語をめざして，いろいろな努力が行なわれていた．この方向に沿ったある種の予備的な仕事が，1952年10月に R. ローガン，W. シュミットおよび A. トニックによって行なわれた．彼らは，数式をある試験的な方法で表現するようなシステムとして，UNIVAC Short Code を作成した．これは，数式をプログラム言語のなかにとり入れるという方向への第一歩であった．こうしたシステムをつくるという着想はモークリーによるものであった．[10]

ほぼ同じころ，チューリッヒの ETH にいた故ハインツ・ルティスハウザーは，自動プ

ログラミングや，数学的な概念を計算機でうまく表現する方法について，きわめて系統的に考えていた。[11] 彼はまた，このような表現を機械語に翻訳する実際的な手順を考え出した。このようにして，彼は，おそらく最初の**コンパイラ**を発明した。その言語はまた，最初の**問題向き言語**でもあった。[12] ルティスハウザーの研究は，部分的には，それより少し前に行なわれたツーゼの研究に基礎をおいていた。[13] (ここではルティスハウザーの研究が，プログラミングにおいても，数値解析においても，第一級のものであったことを指摘しておくべきであろう。彼が非常に若くして亡くなったことは，悲しむべきことである。) 彼の研究は，その着想をさらに前進させた彼の教え子の一人である C. ベームによって引き継がれた。[14] ルティスハウザーの考えは，明らかに，その時代の先を行くものであったので，彼の研究も，ベームのそれも，数年後に，バウアーとサメルソンの指導の下にあったミュンヘンのグループがとり上げるまでは，それほどの反響をよばなかった。[15] この研究は，その後発展して，ついには（アメリカの）計算機学会（ACM）と（ドイツの）応用数学力学会（GAMM）を母体として，算法言語 ALGOL を作成するための委員会が，結成されるまでになった。[16] 両国におけるその非常に有能な委員長は，カーネギー・メロン大学のアラン J. パーリスとミュンヘン工科大学のサメルソンであった。この委員会は1957年に最初の会合を開いた。ローゼンによれば，"(アメリカ側の）委員会で最も活躍した委員は，IBM 社のジョン・バッカスであった。彼は，その委員会の委員の中で，おそらくこの言語設計計画に全時間をふりむけることが許される立場にいた唯一の人物であって，'アメリカ側の提案'のかなりの部分は，彼の研究成果に基づいていた。"[17]

1952年の ACM の会合で，チャールズ・アダムズは，プログラマの目標――少なくともその時代の――について，次のように述べている：“理想的なことをいえば，だれもが好ましいと考えているのは，数学的に定式化されたものを，初期条件とともに，単語や記号を使って簡単に書き表わすことが出来て，それ以上プログラムを書かなくても，直ちにそれを計算機で解くことができるようにするような手順である。”[18]

同じ会合でジョン・カーは，マサチューセッツ工科大学でのプログラミングに関する研究成果について述べている。この大学の Whirlwind のグループが，プログラマが必要としているものを非常によく知っていたことは明らかである。アダムズと J. T. ギルモアは，ウィルクス，ホイーラー，ギルの着想を発展させ，その結果，記号アドレス法という考え方が生まれた。この方法は，IBM 社のロチェスターと彼の同僚たちによっても，独立に考え出されていたように思われる。[19] Whirlwind のグループは，また，いわゆるインタプ

リータによる代数的なコーディング法の開発においても，先駆的な仕事をした。通常の数学記号に近い記号で，プログラマが数式を書くことができるようなプログラム言語を，ラニングとジーラーが1952年から53年にかけてつくったのである。[20]

私たちはここで話を一時中断して，インタプリータだのコンパイラだのといった概念の意味について，少しふれておくべきであろう。どちらの場合にも，プログラムは計算機には理解されないような言語で書かれる。したがって，どちらのプログラムもその実行に先立って，計算機で機械語に翻訳しなければならない。インタプリータの場合，各命令文の翻訳あるいは解読は，その命令文が読まれるたびごとに行なわれる。コンパイラによる場合には，各命令文の解読は前処理として行なわれ，それからあと，計算機は機械語のプログラムのみを取り扱う。ラニングとジーラのプログラムはインタプリータによるプログラムの例であり，ルティスハウザーのものは，コンパイラによるプログラムの例である。どちらの技法にもみられる共通した欠点は，処理速度の低下を伴うことである。コンパイラの場合，編集，翻訳のための処理に時間がかかり，しかも出来上がった機械語のプログラムは，人間のプログラマによってつくられたものよりもよくないことがある。インタプリータ方式の場合には，翻訳が何回も繰り返して行なわれ，必然的にそのための時間の損失を生じる。コンパイラは，他の条件が同じであれば，明らかにインタプリータよりも速いが，その場合には，プログラマは，彼がそうしたいと考えているよりも早い時点で，いろいろな決定をしなければならないことになる。1954年に書かれた論文の中で，ゴールドフィンガーはインタプリータをとり上げて，それを用いれば"処理時間は10倍あるいはそれ以上に長くなるであろう"と述べている。[21]

こうした速さの面での不利益があったにもかかわらず，自動プログラミングは非常に容易であるために，人手によるコーディングよりも良好な結果をもたらした。小中学校の生徒が，大学や，専門学校の学生と同じように計算機を使うことも，それによって可能になる。結果的にみれば，処理速度がおそくなるという代償を払って，人間が背負わなければならない負担を，計算機が肩代わりしたわけである。

Whirlwindのグループは，学生に機械語の使用を求めることの困難さを，早くから認識しており，アダムズとラニングはそのために，Whirlwindで使用する学生向きの言語として，インタプリータを作成した。[22] Whirlwindのグループが行なったプログラミング活動全体はきわめてすぐれたものであって，サメットがいっているように，"初期のすべての研究の中で，おそらく最も重要なもの"であった。[23]

UNIVAC のグループが，グレース・ホッパーをプログラミング活動の責任者として獲得したことは幸運であった。(それ以前は，彼女はハーヴァード大学で，ハワード・エイケンの同僚として働いていた。)彼女はコンパイラの使用を促進するために，たゆまない努力をした。[24] その結果，UNIVAC は，合衆国ではおそらく最初の，自動プログラミング・システムを備えた計算機になった。それらは，A-0 および A-1 とよばれた。しかしながら，こうしたコンパイラが広く使われるようになったのは，1955年にA-2 が開発されてからのことであった。[25] 次いで A-3 の開発が行なわれたが，そのコンパイラは，後に MATH-MATIC とよばれるようになった代数式翻訳プログラム，AT-3 と同時につくられた。[26] これは，競争相手の大多数に取って代わった IBM 社で開発されたコンパイラに，匹敵するものであった。

前に述べたように，IBM 社は 1952 年に 701 をつくり出した。この機械は，高級研究所の計算機と同じく 1-アドレス方式を採用していた。1953 年のはじめにジョン・バッカスの下で，プログラムの作成を簡単にするような，自動コーデング・システムを開発するための計画がはじまった。その結果は，いわゆる Speedcoding System[27] となって現われた。バッカスは，この分野全体を通じての，傑出した人物の一人である。彼の貢献は，プログラミングにとっては，何にも替えがたいほど重要なものであった。彼は，Speedcoding, FORTRAN, ALGOL や，いわゆるバッカスの標準記法などの開発に主要な役割を果たした。

FORTRAN——Formula Translating System——の開発は 1954 年の夏に開始された。1954年 11 月 10 日には，その予備的な報告書が IBM 社内で発表された。この作成者の名前がない文書には，設計者バッカスとジラーの信条が述べられている。これによって 704 は"数学的な表記法を用いて問題を簡明に定式化したものを受け入れて，自動的に，その問題を解くための速い 704 プログラムをつくり出す"ことができるようになったのである。このシステムは 1957 年に完成し，間もなく最も広く使われる高級プログラム言語になった。[28]

バッカスと彼の同僚が書いた論文の中に，この言語の強力さを物語る例が示されている。それによれば，47 個の FORTRAN 命令文から成るプログラムが 4 時間で作成された。それがコンパイルされたとき，機械語で約 1,000 個の命令がつくり出されているが，そのコンパイルに要した時間は約 6 分であった。このことから私たちは，この言語によってどれほどの節約が達成されたかを知ることができる。すなわち，プログラマは，機械語で書

く場合の命令数のわずか5％の命令を書くだけで，同じ結果を得ることができるわけである。使用者が，機械にやらせるよりももっといいプログラムを自分たちは書けると思っていたことが主要な理由になって，FORTRAN が容易に一般に受け入れられるようにならなかったことは，いささか興味深い事実である。最終的には，そうした不安——仮にそれが不安であったとして——は，静まって，この言語は非常に広く使われるようになった。いくつかのすぐれた特徴をもった改良版 FORTRAN II によって，その使用はさらに広まった。

ほかにも多数の自動プログラミング・システムが開発されているが，ここではページ数の都合もあって，そのなかの二つについてだけ，ふれておくことにしよう。パデュー大学の統計研究所には，データトロン社の計算機が設置された。幸運にもその研究所には，前に ALGOL 委員会の委員長として名前をあげたアラン J. パーリスがいた。彼は，その計算機のための，最初の代数的コンパイラの一つを設計し，後に当時のカーネギー工科大学*に移ってから，そのコンパイラを IBM 650 用に再設計した。このプログラムは IT (Internal Translator) とよばれた。[29]

最後に，レミントン・ランド社は 1957 年から 58 年にかけて，UNIVAC 1103 A および 1105 のために，UNICODE とよばれる自動プログラミング・システムを開発した。サメットはこのシステムについて，"UNICODE には独自の新しい概念はなにもなかったので，科学計算用の言語の改善に，格別重要な貢献をしたとはいえない"と述べている。[30]

その後は——1958 年以降——もちろん他の事務処理用のプログラム言語も開発された。しかしながら，それらは，本書で取り扱っている時代よりも後のことになるので，ここではとりあげないことにする。

原著者脚注

[1] それ以後の年代についての詳細は，J. Sammet, *Programming Languages: History and Fundamentals* (New York, 1969) あるいは，S. Rosen, ed., *Programming Systems and Languages* (New York, 1967) を参照されたい。

[2] H. H. Goldstine, J. H. Pomerene, and C. V. L. Smith, *Final Progress Report on the Physical Realization of an Electronic Computing Instrument* (Princeton, 1954), pp. 22–41.

[3] 細部の完全な記述については H. H. Goldstine and J. von Neumann, *Planning and Coding of Problems for an Electronic Computing Instrument, Report on the Mathematical and Logical Aspects of an Electronic Computing Instrument,* Part II,

---

* 現在のカーネギー・メロン大学．

第9章 プログラム言語 395

vol. I (1947), vol. II (1948), および vol. III (1948) を見よ.
[4] M. V. Wilkes, D. J. Wheeler, and S. Gill, *The Preparation of Programs for an Electronic Digital Computer* (Cambridge, Mass., 1951), p. 15.
[5] 前出, vol. III, p. 2.
[6] 同上, p. 2.
[7] 同上, p. 4.
[8] Wilkes, Wheeler, and Gill, 前出, p. 1.
[9] *Proceedings of the Association for Computing Machinery, Jointly Sponsored by the Association for Computing Machinery and the Mellon Institute, Pittsburgh, Pa., May 2 and 3, 1952* (1952) に指摘されているように, 1952 年には, この問題は依然として, 多くの議論をよんでいた. この会議録には, 次のようなプログラミングに関する7編の論文がのっているが, そのうち6編は, 主としてサブルーチンを取り扱ったものであった. J. Alexander, H. H. Goldstine, J. H. Levin, H. Rubinstein, and J. D. Rutledge, "Discussion on the Use and Construction of Subroutines"; J. H. Levin, "Construction and Use of Subroutines for the SEAC"; R. Lipkis, "The Use of Subroutines on SWAC"; D. J. Wheeler, "The Use of Subroutines in Programs"; J. W.Carr, "Progress of the Whirlwind Computer towards an Automatic Programming Procedure"; G. M. Hopper, "The Education of a Computer"; C. W. Adams, "Small Problems on Large Computers."
[10] Sammet, *Programming Languages*, pp. 129 - 130.
[11] H. Rutishauser, *Automatische Rechenplanfertigung bei programmgesteuerten Rechenmaschinen*, Mitt, No. 3, Inst. für Angewandte Math. der ETH Zürich (Basel, 1952); Rutishauser, "Bemerkungen zum programmgesteuerten Rechen," *Vorträge über Rechenlagen, Göttingen, March 1953*, pp. 34 - 37 および Rutishauser, " Massnahmen zur vereinfachung des Programmierens (Bericht über die in 5-jähriger Programmierungsarbeit mit der Z 4 gewonnen Erfahrungen)," *Nachrichtentechnische Fachberichte* (Braunschweig), vol. 4 (1956), pp. 60-61.
[12] K. Samelson and F. L. Bauer, "Sequential Formula Translation," pp. 206 - 220 in S. Rosen, ed., *Programming Systems and Languages*.
[13] K. Zuse, "Über den allgemeinen Plankalkül als Mittel zur Formulierung schematisch-kombinativer Aufgaben," *Arch. Math.*, vol. 1 (1948/49), pp. 441 - 449.
[14] C. Böhm " Calculatrices digitales du dechiffrage des formules logico-mathématiques par la machine même dans la conception du programme", *Annali di mat. pura. appl.*, series IV, vol. 37 (1954), pp. 5 - 47.
[15] K. Samelson, "Probleme der Programmierungstechnik," *Inter. Kolloquium über Probleme der Rechentechnik* (Dresden, 1955), pp. 61 - 68.
[16] "ACM Committee on Programming Languages and GAMM Committee on Programming, Report on the Algorithmic Language ALGOL," edited by A. J. Perlis and K. Samelson, *Num. Math.* (1959), pp. 41 - 60; H. Zemanek, " Die algorithmische Formelsprache ALGOL," *Elektronische Rechenanlagen*, vol. 1 (1959), pp. 72 - 79 および pp. 140 - 143; S. Rosen, 前出, pp. 48 - 78, pp. 79 - 117.
[17] Rosen, 同上, p. 9. ALGOL に関する報告書の作成者は, P. ナウル, J. W. バッカス, F. L. バウアー, J. グリーン, C. カッツ, J. マッカーシー, A. J. パーリス, H. ルティスハウザー, K. サメルソン, B. ヴォコワ, J. H. ヴェグシュタイン, A. ファン

・ワインハールデン，および M. ウッジャーであった．

[18] C. W. Adams, "Small Problems on Large Computers," *Proceedings of the ACM* (1952), p. 101.

[19] J. W. Carr 前出, pp. 237 - 241 ; N. Rochester, "Symbolic Programming," *Trans. IRE, Prof. Group on Electronic Computers*, vol. EC-2 (1953), pp. 10 - 15.

[20] J. H. Laning, Jr. and W. Zierler, *A Program for Translation of Mathematical Equations for Whirlwind I*, M. I. T., Engineering Memorandum E-364, Instrumentation Lab., Cambridge, Mass. (January 1954).

[21] R. Goldfinger, "New York University Compiler System," *Symposium on Automatic Programming for Digital Computers, Navy Mathematical Computing Advisory Panel, 13 - 14 May 1954* (ONR, Washington, D. C., 1954), pp. 30 - 33.

[22] C. W. Adams and J. H. Laning, Jr., "The M. I. T. System of Automatic Coding," *Symposium on Automatic Programming for Digital Computers* (ONR, Washington, D. C., 1954), pp. 40 - 68.

[23] Sammet, *Programming Languages*, p. 132.

[24] G. M. Hopper, "The Education of a Computer," *Proceedings of the ACM* (1952), pp. 243 - 249.

[25] *The A-2 Compiler System*, Remington Rand Inc., 1955.

[26] R. Ash et al., *Preliminary Manual for* MATH-MATIC *and* ARITH-MATIC *Systems*, Philadelphia, 1957.

[27] *Speedcoding System for the Type 701 Electronic Data Processing Machines*, IBM Corp., 24 - 6059 - 0 (Sept., 1953) ; J. W. Backus and H. Herrick, "IBM 701 Speedcoding and Other Automatic Programming Systems," *Symposium on Automatic Programming for Digital Computers* (1954), pp. 106 - 113 ; および J. W. Backus, "The IBM 701 Speedcoding System," *Jour. ACM*, vol. 1 (1954), pp. 4 - 6.

[28] このシステムについては，すでに多くの論文が書かれている．たとえば J. W. Backus et al., "The Fortran Automatic Coding System," *Proc. WJCC*, vol. 11 (1957), pp. 188 - 198 を見よ．バッカスとともにこの計画に従事した人々は，R. J. ビーバー，S. ベスト (MIT)，R. ゴールドバーグ，L. M. ヘイブト，H. L. ヘリック，R. A. ネルソン，D. セイヤー，P. B. シェリダン，H. スターン，I. ジラー，R. A. ヒューズ (リヴァーモア放射線研究所)，R. ナット (ユナイテッド・エアクラフト社) などであった．この問題に関する他の論文の目録は，Sammet, 前出 pp. 302 - 304 にある．

[29] A. J. Perlis and J. N. Smith, *A Mathematical Language Campiler*, Automatic Coding, Monograph No. 3, Franklin Institute (Philadelphia 1957), pp. 87 - 102.

[30] Sammet, 前出 p. 138.

第10章

結 び

　私たちは，1623年から1957年までの時代に行なわれた，計算機の発展の背後にある着想のいくつかをたどり，いろいろな人々に触れてきた。そこで，そうした発展の基礎となっている主題や動向から，私たちがいったい何を学んだのかを，少しふりかえってみることにしよう。

　そのような主題のいくつかは，直ちに頭に浮かんでくる。人類が，人間の状態の何か他の面ではなくて，まぎれもなく計算作業を自動化するという選択をした事実，人間のこの分野における活動は，人間にとって並外れて生産的で，かつ有用なものになるにちがいないという事実，計算の自動化は文明国家における人類の**世界観**をもとへはもどらないほど変えてしまうにちがいないという事実，そして最後に，電子工学の出現によって，計算機ははじめてその真価を発揮することができるようになったという事実，などがそれである。残りの何ページかで，私は手短にこれらの話題をとり上げて，その意義について考えてみることにしよう。

　古い時代に，人類が超自然的な世界を理解し，妥協に到達しようとして，ばく大な精力を費やしたのと同じように，ガリレオの時代以来，そしておそらくはそれよりももっと以前から，人類は，彼を取り巻く力学的ないしは物理的な世界を理解し，支配するためにたいへんな努力を重ねてきた。ガリレオ，ケプラー，ニュートンなどによって準備された道具は十分強力なものであったので，人類は次第に自然界の観測可能な現象を理解するようになり，ついには，そのいくつかを支配することができるようになった。この傾向は長く続いてきたもので，今日も依然として続いており，通常は産業革命という言葉で言い表わされている。しかしながら，人間または動物の筋肉が，すべての仕事に必要なエネルギー

を供給していた社会から，化石燃料が，その貯えられたエネルギーを人間の要求に従って放出するようになった社会に至るまでの発展過程について，ここで論じるつもりはない。この問題について書かれたものは，すでに多数に上っており，今日では，科学的，技術的，あるいは社会経済学的な要因の間に，どれほど複雑な相互作用があったか，そして現在でもそれがどのような状態で続いているかについては，十分に解明されている。私たちの社会を良くしてきたのも，悪くしてきたのも，この相互作用である。

　計算機に関する初期の研究は，バベッジの努力において，その頂点に達した。ある意味では，彼は，時期的にみて，ちょうどいいときにあらわれたのである。彼が研究をはじめたころは，イギリス国内で，大きな発明の気運が高まっていた。それは，発明に対して，はかり知れないほどの熱情が傾けられた時代であった。彼の一生の間には，多くの重要な発明がなされた。おそらく彼は，こうしたその時代の熱狂的な雰囲気に巻き込まれて，自分の着想に熱中するようになったのではないかと思われる。いずれにしても，彼は，彼の先駆者たちとともに，新しい動向——コンピュータ革命——の口火を切ったのである。それは，ゆっくりとした出だしではじまった。この革命が，社会にとって重要なものになってきたのは，ここ4半世紀以来のことであって，第二次世界大戦後，年々驚異的な速さですすんできたにもかかわらず，相対的な意味で，それは依然として最も初期の段階にある。

　こうしたすべての仕事は，ジェームズ・クラーク・マクスウェルの言葉をかりていえば"人間の知性が満足させられることは，ごくまれにしかないし，計算機械の仕事を代行しているときに，それが最高の機能を発揮するようなことは，確かに決してない。"という認識を，人類がある種の高度に直感的な方法によって得たことからはじまった。こうした認識をもつようになったことは，きわめて重大なことであった。ポンプで水をくむために人間の筋肉を使うのが，能率的ではなかったのと同様に，人間の知性を，計算をするために用いるのも，能率的だとはいえなかったのである。すでに述べたように，高級研究所の計算機のような初期の電子計算機の語彙は，全部でわずか二十数種類ほどの命令語しかもっていなかったし，たぶん，ほんの数種類という少数の命令語でも，それらはやっていくことが出来たと思われる。したがって，計算作業は，人間の多様な能力のなかの，非常にわずかな部分しか必要としないという意味で，**人間以下のもの**であるが，それにもかかわらず，ライプニッツが明確に気付いていたように，それは，人間の他のいろいろな活動にとって，基本的なものである。これが，機械化されるべき人間の仕事として，計算作業が選ばれた根本的な理由である。しかしながら，たとえ仕事そのものが性格的に人間以下の

第10章　結　び　399

ものであったとしても，なおかつ私たちは，きわめて当然のこととして，何が計算に関連した手順の自動化を可能にしたのかという疑問を提示することができる。なんのかのといっても，自動化されていない人間以下の仕事は，ほかにもあるからである。何故に，この仕事だけが自動化されたのであろうか。

　1950年代に私たちが知っていた数学的なプログラムについて，考えてみることにしよう。非常に大きな科学計算の問題の場合でも，そのプログラムは，わずかに二十数種類ほどの命令語しかない語彙を使って変則的な英語ふうに書かれた，750語ぐらいの文章であった。これを人間の他の大多数の活動と対比させてみよう。私の知る限りでは，高度に複雑な事態のすべてを，このように幼稚な言語を使って，これほど短い文章で表現することが出来るような例はほかにない。これが，計算の機械化，あるいは，自動化を可能にしたのである。計算機の語彙にはいっている各命令語は，ある——通常はきわめて実際的な——意味で高価な，あるいは入手が困難な部品からつくられていることを思い出していただきたい。計算機が偉大な力を発揮するのは，基本的な数学的手順を簡潔に記述した同じプログラムを，それが何回でも繰り返して実行する能力をもっているからである。したがってたとえば火星に向かって飛んでいる人工衛星の軌道を計算するためには，数学者は，衛星がどのようにすすむかを，きわめて短い距離についてだけ記述すれば十分である。この場合計算機は，その過程を驚くほど何回も繰り返すわけであるが，計算速度が非常に大きいので，全体の解は迅速に得られることになる。

　もし人間が，他の大多数の知的な仕事を，どれか自動化しようと試みたとすれば，単にそれに関連のある様々な概念を区別するためだけでも，途方もなくたくさんの装置が必要になって，彼はどうすることもできなくなったに相違ない。今日，非常に単純であることがわかっているのは，数学のみである。見方を変えていえば，数学は，非常に複雑な概念を，そのすべての局面の本質をなんらかの形で包含するような，ごく少数の方程式によって表現することが出来るという点で，本質的に，唯一のものであると考えられる。これを少しの間，社会学や近代物理学と対比させてみよう。これら両者の場合には，すべての概念がそのうちにわかるかどうかということですら，さだかではないし，また，それらの概念の相互関係は，よくいって不明という場合が少なくない。こうしたことが理由で，人間は彼が実際に行なったように行動することを選択し，かつそれによって成功を収めたのである。

　計算をすることが，人類にとって非常に重要なのは，何故であろうか。ある時代には私

たちは，計算という行為が形成しているのは，人間の活動の中の，ごくわずかな部分でしかないという考えをもっていたかもしれない。ガリレオ以後の時代の計算は，その片足を物理的な科学に，そしてもう一方の足を経理事務の世界においているかのように思われるからである。したがって普通の人は，彼の知的活動のわずかな部分だけを計算に費やせばすむと思っても差し支えはなかった。そのような人にとっては，この問題は，主として物理学者や会計士などの，たぶん，周辺の科学技術への，若干の小さな逸脱を伴う関心事のように思われたであろう。事実，フォン・ノイマンと私が，1940年代にこの問題に関する論文を書いていた際にも，私たちが主として関心をもっていたのは，科学の中で数学化が最も深く浸透していた分野，すなわち，物理的な科学と，経済学の一部分に対して計算機を応用することであった。

こうしたすべてのことは，それでいいようにも思われるが，依然として，大多数の平均的な人間にはなんらの変化ももたらさなかった。計算をするということは，きわめて技術的な問題にしか関係がない行為のようにみえ，したがって日常の生活にはほとんどなんの関係もなかったからである。おそらく，それがそうではないことを示した最初の重要な例は，毎日の天気予報のための計算であろう。ほかにも多くの例を挙げることはできるが，それらの大半が，人々の日常生活に及ぼした影響は，幾分遠回しな，あるいは間接的なものであったように思われる。マーク・トゥエインが指摘しているように，天気予報はそうではなかった。この場合には，電子計算機は日常生活に直接強い影響を与えているのである。

この例は，依然として物理的な科学の範囲内にあるが，他の分野においても計算機は，それと同程度の影響を私たちの社会に及ぼすようになった。ここでは，計算機が，私たちの生活に大きな影響を与えているような分野の目録をつくるつもりはないが，重要な点についてだけは，少しふれておくことにしたい。

計算機が，数学的な式で表現することができるような分野の問題を，非常に数多く解決することが出来るというのは確かにそのとおりであるが，そうした説明は，主として，街を行く一般の人々から遠くかけ離れた科学，技術分野への応用を連想させるので，あまり迫力はないし，大して役に立つものでもない。したがって，計算機が実際に取り扱っているのは，単なる数値だけではなくて，広く**情報**であるという認識をするほうが，より適切である。それは，数値に対して演算を行なうだけではなくて，むしろ，情報を変形し，それを伝達する。プログラム内蔵方式という考え方の，おそらく最も重要な点は，まさしくこの点に存在するのである。すでに述べたように，情報——問題の特徴を表わす指示——は，

数の形に符号化して，計算が進行する間に，計算機の中で任意にその形を変えることができる。これが，たぶん情報を数の形に符号化して，次にそれを，目的に合うように変換するという考え方の始まりであろう。

　電子計算機の重要さを解き明かす鍵は，この点にある。その汎用性は，計算機を，情報の分類を行なうことに関しても，数の乗算を行なう場合と同じくらいに，有用なものにしている。最初の近代的なプログラムが，データの分類および組み合わせを行なうためのものであったということは，まさしくこのことを予言するものである（前出，p. 239）。今日では，社会保険の記録，国税収入および国勢調査のデータ，企業の株主名簿，各種の在庫一覧表等々は，すべて計算機の粉ひき場に送り込まれる穀物なのである。（バベッジが，彼の演算器官を粉ひき場（mill）とよんでいたことを思い出していただきたい。）これらの膨大なファイルを，計算機は分類することができるだけではなく，これを次々に更新したり，ある特定の数の正負に基づいて決定を下したりすることもできる。このようにして，それらのファイルは，小切手を発行したり，支払い金額を決定したりすることが出来るようになるわけである。

　さらに，種類の異なった別の例が，ベルの電話網によって提供されている。以前には，電話による通信は，すべて交換台に座って，平たくいえばスイッチの役割をしている人間——通常は若い女性——によって，通話路に送られていた。今日では，計算機，および，計算機に似た装置が，人間以下のものであったこの機能を果たしている。事実，もし仮にそれが自動化されていなかったとすれば，現在のような通信の負荷をさばくだけの女性は，今日ではとても得られないであろうといわれている。交換手によって行なわれていた仕事とは，正確にいって，どのようなものだったのであろうか。彼女は，加入者からよび出すべき電話の番号を告げられ，それをさがし当てて，手で接続をする。この機能は，別の分類の問題であって，明らかに，計算機で行なったほうがよいものである。

　要するに，社会にとっての計算機の重要性は，むずかしい数学的な性格をもった非常に複雑な仕事をする，その卓越した能力にあるだけではなく，あらゆる種類の情報の伝達と変換の方法を，根本的に変えてしまう能力にもあるわけである。人文科学者や社会学者にとって，あるいは実務家にとって，非常に有用であったのは，この後者の能力である。人間や社会に対する計算機のかかわり合いについて詳細に書くことが，ここでの私の目的ではないので，一つだけ実例をあげて，それ以上深入りせずにこの魅力的な話題を離れることにしよう。今日，印刷用の原稿を作成する際には，その仕事を迅速化するために，計算

機のプログラムを利用することが十分可能である。すなわち原文を計算機の記憶装置に貯えておいて，校正のためにその一部をとり出したり，その訂正済みのものを，もし希望があれば，自動的に余白を調整して印刷するように要求したりすることが出来るわけである。場合によれば，原文をタイプライターで写真植字機を制御している計算機に送って，そのまま印刷にかかれるような形になった最終的な組み版の写真画像が，最小限の人手をかけるだけで得られるようにすることも可能である。

　こうした話題をこれ以上追い求める代わりに，私たちは，人類の**世界観**に関連のある話題と，計算機がそれにどのような影響を与えたかという問題に目を転じることにしよう。わずか10年前には，電子計算機は，人間の頭脳のある種の複製であると，いくらか神秘的に想像されていた，別世界の，えたいの知れない機械であった。今日では，私が住んでいる片田舎の小学校6年生の子供でも，計算機に接続された端末機を使っているし，計算機やプログラム言語の概念について，非常に詳しく知っている。今や，計算機は，彼らの日常生活の一部になっているのである。今日の世界では，計算機は，もはや畏敬と驚異の対象ではなくて，私たちの工業化社会における，広く行き渡った，有用な道具としての地位を獲得した。

　1959年に，高級研究所が計算機に関する研究計画を閉じることにしたとき，研究所はその計算機をプリンストン大学に寄贈した。しばらくの間，それはこの大学における主要な計算機械になった。今日では，プリンストン大学は，非常に大きな計算機をもっていて，必要とする人はだれでもそれを使うことが出来るようになっており，図書館活動に匹敵するほどの金額が，計算サービスのためにつぎ込まれている。このようにして，約10年の間に，計算機は，多くの人々から，何か変わったものとしてではなく，必要なものとしてみられるようになり，それ以外の人々からも，少なくともごくあたり前の道具の一つとしてみられるようになった。

　今日普通の人は，常に計算機を意識させられている。たとえば，給料の小切手，所得税，各種の支払い勘定，銀行の預金高，クレジットカード，そのほか毎日の活動の中のいろいろなことに関連して，人は計算機にふれる機会をもっているわけである。さらに，こうした計算機の利用は，単に便利だというだけではなくて，必要不可欠なものでもある。国民総生産の実質的な増加は，主として計算機の使用により可能となった，勤労者の生産性の向上によって達成されたものである。今日の多くの勤労者は，物を提供するのではなくて，サービスを提供している。そうした人々の生産性は，計算機によって本質的に変えら

れ，著しく向上した。その分かりやすい例は，航空会社における航空券の発行係員である。非常にすばやく空席を見付け，航空券を発行する係員の能力は，計算機によって自動化された航空座席予約システムに，全面的に依存しているのである。

こうして，人類の世界観は，元へはもどらないほど変えられてしまった。人間の生活様式も変化しているし，計算機によって社会に提起される挑戦と問題に応じて，今後も変化し続けるであろう。

たぶん，最後に私たちが質問することは，どうして計算機は，電子工学の出現によって，はじめてその実力を認められるようになったのかということであろう。その答えは，いうまでもなく，その速さにある。しかしながら，速さが何故にそれほど重要なのであろうか。明らかにそれは，すでにもっと原始的な方法で解かれていた問題を，単によりすばやく片付けるというだけのものではなかった。すなわち，この著しい速さの向上の本来の目的は，以前には取り扱うことができなかったような，全く新しい事態を取り扱うことである。向こう24時間の天候を，前もって15分間で予測することができるような場合に，仮にそれが1秒間に短縮されたとしても，あまりたいした価値はないが，向こう30日間の天候を，前もって15分間で予測することが出来るとすれば，その価値は，はかり知れないものになるであろう。

私たちは，電子工学以前の計数型計算機の状態を要約して，次のように評価することが出来る。すなわち，その時代には，電気機械的な計数型計算機は，人間の負担をいくつかの限られた分野で大幅に軽減したが，人間の新しい生活様式をつくり出すまでには至らなかった。人類の生活様式をよりよくするために，計算機が全く新しい種類の負担を引き受けることができるようになったのは，電子工学の時代になってからのことである。

もちろん，こうしたすべての変化は，社会的な影響を伴わずにはおかなかった。したがって，一部の思慮深い人々が，これらの変化に対して懸念をもつようになったのは，驚くべきことではない。コンピュータ革命の中で，今私たちは，おそらく産業革命の場合の，ラッド主義者たち*がいたずらに機械を打ち砕いていたころと，同じような時期にきているように思われる。私たちの社会は，今日，多くの変化を遂げることを求められており，そのうちのあるものは，きわめて骨の折れる性質のものである。これらの変化は，たとえ

---

* 18世紀にイギリスの職工，ネッド・ラッドが提唱した"機械の使用が雇用を減少させる"という主張を信奉して，1811-16年に，機械の打ちこわしを集団的に行なったイギリス手工業労働者のこと．

ばデータ・バンクなどのような分野に，ある種の不安と懸念をもたらした。法学者，法律制定者，社会学者などは，私たちの生活様式を，コンピュータ化に伴って起こりうる潜在的な不利益を解消し，その恩恵を十分に生かすことが出来るようなものにするために，これらの変化や，それによってもたらされる結果との妥協点を，建設的な姿勢で見いださなければならないであろう。

付録

世界各国の開発状況

付録 世界各国の開発状況　407

　この本の本文では，私たちは計算機の分野の進歩に直接的な影響を及ぼした世界的な開発についてとり上げた。しかしながら，ほかにも多数の開発計画があって，それぞれの国にきわめて重要な結果をもたらした。ここではそれらの概略についてふれておくことにする。

　イギリス　すでにみたように，イギリス人は当初から非常に積極的で，種々のすぐれた機械をつくり出した（前出，pp. 247-249, pp. 281-283）。彼らの活動に関しては，アンドルー D. ブースについてあと二，三のことを述べておく以外には，何も付け加える必要はない。彼はその当時——1947年——ロンドン大学のバークベック・カレッジでリレー式計算機の研究をしていた。ARC (Automatic Relay Computer) は彼が最初にこしらえた機械で，現在のブース夫人であるキャスリーン H. V. ブリテンの協力を得て完成された。次いで非常に小さな計算機 SEC (Simple Electronic Computer) がつくられ，さらに X 線結晶学，そのほかいろいろな分野の人々の使用に供するために，バークベック・カレッジ向けにつくられた一連の計算機 APEC (All Purpose Electronic Computer) がそのあとに続いた。これらの計算機は 1949 年から 1951 年にかけてつくられているが，そうした成果は，少なくとも部分的には，ブースとブリテン嬢が，1946-47 年を高級研究所で過ごしたことから得られたものであった。彼らの訪米はロックフェラー基金の援助によって行なわれたものである。ブースの計算機は，いくつかの点で，明らかにその当時の水準よりもいくらか先行していた。前にも述べたように，彼はフォレスターとほぼ同じころに磁心記憶装置を思い付き，それについて講義をしている。

　スウェーデン　スウェーデンの政府は前に述べたように（前出，pp. 283-284）1946年の半ばごろ，スティグ・エケレーフを合衆国へ派遣して，計算機の分野の調査をさせた。1948 年の 11 月か 12 月に，スウェーデンは，暫定的にスティグ・ハンソン－エリクソン海軍少将が委員長となり，そのあと 1950 年 4 月に国防省次官のグスタフ・アドルフ・ウィデルが委員長になった五人委員会を設けた。委員は，グンナー・ベルィグレン，エケレーフ，カール－エリック・フレベリ，コモドア・シグルド・ラゲルマンの四人であった。1948 年 12 月に，この委員会は，コニー・パルムという非常に有能な人物を，計算機に関する研究開発を行なう"作業グループ"の主任に任命することを承認した。このグループの最初の成果はリレー式の計算機であった。[1] パルムとイエスタ・ネオヴィウスが，スウェーデン電

信局の資金援助を得て，ストックホルムの王立工科大学で BARK(Binär Automatic Relä-Kalkylator) を製作したのである。フレベリ，G. チェルベリ，そのほか多数の有能な人々が彼らを手伝った。この機械の設計はネオヴィウスとハリー・フレーゼによるものであった。機械は 1950 年 2 月に完成した。[2]

フレベリ，チェルベリ，およびネオヴィウスは，いずれも 1947-48 学年度を合衆国で過ごしたグループの一員であった。このグループは，物理学者としても工学者としても第一級の四名の人たちで構成されていた。現在ルンド大学の教授であり，その大学の計算機科学研究所の所長でもあるカール-エリック・フレベリは高級研究所で過ごし，その間に私たちは親しい友人になった。彼はすぐれた学者であると同時に，すばらしいユーモアの感覚をもった愉快な人物でもある。イェラン・チェルベリはハーヴァード大学で，ハワード・エイケンの研究室の人たちとともにその 1 年間を過ごした。イエスタ・ネオヴィウスはマサチューセッツ工科大学に籍をおき，現在イェーテボリにあるチャマーズ工科大学の教授をしているエリック・ステムメは，RCA 社，プリンストン大学などを訪問した後，高級研究所で，私たちとともに過ごした。

ステムメは電子計算機製作計画の主任技師になった。ステムメの指揮下におかれた作業グループは，王立研究所において，高級研究所の流れをくむ計算機 BESK (Binär Electronisk Sekvens Kalkylator) を製作した。この機械は 1953 年 11 月に完成し，その後 1956 年 9 月には，そのウィリアムズ管記憶装置が，1,024 語の磁心記憶装置に置き換えられた。

フレベリは，磁気ドラム式の計算機 SMIL (Siffermaskinen I Lund) をつくった。それは BESK と同じような構造をもっており，したがって高級研究所のものにもよく似ていた。これは 1956 年 6 月に稼動を開始し，1970 年 2 月 3 日にその使命を終了した。[3] この機械は BESK と同様に，計算機工学および計算機科学の分野における，スウェーデンの学生の教育に重要な役割を果たした。

そのとき以来，スウェーデンの計算機関係者の目は，もっぱら数値解析と計算機科学に向けられるようになり，たいへんな成功を収めてきたが，計算機の製作からは離れてしまった。[4]

デンマーク　デンマークにおいても，主として一人の人物，すなわちコペンハーゲン工科大学のリカルド・ペテルセン教授の努力によって，計算機にはかなりの関心がもたれ

るようになった。彼は，ハラルド・ボーアの学生であり，親しい個人的な友人であり，さらに数学の共同研究者であったが，この関係は，1933年以後ボーアの不慮の死に至るまで続いた。ペテルセンは，すぐれた数学者であったばかりではなく，高まいな精神と，善意と誠実さに満ちた，真にすばらしい人物であった。[5]

　デンマーク工学学士院は，早くも1946年には，計算機に関心のあるデンマークの何人かの指導的な人々によって構成された，ペテルセンを委員長とする委員会を設けた。特にこの委員会には，ニールス E. ネルルンドとベングト G. D. ストレムグレンがはいっていた。前者は，ニールス・ボーアの義兄弟にあたり，有限差分法や測地学に関する多数の基本的な論文を書いている人である。[6] 私がペテルセンの家で彼と最初に会ったのは，15年くらい前のことであるが，そのとき私は，彼が彼の研究所——デンマーク測地研究所——で作成した見事な地図をみる機会に恵まれた。[7] ベングト・ストレムグレンは現在コペンハーゲン大学の天体物理学の教授であり，また，王立デンマーク科学・文学学士院および国際天文学連合の会長でもある。彼は，ヨーロッパにおいても，合衆国においても，きわめて輝やかしい経歴を残している。合衆国においては，彼はシカゴ大学の著名な客員教授であったし，後には，高級研究所の教授にもなった。

　いずれにしても，デンマークの委員会は微分解析機と電子的な（代数）方程式の求解機の製作を開始した。そこへ，UNESCOの提案書があらわれ，リカルド・ペテルセンは，パリでアメリカやヨーロッパの仲間たちと会談をする機会をもった。そこでの会話は，計数型電子計算機の必要性を彼に納得させるのに役だった。そこで彼はカルルスベリ基金に資金の援助を申し出た。幸いにも著名な数学者ベルゲ・イェッセンを含むこの基金の理事者たちは，非常に協力的で，その結果，ペテルセンはデンマーク工学学士院の一部門として計算センター——デンマーク計算機研究所——を設立した。彼はまた，BESKの改良機をつくることについてスウェーデンの委員会の承諾をとりつけた。特に彼が意図したのは，磁心記憶装置を使うことであった。この機械は1957年の夏に完成をみた。偶然にも，私と私の家族は，この計算機研究所によってつくられた最初の機械 DASK の完成祝賀式で，あるささやかな役割を果たすのに間に合うようにコペンハーゲンに到着した。[8]

　ノルウェー　ノルウェー政府はスウェーデンやデンマークの政府のようには積極的ではなかった。それでも，政府はオスロー大学のエルネスト S. セルマー博士を 1950-51 年度および 1951-52 年度の後期に，高級研究所へ派遣した。その後，彼の大学は，ブースから

APE(X)C を購入した。大学はまた NUSSE とよばれる小さな計算機をつくった。この機械のことは，ノーベル経済学賞の受賞者ラグナー・フリッシュによって述べられている。[9]

オランダ　オランダでの計算機に関する研究活動は，1946 年 2 月 11 日，数学センターの設立とともにはじまった。当初，このセンターは四つの部門から成り立っていて，純粋数学部門は J. G. ファン・デル・コルプットと E. J. コクスマ，数理統計学部門は D. ファン・ダンチッヒ，応用数学部門は B. L. ファン・デル・ヴェルデン，そして数値計算部門は A. ファン・ワインハールデンといったように，すぐれた科学者がそれぞれの部門の責任者をしていた。A. ファン・ワインハールデンはその最も活動的な所員の一人で，後に ALGOL 委員会の指導者になった。彼はまず 1948 年から 51 年にかけて ARRA とよばれるリレー式計算機をつくった。次いで磁気ドラムを用いた真空管式の計算機がファン・ワインハールデンによって製作され，1954 年に完成した。この機械のあとに続いて 1956 年 6 月には，ARMAC (Automatische Rekenmachine Mathematisch Centrum) が完成された。[10]

ファン・ワインハールデンの同僚であった G. ブラーウ，B. J. ロープストラおよび C. S. スコルテンの名も，ここにはあげておかなければならないであろう。この時代に活躍したオランダ人としては，もう一人，ハーグにある郵政省電信研究所において PTERA とよばれる小型の計算機を独立に作製した W. L. ファン・デル・ポエルがいる。彼はプログラミングの分野で長年にわたって主要な役割を果たしてきた人物である。[11]

フランス　ブレーズ・パスカル研究所におけるルイ・クフィニャルの仕事については既に述べた。それに加えて，ブル計算機会社は，1956 年に小型の電子計算機 GAMMA 3 ET を世に送った。[12] 第二次世界大戦直後，SEA (Société d'Electronique et d'Automatisme) として知られている組織が，非常にすぐれた工学者 F. H. レイモンによってつくられた。この組織は，CAB (Calculatrice Arithmetique Binaire) という共通の名前をもった一連の電子計算機を製作した。

スイス　私たちはすでにコンラッド・ツーゼと彼がドイツの計算機界で果たした主要な役割について述べた。彼の Z4 は，1950 年に ETH（連邦工科大学）ではじまった，スイスにおける計算機研究の出発点となった。エドワルト L. シュティーフェルはこの大学

に応用数学研究所を設立し，この分野におけるチューリッヒ学派の名声を高めたすべてのすぐれた数値解析学者にその活動の場を与えた。[13]

　この研究所から出たもう一人の人物は，1948年および1950年にETHから工学の学位を受けた第一級の工学者，アンブロス・スパイザーである。彼は1948-49年をハーヴァード大学のエイケンの研究室で過ごし，ERMETH (Electronische Rechenmaschine der Eidgenössischen Technischen Hochschule) の製作にあたるETHの技術陣を指導するための準備を行なった。1955年に完成したこの計算機は，ツーゼのZ4，およびエイケンのMark IVといった両者からの影響のあとを示している。[14] スパイザーは後にチューリッヒにあるIBM社の研究所の初代の所長になってその能力を発揮し，次いで，スイスの有名なブラウン系の技術開発企業，ボヴェリの研究部長になり，現在もその職にある。

　私たちの立場からみると，チューリッヒにおける最も重要な人物の一人は，ハインツ・ルティスハウザーである。彼は自動プログラミングの開発に関して，最も初期の時代からALGOL 60に至るまでの間，終始その中心的な役割を演じた（前出，p.390）。

　ドイツ　　西ドイツにおいては，電子計算機に対する関心は急速に各地に広がった。合衆国の場合と同じように，第二次世界大戦は，ドイツにも計算全般，特に電子計算機に対する非常な関心を引き起こした。計算を迅速化するために真空管を用いるという着想を，きわめて早い時代に抱いていたことを示すような特許申請書を提出した二人の技術者がいる。ミュンヘンのワルター・ヒュンドルフは彼の電気計算機構 (Electrische Rechenzelle) を1939年4月6日に考案した。コンラッド・ツーゼ（前出，p.284）の同僚のヘルムート・シュライヤーは，彼の装置を1943年6月11日に考案しているが，明らかに彼がこの着想を展開しはじめたのは，いちはやく1937年からのことであった。ヒュンドルフの考えは，特殊な計算用の真空管を中心にしたものと考えられ，大戦中にJ. A. ラジチマン，リチャード・スナイダーなどのRCA社の人たちが行なったそれに匹敵する発明とよく似ているように思われる。こうしたすべての特殊管は，外部の回路によって互いに結び合わされた，単純な，汎用の真空管の有利さにおされて，結局は姿を消してしまった。特殊目的の真空管をつくることは，当時のガラス密封技術では極度にむずかしく，また，その性質が特殊なものであったために——必然的に生産量は少なくなり——非常に高価なものになった。

　シュライヤーの研究は，ベルリンの工科大学で学位論文の主題として行なわれた。機械

のごく一部は実際につくられたが,機械そのものはナチスによって"全く非現実的でかつ重要性がない"[15] ものとして握りつぶされてしまった。私は——よくは知らないのだが——シュライヤーの機械についてのド・ボークレールの主張は,いささか熱狂の度がすぎているのではないかと思う。

ドイツにおける最初の重要な開発はおそらくゲッティンゲンのマックス・プランク物理学研究所で行なわれたものであろう。この仕事の大部分は,ハインツ・ビリングが天体物理学者ルートウィッヒ F. B. ビールマンの協力を得て行なったものであった。彼らの最初の機械,G1 の製作は 1950 年に開始され,1951 年中に完了し,1952 年からは通常の運転にはいった。[16] この機械は基本的には,G2 のための試作機であった(ほかに,G1a という試作機もあった)。G2 は,ド・ボークレールが述べているように 1959 年ではなくて,1954 年の 12 月には正規の運転にはいっていた。これらの機械のあとに,並列方式の機械 G3 が続いた。[17] (高級研究所にいた私たちは,幸運にも,ビリングの部下の一人であったエレノア・トレフツ博士を 1952–53 学年度に,そして,ビリングを 1956 年ごろ,迎えることができた。)その後,1958 年に,マックス・プランク研究所は,所長のウェルナー・ハイゼンベルクによって,ミュンヘンに移され,最初はマックス・プランク物理学・天体物理学研究所に,最終的にはハイゼンベルクを所長とする物理学研究所およびビールマンを所長とする天体物理学研究所といった二つの独立した研究所に拡張された。この時代には,この研究所から,R. H. F. ルスト,A. シュリュターなどのような多数の,若い有能な天体物理学者が,マーティン・シュワルツシルドのもとで研究するためにプリンストン大学へやってきた。彼らは,プリンストン滞在中に,高級研究所の計算機を使って,数多くの,興味深い重要な計算を行なった。

ドイツにおける計算機の開発は,決して天体物理学研究所だけで行なわれていたわけではない。すでに 1952 年に,ミュンヘン工科大学のハンス・ピロティ教授は,現在は,ダルムシュタット工科大学の教授で,その当時 MIT から博士号を受けたばかりの私講師であった息子のローベルトと力を合わせて,せっせと彼らの機械の開発に取り組んでいた。この計画に加わった他の人たちも,それぞれ計算機の分野で重要な人物になっているので,ここにあげておくべきであろう。ピロティのいた電気通信・計測技術研究所のワルター・プレーブスターおよびハンス・オットー・ライリッヒ,そして,数学研究所のフリードリッヒ L. バウアーおよびクラウス・サメルソンがその人たちであった。[18]

この機械は,PERM (Programmgesteurte Elektronische Rechenanlage München) と

よばれ，非常に高速で，2,048語の磁心記憶装置のほかに8,192語の磁気ドラム記憶装置を備えていた。この機械について，ピロティは，――私たちの立場からすれば――非常に魅力的な，次のような言葉を述べている。"私たちは，当初計画をたてたときに，私たちの手本となり，指針となるものとしてフォン・ノイマン教授およびゴールドスタイン教授の有名な研究をとり上げることにしました。ゴールドスタイン博士は，ただいま，このシンポジウムに出席しておられますので，私たちの先生に対する深い感謝の意を直接その人の前で表わすことができて，非常にうれしく思っております。"[19]

西ドイツにおけるもう一つの初期の開発は，アルウィン・ワルター教授（1898-1967）が所長をしていたダルムシュタット工科大学の応用数学研究所で行なわれた。ドイツ陸軍のための弾道の計算に従事していた彼は1943年，あるいは1944年，すでに，彼の仕事に使えるような計数型計算機を考案していた。その後1951年に，同僚のヘルマン・ボッテンブッシュ，ハンス-ヨアヒム・ドライヤー，ワルター・ホフマン，ワルター・シュッテ，ハインツ・ウンゲル，その他の人々の協力を得て，ワルターは，彼のDERA（Darmstädter Elektronische Rechenautomat）の製作にとりかかった。しかしながら，この機械は，1959年になって，ようやく完成した。[20] 機械の設計者はワルターが非常に尊敬していたエイケンの考えに大きく影響されていた。速度に関しては，この機械は幾分おそく，PERM が加算を約9マイクロ秒で行なったのに対して，乗算に約12ミリ秒，加算に約0.8ミリ秒を必要とした。

西ドイツの大学におけるこれらの開発は，産業界におけるツーゼのそれとともに，計算機の分野に対する関心を高めるのに貢献した。現在では，そうした関心が非常に強くなっているので，連邦政府は，計算機科学科の創設を助成するために，かなりの金額を各州立大学に投入している。

東ドイツにおいては，電子計算機に関して，N. ヨアヒム・レーマンがD1（1956年完成）と，その拡張であるD2をドレスデンの工科大学で製作したことを除けば，あまり大きな進展はなかった。[21]

オーストリア 1950年代に，ウィーン工科大学の低周波技術研究所は，経済的に許されるかぎりの活動を積極的に行なっていた。ヨーロッパにおける計算機科学の著名な指導者であるハインツ・ツェマネクの指導のもとに，この研究所は，問題を解くためにIBM604を使用した。また，研究所は，非常に小型の――約700個のリレーを用いた――リレー式計

算機 URR-1 (Universalrechenmaschine-1)，兵站業務用の小型のリレー式計算機 LRR-1 などを製作し，1955年から58年にかけて，磁気ドラムをもったトランジスタ式の計算機をつくった。[22] この機械の乗算時間は約0.4ミリ秒で，小さな"5月のそよかぜ"(Mailüfterl) という名で知られていた。この機械についての講演の中で，ツェマネクは，アメリカとオーストリアの成果を比較して，いつものウィーンふうの軽妙な言い方で，こういっている："……アメリカ人が'Whirlwind'（旋風）* をもっているのに対して，この機械は，まさしく'5月のそよ風'と名づけるのにふさわしいものです。"

イタリア　イタリアは，ヨーロッパにある他のいくつかの国々のような速さでは電子計算機の開発に着手しなかったが，それでも，この分野についての調査をするという構想のもとに，ピサに研究集団がつくられた。その結果，CEP (Calcolatrice Elettronica Pisana) という磁心記憶装置および磁気ドラム記憶装置をもった非同期式の計算機が，この本で取り扱った年代よりも後になってから製作された。ピサの研究所は電子計算機研究センターとして知られている。この研究所の機械は，論理設計に関しては，いくつかの面で高級研究所の計算機に似ていた。国際センターは，マウロ・ピコネ教授の有名な国立応用計算技術研究所がそうであったように，市場で手にはいるような機器を使用した。この応用計算技術研究所はその当時（1957年）すでに創立以来約25年を経ており，そこで教育を受けた応用数学分野の人々は，きわめて多数に上っていた。

ベルギー　ルーヴァン大学の C. マヌバック教授は初期の時代から計算機の開発に関心をもっていた幾人かの科学者のなかの一人であった。農工業科学研究振興協会および国立科学研究基金がベルギーのための計算機の製作を，アントウェルペンのベル・テレフォン・マニュファクチャリング社に委託するようになった背景には，こうした彼の関心もあずかって力があった。この機械の製作は1951年に開始され，1954年に終了した。これは，磁気ドラムを使用した，乗算を16ミリ秒で行なうような機械で，ブリュッセルにある電子計算機研究・開発センターで使用された。[23] その設計には，エイケンがヨーロッパ諸国に及ぼした強い影響のあとがみられた。[24]

ロシア　ロシアは，1940年代の後半以来，電子計算機に対する強い関心をもち続けて

---

* 1950年に MIT でつくられた電子計算機．

きた．私は，ロシアの貿易会社から，フォン・ノイマンと私が書いた電子計算機に関する報告書を送ってほしいという依頼をなんどとなく受け取った．1953年には，ロシアの最初の計算機の一つである BESM (Bystrodeistwujuschtschaja Electronnajastschetnaja Machina) が完成した．1955年当時，この機械には，1,024語のウィリアムズ管記憶装置と1,024語ずつに区切られた五つのグループから成る5,120語の磁気ドラムが付いていた．この機械はまた，小容量——376語——のゲルマニウム・ダイオードの記憶装置をもっていた．演算時間はきわめて満足すべきもので，加算が77～182マイクロ秒，乗算は270マイクロ秒であった．後に，そのウィリアムズ管は，磁心記憶装置に取り替えられた．

この機械は，モスクワのソビエト連邦科学学士院の会員，セルゲイ A. レベデフの指導のもとに設計された．この機械のことは，1955年のダルムシュタット会議の席で西欧諸国に発表された．[25] このロシアの計算機は2進法の39桁を1語とした3-アドレス方式の機械で，浮動小数点方式を採用している．これは精密機械・計算技術研究所で開発された．

同じ会議の席上で，I. I. バシレフスキーは1955年に完成した磁気ドラム式計算機 URAL を発表し，それについての議論をした．これは機器・機械製作省の科学研究所において，B. I. ラメエフの指導のもとに製作された機械である．1語は36ビットで，1,024語の磁気ドラムをもち，乗算の速さは約10ミリ秒であった．この機械は300台以上もつくられた一連の計算機の原型だといわれている．[26]

STRELA は1語43ビット，1,023語の容量をもつウィリアムズ記憶管を使用したもう一つの大型計算機であった．BESM と同じように，これは浮動小数点方式の機械で，約200,000語を記憶することができる磁気テープを備えている点でもそれとよく似ていた．この機械はバシレフスキーの指導のもとに，1953年に完成した．[27] 後になってウィリアムズ管は磁心記憶装置に置き換えられ，1960年までに約15台がつくられている．乗算時間は約500マイクロ秒であった．

これらの三機種に加えて，ソビエト連邦では，同じ時期に PAGODA, M1 および M2, MESM, KRISTALL, N12 などといった他のいくつかの計算機がつくられている．さらに，本書では割愛した1957年以降の時点で，多数の計算機の開発が開始された．それらに興味のある読者は，カー，パーリス，ロバートソンおよびスコットなどが，1958年の夏の終わりごろ，2週間にわたってソビエト連邦を訪問したときのことを記述した報告書を参照されたい．[28] 彼らは，その結論のなかで，次のような適切な比較を行なっている：

"実際に見た機器についていうならば，イギリスの EDSAC II (ケンブリッジ大学) やデンマークの DASK の設計は，BESM I のそれよりも新しいものであった。三者とも速さの面ではほぼ同等である。"

チェコスロバキア　この国においては，アントニン・スヴォボダが先駆者であった。いちはやく 1952 年に，彼は，さまざまな種類の計算機器の製作に関与しており，1955 年のダルムシュタット会議では，彼の ARITMA のことを "DERA計算機との興味深い類似性" をもっている機械として述べている。[29] (ARITMA というのはパンチ・カード機器を製造していた国策会社の名前である。) このほかに，スヴォボダと，科学学士院の数学機械研究所における彼の同僚は，いくつかの小型の機械と，それらよりもやや大型の磁気ドラムをもったリレー式計算機 SAPO (Samočinný Počítač) を製作した。[30]

スヴォボダは，いわゆる剰余類の研究——非常に興味深い，斬新な算術演算のやり方——によって，きわめてよく知られている学者である。この研究は，そのような手法の発見者である M. ヴァラークとスヴォボダによってはじめて手をつけられたものである。

ユーゴスラビア　ユーゴスラビアにおける最初の機械は，磁心記憶装置を備えたものになるはずであったが，本書で取り扱われている期間内には完成しなかった。

ポーランド　ポーランドでは3台の機械がつくられた。このうちの2台は，ワルシャワの数学機械研究所でつくられ，他の1台は，ポーランド科学学士院の電子計算機研究所においてつくられた。[31]

日本　日本人は計算機に対して深い関心をもっており，それが彼らの国にとって重要なものであることを非常に早くから認識していた。1943 年ごろ，連立1次方程式を解くために，アナログ型計算機がつくられている。この仕事は，逓信省電気試験所* で行なわれた。同じ時期に，ブッシュ型の微分解析機が東京大学航空研究所に設置された。次いで 1944 年には，日本学術研究会議は，山下英男を委員長とする電気式計算機械研究委員会を設立した。この委員会は，微分解析機の使用を促進するのに効果があったように思われる。1944 年から 1952 年までの間に6台もの微分解析機が設置されているからである。こ

---

* 現在の工業技術院電子技術総合研究所.

のうちの1台は電子技術を用いたものであった。[32]

　1951年には，日本のUNESCO駐在員であった萩原 徹氏は，当時計画されていた国際計算センターのサブ・センターを日本に設置させようとして，すでにきわめて熱心な働きかけをしていた。彼と山下は，1951年11月にパリで私に会ってなんども議論を重ね，さらに数年後には，彼らの同僚の何人かを送り込んで，この問題の追跡をした。

　注32にあげた論文のなかの一つに，TAC——Tokyo Automatic Computer*——について述べたものがある。それによれば，この機械は1952年に完成する——そのあとに手書きで"(もし，必要な資金が得られるならば)"と書き込まれている——はずであった。最終的にはそうした資金が得られたものとみえて，機械は1956年に，東京の日本学術研究会議電子計算機研究委員会の要求どおりに完成した。これは，512語の静電記憶管記憶装置と，1,536語の磁気ドラムを備えた2進法，1-アドレス方式の機械で，乗算には約8ミリ秒を要した。**

　TACは，日本人が製作した最初の計算機ではない。最初のものは1952年に完成した，いわゆるE.T.L. Mark Ⅰで，続いて，1955年11月にはE.T.L. Mark Ⅱが完成した。[33]これらの機械は，後藤以紀の指導のもとに，駒宮安男が設計主任となって製作された。[34]これらはいずれもリレー式の計算機である。(その後，1957年に，駒宮は，国連の奨学金を得て，ハーバード大学のエイケンの研究所へ1年間留学した。) 次にあらわれたE. T. L. Mark Ⅲおよび Ⅳは，どちらも完全にトランジスタ化された計算機であった。[35] 1955年11月というようなおくれた時点になってから，はじめてリレー式の計算機を完成した日本人が，1957年11月にはトランジスタ式の計算機を完成することができたということは，きわめて注目すべき事実である。

　1954年には，後藤英一が，パラメトロンとよばれている独創的な素子を発明した。同じころ，フォン・ノイマンもそれとは全く独立に，同じ素子を考えついていたが，"フォン・ノイマンの提案は計算機の設計者には認められなかったし，この分野における日本の成功が伝えられるようになるまでは，実用化されるに至らなかった。"[36]

---

*　昭和27年6月に作成された同機の仕様書の表題は"東京自動電子算盤機仕様書"となっているが，後には東大自動電子計算機 (Todai Automatic Computer) というよび名が一般に使われるようになった。
** 　TACについては，次の文献を参照されたい：綜合試験所年報，第20年別冊，東大自動電子計算機報告，昭和37年3月，東京大学工学部附属綜合試験所。

418　付録　世界各国の開発状況

イスラエル　イスラエルも早くから，この分野に対しては積極的な姿勢で取り組んでいた．ワイツマン科学研究所の設立当初から，その応用数学部門の主任をしていたチャイム L. ペキリスは，なんどか高級研究所を訪れた．最初の訪問は1946年から1948年にかけて行なわれ，この間に，彼は，彼の研究所に電子計算機を設置することに強い関心をもつようになった．彼は，E. フレイと，少しおくれて J. ギリスとを高級研究所に派遣し，また，ジェラルド・エストリンに対しては，高級研究所から休暇をとって WEIZAC の製作に加わるよう説得した．[37] この機械の製作は1954年6月に開始され，1955年3月にはその試験運転が開始される運びになっていた．これは磁気ドラムの記憶装置を用いていた．この機械もまた高級研究所の流れをくむ計算機の仲間の一員であった．

ルーマニア　ルーマニア科学学士院の物理学研究所は，研究所自身とブカレスト大学のために，CIFA-1, 2, 3 として知られている何台かの機械を製作した．[38]

インド　最後に，インドのボンベイにある有名なタタ基礎科学研究所は，1955年のはじめに高級研究所型電子計算機の試作機の開発を開始した．それは256語の磁心記憶装置をもったもので，1956年11月には，いくつかの試験的な計算を行なっていた．[39]

原著者脚注

[1] ここでとりあげた史実の大部分は，この委員会によって初期に発行された何冊かの謄写版刷の報告書に収録されている．

[2] G. Kjellberg and G. Neovius, "The BARK, A Swedish General Purpose Relay Computer," *MTAC*, vol. 5 (1951), pp. 29–34.

[3] SMIL は "smile" を意味する．また BESK は "beer" の俗語であり，"bitter" を意味する．

[4] パルム（1951年に早世した）にはじまって，ネオヴィウス，スティグ・コメット，グンナー・ハーフェルマルクなどといった歴代の指導者のもとで，ごく初期の時代から作業グループに関係してきた有名な数値解析学者のなかには，カール-エリック・フレベリ，O. カールクイスト，および，現在，ストックホルム王立工科大学の教授で，1956年5月1日以来，この作業グループの中の数学部門の主任をしてきたイェルムンド・ダールクイストなどがいる．ダールクイストは今日，世界各国から高く評価されている非常に重要な数値解析学者である．こうしたスウェーデンの人たちが，シュッツの時代からの1世紀にわたる伝統を守り続けているということは，まことに興味深いことである．

[5] ペテルセンの伝記の筆者は，彼に対する感動的な感謝の言葉の中で，心をこめて次のように述べている．"彼の友人，彼の同僚，そして彼の教えを受ける機会にめぐまれた

数千人に及ぶ教え子たちは，いかなる場合にも心の平静さを失わないで，常に新しい目標に向かって前進し，またいつでも自分が引き受けたすべての仕事に寄与して十分にその喜びを味わっていた人物についての，数えきれないほどの価値のある，楽しい思い出をもち続けている．" Erik Hansen, Obituary of Professor Dr. Richard Petersen. この伝記は，ヤコブ・ステフェンセンによって英訳され，カレン・リカルド・ペテルセン夫人により個人的に配布された．

6 たとえば N. E. Nørlund, *Vorlesungen über Differenzenrechnung* (Berlin, 1924).

7 第二次世界大戦中，ナチはこの研究所に対して，ナチのためになるような仕事をすることを命じた．ネルルンドは中世のデンマークの港湾の地図を作成することを許可するよう，彼らを説得することに成功した．これらの地図は，ナチにとってはもちろんなんら価値のないものであったが，学者にとっては，非常に重要なものであった．

8 この機関は，後に株式会社組織になった．ペテルセンの伝記の筆者は，"彼は，この研究所に関連した彼の研究を，疑いもなく工科大学における彼の研究の延長として考えており，この二つの研究機関の関係をより密接なものにしたいという彼の希望が満たされなかったことに対して遺憾の意をかくそうとはしなかった" と述べている．

9 R. Frisch, *Notes on the Main Organs and Operation Technique of the Oslo Electronic Computer* NUSSE, Memorandum of the Socio-Economic Institute of the University of Oslo, October 1956.

10 この機械の性能についての簡単な要約が *Journal of the ACM,* vol. 4 (1957), pp. 106–108 に掲載されている．これは Office of Naval Research Digital Computer Newsletter の一部分を ACM が再録したものである．このほか，次の文献を参照されたい．A. van Wijngaarden, "Moderne Rechenautomaten in den Niederlanden," *Nachrichtentechnische Fachberichte* (Braunschweig), vol. 4 (1956), pp. 60–61.

幸いにも電子計算機に関する大規模でかつ重要なシンポジウムが1955年10月25日～27日に，ダルムシュタットにおいて開催された．この会議には，ヨーロッパにおける計算機の開発関係者はほとんど一人残らず論文を発表した．その会議録は上に引用した *Nachrichtentechnische Fachberichte* (以下，これを *N. F.* と略記する) に収録されている．

11 W. L. van der Poel, "The Essential Types of Operations in an Automatic Computer," *N. F.,* pp. 144–145；B. J. Loopstra, "Processing of Formulas by Machines," *N. F.,* pp. 146–147；C. S. Scholten, "Transfer Facilities between Memories of Different Types," *N. F.,* pp. 118–119.

12 1956年以降の他のフランスの機械については，W. de Beauclair, *Rechnen mit Maschinen,* pp. 184–185 を見よ．

13 それらの数値解析学者の中には，ペータ・ヘンリチ，ウルス・ホッホシュトラッサー，ウェルナー・ロイテルト，ウェルナー・リニガー，ハンス・マエリー，ハインツ・ルティスハウザー，アンドレアス・ショップなどが含まれている．

14 A. P. Speiser, "Eingangs-und Ausgangsorgane sowie Schaltpulkte der ERMETH," *N. F.,* pp. 87–89.

15 de Beauclair, *Rechnen mit Maschinen,* p. 206.

16 L. Biermann, "Überblick über die Göttinger Entwicklungen, insbesondere die Anwendung der Maschinen G1 und G2," *N. F.,* pp. 36–39；H. Öhlmann, "Bericht über die Fertigstellung der G2," *N. F.,* pp. 97–98；および K. Pisula, "Die Weiterentwicklung des Befehlscodes der G2," *N. F.,* pp. 165–167.

17 A. Schlüter, "Das Göttinger Projekt einer Schnellen Elektronischen Rechen-

maschine (G3)," *N. F.*, pp. 99-101.

[18] H. Piloty, "Die Entwicklung der Perm," *N. F.*, pp. 40-45; W. E. Proebster, "Dezimal-Binär-Konvertierung mit Gleitendem Komma," *N. F.*, pp. 120-122; F. L. Bauer, "Interationsverfahren der linearen Algebra von Bernoullischen und Graeffeschen Korvergenztyp," *N. F.*, pp. 171-176; および R. Piloty, "Betrachtungen über das Problem der Datenverarbeitung," *N. F.*, pp. 5-8.

[19] H. Piloty, 同上.

[20] H. J. Dreyer, "Der Darmstädter elektronische Rechenautomat," *N. F.*,, pp. 51-55; W. Schütte, "Einige technische Besonderheiten von DERA," *N. F.*, pp. 126-128; H. Unger, "Arbeiten der Darmstädter mathematischen Rechenautomat," *N. F.*, pp. 157-160; H. Bottenbusch, "Unterprogramme für DERA," *N. F.*, pp. 165-167.

[21] N. J. Lehmann, "Stand und Ziel des Dresdender Rechengeräte-Entwicklung," *N. F.*, pp. 46-50; Lehmann, "Bericht über den Entwurf eines kleinen Rechenautomaten an der Technischen Hochschule Dresden," *Ber. Math. Tagung, Humboldt-Universität Berlin* (Berlin, 1953), pp. 262-270; および Lehmann, "Bemerkungen zur Automatisierung der Programmfertigung für Rechenautomaten (Zusammenfassung)," *N. F.*, p. 154.

[22] H. Zemanek, "Die Arbeiten an elektronischen Rechenmaschinen und Informationsbearbeitungsmaschinen am Institnt für Niederfrequenztechnik der Technischen Hochschule Wien," *N. F.*, pp. 56-59. Zemanek, "'Mailüfterl', ein dezimaler Volltransistor-Rechenautomat," *Elektrontechnik u. Maschinenbau*, vol. 75 (1958), pp. 453-463 も併せて参照されたい.

[23] J. L. F. de Kerf, "A Survey of European Digital Computers," Parts I, II, III, *Computers and Automation*, vol. 9 (1960).

[24] M. Linsman and W. Pouliart, "Principales Caractéristiques dans la Machine Mathématique IRSIA-LNRS," *N. F.*, pp. 66-68, および V. Belevitch, "Le Trafic des Nombres et des Ordres dans la Machine IRSIA-FNRS," *N. F.*, pp. 69-71.

[25] S. A. Lebedev, "BESM, eine schnellaufende elektronische Rechenmaschine der Akademie der Wissenschaften der USSR," *N. F.*, pp. 76-79.

[26] I. I. Basilewski, "Die universelle Elektronen-Rechenmaschine URAL für ingenieur-technische Untersuchungen," *N. F.*, pp. 80-86.

[27] A. I. Kitov and N. A. Krinitskii, *Electronic Computers*, translated from the Russian by R. P. Froom (London, 1962).

[28] J. W. Carr III, A. J. Perlis, J. E. Robertson, and N. R. Scott, "A Visit to Computation Centers in the Soviet Union," *Comm. of ACM*, vol. 2, no. 6 (1959), pp. 8-20. この報告書には, すぐれた文献目録がついている.

[29] A. Svoboda, "ARITMA Calculating Punch," *N. F.*, p. 72.

[30] J. Oblonsky, "Some Features of the Czechoslovak Relay Computer SAPO," *N. F.*, pp. 73-75.

[31] de Beauclair, *Rechnen mit Maschinen*, p. 103.

[32] "日本における最近の計算機の開発"という表題の報告書. これは私のファイルにある日付も署名もない文書であるが, 交流計算盤および微分解析機について書かれた二つの日本語の論文の別刷がそれに添付されている. この二つの論文は, ともに1951年10月付のものである. これらはおそらく, 山下と彼の協同研究者が私にくれたものであろう.

[33] M. Goto et al., "Theory and Structure of the Automatic Relay Computer, E. T. L. Mark II," *Researches of the Electrotechnical Laboratory*, 556 (Tokyo, 1956).

[34] W. Hoffmann, *Digitale Informationswandler* (Braunschweig, 1962). 特に M. Goto, Y. Komamiya, R. Suekane, M. Talaʒ, and S. Kuwabara, "The Relay Computer E. T. L. Mark II," pp. 580-594 の項を見よ．この本は，1962年以前にあらわれた世界中の計算機に関するすぐれた解説書であって，きわめて注目すべき文献目録が含まれている．

[35] 同上, pp. 575-649. "Digital Computer Development in Japan." ホフマンの *Digitale Informationswandler* のこの部分は，山下英男の編集による一連の論文と文献目録から成っている．各論文の著者は後藤以紀と駒宮安男，高橋秀俊と後藤英一，高橋 茂と西野博二，元岡 達，畔柳功芳などであって，Mark II，パラメトロン，パラメトロン計算機のための記憶装置，Mark IV，磁心記憶システムの回路，エサキ・ダイオード，高速演算システムなどに関する話題がとり上げられている．

[36] 同上, p. 595.

[37] Office of Naval Research, Digital Computer Newsletter, reprinted in *Jour. of ACM*, vol. 2 (1955), p. 135.

[38] V. Toma, "CIFA-1, the Electronic Computer of the Institute of Physics of the Academy of the Rumanian People's Republic," *Inter. Math-Koll.*, Dresden, 22-27, November 1957.

[39] Office of Naval Research, Digital Computer Newsletter, in *Jour. of ACM*, vol. 3 (1956), p. 110.

訳者あとがき

本書は，1950年代半ばごろまでの電子計算機と，その背景になった各種の計算機，ならびに関連する科学技術の歴史について述べたものである。主要な研究開発の成果については，かなり詳細な解説も加えられているので，技術的な問題にあまりなじみのない読者でも，十分にその内容を理解することができるであろう。

原著者ゴールドスタイン博士は，合衆国における初期の電子計算機の開発に最も重要な貢献をした数学者の一人であって，本書の後半は，原著者自身が関係したこれらの計画の貴重な記録にもなっている。本書の最大の魅力は，おそらく，そうした研究開発の過程が，直接その当時のなまのままの資料に基づいて描かれていることであろう。もちろん，原著者も本文中に述べているように，本書は電子計算機の歴史として，決して完璧なものではない。訳者たちは，読者に，注意深く本書を読んでいただくことを希望すると同時に，次のような他の参考文献にも目を通されることをおすすめする次第である。

[1] H. D. Huskey, "On the History of Computing," *Science*, vol. 180 (1973), pp. 588–590.

[2] Lord Bowden, *Faster than Thought* (London, 1953).

[3] B. Randell, *The Origins of Digital Computers* (New York, 1973).

[4] S. Rosen, "Electronic Computers: A Historical Survey," *Computing Surveys*, vol. 1 (1969), pp. 7–36.

[5] N. Metropolis and J. Worlton, "A Trilogy on Errors in the History of Computing," *First USA–Japan Computer Conference Proceedings* (Tokyo, 1972), pp. 683–691.

[6] D. E. Knuth (山田真市訳), "Von Neumann の最初のコンピュータ・プログラム", **bit**, vol. 5 (1973), pp. 435–440 および pp. 984–990.

[7] B. Randell（高浜忠彦訳），"チューリングとディジタル計算機の起源", **bit**, vol. 6 (1974), pp. 69-81.

[8] 赤木昭夫，"コロサス―世界最初の電算機", **bit**, vol. 9 (1977), pp. 1104-1107.

[9] H. D. and V. R. Huskey, "Chronology of Computing Devices," *IEEE Transactions on Computers*, vol. c-25 (1976), pp. 1190-1199.

[1]はハスキーによる本書の書評，[2]はイギリスを中心とした計算機の歴史である．[3]はバベッジ以後の計算機に関する主要な論文を集めたもので，ランデルによる歴史的な解説と詳細な文献目録がついている．[4]は本書に述べられた以後の計算機の発展を知るうえでも有用であろう．[5]，[6]，[7]，[8]はやや断片的ではあるが，それぞれ興味深い事実が紹介されている．[9]は計算機の歴史を年表風にまとめたものである．

翻訳にあたっては，各人が分担して作成した訳稿を持ち寄って三人で検討を加え，疑問のある事項については，関連する文献にも目を通してその正否を確かめた．その間における原著者との質疑のやりとりなどには，面識のある末包があたり，最終的な訳文は，文体の統一をはかるために米口が作成した．原著者の脚注を各章末にまとめたこと，原著では第1部と第2部の間にはいっていた写真を冒頭に出したこと，索引を日本語版向きにつくりかえたことなどを除けば，あとはすべて原著に従っている．なお，本文中に挿入した脚注は，いずれも訳者が補ったものである．

末筆ながら，訳者からのこまごまとした質問に答え，日本語版のための序文まで用意して下さった原著者に，深く感謝の意を表したい．また，訳稿の完成が大幅におくれ，多大のご迷惑をおかけしたにもかかわらず，終始本書の出版にご尽力をいただいた共立出版（株）の方々にも，心からお礼を申し上げたいと思う．本書がこのような形で世に送り出されるようになったのは，ひとえにこれらの方々のご協力のたまものである．

1978年11月

末包良太
米口　肇
犬伏茂之

人名索引

ア

アインシュタイン (A. Einstein) ……59, 87
アタナソフ (J. V. Atanasoff)…139-42, 167, 238
アダムズ (C. W Adams) ……391-92
アダムズ (J. C. Adams) ……17, 35, 86, 110, 139
アーチボルド (R. C. Archibald)…19, 30, 120, 249
アデール・ゴールドスタイン (Adele Goldstine)
　　……98, 149-51, 175, (209), 214, (244), (259),
　　262-64, 266-67, (275), (305), 309, (339), (341)
アトリー (A. M. Uttley) ……249, 282, 358
アーマー (P Armer) ……293
アリソン (S. K. Allison) ……265
アルカシ (al-Kāshī)……5-6
アルティン (E. Artin) ……341-42
アルト (F. L. Alt) ……129, 153, 163, 371
アレクサンダー (J. W. Alexander)
　　……87, 89, 91, 241, 276
アレクサンダー (S. N. Alexander)……364
アレンバーグ (D. L. Arenberg) ……282
アンドリュース (E. G. Andrews)…119, 129, 132
アンドルー (M. M. Andrew) ……277
アンドレード (E. N. da C. Andrade)……96

イ

イェーガー (J. J. Jaeger) ……107
イェッセン (B. Jessen) ……409
イーディ (E. T. Eady) ……347

ウ

ヴァラーク (M. Valach)……416
ヴァンス (A. W Vance)……278-79
ヴィエト (F. Viéte)……4
ウィーヴァー (W Weaver)
　　……177, 242, 245-46, 255
ウィグナー (E. Wigner)……89, 114, 192-94
ウィデル (G A. Widell) ……407
ウィーナー (N. Wiener)
　　……89, 99, 102, 109, 289, 316
ウィノグラード (S Winograd)……326
ウィベリ (M Wiberg)……30, 120-21, 155, 283
ウィリアムズ (F. C. Williams)
　　……106-07, 282-83, 355, 357-58, 362, 372
ウィリアムズ (S. B. Williams)
　　……119, 129, 132, 228
ウィルキンソン (J. H. Wilkinson)……248, 335
ウィルクス (M V Wilkes)
　　……107, 275, 281, 286, 359-60, 370, 372, 390-91
ウィルクス (S. S. Wilks) ……316, 340
ウィルコックス (W. Willcox) ……75-76
ウィルソン (W Wilson)……86
ウィルブラハム (H. Wilbraham) ……66
ウェア (W. H. Ware) ……290, 354, 363
ウェイク (M. H. Weik)……378-80, 382-83
ウェイクリン (J. H. Wakelin) ……370
ヴェグシュタイン (J. H. Wegstein) ……395
ウェクスラー (H. Wexler) ……347

426　人名索引

ウェスコフ (M. Wescoff) ················231
ヴェスティン (E. H. Vestine) ············316
ヴェブレン (O. Veblen)
　······84-92, 99, 144-49, 169, 193, 241, 276-78, 367
ヴェブレン (T. Vablen) ····················86
ウェリントン公爵 (Duke of Wellington)
　·······································16, 25
ヴェロニス (G. Veronis) ·················347
ウェントワース夫人 (Lady Wentworth)······29
ヴォコワ (B. Vauquois)·····················395
ウォルターズ (L. R. Walters) ············370
ウォーレン (S. R. Warren)
　······················229, 253, 260, 274, 286
ウォン (S. Y. Wong)······················354
ウッジャー (M. Woodger) ················396
ウッド (B. D. Wood)······················122
ウッドベリー (M. A. Woodbury)···········336
ウッドベリー (W W Woodbury)···········336
ウラム (S. M. Ulam)
　·······················193, 206, 317, 337, 339, 341
ウンゲル (H. Unger) ·····················413

エ

エアリー (G. B. Airy) ··················17, 34
エイケン (H. H. Aiken)
　·················95, 119-20, 124-26, 132-
　33, 161, 249, 286, 316, 393, 408, 411, 413-14, 417
エイドロット (F. Aydelotte)······276-78, 309-10
エヴァンズ (Foster and Cerda Evans)
　·······································336, 339
エヴァンズ (G. C. Evans) ·················92
エクラー (A. R. Eckler) ··················73
エケレーフ (S. Ekelöf)·········283-84, 373, 407
エストリン (G. Estrin)···········354, 356, 362, 418
エッカート (J. P. Eckert)······161, 168-69, 173-
　76, 208-09, 212-16, 219, 223, 225-26, 228, 238,
　245, 249, 251-54, 261, 274-75, 280, 293, 370, 378
エッカート (W. J. Eckert)
　·················122-24, 131-32, 374, 379-80

エップル (E. Epple) ·······················6
エムスリー (N. Emslie) ··················353
エライアス (P. Elias) ····················326
エリアッセン (A. Eliassen) ···············347
エルゴット (C. C. Elgot) ················304
エルサッサー (W. M. Elsasser) ···········336
エルダー (J. Elder)·······················313
エルバーン (R. Elbourn) ·················371
エーレンフェスト (P. Ehrenfest) ···········89
エングストローム (E. W. Engstrom)···276, 278

オ

オイラー (L. Euler)
　·······················32-33, 82, 110, 121, 312, 330
オーヴァホフ (G. Overhoff) ············284-85
オストロフスキー(A. M. Ostrowski)········338
オッペンハイマー (J. R. Oppenheimer)
　·······················87, 194, 245, 365-66, 368, 380
オートレッド (W. Oughtred) ···············4

カ

カー (J. W. Carr) ···················391, 415
ガウス (C. F. Gauss) ···140-41, 330-31, 333-35
ガウチ (W. Gautschi)·····················336
カジョリ (F. Cajori) ·····················121
カーソン (J. R. Carson) ···················98
カッツ (C. Katz) ·························395
カーティス (J. H. Curtiss) ········345, 364, 374
ガードナー (M. Gardner) ··············311-13
ガードナー (M. F. Gardner) ·············117
カニンガム (L. E. Cunningham)
　·······················147, 169, 185, 212, 316
カミングズ (J. Cummings) ················175
カリー (H. B. Curry)·················147, 231
カールクイスト (O. Karlqvist)············418
ガルレ (J. G. Galle) ······················35
ガンター (E. Gunter)······················4
岸保勘三郎 ······························347

人名索引 427

キ

ギヴンズ (J. W. Givens) ……………338
ギオン (J. L. Guion) ……………145
ギーズ (J. H. Giese) ……………155
キスティアコウスキー (G. B. Kistiakowsky)
……………………………144
木下東一郎 ……………116, 118, 336
キーフ (W. Keefe) ……………354
ギブズ (J. W. Gibbs) ……………62-64, 66
キャヴェンディッシュ (H. Cavendish) …36, 39
キャノン (E. W. Cannon) ……………371
キャロル (L. Carroll) ……………312
キャンベル (G. A. Campbell) ……………98
キューニー (P. Queney) ……………347
キュリー (Jacques and Pierre Curie) ……216
ギリス (J. Gillis) ……………336, 418
ギリーズ (D. B. Gillies) ……………336
ギル (S. J. Gill) ……………391
ギルクリスト (B. Gilchrist) ……………281, 347
ギルバート (D. Gilbert) ……………25
キルバーン (T. Kilburn) ……………282, 355
キルヒホフ (G. R. Kirchhoff) ……………96
ギルモア (J. T. Gilmore) ……………391

ク

グッドウィン (E. T. Goodwin) ……………248
クテュラー (L. Couturat) ……………9
クヌース (D. E. Knuth) ……………240
クフィニャル (L. Couffignal) ……………284, 410
クライン (J. Kline) ……………273, 275
クーラント (R. Courant)
…………112, 114-15, 193, 331-32, 346, 349
クララ・フォン・ノイマン (Klara von
 Neumann) ……………195, 203, 336, 339
クランツ (C. J. Cranz) ……………143
クーリー (J. Cooley) ……………347
グリーノール (C. H. Greenall) ……………233
クリッピンジャー (R. F. Clippinger) ……………266
グリーン (J. Green) ……………395
グールバン (H. Goulburn) ……………17
グレイ (T. S. Gray) ……………109
クレイマー (M. Kramer) ……………150
クレイマー (R. Kramer) ……………233
クレイン (H. D. Crane) ……………353
グレゴリー (D. F. Gregory) ……………12, 41
クレスマン (G. P. Cressman) ……………347, 351
クレロー (A. C. Clairaut) ……………32-33, 82
クロネッカー (L. Kronecker) ……………160, 197
クロフォード (P. O. Crawford) ……………185
グロンウォール (T. Gronwall) ……………89, 146
クンマー (E. E. Kummer) ……………341-42, 365

ケ

ゲイジ (F. D. Gage) ……………100
ケイセン (C. Kaysen) ……………192, 369
ゲイル (H. Gail) ……………175
ケセニック (G. J. Kessenich) ……………269
ゲーデル (K. Gödel) ……………43, 198-99, 316
ケネディ (E. S. Kennedy) ……………5
ケネリー (A. E. Kennelly) ……………98
ケプラー (J. Kepler) ……………6-7, 397
ケメニー (J. G. Kemeny) ……………129, 318
ケリー (J. L. Kelley) ……………147
ケルヴィン卿 (Lord Kelvin) ……………15, 38, 47,
 49, 52-56, 58, 60-61, 96-100, 104-05, 112-13, 160
ゲルーマン (M. Gell-Mann) ……………328
ケント (G. Kent) ……………354
ケント (R. H. Kent) ……………91, 144-46, 241

コ

コヴェシー (M. Kovesi) ……………195
コーエン (P. J. Cohen) ……………43
コクスマ (F. J. Koksma) ……………410
コーケン (M. Kochen) ……………336
後藤英一 ……………417, 421
後藤以紀 ……………417, 421
コナント (J. B. Connant) ……………103, 125

ゴフ (J. A. Goff) ……265
駒宮安男 ……417, 421
コムリー (L. J. Comrie)
　……120, 125-26, 131-32, 182, 188, 247, 249
コメット (S. Comét) ……375, 418
コールドウェル (S. H. Caldwell)
　……109, 113, 134, 170, 249
ゴールドスタイン (H. H. Goldstine)
　……147, (148-51), 161, 168-69, (172), (174), (185-88), (205), (207-09), (211-14), 215, 223, (227-28), 230, 244-46, (249-50), (252-54), (258-65), 275, (278-80), (292), (298), (305-06), (316), (318-19), (334-36), (338-39), (342), (367-68), (375), (381), (383), (409), 413
ゴールドステイン (I. Goldstein) ……230-31
ゴールドバーグ (R. Goldberg) ……396
ゴールドフィンガー (R. Goldfinger) ……392
コンプトン (A. H. Compton) ……59, 89
コンプトン (K. T. Compton) ……103, 194
コーワン (J. D. Cowan) ……326

サ

サイモン (L. E. Simon) ……143-44, 146, 168-69, 174, 212-13, 230, 243, 258-59, 266-67
サックス (R. G. Sachs) ……147
サマーヴィル (M. Sommerville) ……28
サメット (J. Sammet) ……392, 394
サメルソン (K. Samelson) ……391, 412

シ

ジェヴォンズ (W. S. Jevons) ……312
ジェニングズ (E. Jennings) ……231
シェパード (C. B. Sheppard) ……280
ジェームズ (H. James) ……175
シェリダン (P. B. Sheridan) ……396
ジェンテル (T. G. Gentel) ……260
シェーンバーグ (I. J. Schoenberg) ……147
シカルト (W. Schickard) ……6-7
ジッピン (L. Zippin) ……147

ジャカール (J. M. Jacquard) ……22
ジャクソン (D. Jackson) ……90
シャッケルフォード (J. M. Shackelford) ……233
シャノン (C. E. Shannon) ……134, 321, 326, 328
シャプリー (H. Shapley) ……374
シャープレス (T. K. Sharpless)
　……175-76, 233, 261
シャーマン (S. Sherman) ……336
シャール (M. Chasles) ……121
ジュウェット (F. B. Jewett) ……261
シュウツ (E. Scheuz) ……18, 121
シュウツ (P. G. Scheuz)
　……17-19, 30, 120-22, 155, 419
シュタインハウス (H. Steinhaus) ……200
シュッテ (W. Schütte) ……413
シュティーフェル (E. L Stiefel) ……410
シューマン (F. G. Shuman) ……347, 351
シュミット (W. F. Schmitt) ……390
シュライヤー (H. Schreyer) ……411
シュリッグ (O. R. Schurig) ……117
シュリュター (A. Schlüter) ……412
シュレーダー (E. Schröder) ……196
シュレーディンガー (E. Schrödinger)
　……108, 113-14
シュワルツシルド (M. Schwarzschild)
　……147, 342, 412
ショウ (R. F. Shaw) ……175-76, 354
ショウ (W. N. Shaw) ……348
ショックリー (W. B. Shockley) ……216
ショップ (A. Schopf) ……419
ジョン (F. John) ……147
ジョンソン (T. H. Johnson) ……147, 169
ジラー (I. Ziller) ……393, 396
ジーラー (W. Zieler) ……392
シラルド (L. Szilard) ……321
シルト (J. Schilt) ……122
ジロン (P. N. Gillon)
　……144-46, 149, 168-72, 174, 186-87, 227-28, 232, 245-46, 249, 252, 254, 258, 260, 265, 281, 301

人名索引　429

ス

スヴォボダ (A. Svoboda) ……………416
スコット (N. R. Scott) ………………415
スコルテン (C. S. Scholten) …………410
スタインメッツ (C. P. Steinmetz) ……98
スタナップ伯爵 (Earl of Stanhope)……311-12
スターン (H. Stern) …………………396
スターン (T. E. Sterne)………………123, 147
スタンバーグ (S. Sternberg)…………255
ステットソン (G. Stetson)……………277
スティックルズ (A. L. Stickles)………347
スティビッツ (G. R. Stibitz) …………46, 95, 119, 124, 129-32, 161, 170, 177, 211, 238, 249
スティフラー (W. W. Stifler)…………370
ステフェンセン (J. Steffensen)………419
ステムメ (E. Stemme) ………………354, 408
ステュワート (H. R. Stewart)………100
ステルン (A. Stern) …………………10
ストラットン (S. W. Stratton)
　………………………… 58, 60-61, 79, 85
ストレムグレン (B. G. D. Strömgren)……409
スナイダー (E. Snyder)………………231
スナイダー (R. L. Snyder) ……243, 354, 411
スパイザー (A. P. Speiser) …………411
スピッツァ (J. Spitzer) ………………336
スペンス (H. Spence) ………………230-31
スマゴリンスキー (J. Smagorinsky)
　………………………………347, 351, 381
スミス (C. V. L. Smith)………277, 336, 354-55
スミス (J. L. Smith) …………………371
スミス (V. W. Smith) ………………233
スラッツ (R. J. Slutz)…………290, 354, 371
スロウカム (J. Slocum) ………………260
スロトニック (D. L. Slotnick)………336

セ

セイヤー (D. Sayre) …………………396
セルバーグ (H. Selberg) ……………336
セルマー (E. S. Selmer) ……………336, 409

ソ

ゾーニッグ (H. H. Zornig)……………143-46
ゾーベル (O. I. Zobel)………………98
ゾンマーフェルト (A. Sommerfeld)……113-14

タ

ダイア (A. E. Dyhre)…………………310
ダーウィン (C. G. Darwin)……………247-48
ダーウィン (G. H. Darwin)……………121
タウスキー (O. Taussky) ……………336
タウブ (A. H. Taub)
　…………………111, 255-56, 265, 336, 354
ターケヴィッチ (A. Turkevich) ……264
タッカーマン (B. Tuckerman) ………336-37
タック (J. L. Tuck) …………………207
ダノアゾー (M. C. T. Danoiseau)……34-35
ダーフィー (B. M. Durfee) …………127
ダランベール (J. d'Alembert)………32-33, 82
ダールクィスト (G. Dahlquist) ……419

チ

チェデカー (J. Chedaker) ……………175
チェルベリ (G. Kjellberg)……………408
チェンバリン (T. C. Chamberlin) ……84
チャップマン (S. Chapman)……349, 351
チャーニー (J. G. Charney)
　………………… 292, 347, 349-50, 352, 367
チャンス (B. Chance)…………………282
チャンドラセカール (S. Chandrasekhar)
　…………………………………116, 342
チャンバーズ (C. C. Chambers)……150, 275
チュー (J. C. Chu) ……………175, 233, 369

ツ

ツウォリキン (V. K. Zworykin)
　………………184, 214, 238, 243, 278, 356
ツェマネク (H. Zemanek) …………413-14

テ

ツェルメロ (E. Zermero) ……………200
ツーク (R. S. Zug) ………………147
ツーゼ (K. Zuse) ………284-85, 391, 410-11, 413

デイヴィ (H. Davy) ………………15, 25, 96
ディクソン (L. E. Dickson) ……………92
ディッキンソン (W. D. Dickinson) ………176
ディッケンソン (A. H. Dickenson) ………186
ディデリック (L. S. Dederick)
　………………144, 146, 231, 258-59, 281
テイト (P. G. Tait) ………………15, 52-53
テイラー (A. J. P. Taylor) ………………37
テイラー (G. I. Taylor) ………………281
テイラー (H. S. Taylor) ……………276, 278
ディラック (P. A. M. Dirac) ………113, 194
デーヴィス (J. Davis) ………………175-76
デヴィソン (C. J. Davisson) ……………89
デヴォンシャー公爵 (Duke of Devonshire) 36
デ・ノウ (L. de No) ………………316
デミング (W. E. Demming) ……………316
テューキー (J. W. Tukey) ………218, 278, 290
デュバリー (W. H. DuBarry) ……………268
テューリング (A. M. Turing) ……43, 199, 211,
　218, 247-49, 282-83, 296, 311, 314-16, 335, 342
テラー (E. Teller) ………………207, 259, 265
デラサッソ (L. A. Delasasso) ……………147
デラメイン (R. Delamain) ………………4
テルフォード (T. Telford) ………………14

ト

トゥルスキ (W. M. Turski) ………………10
ドカーニュ (P. M. d'Ocagne) …………119-20
ド・コルマール (C. X. de Colmar) ………10
トッド (J. Todd) ………………336
トニック (A. Tonik) ………………390
ド・ボークレール (W. de Beauclair) ………412
トーマス (L. H. Thomas) …………113, 147
トムキンズ (C. B. Tompkins) ……………370
トムキンソン (C. H. Tomkinson) ………123
トムソン (E. Thomson) ………………104
トムソン (J. Thomson)
　………………15, 46-47, 50, 54, 104, 106
トムソン (J. J. Thomson) ………………112-13
ド・モルガン (A. de Morgan) …12, 28, 43, 312
ドライデン (H. L. Dryden) ……………144
ドライヤー (H. J. Dreyer) ……………413
トラヴィス (I. A. Travis) ……………249, 269
トラウブリッジ (W. P. Trowbridge) ………74
トランシュー (W. R. Transue) ………91, 149
トルースデル (L. E. Truesdell) ………73, 75
トレヴェリヤン (G. M. Trevelyan) ……14, 38
トレス・イ・クェヴェド (L. Torresy Quevedo)
　………………………………119
トレス-ボデト (J. Torres-Bodet) ………375
トレフツ (E. Trefftz) ……………336, 412
ドローネイ (C. E. Delaunay) ………35, 121
トンプソン (P. D. Thompson) ……347, 350-51

ナ

ナウル (P. Naur) ………………395
ナット (R. Nutt) ………………396

ニ

ニーダム (J. Needham) ………………3-4
ニーマン (C. W. Niemann) ……………105-06
ニューマーク (N. M. Newmark) ………354
ニューマン (M. H. A. Newman) …281-83, 336

ヌ

ヌスバウム (A. Nussbaum) ……………347

ネ

ネオヴィウス (G. Neovius) ……………407-08
ネーター (E. Noether) ………………193
ネッダーマイヤー (S. Neddermeyer) ………206
ネーピア (J. Napier) ………………4
ネルソン (R. A. Nelson) ………………396

人名索引　431

ネルルンド (N. E. Nørlund) ……… 409

ノ

ノイゲバウアー (O. E. Neugebauer) …… 5, 194
ノース (S. N. D. North) …………… 79
ノッツ (W. A. Notz) ……………… 371
ノーブロック (E. Knobeloch) ……… 175
ノルドハイム (L. W. Nordheim) …… 194-95

ハ

パイアット (D. R. Piatt) …………… 371
バイオア (E. R. Piore) ……………… 242
ハイゼンベルク (W. Heisenberg) … 113, 194, 412
バイラス (F. Bilas) ………………… 231
バウアー (F. L. Bauer) …………… 391, 412
パウエル (G. F. Powell) ……………… 256
ハウスホールダー (A. S. Householder)
　……………………………………… 338, 382
パウリ (W. Pauli) ……………………… 194
萩原　徹 ……………………………… 417
バーク (E. Burke) …………………… 312
バークス (A. W. Burks)
　……… 146, 175-76, 214-15, 223, 229, 232-33,
　261-63, 275, 280, 289, 292, 305, 317, 327, 336, 369
ハクスリー (A. F. Huxley) ………… 98, 319
ハクスリー (T. H. Huxley) ………… 38
バークベック (G. Birkbeck) ………… 37
バーグマン (V. Bargmann) ……… 333-34, 336
バーコフ (G. D. Birkhoff) …… 88-89, 91-92
ハーシェル (J. Herschel) …… 12, 13, 20, 35, 43
ハーシェル (W. Herschel) ……………… 35
バシレフスキー (I. I. Basilewski) ……… 415
パース (C. S. S. Peirce) ……………… 313
パスカル (B. Pascal) ……… 4, 7-8, 45, 101, 141
ハスキー (H. D. Huskey)
　………………… 175, 229, 247, 265, 267, 335
ハダド (J. A. Haddad) ……………… 381
バチェレット (E. Batschelet) ………… 336
バッカス (J. W. Backus) …………… 391, 393

バックリー (O. E. Buckley) ………… 187
バッシュフォース (F. Bashforth) ……… 83
ハッチンズ (R. M. Hutchins) …… 275-76
ハッブル (E. P. Hubble) …………… 59, 147
バーティン (S. Bartin) ……………… 370
ハード (C. C. Hurd) …………… 371, 381-82
バートキー (W. Bartky) …………… 275
ハートリー (D. R. Hartree)
　106, 108-13, 157, 247, 249, 265, 267, 281-82, 372
バートレット (J. H. Bartlett) ………… 336
パナゴス (P. Panagos) …………… 354, 363
バナッハ (S. Banach) ……………… 192
パノフスキー (H. Panofsky) ………… 347
ハーバー (F. Haber) ……………… 84, 193
ハーパー (W. R. Harper) ………… 61-62, 88
ハーフェルマルク (G. Havermark) …… 418
バベィジ (C. Babbage)
　……… 12-29, 34-37, 43, 75, 96, 119,
　121, 125, 132, 211, 234, 293, 297, 304, 337, 398
バベィジ (H. P. Babbage) …………… 22
ハマー (F. Hammer) ………………… 6
ハミルトン (F. E. Hamilton) ………… 127
ハーモン (L. D. Harmon) ………… 354, 363
ハリー (E. Halley) …………………… 32
パーリス (A. J. Perlis) …………… 391, 394-95
バリセリ (N. A. Barricelli) …………… 336
ハル (A. W. Hull) …………………… 144
パール (R. Pearl) …………………… 76-77
パルム (C. Palm) …………………… 407
パワー (J. J. Power) ………………… 255
パワーズ (J. Powers) ……………… 73, 79
ハーンウェル (G. P. Harnwell) ……… 273
バーンズ (G. M. Barnes) …… 245, 260-61, 265
ハンセイカー (J. C. Hunsaker) ……… 103
ハンセン (P. A. Hansen) …………… 34
ハンソン-エリクソン (S. Hanson-Ericson)
　……………………………………… 407
ハンティントン (H. B. Huntington) …… 282
ハント (G. A. Hunt) ………………… 336

432 人名索引

ハント (W. C. Hunt) ……………78
バンバーガー (L. Bamberger) ……87, 89

ヒ

ピアース (R. S. Pierce) ……………328
ピアソン (K. Pearson) ……………86
ビゲロウ (J. H. Bigelow)
　……………289, 292, 353, 355-56, 358, 363
ピーコック (G. Peacock) ……12, 43
ピコネ (M. Picone) ……………414
ピジン (C. F. Pidgin) ……………78
ヒチコック (F. L. Hitchcock) ……134
ピッチャー (A. E. Pitcher) ……147
ピッツ (W. H. Pitts) …………225, 316
ピット (W. Pitt) ……………312
ビディエント (A. Bedient) ……347
ヒードマン (W. R. Hedeman) ……117
ピープス (S. Pepys) ……………8
ビーム (W. R. Beam) ……………342
ビュウリン (A. K. A. Beurling) ……283
ヒューズ (R. A. Hughes) ……………396
ヒュンドルフ (W. Hündorf) ……411
ビリング (H. Billing) …………353, 412
ビリングズ (J. S. Billings) ……73-78
ヒル (G. W. Hill) ……………121
ピール (R. Peel) ……………17
ヒルデブラント (T. W. Hildebrandt) ……354
ヒルベルト (D. Hilbert) ……114-15, 194-98, 231
ビールマン (L. F. B. Bierman) ……412
ヒレロース (E. A. Hylleraas) ……110, 113-15
ピロティ (H. Piloty) ……………412-13

フ

ファイン (H. B. Fine) ………86-88, 193
ファウラー (R. H. Fowler) ……269
ファラデー (M. Faraday) ……36, 47, 96
ファン・ダンチッヒ (D. van Dantzig) ……410
ファン・デル・ヴェルデン (B. L. van der Waerden) ……………410

ファン・デル・コルプゥト (J. G. van der Corput) ……………410
ファン・デル・ポエル (W. L. van der Poel) ……………410
ファン・ワインハールデン (A. van Wijngaarden) ……………396, 410
フィスター (J. Pfister) ……………6
フィリップス (N. A. Phillips) ……347, 365
フェケーテ (M. Fekete) ……………192
フェラー (W. Feller) …………192, 209
フェルトマン (S. Feltman)
　……………90-92, 149, 169, 260, 301
フェルミ (E. Fermi) ……98, 113, 259, 265, 341
フォック (V. A. Fock) …………110, 113
フォックス (L. Fox) ……………335
フォード (E. A. Ford) ……………80
フォード (L. R. Ford) ……………256
フォレスター (J. W. Forrester)
　……………102, 107, 242-43, 357
フォン・カールマン (T. von Kármán)
　……………82, 144, 192
フォン・ノイマン (J. von Neumann)
　……87, 89, 96, 140-41, 144, 163, 190-209,
　213-15, 218-28, 234-40, 244-46, 248-50, 253-54,
　266-67, 274-79, 281, 290, 292-93, 298, 300-02,
　304-06, 309, 311, 315-20, 322, 324-27, 332-341,
　346, 348-49, 359, 365-67, 381-84, 400, 413, 415
フォン・フライターク-レリングゴフ (B. von Freytag-Löringhoff) ……………6
ブキャナン (R. E. Buchanan) ……142
ブース (A. D. Booth) ……336, 357, 372, 407
フッカー (W. J. Hooker) ……………25
ブッシュ (V. Bush) ……56, 61, 95, 98, 109, 172
フヨルトフト (R. Fjörtoft) ……347, 349
フライ (J. H. Frye) ……………255
ブライス (J. W. Bryce) …………127, 186
ブライト (G. Breit) ……………147
ブラーウ (G. A. Blaauw) ……………410
ブラウン (E. W. Brown) ……121-23, 379

人名索引　433

ブラウン (G. S. Brown) ……107, 109, 242
ブラウン (G. W. Brown) ………278-79
ブラウン (T. H. Brown) ………123-24
ブラケット (P. M. S. Blackett) ……106, 194
ブラックバーン (J. Blackburn)………347
ブラット (J. B. Platt)………277
ブラッドベリー (N. E. Bradbury) ……245, 265
ブラッドリー (J. Bradley)………33
ブラツマン (G. W. Platzman)………347
ブラード (E. C. Bullard) ………248
ブラーナ (G. Plana) ………28, 34
ブラリ-フォルティ (C. Burali-Forti) ………197
フランク (J. Franck)………193-94
プランク (M. Planck)………113, 412
フランケル (S. P. Frankel)……244, 258, 264-65
フーリエ (J. B. J. Fourier)
………25, 51-52, 60, 62, 97-99, 111
ブリス (A. Bliss)………353
ブリス (C. I. Bliss)………374
ブリス (G. A. Bliss) ……83, 88-89, 148-49
プリーストリー (J. Priestley)………38
ブリッグズ (L. J. Briggs)………85
フリッシュ (R. Frisch)………410
ブリテン (K. H. V. Britten) ………336, 407
フリードリクス (K. Friedrichs)……112, 331-32
フリーマン (J. Freeman) ………347
ブール (G. Boole)
………9, 40-43, 67-68, 70, 73, 196, 295, 323
ブルーアム (H. Brougham)………37
ブルークナー (K. A. Brueckner)………328
フルド (F. Fuld)………87
フレイ (E. Frei) ………354, 418
ブレイナード (J. G. Brainerd)
………149-50, 168-72, 174, 185,
212, 214, 229, 244, 246, 249, 252-53, 260-61, 273
フレクスナー (A. Flexner)………87
フレーゲ (G. Frege) ………196
フレーザー (J. H. Frazer)………147
フレーゼ (H. Freese) ………408

ブレーブスタ― (W. Proebster) ………412
フレベリ (C. E. Fröberg) ………336, 407-08
フロイト (S. Freud) ………192
ブローウェル (L. E. J. Brouwer)………196-97
ブロジェット (J. H. Blodgett) ………75

ヘ

ペアノ (G. Peano) ………196
ヘイヴンズ (B. Havens)………384
ヘイゼン (H. L. Hazen)……103-04, 107-09, 177
ヘイブト (L. M. Haibt)………396
ベイリー (H. S. Bailey)………318, 328
ヘイル (G. E. Hale) ………59
ヘヴィサイド (O. Heaviside) ………99, 117
ヘヴェシー (G. K. von Hevesy)………192
ペキリス (C. L. Pekeris) ……116, 118, 336, 418
ベスト (S. Best) ………396
ペック (L. G. Peck) ………336
ベッセル (F. W. Bessel)………25, 126
ペテルセン (R. Petersen) ………374, 408-09
ベネット (A. A. Bennett) ……83, 85, 90, 147
ベーム (C. Böhm) ………391
ベリー (A. Berry) ………35
ベリー (C. Berry) ………140
ヘリック (H. L. Herrick) ………396
ベル (E. T. Bell)………12, 51, 92, 330-31
ベル (P. R. Bell)………282
ベルィグレン (G. Berggren)………407
ベルイレン (R. Bergren) ………347
ヘルストローム (E. H. Herrstrom) ………256
ヘルツ (H. R. Hertz) ………97
ヘルツベルク (G. Herzberg)………116
ベルデン (T. G. and M. R. Belden) ………79
ベルナイス (P. Bernays) ………193
ベルヌイ (Jakob and Johann Bernoulli)…148
ヘルマン (J. H. Hermann)………46
ヘルムホルツ (H. L. F. von Helmholtz) …60
ペンダー (H. Pender)……… 146, 149, 170, 185,
230, 244, 246, 252-54, 256-58, 260, 263-64, 274

434　人名索引

ヘンリー (D. V. Henry) ……………………142
ヘンリー (J. Henry) ………………95-96
ヘンリチ (P. Henrici) …………………419

ホ

ボーア (H. Bohr)……………………374, 409
ボーア (N. Bohr) ……………113-14, 265, 409
ポアンカレ (H. Poincaré) ………………66, 92
ホイートストーン (C. Wheatstone) …………99
ポーイヤ (G. Polya) ……………………193
ホイーラー (D. J. Wheeler) ……………391
ホイーラー (J. A. Wheeler) ……………265
ボガート (T. E. Bogert) ………………233
ボーシェ (M. Bôcher) ………………66, 203
ホジキン (A. L. Hodgkin) ……………98, 319
ポスト (E. L. Post) ………199, 211, 296, 314
ポーター (R. P. Porter) …………………78
ボック (B. J. Bok) ……………………374
ボッテンブッシュ (Bottenbush) ……………413
ホッパー (G. M. Hopper)………………393
ホッホシュトラッサー (U. Hochstrasser)…419
ホテリング (H. Hotelling) …………333-34
ボーデン (B. V. Bowden)………………29, 30, 379
ホフマン (W. Hoffman) ………………413
ホフメーラー (E. Hovmöller) ……………347
ボホナー (S. Bochner) ………………202, 336
ポマリーン (J. H. Pomerene)
　　…………289, 290, 353, 358-61, 363, 365, 367
ボーリン (B. R. J. Bolin) ………………347
ポーリング (L. C. Pauling) ……………194
ホルバートン (J. V. Holberton)
　　…………151, 230-31, 262-63, 281
ボルン (M. Born) ……………113-14, 193-94
ボレー (L. Bollée) ………………………10
ホレリス (H. Hollerith) …………73-79, 120, 125
ボレル (F. E. E. Borel) ………………200
ホワイト (M. G. White) ………………343
ホワイトヘッド (A. N. Whitehead)
　　………………………42, 196-97

ポンテクーラン伯爵 (Comte de Potecoulant)
　　…………………………34-35

マ

マイケル (R. Michael) ……………………175
マイケルソン (A. A. Michelson)…58-64, 99, 102
マイヤー (J. T. Mayer)…………………33-34
マエリー (H. Maehly) …………336, 367, 419
マカロック (W. S. McCulloch) ………225, 316
マーカンド (A. Marquand) ……………313
マクシェーン (E. J. McShane)……147-48, 336
マクスウェル (J. C. Maxwell)
　　15, 36, 39-40, 46-47, 54, 56, 96, 99, 112, 160, 398
マクダウェル (W. W. McDowell) …………371
マクドゥーガル (R. McDougall) …………106
マクナルティ (K. McNulty) ……………231
マクニコル (E. F. McNichol) ……………282
マクニール (H. M. McNeille) ……………277
マクファーソン (J. C. McPherson)……146, 371
マクマホン (B. McMahon) ……………202
マクレランド (G. W. McClelland)……252, 261
マスケライン (N. Maskelyne) …………33-34
マッカーシー (J. McCarthy)……………395
マッシー (H. S. W. Massey) ……………108
マティウ (C. L. Mathieu)………………121
マヌバック (C. Manneback)……………414
マリー・モークリー (Mary Mauchly) ……151
マルコーニ (G. Marconi)…………………97
マルホランド (H. P. Mulholland) ………335
マレー (F. J. Murray) …………336, 338
マンデルブロ (B. Mandelbrot)……………336

ミ

ミーガー (R. E. Meagher) …111, 354, 358, 361
ミューラー (J. H. Müller) ………………22
ミューラル (F. Mural) …………………175
ミラー (J. C. Miller) ……………………249
ミリカン (R. A. Millikan) …………………59

人名索引　435

ム

ムーア (E. F. Moore) ……………………328
ムーア (E. H. Moore) ……………………88, 92

メ

メイベリー (J. P. Mayberry) ……………336
メイヤー (J. E. Mayer) ……………………147
メトロポリス (N. C. Metropolis)
　……244, 255, 258-59, 264-65, 309, 336, 339, 369
メナブレア (L. F. Menabrea) ……………28-29
メルヴィル (R. W. Melville) ………354, 363

モ

モーク (R. C. Mork) ………………………255
モークリー (J. W. Mauchly)
　………………142, 146, 150, 161, 167-69, 172-73,
　175-76, 212, 214-15, 219, 223, 225, 231, 238, 245-
　46, 249, 251-54, 216, 274-75, 280, 293, 378, 390
モース (A. P. Morse) ………………………147
モース (H. M. Morse)
　…………………………87, 91-92, 148-49, 241, 276
モース (P. McC. Morse) ……………………374
モーズリー (M. Moseley) ……13-14, 25, 28-29
モット (N. F. Mott) …………………………108
モーリー (C. B. Morrey) ………………147, 231
モーリー (E. W. Morley) ……………………59-60
モリソン (Philip and Emily Morrison)
　………………………………………………13, 31
モルゲンシュテルン (O. Morgenstern)
　………………………………………………200, 318
モールトン (F. R. Moulton)
　………………34, 82-84, 86, 90-92, 110, 121, 145
モールトン卿 (Lord Moulton) ……………26, 31
モンゴメリー (D. Montgomery)
　………………………………………88, 333-34, 336

ヤ

ヤコービ (C. G. J. Jacobi) ……………338, 344

山下英男……………………………………416-17, 421

ユ

ユーリー (H. C. Urey) ………………………144

ヨ

ヨルダン (P. Jordan) …………………113, 194

ラ

ライトウィーズナー (G. Reitwiesner) ……337
ライドナー (L. N. Ridenour) ……………111, 354
ライナー (A. L. Leiner) ……………………371
ライプニッツ (G. W. Leibniz)
　… 4, 7-10, 19, 21, 45, 101, 119, 124, 199, 311, 398
ライリッヒ (H. O. Leilich) …………………412
ラヴレース伯爵夫人 (Countess of Lovelace)
　………………………………21, 24, 27-29, 234, 297
ラグランジュ (J. L. Lagrange) ……………32, 82
ラゲルマン (C. S. Lagerman) ……………407
ラザフォード (E. Rutherford) ……………112
ラジチマン (J. A. Rajchman)
　………………………184-85, 243, 278, 356-57, 411
ラスボーン (J. F. Rathbone) ………………18
ラッセル (B. A. W. Russell)…9, 41-42, 196-97
ラッセル (H. N. Russell) ……………87, 123, 144
ラッツ (L. Ratz) ……………………………192
ラーデマッハー (H. Rademacher) ………265
ラニング (J. H. Laning) ……………………392
ラビ (I. I. Rabi) ……………………………144
ラビノウィッツ (I. N. Rabinowitz) …………347
ラプラス (P. S. Laplace) ……32, 34, 55, 83, 117
ラボック (J. W. Lubbock) …………………34
ラメエフ (B. I. Rameev) ……………………415
ラム (M. Lambe) ……………………………336
ラリヴィー (J. A. Larrivee) …………………131
ランダウ (E. Landau) ………………………193

リ

リクターマン (R. Lichterman) ……………231

436　人名索引

リクトマイヤー (R. D. Richtmyer)
　　　　　　　　　　　　　98, 336, 339, 341
リコーヴァー (H. Rickover) ……………90
リース (D. Rees) ……………………282
リース (M. Rees) …………241-42, 277, 336
リチャーズ (A. N. Richards) …………103
リチャードソン (J. H. Richardson) ………369
リチャードソン (L. F. Richardson)
　　　　　　　　　　　　　……346, 348-49
リチャードソン (O. W. Richardson) ………89
リッチー (S. B. Ritchie) ………255, 268-69
リード (C. Reid) ……………………195
リニガー (W. Liniger) ………………420
リーブラー (R. A. Leibler) ……………336
リーマン (G. F. B. Riemann) …………205, 306
リル (G. G. Lill) ……………………347
リンゼイ (R. B. Lindsay) ………………44

ル

ルーイス (B. Lewis) …………………144
ルーイス (G. E. Lewis) ……………347, 365
ルヴェリエ (U. J. J. Leverrier) ………17, 35
ルジャンドル (A. M. Legendre) …………343
ルスト (R. H. F. Lust) ………………412
ルティスハウザー (H. Rutishauser)
　　　　　　　　　　　　　……390-92, 411
ルビノフ (M. Rubinoff) ……………354, 363
ルーリー (J. R. Lourie) ………………31
ルーン (H. P. Luhn) …………………287

レ

レイク (C. D. Lake) ………80, 119, 124, 127
レイノールズ (O. Reynolds) ……………205
レイモン (F. H. Raymond) ……………410
レイリー卿 (Lord Rayleigh) ……36, 39, 99, 205
レヴィ (H. Lewy) …………112, 147, 331-32
レックス (D. F. Rex) …………………381
レナード-ジョーンズ (J. E. Lennard-Jones)

…………………………………106, 112
レベデフ (S. A. Lebedev) ………………415
レーマー (D. H. Lehmer)
　　　　　　　……147, 231, 249, 266, 313-14, 342
レーマー (D. N. Lehmer) ………………313
レーマー (E. Lehmer) ……………231, 342
レーマン (N. J. Lehmann) ………………413
レモン (H. B. Lemon) ………………89, 147

ロ

ロイテルト (W. Leutert) ………………419
ロイル (D. Reuyl) ……………………147
ローガン (R. Logan) …………………390
ロス (J. P. Roth) ……………………336
ロスビー (C. G. Rossby) ……………346, 348
ローゼン (S. Rosen) …………………391
ローゼンバーグ (J. Rosenberg) …………354
ロチェスター (N. Rochester) ………381, 391
ロックウッド (C. R. Rockwood) …………313
ロビンソン (A. Robinson) ………………304
ロープストラ (B. J. Loopstra) …………410

ワ

ワイエルシュトラース (K. W. T. Weierstrass)
　　　　　　　　　　　　　　　　　……21
ワイガント (C. J. Weygandt) ………150, 260
ワイル (F. J. Weyl) ………………277, 336
ワイル (H. Weyl) ………87, 114, 193, 195, 197
ワインバーガー (A. Weinberger) …………371
ワーク (R. E. Work) …………………287
ワトソン (T. J. Watson)
　　　　　　……74, 80, 122, 125, 131, 186-87, 242, 379
ワトソン2世 (T. J. Watson Jr.)
　　　　　　　　　　　　　……131, 242, 381
ワマーズリー (J. R. Womersley)
　　　　　　　　　　　　　……229, 247-49, 264
ワルター (A. Walther) ………………133, 413

事項索引

ア

アイオワ州立大学 ……………………… 139, 143
アイコノスコープ ………… 214, 225, 238, 254, 300
アダムズ・モールトン法 ……………………… 86
アナログ(型)計算機 ……………………15, 45-
  46, 102, 109, 119, 131, 139, 152, 155, 157-58, 160
アバディーン(Aberdeen)試射場 → 弾道研究所
アムステルダム数学センター (Amsterdam
  Mathematisch Centrum) ……………… 410
アメリカ科学振興協会 (AAAS) ………… 86, 95
アメリカ計算機学会 (ACM) ……………… 391
アルゴンヌ (Argonne) 国立研究所 ………… 354
アレン B. デュモン (Allen B. Dumont)
  研究所 ……………………………………… 357

イ

イリノイ大学 ……… 111, 316, 327-28, 354, 361, 365
インターナショナル・ビジネス・マシンズ
  (IBM) 社
  …74, 80, 108, 122-26, 130-31, 146, 175, 185, 187,
  211, 242, 290, 338, 355, 364, 368, 379-84, 391, 411
インタプリータ ……………………………… 392

ウ

ヴィクトリア大学 → マンチェスター大学
ウィリアムズ管 …… 282, 357-59, 365, 378, 408, 415

エ

エッカート・モークリー・コンピュータ・コ
  ーポレーション ……………………… 280, 378
エレクトロニック・コントロール社 ………… 280
エンジニアリング・リサーチ・アソシエイツ
  (ERA) ……………………… 363, 370, 377-78

オ

王立科学研究所 (Royal Institution) ……96, 106
王立協会 (Royal Society) ……7, 25, 47, 121, 312
オークリッジ (Oak Ridge) 国立研究所
  ……………………………………… 354, 381
オックスフォード大学 ……………………… 37-38
オートマトン ………………………199, 311, 314-27

カ

海軍研究局 (Office of Naval Research)
  ……………………… 242, 255, 275, 277, 336, 347, 378
海軍研究発明局 (Navy Office of Research
  and Inventions) → 海軍研究局
海軍兵器局 (Navy Bureau of Ordnance)
  ……………………………………132, 202-03, 343
階差機関 ……… 14, 16-19, 22, 24, 75, 125, 141, 337
階差表 ……………………………………… 20-21
解析機関 ……14, 17, 19, 22-24, 26-28, 125, 211, 304
回路網解析器 → 交流計算盤
科学研究開発局 (Office of Scientific
  Research and Development) ……… 103, 202

438　事項索引

合衆国気象局 (U. S. Weather Bureau)
　　　　　　　　　　　　　　　95, 346-47, 351
合衆国標準局 (National Bureau of
　Standards) ……61, 85, 280, 290, 338, 363-64

キ

キャヴェンディッシュ研究所…………36, 112, 232
曲線追跡装置……………………………106, 150

ク

空軍研究局 (Office of Air Research) ……277

ケ

計算穿孔機……………………………………380
計数型計算機………………………………45, 73,
　109, 119, 129, 131-34, 139, 142, 146, 151-52, 155,
　160, 168, 171, 179, 184, 211, 220, 283, 333, 403
ケース応用科学学校 (Case School of
　Applied Science) ………………………102
ゲッティンゲン大学………33, 114-15, 193-94, 412
原子力委員会………………………204, 277, 354, 384
ケンブリッジ大学
　…16, 36-38, 106, 112, 121, 123, 232, 247, 311, 390

コ

高級研究所 (Institute for Advanced Study)
　………87, 89, 91, 148, 192-93, 202-03, 238, 241,
　243-44, 250, 274-80, 289-90, 292, 297-98, 301-
　05, 336-38, 343, 346-47, 349-51, 353-55, 358-
　63, 365-69, 382, 386, 398, 402, 407, 412, 414, 418
合同数値気象予報部隊 (Joint Numerical
　Weather Prediction Unit) …………347, 381
交流計算盤…………………………………102, 108
国際科学連合会議 (International Council of
　Scientific Unions) ………………………375
国際技術団体連合 (Union of International
　Technical Associations) ………………375
国際計算センター (International Computation Centre)……………………………374-75

国際純粋応用物理学連合 (International
　Union of Pure and Applied Physics)　375
国際数学連合 (International Mathematical
　Union) ……………………………………375
国際電気通信連合 (International Union of
　Telecommunication)……………………375
国際理論応用力学連合 (International Union
　of Theoretical and Applied Mechanics)
　……………………………………………375
国防研究委員会 (National Defense Research
　Committee) ………………………………103,
　129, 169-70, 203, 241, 245, 253, 261, 289, 333, 340
国立物理学研究所 (National Physical
　Laboratory)……………………247-49, 283
国連教育科学文化機構 (UNESCO) ……373-75
コロンビア大学…………………74, 122-124, 147
コンパイラ…………………………………391-94
コンピュータ・タビュレーティング・レコーディング (CTR) 社………………………74, 79-80

サ

作表機……………………………………120, 122, 179

シ

ジェネラル・エレクトリック社… 85, 97, 108, 377
シェファー (Sheffer) の縦棒……………322-23
シカゴ大学
　…59, 61, 84, 86, 88, 90, 91-92, 122, 148, 265, 275
磁気ドラム…………363, 370, 378, 383, 410, 413-18
磁心記憶装置………………………………242,
　282, 357, 362, 370, 378, 382, 407-09, 413-16, 418
自動制御機構研究所 (Servo Mechanisms
　Laboratory)……………………107, 241-42
自動プログラミング……………386, 392-94, 411
シネマ式積分器……………………………108
指標レジスタ………………………………304
ジャカール織機……………………………22-24, 76
射撃管制用指導装置………………………152, 184

事項索引　439

ス

スイス連邦工科大学（ETH）…193, 390, 410-11
数値解析………………………………………112,
　126, 140, 332-34, 336-39, 343, 348, 373, 408, 411
数値（気象）予報…………164-65, 332, 349, 381
スペリー・ジャイロスコープ社…………79, 378
スペリー・ランド社…………355, 363, 378, 384
スミソニアン研究所………………18, 62, 95, 267

セ

積分器…………………47, 49, 53-57, 104-06, 188
セレクトロン（Selectron）……………356-57, 362

タ

大英科学協会（British Association）……25, 40
タタ基礎科学研究所………………………… 418
タビュレーティング・マシン社……………74, 79
ダールグレン（Dahlgren）試射場…………… 133
ダルムシュタット工科大学………………133, 413
ダンキン社（Messrs. Dunkin and Co.）……18
弾道学……………………………… 81-83, 86, 90
弾道研究所（Ballistic Research Laboratory）
　………………………………………………90-91,
　107, 143-47, 149-51, 168-69, 174, 187, 202-03,
　212, 230-31, 247, 258, 266-67, 281, 302, 316, 380

チ

遅延線………………………………………214,
　216-18, 226, 235-39, 280, 282, 286, 300, 314, 362
潮汐調和解析器………………………47, 49-50, 53-54
調和解析器………… 50, 53-54, 58, 60, 62, 100, 167

テ

天体暦………………………………………… 8, 33-34

ト

ドイツ応用数学力学会（GAMM）………… 391
統計調査局（Bureau of the Census）

…………………………………… 61, 74-76, 79, 280
トマス J. ワトソン天文計算センター … 122, 380
トーマス・フェルミ法………………………… 113
トルク増幅器……………………………105-06, 150

ナ

流れ図…………………………………………305-06

ニ

2進数………… 140-41, 218, 223, 236-37, 298-302

ノ

ノースロップ・エアクラフト社……………… 280

ハ

ハーヴァード大学………………………………
　88, 91, 95, 98, 103, 119, 122-25, 130-34, 147, 154,
　203, 211, 220, 227, 249, 293, 304, 374, 379, 408
バッテル（Battelle）記念研究所…………… 376
ハートリー・フォック法……………………110, 113
バローズ・アディング・マシン会社………… 377
パワーズ・タビュレーティング・マシン社
　…………………………………………………79-80
パンチ・カード機械
　…………………………120, 122-24, 146, 186-88, 380
ハンプシャー大学（Hampshire College）… 167

ヒ

微分解析機…………55, 104, 106-11, 113, 120, 139,
　145-46, 149-50, 154, 157-60, 188, 228, 409, 416
微分方程式………………………………55-56, 86, 97-99,
　101-04, 107-08, 110-12, 126, 157, 159, 185, 202,
　205, 214, 227, 291, 318-19, 331-32, 342, 348, 350

フ

フェランティ社（Ferranti Ltd.）………376, 384
フェルト・アンド・タラント社………………18
プラニメータ…………………………………46-47
フランス国立電気通信講習所（Centre National

440　事項索引

d'Étude des Telecommunications) …… 375
フランス電子工学・オートメーション学会
　（SEA）……………………………… 376, 410
プリンストン大学……86-87, 95, 122-23, 193, 199,
　203, 265, 276, 313, 316, 318, 340-41, 402, 408, 412
ブル計算機会社（Compagnie des Machines
　BULL）……………………………… 376, 410
ブール代数……………………………… 43, 67, 323
ブレーズ・パスカル研究所…………… 284, 410
プログラム内蔵方式
　………………219, 225, 229, 240, 266, 293, 309

ヘ

ベル・テレフォン研究所…89, 95, 97-98, 129-32,
　134, 154, 163, 187, 216, 228, 261, 279, 304, 377
ヘンシェル航空機製造会社（Henschel
　Flugzeugwerken A. G.）………………284-85
ペンシルヴァニア大学
　………………103, 107-08, 142, 146-47, 161, 172,
　203, 213, 243, 250-51, 260, 265, 273, 275, 293, 368
変分法…………………………………………… 148

ホ

放射研究所（Radiation Laboratory）
　………………………………… 97, 216, 282, 362

マ

マサチューセッツ工科大学（MIT）
　…61, 95, 97-100, 102-03, 107, 109, 143-44, 216,
　241-43, 249, 253, 261, 346, 357, 362, 374, 391, 408
マンチェスター大学
　………………106, 247, 281-82, 304, 355, 358, 365, 372
マンハッタン管区（Manhattan District）
　…………………………………………… 202-03

ミ

ミュンヘン工科大学……………………… 391, 412

ム

ムーア電気工学科（ムーア・スクール）
　………………………………………107, 142, 146,
　149-50, 168-69, 171, 175, 184, 186, 212-16, 219,
　225-26, 230-31, 241-42, 247, 250-53, 259, 261-
　65, 273-76, 279, 282, 284, 286, 301-02, 314, 382

メ

メトロポリタン・ヴィッカース・エレクトリ
　カル社……………………………………… 106

ラ

ランド・コーポレーション………… 290, 354, 356

リ

リヴァーバンク（Riverbank）研究所……… 102
陸軍兵器局（Army Ordnance Department）
　84, 90-91, 107, 143-45, 149, 168-69, 174, 202,
　230, 241, 246, 252, 254, 258, 260, 267, 275-77, 301

レ

レイディオ・コーポレーション・オブ・アメ
　リカ（RCA）………………………………184-
　85, 214, 238, 241, 243, 276-79, 356-57, 408, 411
レミントン・ランド社……………79, 378, 382, 394
連続式積分器…………………………………102-03
連立1次方程式…… 119, 140-42, 331, 333-35, 338

ロ

ロスアラモス（Los Alamos）科学研究所
　………98, 146, 195, 203, 206-08, 223, 241, 244-
　45, 259, 264-65, 309, 338-39, 341, 354, 366, 369
ロンドン大学………………37-38, 86, 357, 372, 407
論理機械………………………………………311-14
論理設計… 214-15, 219-20, 225, 290, 292, 305, 311

事項索引　441

ACE (Automatic Computing Engine) ……247-49
ALGOL (Algorithmic Language) ……391, 393-95, 411
APEC (All Purpose Electronic Computer) ……407, 410
ARC (Automatic Relay Calculator)……407
ARITMA ……416
ARMAC (Automatische Rekenmachine Mathematisch Centrum) ……410
ARRA ……410
ASCC (Automatic Sequence Controlled Calculator)……125, 127, 211
AVIDAC (Argonne Version of IAS Digital Automatic Computer)……369

BARK (Binär Automatik Relä-Kalkylator) ……407
BESK (Binär Electronisk Sekvens Kalkylator) ……369, 408
BESM (Bystrodeistwujuschtschaja Elektron-ajastschetnaja Machina) ……369, 415
BINAC (Binary Automatic Computer) ……280, 378

CAB (Calculatrice Arithmetique Binaire) ……410
CEP (Calcolatrice Elettronica Pisana)……414
CIFA-1, 2, 3 ……418
CPC (Card Programmed Calculator) ……377, 380

D1, D2 ……413
DASK (Dansk BESK)……410
DERA (Darmstädter Elektronische Rechenautomat) ……413
DLS-127 (Delay Line Sieve) ……314
DYSEAC (Second Standards Electronic Automatic Computer) ……364

EDSAC (Electronic Delay Storage Automatic Computer) ……226, 234, 247, 286, 303, 360

EDVAC (Electronic Discrete Variable Computer) ……214-15, 219, 222-25, 227-30, 234-35, 237, 239-41, 243-46, 249, 251-54, 273-74, 279-80, 294, 300-02, 314, 359
ENIAC (Electronic Numerical Integrator and Computer) ……131, 162-64, 169, 171-75, 178-82, 184-87, 208, 211-14, 218, 224-31, 235, 240-41, 243-47, 249, 251-53, 258-67, 273-74, 276, 280, 283-84, 294-95, 309, 337, 349-50, 362
ERA/UNIVAC 1101, 1102, 1103, 1103A, 1105 ……378, 380-81, 394
ERMETH (Electronische Rechenmaschine der ETH) ……411
ETL Mark I, II, III, IV ……417

Ferranti Mark I ……303, 365
FORTRAN (Formula Translating System) ……393-94

G1, G2, G3 ……412
GAMMA 3 ET ……410
GEORGE ……369

Harvard Mark I, II, III, IV ……132-33

IAS (高級研究所) 計算機 (Institute for Advanced Study Computer) ……293, 297-98, 301-04, 337-38, 350, 353-55, 358-60, 363-66, 386, 398, 402, 412, 414
IBM 701, 704……303, 380-82, 393
IBM 702, 705 ……382
IBM 650 ……383
ILLIAC (Illinois Automatic Computer) ……301, 354, 369

JOHNNIAC (Jonny Integrator and
　　Automatic Computer) ················354, 356

KRISTALL ································415

LARC (Livermore Automatic Research
　　Calculator) ···························384

LRR-1 ·····································414

M1, M2 ··································415
MADM (Manchester Automatic Digital
　　Machine) ·······················247, 372
Mailüfterl ·································414
MANIAC ·································369
MESM·····································415
MSUDC (Michigan State University
　　Discrete Computer) ···············369

N. 12·······································415
NORK (Naval Ordnance Research
　　Calculator) ···························383
NUSSE ···································410

ORACLE (Oak Ridge Automatic
　　Computer Logical Engine) ·······369
ORDVAC (Ordnance Variable
　　Automatic Computer) ············354

PAGODA ································415

PERM (Programmgesteurte Elektronische
　　Rechenanlage München) ··········412
PTERA ···································410

RI (Relay Interpolator)·············130, 211

SAPO (Samočinný Počítač) ···········416
SEAC (Standards Electronic Automatic
　　Computer) ···························364
SEC (Simple Electronic Computer)·········407
SILLIAC····································369
SMIL (Siffersmaskinen I Lund) ·······408
SSEC (Selective Sequence Electronic
　　Calculator)······················338-39, 379-80
STRELA ································415
SWAC (Standards Western Automatic
　　Computer) ···························364

TAC (Tokyo Automatic Computer) ······417

UNIVAC (Universal Automatic
　　Computer) ·········280, 303, 355, 378-79, 393-94
URAL ····································415
URR-1 (Universalrechenmaschine 1) ······414

WEIZAC ································418
Whirlwind ····················303, 391-92, 414

Z4··410

―― 訳者紹介 ――

末包良太（すえかねりょうた）

1948年　東京大学工学部応用数学科卒業
　　　　元 山梨大学教授 工学博士
専　攻　数理工学，コンピュータの歴史

米口 肇（よねぐちはじむ）

1952年　名古屋大学理学部数学科卒業
　　　　元 (株) 日本ユニバック総合研究所代表取締役
専　攻　計算機科学

犬伏茂之（いぬぶししげゆき）

1957年　自由学園卒業
　　　　元 (株) 日本ユニバック金融システム情報センター所長

検印廃止

© 1979, 2016

復刊　計算機の歴史
パスカルからノイマンまで

1979年 1月10日 初 版 1 刷発行	著　者　H. H. ゴールドスタイン
1980年10月 5日 初 版 3 刷発行	訳　者　末　包　良　太
2016年 7月10日 復刊 1 刷発行	米　口　　　肇
	犬　伏　茂　之
	発行者　南　條　光　章
	東京都文京区小日向4丁目6番19号

NDC 007.2

発行所　東京都文京区小日向4丁目6番19号
　　　　電話　東京 (03)3947-2511番（代表）
　　　　郵便番号 112-0006
　　　　振替口座 00110-2-57035番
　　　　URL http://www.kyoritsu-pub.co.jp/

共立出版株式会社

印刷・製本・藤原印刷

Printed in Japan

一般社団法人
自然科学書協会
会員

ISBN 978-4-320-12401-1

|JCOPY|〈出版者著作権管理機構委託出版物〉
本書の無断複製は著作権法上での例外を除き禁じられています．複製される場合は，そのつど事前に，出版者著作権管理機構（TEL：03-3513-6969，FAX：03-3513-6979，e-mail：info@jcopy.or.jp）の許諾を得てください．

世界初のデジタルコンピュータ「エニアック」の
これまで語られてこなかった物語！

ENIAC
現代計算技術のフロンティア

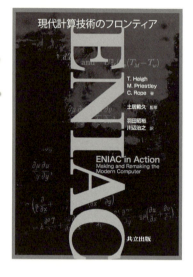

**公開から70年
「驚異の計算機」**

デジタルな世界とは何か。その問いに向き合うとき，世界最初の汎用デジタルコンピュータとして知られる「エニアック」の歴史は，いまなお多くの洞察を生み出している。
IT産業の原点として，戦争の機械として，現代の計算技術が産まれた現場として，はたまた，活気のある女性たちの職場を生んだ科学機器として…。
誕生に至る苦難や頓挫の危機，歪められたイメージなど，これまでエニアックについて無視されてきた多くの物語を，さまざまな視点から詳述した。

Thomas Haigh
Mark Priestley
Crispin Rope
【著】

土居範久
【監修】

羽田昭裕・川辺治之
【訳】

A5判・上製本・460頁
定価（本体5,500円＋税）
ISBN978-4-320-12400-4

CONTENTS

まえがき／序／主な登場人物／
利用した記録資料書庫／はじめに
第1章　ENIACを思い描く
第2章　ENIACの構造を決める
第3章　ENIACに生命をもたらす
第4章　ENIACを稼働させる
第5章　ENIAC，弾道研究所に到着する
第6章　EDVACと第一草稿
第7章　ENIACの変換
第8章　ENIAC，モンテカルロに向かう
第9章　ENIACの運試し
第10章　ENIACの稼働が落ち着くまで
第11章　ENIAC世代の計算機，
　　　　「プログラム内蔵方式」に対峙する
第12章　記憶に残るENIAC
結び／注釈／訳者あとがき／索引

〒112-0006　東京都文京区小日向4-6-19
TEL．03-3947-2511／FAX．03-3947-2539

共立出版

http://www.kyoritsu-pub.co.jp/
https://www.facebook.com/kyoritsu.pub